高等院校园林专业系列教材

园林植物造景

安　旭　陶联侦　著

中国建材工业出版社

图书在版编目(CIP)数据

园林植物造景/安旭，陶联侦著．--北京：中国建材工业出版社，2020.6

高等院校园林专业系列教材

ISBN 978-7-5160-2656-4

Ⅰ.①园… Ⅱ.①安… ②陶… Ⅲ.①园林植物—园林设计—高等职业教育—教材 Ⅳ.①TU986.2

中国版本图书馆CIP数据核字(2019)第181575号

园林植物造景

Yuanlin Zhiwu Zaojing

安 旭 陶联侦 著

出版发行：中国建材工业出版社

地 址：北京市海淀区三里河路1号

邮 编：100044

经 销：全国各地新华书店

印 刷：北京雁林吉兆印刷有限公司

开 本：787mm×1092mm 1/16

印 张：16.75

字 数：400千字

版 次：2020年6月第1版

印 次：2020年6月第1次

定 价：69.80元

本社网址：www.jccbs.com，微信公众号：zgjcgycbs

序　一

应安旭老师要求为本书作序，我是不能推脱的。一方面我知道他还是蛮勤奋的，另一方面他的作品能够面世，本人还是挺高兴的，所以应该全力配合他的工作。但我和安老师并不在同一个专业，深叹“隔行如隔山”这个道理，不过为了高品质地完成这个任务，我还是花了数十日的时间准备和阅读了这本涉及园林行业中专业领域的“大部头”。

本书内容量是比较大的。从书稿的目录上来看，基本上已经涵盖了植物造景(配置)的方方面面，从他的前言中也可得知，该书是其总结了近二十年的工作经验而成，此言应该不假。

园林并非本人的领域，但我自认为是一个严谨的科学工作者，所以抽出时间特意到图书馆阅读了这一类的成书。一方面目的是梳理一下目前市面上的相关著作，另一方面将这些作品与安旭的书稿进行客观对比，如果说得不正确也请贵圈的专家见谅。

仔细阅读他的书稿，我将他的书稿与其他相关图书比较，发现不同点在于：(1)前面的基础部分，如植物的根、茎、叶、花、果实和种子部分，本书稿主要阐述的是“可供观赏(观赏特性)”的各种性质及特征；(2)谈到对于植物影响较大且必需的自然因素，如空气、水、土壤等，也着力阐述园林施工及管理方面，并不是泛泛而谈其必要性；(3)植物配置简史是其他成书所未见的，其中有作者的判断，具有一定的学术价值；(4)设计过程由平面→观赏面→立面→平面，这样的设计过程和思路异于其他图书，也就是说本书提出了一种新的设计方法，具有创新价值，本人认为此为该书的亮点；(5)书中提出了其他作品没有谈及的新观点，如美景度计算评价方法，再如植物造景时需要注意的植物密度控制问题，还有园林植物配置所涉及植物本身及衍生物等经济问题；(6)全书的插图八成均出自安旭和陶联侦之手，都是那种耗时费力的钢笔绘画，在当今这个时代，能够如此踏实地写作和绘画，实属难得。借此机会能够涉及园林植物造景这个领域，感谢安老师能给我这个撰写序言的机会。这个领域的大千世界，本人只是在打开的门口向内张望了片刻。

相信这本书能给读者带来尽可能多的知识体验。

陈建华

浙江师范大学地理与环境科学学院院长

序　二

我与安老师相识、相交于十多年前的景观横向科研项目，安老师作为项目中的一员，主要负责项目的植物造景工作。他具有深厚的植物知识功底和独特的植物造景见解，对待每个项目不仅仅是作为任务完成，总会不厌其烦地标注出每种配置植物的形态特征、养护方法、文化寓意等，让植物有了文化内涵与诗性温度。他博学多闻，在项目的讨论过程中总有自己独到的见解，每次项目的“神仙会”，也是教师团队和我的研究生们最享受的时光，大家都会围坐在他的身旁，听得入神。

本书是安旭老师对近20年实践项目的实践经验锤炼与思考，总结出的相对高效的方法。特别难能可贵的是，书中大部分配图都是作者精心绘制的，由此可见作者尽心尽力的程度。正如安老师所说，“诚意是写作者基本的工作态度，是一种工匠精神的体现，要带着敬畏之心写书，最害怕给予读者的知识经不住时间的考验。”

本书也很好地响应了美丽中国建设、乡村振兴战略快速推进背景下对于植物造景研究造景实践的需求，具有较高学术价值和重要实践意义。

祝愿安老师在其为“植物造景”立名的学科专业领域有更进一步的建树，其提倡的植物造景程序与方法能够应用于更广泛的美丽中国建设实践。

施俊天

浙江师范大学文化创意与传播学院院长

前　言

《园林植物造景》是园林设计、城乡规划、环境艺术等专业的必修或选修课程。植物造景方面的出版物有很多,可以作为教材的也并不少。本书介绍了作者完成项目时使用得相对高效的方法和作者近20年的工作经验,且书中80%的配图为作者手绘钢笔画。可以肯定地说,阅读完此书,读者就可以进行基本的园林植物(造景)配置工作了。

本书的结构体系如下图所示,介绍了园林植物配置的基础知识、需要遵循的原则、构图的思路方法、经典作品案例等,逻辑清晰、体系完整。

本书章节及附录名称如下:第一章 绪论、第二章 园林植物配置史简述、第三章 园林植物基础、第四章 园林植物配置的常规工作、第五章 园林植物配置的特殊工作、第六章 园林植物配置过程、第七章 外国园林植物配置、第八章 植物配置设计造景实例、附录1 100种园林花卉植物的大概花期及颜色(杭州地区)、附录2 各种场地植物配置的要求。

本书可作为高等院校教材,还可以作为职业培训用书。本书基于实践的设计思路和方法,特别适合希望快速开展园林植物配置工作的人员,也可作为资深园林从业人员、园林植物爱好者的参考读物。限于作者水平,本书如有不妥之处,敬请读者批评指正。

作　者

2020年5月

目　录

第一章 绪 论

第一节 为"植物配置"立名

园林设计过程可以简单地论述为两个部分,即硬质景观设计部分、软质景观设计部分,两个部分的重要程度不言而喻。前者乃园林之骨架,后者给园林以血肉,缺一不可。现代主义园林设计思潮中的极简主义设计有时会着重园林硬质景观的营造,而园林植物有时被当作装饰部件,认为其作用远小于实用性。极简主义的园林作品如果范围较大,于视觉方面有较强的冲击力,其较早发端于气候凉爽的欧洲,于20世纪90年代末期引入中国,由于祖国大陆为广域温带大陆季风性气候,夏季时路面温度可上升至55℃,太阳辐射特别强烈;而冬季无遮掩暴露地的气温可能低于静风区-10~-5℃,风力也大幅度增强,地理气候的差异造成人们对体型较大的极简主义风格园林作品接受度较低。森林公园或防护绿地园林与前者相反,主要由园林植物作主角,它们主要强调生态的功能性而忽略容滞游人。一般而言,我们在本书讨论的并不是一些极端的例子,中国园林经过历史的冲刷筛选,形成了现在的这个状态,硬质景观和软质景观的比例形态逐渐为人接受和喜闻乐见,并非偶然成之,可能也是中国园林的宿命。

植物配置设计造景(植物配置)也称为"植物配植",在园林设计项目的实际操作中,两个名词都有人使用。但如果强调学术的严谨性,它们之间仍然有微小的区别。"置"作为动词时,安排的物常常是无生命的个体或体块,所以植物配置工作包涵的范围更广,不单单需要处理植物和植物之间的种植关系,还要处理植物和其他园林要素之间的关系,而且我们在使用拼音输入法的时候,"植物配置"是首位词,并不需要再次选择,所以使用这个名词的人较多。"植"作为动词的时候主要指种植活体的植物,所以可想象该词汇的适用范围其实是较狭窄的。"植物配置"已经能够完整地表达一个设计,但是"植物配植"却没能表达准确或完善,特别需要在其后面增加额外的词汇,如"植物配植效果""植物配植方式"或"植物配植关系"等。特别需要肯定的是,当人们普遍使用"植物配置"这个较为笼统的名词的时候,情感细腻的设计者通常使用语意更明确或意指范围更狭窄的"植物配植+名词后缀"表达法。作为专业工作者,无论使用何种名称,事实上所提供的服务是相同的,并没有额外的高下。

植物配置的标准概念,是根据植物的功能要求、生物学特性及美学原理,在特定的空间环境中将活体植物及其他园林物质要素进行科学合理的组合、布局,形成一个优美的生态环境的过程。植物配置包括两方面的内容,一方面是不同数量的同种或不同种植物之间的相互配置、考虑植物种类的选择、数量的组合、平面与立面的构图、色彩的搭配、季相的变化以及园林意境的创造;另一方面是植物与其他非植物物质要素,如园林建筑、园林道路、水体、服务装置、地形之间的配置,考虑种植位置的适宜程度、环境的适应情况、比例和韵律的协调与风格等问题。

植物是自然给予万物最大的恩惠，是人类的衣食父母，同时也是中国传统造园四大要素之一。B. Clauston 说："园林归根结底是植物材料的设计，其目的就是改善人类生态环境，其他内容只能在一个有植物的环境中发挥作用。"植物作为园林作品的要素，在城市中其对丰富物种的多样性、形成稳定的生态系统，促进人类身心的和谐发展，满足人对自然向往的天性等诸多方面有着重要的现实意义。现代园林理论认为，完美的植物景观是科学性和艺术性的高度统一，但随着科技的深入研究与学科间的相互融合与影响，植物造景的内涵和外延早已悄然扩容，似如"忽如一夜春风来，千树万树梨花开"，原本看似很挺简单的学问现在包含了生态学、群落学、经济学、工程学、美学及空间构成等现代科学，植物配置也必然在原来较多强调主观意向的画境和诗意基础上，更强调具备客观科学的严谨性。这样园林植物配置具备了艺术性和科学性。事实上"科学性"可能是植物配置理论和实践发展的必然趋势。

那么，植物配置的科学性至少包括 4 个方面的内容：首先，植物是活的生命个体，任何植物都有其自身的生长发育规律、生命适应性范围和具备稳定性的形态特征，植物配置的过程首先就是遵循这些自然赋予植物的规律，相关知识和过程即便在古代也被逐渐积累并执行了，尽管当时的人尚未从根源上进行相应的探索，诸如《晏子春秋 · 内篇杂下》："橘生淮南则为橘，生于淮北则为枳，叶徒相似，其实味不同。所以然者何？水土异也。"这样的经典例子并不乏见，具体反映在园林作品中，中国南方的园林植物种类较北方园林植物大大丰富，相应的北方园林则种类较少，如图 1-1、图 1-2 所示。

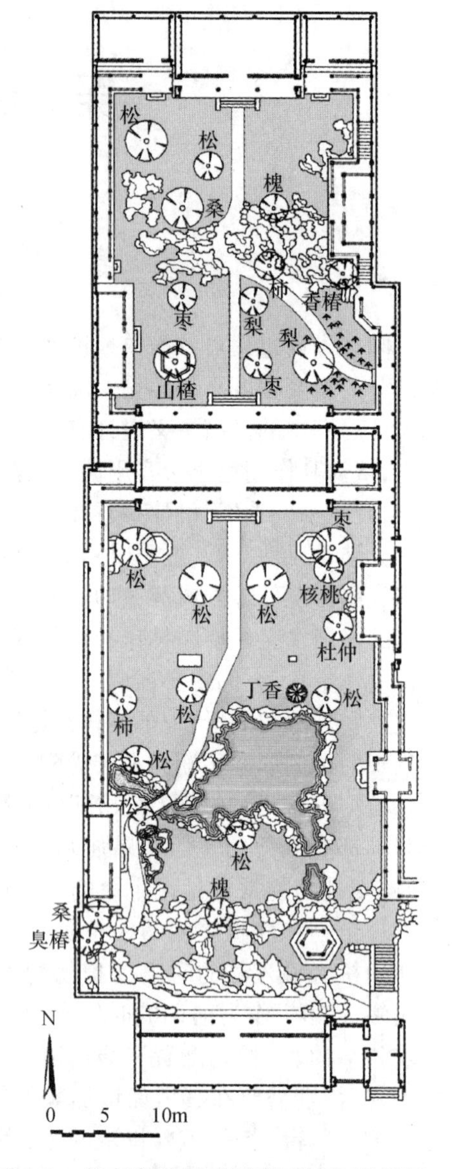

图 1-1　北京东城区可园平面植物配置图

其次，植物的生长与周围的环境因子关系密不可分，不同的植物要求不同的生长环境，植物与其生长的环境因子相互协调一致方能最佳地体现出植物的各种自然美。如果植物配置中运用的植物种类不能与种植地的环境因子相适应，就不能存活或生长不良。其实，这就客观地要求园林植物种尽量选择本地植物，目前很多园林招投标项目均要求植物配置设计的植物种中本土种不能少于某一个具体量化要求。

相同的，植物种和植物种之间的相生相克关系也客观存在，一种植物以外的其他植物可以被视作这种植物的环境因子。环境因子包括的内容非常多，土壤、空气、水、气流等，均对植物产生影响。例如虎耳草科的八仙花（绣球）的花色由于土壤的 pH 值（酸碱程度）不同会呈现出不同的花色，要达到配置设计需求的颜色，有必要对栽植地的土壤进行充分的调查研究和给

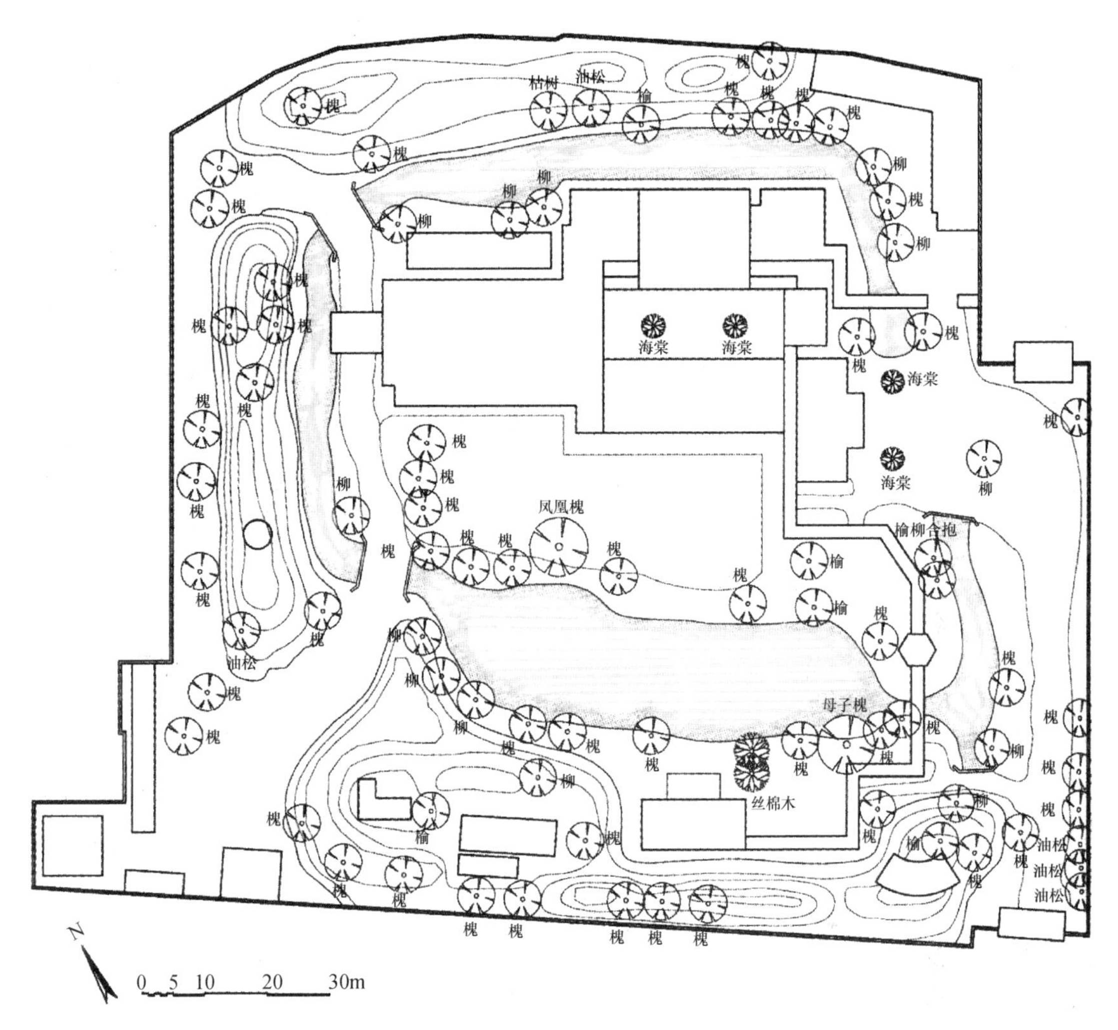

图 1-2　北京醇王府园林植物配置示意图

出具体指导性指标,否则较难达到预期的设计效果。

最为关键之处是,植物配置同时也是创造人工群落的过程。相对于群落而言,单株植物的生命过程相对于植物群落要脆弱得多,但是自然植物群落也都有其发生、发展、演替、消亡的基本规律。植物配置以植物作为模仿自然的主要材料,从丰富多彩的真实自然植物群落中汲取创作源泉,掌握自然植物群落的成员结构、植物群体面貌、季相颜色等,可以最大限度地模仿自然。人工栽培的植物群是否能够构成植物群落,不仅是外观上的相似,而且是内部结构上的合理搭配,这样的植物群落由中国古人早已进行模仿,并且应该在历史上出现过成功的案例。自然也业已经过了旷世的删选,而人类如果照单模仿,其结果一定是美观、逼真、稳定性和牢固性高。对"师法自然"这一词汇的更深层次挖掘,使我们认识到这一方面是古人的一种对成功案例的肯定,同时也是中国园林造景评价的一种"模范生"标本。

最后,是园林植物配置的技术性。完整的植物配置技术主要包括植物品种的培育技术、配置设计技术、施工阶段协调技术和养护管理技术 4 项内容。配置培育技术主要包括引种技术、育种技术、组培技术等，这是植物造景的丰富植物材料的先决条件；配置设计技术主要包括设计程序、设计手法、与其他造园元素的设计融合以及规范的图纸表现，是植物配置技术沟通业主和设计者的核心内容；植物配置施工技术主要指的是施工组织管理，特别是在施工中的沟通工作，是植物配置效果方面的保障；植物养护管理技术是实现了的植物景观可以健康持续生长的保障。

以一本书的体量来丈距植物配置这个名词应该是足够厚重了，最近十年园林行业的更细致分工的发展，业内已经有了"植物配置师"这个职业方向，得益于园林这个行业的行业细分，也得益于园林植物配置设计造景的复杂化和可艺术化，在本书的写作之时，特别为植物配置立名，也向园林行业内那些如同辛勤采蜜的园林工作者们致敬(图1-3)!

图1-3　园林工作者如辛勤采蜜的蜜蜂和他们挚爱的园林事业

第二节　植物配置的功能

园林植物种类繁多，形态各异。有高逾百米的巨大乔木，也有矮至几厘米的地被植物；有直立、攀援和匍匐的不同形态；冠形有圆锥形、卵圆形、伞形、圆球形等；植物的叶、花、果更为丰富。可以说，如此丰富多彩的植物材料为营造园林景观提供了广阔的天地，对植物配置的整体把握和对各类植物景观功能的认识是营造植物景观的基础和前提。园林植物在园林景观营造中的作用有以下几个方面：

一、生态功能

生态功能简言之就是园林植物在城市中扮演的生态服务角色，通常能够至少在人类意念中达到以下几种经典功能：气体调节、气候调节、干扰调节、水供应与调节、控制侵蚀和保持沉积物、土壤形成、养分循环、废物处理、传粉、生物防治、避难所、食物生产、原材料、基因资源、休闲娱乐、文化功能，本文只选取部分功能加以阐述。

1. 气体调节

近地面大气中二氧化碳在通常情况下的含量约为0.03%，氧气含量约为21%。但随着城市工业、汽车保有量、城市建筑温度调节、城市生活用电高消耗的不断发展(2015年7月3日，浙江省一天耗用10.58亿度电，用电量创下历史新高，相当于两座半三峡水电站一天的发电量，全国报纸均用大标题进行报道)，前述因素造成城市环境(地球大气)中的二氧化碳不断增多。城市由此而来的"温室效应""雨岛效应"和强对流天气等不可抗拒力量正严重地威胁着人类的生存环境。植物能通过光合作用，吸收空气中的二氧化碳，放出人类赖以生存的氧气。(当然植物也放出二氧化碳，但其放出的氧气是它呼吸作用吸收氧气的二十余倍)。因此，如果城市配置足量的植物，从理论和理想上而言可以维持空气中氧气和二氧化碳的平衡。

即便能够精确地计算出城市二氧化碳的产生和消弭，可城市中仍不可能种植足够的植物，正是因为大量的建筑集中在一起提供相应的服务功能从而称其为城市，但如果大范围种植植物则会使建筑之间的距离大大增加而急剧减弱了可达性、通达性和外部效应，这也就是所谓的

"森林城市"等规划理念很难实现的原因。

2. 调节温度,降低太阳光照

城市的下垫面经过长时间人为改造,主要由沙石、混凝土、砖瓦、玻璃、沥青为主的碎片广域拼贴,构成了城市固化的表面形态,通常城市片区的表面硬化程度能够超过 78%,水面和绿地面积占 16%,暴露土壤仅占 6% 左右(这组数字为浙江中部城市的均值),城市人为热的释放量比乡村大大增加,加上通风条件较差,热量扩散较慢,形成特殊的城市"热岛效应",且热岛强度随城市规模的扩大而加强。同时,城市非自然的表面层较容易大量吸收太阳辐射,暴露在阳光下的路面温度可能达到 60 ~70℃。相对应地,植物在夏天能吸收 60% ~80% 的日光能和 90% 的辐射热,大部分热能被植物的光合作用和呼吸作用所消耗。连续的行道树植物可以在高温的建筑组群之间交错形成连续的低温走廊带,起到良好的局部硬化表面降温作用,尽管这种降温效应仍需要深入研究,可是行走在植物荫影下的行人却能够直接受惠于此。同时冬季寒气向下流动时,有植物覆盖的环境可以阻挡部分寒流下沉,相应提高植物下部空气的温度。所以,合理配置植物构成的城市绿地系统,既能够提高城市绿地率和绿量,又可以调节环境温度。

3. 调节湿度

城市下垫面的广域硬化和下水道系统,使城市表面无法停滞雨水,而这些雨水原本应该有机会下渗入其下端位置的土壤。城市铺装下方的土壤得不到水正常的补充,即原来水的循环遭到源头性质的破坏,水分不是蒸发得太快(干岛效应或沙漠化)就是淤塞不散(长时间雾霾)。植物本身具有生理蒸腾作用,即把其从根部吸收以及贮藏在体内的水分以水蒸气的形式蒸发到空气中,以降低自身的表面温度同时形成物流压,附带使周围空气湿度增高。相同地,在潮湿时植物的根系能从土壤中吸收并贮藏大量水分,使空气湿度降低。所以植物具有调节空气湿度的功能,这种功能和植物量成正比。城市树林内空气湿度较裸露地高 9% ~21%。面积超过 5.21ha 的绿地斑块形成生态场效应(小于此面积则不容易形成生态效应规模),可调节湿度的范围可增至 39.54ha。因此大量配置植物,可以有效地调节空气湿度。

4. 净化空气、监测环境

城市空气中含有粉尘、二氧化硫、氟化氢等多种有害物质。经由呼吸道进入人体,有一些会逐渐集聚起来引发慢性或严重的疾病,有些表现为诱发急性疾病或过敏。植物叶片或其他器官对各种已知空气中的有害物质均有一定的吸收、吸附与停滞能力,有些物质甚至可以为植物所用。足够数量的"有害物质富集性"植物配置,可以有限地净化空气。同时某些植物对某种有害气体敏感,微量即会发生病症,学者称之为"环境污染指示植物",这种敏感性可以用来进行环境污染检测。

5. 降低噪声

人们生活在高密度城市中,只要声音不为"自我"所用或超过生理承受范围,皆可以称为"噪声",城市的噪声事实上无处不在。当声波穿过植物时,层层叶片和其细胞的微隙环境对声波散射和吸收都损耗声音的波动能量,在河北省保定市进行 50m 宽的杨树防护林带进行试验测算,当 90dB(人的忍耐极限为 70dB)的噪声穿过时,到达另外一端的音量已经降至 30 ~36dB,同样试验在浙江金华穿越 26m 宽樟树林带时即可实现。可见行道树、防护林带、城市绿楔的枝繁叶茂植物都可以起到较好的减噪作用。

6. 杀菌防病、气味芳香

植物随时经由各个器官分泌出各种生化物质,甚至是死亡器官或其部分,有些由叶片的气孔细胞挥发到环境中，具有一定的标示性气味（香气）和杀菌作用。如树脂、香胶等能杀死葡萄球菌，配置此类植物可以消灭空气中散布的各种有害细菌，防止发生疾病。

很少有植物种会散发出人们不喜欢的气味，尽管对于气味的好恶不同的人表现出较大的不同，但大多数植物营养器官或生殖器官一旦散发出气味，一般都会受到欢迎，比如松科植物周身散发出松脂的气味，各种植物的花散发出花香等，若干年前即已有"嗅觉园林"设计思潮，其实中国古代这种思潮应该早已大行其道，只是早已被人遗忘而已。这种设计思路是通过配置"有味"植物来达到静心凝气，甚至是心理康复治疗作用。西方正在积极地进行此方面的研究，他们希望借此能够彻底治愈或缓解抑郁症和孤僻症，对于这些核心原因在于精神的疾病，看起来特别需要使用这些非常规方法。

7. 净化水体、土壤

城市的土壤和水体都可能被一定程度地污染，虽然植物配置的净化作用有限，但学术界对重金属富集植物、植物耐受阙域等研究正在广泛和深入的进行中，并已经取得了很多具有推广价值的成果。植物根系可以有限吸收或耐受土壤和水中的有害物质事实确凿，并可以通过后期养护手段加以利用达到净化环境的目的。如水葱、田蓟、水生薄荷等能杀菌，并吸收有毒物质，降低水体生化需氧量；在河北保定试验地经测算每平方米芦苇一年可累计吸收 6kg 的造纸厂工业污水，此种污水经芦苇种植一年，其水中的悬浮物减少 30%，有害物质减少 76%，总硬度降低 45%。外来的原本属于生态灾难种水葫芦能从污水里吸取汞、银、金、铅等重金属物质，并能减少酚、铬等有机化合物。只是这种净化的速度和能力对于排放的速度和量能来说太慢与微弱。

8. 通风、防风

楔形绿地植物配置形成的廊道如果与季节性常风向保持一致，就可以起到通风、引风作用。反之，如果配置常绿树林带与风向垂直，即可起到防风或滞风作用。

植物体本身也能自然地制造出小环境对流，由于夏季绿地气温较铺装地的低，相对冷的空气向无林地流动而产生了约为 0.7 ~ 1.2m/s 的微风。这对于调节城市局部的气温有一定作用。线廊型植物林方向与位置的不同也可以加速或改变风向。

二、景观功能

1. 表现时序景观

随着季节的变化而表现出不同的季相特征，使得植物在任何时刻都能表现出观赏价值，其春季繁花、夏季成荫、秋季硕果、冬季枝虬干劲。这种盛衰荣枯、元亨利贞的生命节律，为园林植物配置设计造景四季时序景观提供了条件。根据植物的季相推演，将不同花期的植物搭配种植，使得同树异时出现某种特有景观，让游人体会时令的变化。当不同种类但特征趋同的植物配置在一处，甚至可以强化季相特征。

若利用园林植物表现时序景观，对其生长发育规律和四季变化表现须有深入的了解，根据植物材料在不同季节中的不同色彩、质地、果实、叶片情况来创造园林景色供人欣赏，引起人们的时空感赏。园林植物的时空变化是非常丰富的。四季的演替使植物呈现不同的季相，给人以白驹过隙的岁月消逝感觉，而把植物的不同季相应地用到园林配置中，就构成四时演替的时序景观。

2. 营造空间变化

植物作为真实的三维实体，恰当布置可以构成空间。高大乔木如果枝繁叶茂则本身即可视为单体建筑，何况修剪整形后的绿篱、爬满棚架及屋顶的藤本植物，或者成排的植物树干，以透视的角度来看感觉都像一堵不能被随意穿越的墙体，因此植物也像建筑、墙体、山体一样，具有构成、分隔、围合、续断、引起空间变化等障碍性功能的能力。植物在三维空间的变化，是通过人们视点、视线、视境的改变而产生，所谓“步移景异”的空间景观变化即由此生。造园中运用植物组合来划分空间，形成不同的区间或节点。根据场地空间的大小，树木的种类、分枝的高度、叶密度、树形姿态、植株数量及配置方式来组织空间。一般来讲，植物布局宜根据实际需要安排疏密错落，在有景可借的地方，植物配置不可喧宾夺主，疏松得以透景，两边植物树冠形成框景或保持透视视线通透。对景观效果差或需要故意进行遮挡的地方可用较高叶密度的植物材料加以遮挡，如配电房、水泵房等。

大片的草坪景观（或硬质铺装），四面如果没有高出视平线的景物屏障，视界会显得十分空旷、浩瀚；如果驻留在这样的空间内较长的时间，也会让人在心理上感觉自我极其渺小。但如果用高于视平线的乔灌木围合环抱或部分边植，就会形成部分或完全闭锁空间，边植植物树身高度决定其仰角大小，它们成正比关系，闭锁郁闭性也随树身高度增加而增大。所以在园林景观设计中可以应用植物材料营造或开朗或封闭有规律变化的空间景观，一览无余和“庭院深深深几许”是截然不同的两种意境。在庭院中用高低不同的绿篱分隔空间，可以形成私密性或安全感，复杂的植物造景以增加庭院园林的趣味性，如图 1-4 所示。

园林中如果地形原本具有高低起伏，植物配置可以增加或削弱物理空间的变化，如图 1-5 所示。例如在地势较高处种植高大乔木，会使地势显得更加高耸肃，植于凹处，可以使原来凹陷的地势趋于平缓。在园林景观营造过程中，我们可以应用这种功能巧妙地配置植物材料，形成更丰富的地形景观，与人工地形改造所需要的经济消耗相比更具备优势。

图 1-4　即便最简单的植物也会产生空间景观

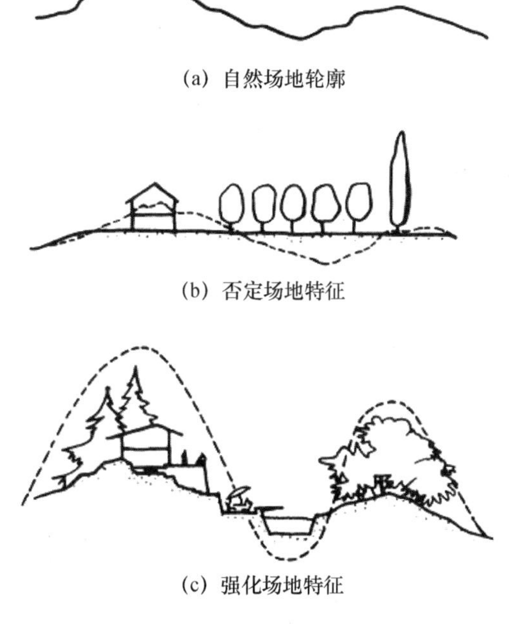

(a) 自然场地轮廓

(b) 否定场地特征

(c) 强化场地特征

图 1-5　对地形的三种处理办法

3. 用园林植物创造观赏景点

某些园林植物本身就具有独特的色彩、姿态、风韵之美，既可孤植以展示个体之美，又能按照一定的美学方式配置，表现植物的组合之美，还可根据各自的生态习性，安排与搭配，营造出乔、灌、草三层次结合的群落景观。

银杏、喜树、湿地松等乔木树干通直，气势轩昂；油松、龙爪槐、黑松等乔木曲虬苍劲、曲折卷转；柳树枝条柔曼婀娜；雪松、水杉傲然肃立，这些树木孤立栽培即可构成园林主景。而秋季变色又落叶的植物种，如黄栌、法桐、枫香、鸡爪槭、银杏、柿树、重阳木、乌桕等大片种植均可形成“霜叶红于二月花”“万山红遍，层林尽染”的景观。又有许多观果树种如石榴、火棘、枸骨、金橘、朱砂橘、海棠、佛手、山楂、代代等，累累硕果呈现一派丰收的景象。

图 1-6　园林行业进步的结果，是花草种植逐渐增多

草本花卉因为种类多、株体矮、色彩丰富，故而园林应用普遍，形式多样，如图 1-6 所示。草本花卉既可室外露地栽植，又能室内盆栽摆放，组成花坛、花境、花带、花岛等。花草点缀城市环境，可以快速地搬运、堆积以实现景观效果。

另有克服地方气候的异域景观植物材料，因为具备和生态本底截然不同的景观特征，所以显得特别具有异地风情。棕榈、大王椰子、假槟榔、木瓜、菠萝蜜、芒果、榕树在其当地没有什么稀奇，可是如果迁入内陆地区，可以营造出热带风情。雪松、银杏、法桐与大片的草坪营造出疏林草地的欧陆风情，而花窗透竹影、九曲纷落英、残梅影疏斜、秀草绕台阶表现出是小桥流水的江南传统园林的意韵。

4. 营造乡土景观

植物生理的气候适应性差异，致使不同地域环境自然地形成不同的植物景观。根据生态本底、环境气候和水土条件选择适合项目地生长的植物种类，营造具有地方特色的景观，无论是苗木采购、苗木调运、种植难易程度还是后期维护成本均能达到较为经济实惠的结果。各地在漫长的植物栽培和应用观赏中形成了具有地方特色的植物景观，并与当地的历史文脉、地域风情、地区文化融为一体，甚至可以形成具备独一性的地方特色景观。如北京的国槐，安吉的毛竹（安吉大竹海），金华的桂花，大理的山茶，深圳的叶子花、蓝花楹、木棉，茂名的荔枝，广东的榕树，海南的椰树等，均具有显著的地方特色。外来种虽然能够带来异域风情，可也给园林植物后期养护带来种种不便，同时伴有较沉重的经济消耗。因此，运用具有地方特色的植物材料营造植物景观，对保持地方文化，建立地域的归属感具有重要意义。

5. 借助植物达意

借园林植物表达园主的志向或传达一定的语义是中国传统园林植物配置高度艺术化的经典造景语言和宝贵的意境文化遗产。中国植物栽培历史悠久，诗、词、歌、赋、笔记、杂记等文学作品，各种农书和民风民俗都留下了描述植物的优美篇章，并为各种植物材料赋予了人格化内容，中国人从来都能够既欣赏植物的形态美又能将情感升华到欣赏植物的意境美，这是中国人的天赋，亦是中国文化的福泽。

中国传统园林植物配置造景设计时常使用借助植物抒发情怀、借物言志、寓情于景、情景交融的造园方法。松树苍劲古雅，不畏霜雪严寒的恶劣环境，高洁、长青；梅树耐霜仍发，枝疏色艳香传久远，铁骨冰心、傲骨怒放、高风亮节、万事如意、坚忍不拔、不屈不饶、奋勇当先；竹

"未曾出土先有节，纵凌云处也虚心"，虚心有节、坚强不屈、宁折不弯、中通外直、质朴醇厚、清奇典雅、文静怡然。三种植物合称"岁寒三友"。这种配置形式，意境高雅而构图美观，江南园林中时常使用。

6. 烘托建筑、雕塑

植物总是呈现柔软的质感，用柔软质感的植物材料可以烘托或增强坚硬的几何式建筑形体。如墙角种植、基础种植、墙面绿化等形式。一般来说，植物要和建筑的体型相匹配，体型较大、玻璃（金属）立面、视线开阔的建筑物附近，适宜选择枝粗干高、叶面积大、质感粗糙、树冠开展或长三角锥体的树种；在玲珑小巧的建筑物或园林构筑物的四周，适宜选栽一些枝态轻盈、枝繁叶茂、叶小而致密的植物种。园林中的雕塑、假山置石、喷泉、建筑小品均常用颜色较深的植物材料作背景，通过色彩对比和植物空间围合来突出前置的主体构筑物。

三、经济功能

园林植物直观的经济功能，见表1-1。

表1-1　园林植物的经济效益

类别	具体应用	代表性植物
木材加工	各种建材、包装用材	红松、美国花旗松、欧洲赤松、落叶松、樟子松、杉木、水曲柳、白蜡、椴树、核桃楸、柚木、芸香、银杏、黄檀、紫檀、香椿、黑械、栓皮栎等
畜牧养殖	作为饲料、肥料	紫花苜蓿、红豆草、象草等
燃料	薪材	落叶松、白榆、杨树、云杉、各种松类落叶、松类断枝落果等
工业原料	植物皮、根、叶可提炼油脂或工业原料固体等	油松、红松等可提取松节油、松香油；橡胶树可提取橡胶等
药用价值	药用植物、各种中草药	妊娠、白芷、金银花、贝母、何首乌、桑树、沙棘、芦荟、杜仲、红花、番红花、唐松草、苍术、银杏、园参、旱芹、旱莲、松、梅、桂、皂角、佛手、苓、辛夷、姜、连翘、桃、杏、沙参、柑橘、蒲公英、枇杷、松、卷柏、葱、泽兰、泽泻、茜草、柳、多数芳香植物等
食品	种子、果实、茶、食用油	苹果、李、梨、桃、葡萄、枇杷、香蕉、核桃、板栗、柿、石榴、松子、榛、无花果、莲藕、莲子、茭白、荔枝、龙眼、柑橘、油茶、茶树、葵花籽、桑葚、覆盆子、草莓等

园林植物的经济功能主要有三个方面，第一为作为商品在市场上交易或流通时，以货币为标准尺度所能实现的经济价值，第二是其既持续实现又难以度量的植物生态功能和景观功能的经济价值，第三为衍生价值。前者可以叫做间接价值，居中者可以看作直接价值，后者是园林作品中植物正常生产物，比如植物营养器官和生殖器官等。已经种植在园林作品中的园林植物，对于最初的生产性质的所有者而言，已经实现过间接价值，因为很有可能从此不再参与市场交易，所以间接的经济价值已经固着下来。无论以后其相同植物种如何提价，它们均已失去了间接价值的再实现意义。野地苗木有权属证的归权力人，没有权属证的归属于集体或国家。植物和其他不动产存在极大的不同，那就是即使所有权人需要做出对植物进行砍伐、移植、出让等行为，仍然需要事先对所在地林业部门提出相应的申请，得到批准后方可执行相应的行为，如果没有得到批准，即使拥有植物所有权仍然不得擅自开展任何容易导致或可能导致

植物死亡的行为。园林中的植物所有权要协同于园林作品的所有权,也就是说公共性质的园林作品,其植物归属于全民所有;而私家园林、住区园林中的植物所有权归属于私人或全体业主所有。住区园林作品的物管单位没有所有权,但有相应的对园林作品实施管理的义务,按照合同必须提供和付出相应的养护劳动,物管部门如果没有养护能力,并且一年的总养护款超过50万元的,必须通过合法的招投标程序转移其养护义务,养护单位的选择必须由业主大会通过方才合法。城市林业部门对城市辖区范围内的名木、古树、林木、防护林等所有植物都有监管权,并依法实施监管义务。没有提出申请,任何人对非所有权的植物进行砍伐、移动、修剪、专卖都是非法行为,必须受到相关的法律惩处。植物所有权人拥有植物生产物(衍生价值)的处置权,在不危害植物本身的情况下可以出售植物正常生产的种子、果实、叶等,但如果跨地区销售,需要经过植物检疫部门的批准,并取得相应的植物检疫证书、植物产品运输检疫许可证等证件,否则被视为非法(具体细则需要参见相关法律法规与行业规范)。

园林植物在最终植入园林作品之前可能已被多次转卖、运输和假植,特别是较为名贵或稀缺的植物,但是无论怎样转手和次次加价,植物的间接价值因为有货币作为参照物,总归容易和方便衡量。可是植物由于持续的生命力,所产生的生态效益和美学效益这样的直接价值,就难以累计。但是难并不是不能,本书在其后的植物景观美景度评价中会详细地给出数学量化的过程,并给出方法论的可行性论证及验证性结果,在这里就不再赘述。

园林作品中植物的生产物(衍生价值),虽然不是园林作品的主要产品,但是它尚有一定的经济用途,能满足社会的某些需要。比如植物自然生长产生的植物种子(可供食用、香味等)、果实、园林植物正常的维护修剪后产生的可供扦插的枝条等,再比如园林作品因为台风、干旱等不可抗拒的自然原因发生的植物死亡,所产生的植物料材、树皮、根等。如果综合开发、加以利用,都能通过商品交易获得一定的经济价值。衍生价值是园林养护单位的次要产品,不是其生产活动的主要目标。并且销售价格可能较低,如果销售,则收入大大低于主产品。

1. 衍生价值的基本要求

首先需要确定成本计算对象,就是费用归集的对象,或者说是成本归属的对象。进行成本计算,必须首先确定成本计算对象,也就是耗费各种投入品后形成的产出物,是“制造”活动取得的直接成果,即“产品”。如园林植物的果实、苗圃生产的园林苗木、农业生产的粮食、园林养护单位承担的养护工作任务等,都是一种“产品”,都是成本的计算对象。

其次是选择恰当确定成本计算期,即多长时间段周期计算一次成本。从理论上说,产品成本计算期应该与产品的生产周期相一致。但这种情况只适合于传统企业的生产过程(售出一批承接一批),即第一批(件)完工了再生产第二批(件)的单线程情况。而事实上现代园林内的植物衍生物总是在不断地绵延生成,不太容易分清前后批次。在这种情况下,按批计算成本显然是很困难的。并且,衍生产品的不确定性和偶发性,只有人为地划分成本计算期(一般是以一个月作为一个成本计算期),成本计算才有可行性。

最后是正确选择衍生产品的成本计算的方法,由于植物各自的生长情况千差万别,衍生产品的成本的具体计算方式也不可能有统一的模式。可以应用几种常用的成本计算方法,即品种法、分批法和分步法等。

恰当地确定衍生产品成本计算的对象,不是一件容易的事。因为园林的规模、植物配置形式和各种需要的技术要点不同,成本计算的对象也会不一样。例如,有些园林引入水禽,目的是为了清除造成负氧化浮萍等害草，这样原本是害草的浮萍就成了园林项目中的衍生物，而水禽成为衍生产品。在水体中的游憩活物，甚至可能提升园林作品景观的生动性，使其招揽更多的游客，为园林业主产生了更多的门票或来园消费（对于园林业主而言，这个收入是主要产品）收入。对于衍生产品，如图 1-7 所示，园林通常不能成批生产，并且实施的步骤少，一般可以直接以产品品种为成本计算对象，这种方法称为品种法。如果产品生产是以按批生产为主，则以批次作为成本的计算对象，这种方法称为分批法。如果衍生产品生产要分成若干个步骤，中间有半成品，并且产品是连续不断地大量生产或大批量地生产，则以每个步骤的半成品和最终产品为成本的计算对象，这种方法称为分步法。

图 1-7　园林植物的衍生产品，如金桔的果实

2. 合理设置成本项目

为了比较全面、系统地反映衍生产品的成本耗费情况，使成本计算能提供比较丰富的信息，在计算园林的衍生产品成本时，不仅要计算产品的总成本和单位成本，而且要对总成本按用途分类，以反映衍生产品成本的组成和结构。这样便于我们对成本进行控制。通常在计算产品成本时，一般把成本分成三个项目，即①直接材料；②直接人工；③产品生成的消耗费用。在经济学领域，有些生产类型的企业规模比很大，生产过程比较复杂，成本项目分得比较细。但是对于园林养护单位而言，衍生产品性质决定了其生产过程的简单性，可以只划分为两个项目，即①材料费用；②其他费用。所以，在这里我们就可以看到，如果非园林项目合同人以外的人群为了获得园林项目内植物衍生物而实施的暴力行为，园林所有者非但损失了正常获得衍生产品的费用，同时需要支付额外的养护费用。

3. 合理选定投入费用和利益分配标准

一般经济投入和利益分配的原则是"谁耗费，谁多得"，或者是"谁受益，谁多负担"。但是，要对费用进行精确的分配是比较困难的，要对一定对象所发生的成本消耗（受益）情况进行准确的计量，同样是比较困难的。在对费用进行具体分配时，一般是选择一定的标准来进行分配。比如，材料费用一般可以按产品的重量、体积或定额消耗量进行分配，人工费用可以按工时进行分配等。选择分配标准存在一定的主观性，但应该选择比较客观、科学的标准来对费用进行分配，这样就能够比较真实地反映一定对象所实际发生的消耗情况。另外，某一种标准一旦被选定，不要轻易变更，否则就违反了一致性原则。因为分配标准的不同，也会人为地造成计算结果不同。

衍生产品计价过程往往是比较复杂的，园林作品的生产支付费用发生后，其用途往往不止一个，获得生产的衍生产品也可能不止一种，成本计算的对象也不止一个。这样，一项支付费用发生后，往往不能直接地、全部地记入反映某一个对象的明细账户，而需要把这项费用在几个对象之间进行分配。对于园林项目而言，衍生产品的利润是不是应该和园林后期养护单位共享，也应该按照以下原则，并应该在合同中明确给出。如果园林权属人认为，园林作品的归属权属于自己，则自己地块上的一草一木的副生利润也应该归属于自己。如果这样，业主可能会因为利益独断而导致恶性事件的发生，需要三思。最好的办法是在合同中规定衍生产品的利润分成比例。其实，经过我们多年的实际测算，比如在园林植物的果实成熟前，采摘园林植物果实，以苹果为例，需要投入的劳动力、物料、后期养护价值，占据了总收益的60%（可是如果放置不管，不进行采摘，则可能造成后期必须投入相对于整体果实利润的260%来进行维护，这对于两个利益体都有很大的损失）。这样，园林养护单位和园林作品业主的衍生产品利润分成比例应为7∶3～9∶1就比较合适。

4. 植物衍生产品计算

（1）按生产工艺过程的特点来分

可分为：①单步骤生产，也叫简单生产，是指生产技术上不间断、不分步骤的生产。比如较单一植物器官采收等。②多步骤生产，也叫复杂生产，是指技术上可以间断、由若干步骤组成的生产。如果这些步骤按顺序进行，不能并存和颠倒，要到最后一个步骤完成才能生产出产成品，这种生产就叫连续式复杂生产。比如园林作品的场地分块多方租赁，如果这些步骤不存在时间上的继起性，可以同时进行。

（2）按生产组织的特点来分

可分为：①大量生产，它是指连续不断重复地生产同一品种和规格产品的生产。这种生产一般品种比较少，生产比较稳定。如切花、园林植物生产型园林企业等。大量生产的产品需求一般单一稳定，需求数量大。②成批生产，假如园林作品面积较大，衍生产物种类多且数量较多，而且需要成批轮番地组织生产。这种生产组织是现代企业生产的主要形式。③单件生产，它是根据每一件植物衍生物来组织生产。这种生产组织形式并不多见。主要适用于一些大型和足够复杂的产品。如森林公园、省级湿地公园或面积超过10km^2的大型园林。

不同的企业，成本管理的要求也不完全一样。例如，有的企业只要求计算产成品的成本，而有的企业不仅要计算产成品的成本，而且还要计算各个步骤半成品的成本。有的企业要求按月计算成本，而有的企业可能只要求在一批产品完工后才计算成本等。成本管理要求的不同也是影响选择成本计算方法的一个因素。

（3）衍生产品计算方法的确定

不同生产方式，导致投入与产出计算的方法也不一样。区别主要表现在三个方面：一是成本计算对象不同，二是成本计算期不同，三是生产费用在产成品的分配情况不同。常用的成本计算方法主要有品种法和分步法。①品种法，是以植物衍生物品种作为成本计算对象来归集衍生产品的生产费用、计算衍生产品成本的一种方法。由于品种法不需要按批计算成本，也不需要按步骤来计算半成品成本，因而这种成本计算方法比较简单。品种法主要适用于大批量单步骤生产的园林作品。②分步法，是按衍生产品的生产步骤归集生产费用、计算产品成本的一种方法。分步法适用于大量或大批的多步骤生产。如大型园林作品或大面积同种种植的园林等。分步法由于生产的数量大，在某一时间上往往既有已完工的衍生产成品，又有未完工的在衍生产品，不可能等全部产品完工后再计算成本。因而分步法一般是按月定期计算成本，并且要把生产费用在产成品和半成品之间进行分配。

（4）计算公式

既然植物衍生产品是次要产品，对园林业主的收入和利润都影响甚微（更多的时候主动收获却常常利润不多，但是坐视不理，却可能造成额外的经济损失，我们主要担忧后者），通常确定副产品的扣除价格从联合成本中扣除，所以衍生产品成本计算的关键是衍生产品的计价。①衍生产品的扣除成本为0，当衍生产品价值极微时，假定其分配的联合成本为0，联合成本全部由主产品负担，衍生产品的收入直接列入利润表的其他业务利润。②衍生产品只负担继续加工成本,联合成本归主产品,衍生产品的收入列其他业务收入,衍生产品继续加工成本列其他业支出。③衍生产品作价扣除,把衍生产品的销售价格扣除继续加工成本、销售费用、销售税金及合理利润后作为扣除价格,再从联合成本中扣除。④联合成本在主衍生产品间分配,如果衍生产品在园林总体销售额中还能占据一定的比例,可以按照联产品分配的办法来分配联合成本,使衍生产品占少量成本,这种方法相对准确。衍生产品所分配的联合成本加上继续加工成本就是衍生产品的成本。

$$¥_{衍生产品扣除单价} = ¥_{单位售价} - (¥_{继续加单位成本} + ¥_{单位销售费用} + ¥_{单位销售税金} + ¥_{合理的单位利润}) \quad (1\text{-}1)$$

5. 园林作品可能的衍生物种类

(1)昆虫类(所有权需要仔细厘清)

园林作品中如果原来既有观赏动物,则其归属权属于园林项目业主,包括其蛋、成年体、幼仔等。可是园林养护项目中由养护单位为了完成特殊的养护工作而引入的动物,则应该按照合同,进行动物主体、衍生物、衍生产品、衍生产品利润进行合理分配,以避免发生经济纠纷。物理灭杀的昆虫,由于虫尸未经过化学药物污染,如果数量大完全可以作为家禽的蛋白质饲料,则可能创造出相当的经济效益,害虫量预期公式可以定为:

$$I = \left(\frac{naC}{100} - \frac{naCT}{10000}\right)p \quad (1\text{-}2)$$

公式中全部数值为 $1m^3$ 的计量:I 为预期可能出现的害虫数量;n 为产卵期害虫数量;a 为雌虫占该种害虫总数的百分数;C 为该种类害虫的平均繁殖力;T 为虫卵感染寄生菌、天敌动物、真菌、细菌和非寄生菌病害的百分数,这个指数常常是制止害虫大批繁殖的主要因子之一,影响害虫种群的生命力;p 为农业水文气象系数,因为可能多个观测点的系数存在差异,则该系数为群体系数的平均数。

假如,农业水文气象系数 p 的绝对值等于 0,则 I 值也等于 0,例如,地老虎在温度为 -11℃时候全部死亡。该系数和计算公式为:

$$p = \frac{p_1 + p_2 \cdots\cdots p_m}{m} \quad (1\text{-}3)$$

把构成公式的多个观测点的系数代入公式,即可求出园林养护项目的平均系数。

$$p_m = \frac{I_m}{I_1} \quad (1\text{-}4)$$

公式中,I_m 为一个季节害虫实有数,则:

$$I_1 = \frac{naC}{100} - \frac{naCT}{10000} \quad (1\text{-}5)$$

于是可以根据公式(1-6)计算出幼虫、蛹及成虫期害虫数量:

$$I = \left[\left(n_1 - \frac{n_1 b}{100}\right) - \frac{n_1 C}{100}\right]p \quad (1\text{-}6)$$

公式中,I 和 p 与公式(1-2)相同;n_1 为越冬害虫数量;b 为越冬前还没有发育到越冬阶段的个体数量(%);C 为幼虫、蛹和成虫的染病律。

另外有些昆虫还可以产生出人意料的衍生物,比如蝉蜕、蜂蜜等。

(2)动物类

为了解决浮萍造成景观水体负氧化,园林作品可以投放喜水禽类。比如在园林中投放的鸭可以不再供给任何其他的饲料，只是任其采食浮萍及院内昆虫。通常鸭与浮萍的关系大略为，1只鸭可以在15天中净化5m^{2}的浮萍，3个月就可由鸭苗增重至成鸭。1只鸭在3个月中可以产生5kg粪便，收集这些粪便并腐熟，可以给园林植物提供肥料，达到产业链效益。园林作品亦可养鱼，在不提供任何饵料情况下既杀灭水体中的害虫（孑孓等），也能取得一定的经济效益。

（3）可入药杂草等（非图纸设计植物类）

药类杂草的经济效益也很可观，因为本来就是应该清除的，所以园林业主获得这一部分效益是理所应当的。

（4）植物类（图纸设计植物类）

①果实。大多数植物果实都具备一定的经济价值，未成熟而采摘的可以使用乙烯利催熟，或出售给果脯、罐头食品单位。②种子。莲藕（产莲子）、无患子（产无患子）、国槐、罗汉松、银杏、红豆杉、柏树、榧、板栗、麻黄、苦楮、八角、五味子、腊梅（果可制成干果，制成药材）、樟树、肉桂、花椒等种子或者比果实更具有经济价值。③花。很多植物的花除了具备观赏价值以外，可能还具备药用价值、食用价值和额外的经济价值。④根与茎皮。有很多植物的根与茎皮可入药或食用。⑤叶。入药或食用。如果说植物周身都是宝，于很多种类而言并不为过。

6. 植物衍生物的利润实现

植物衍生物的经济化实现，是多工种和多单元合作的结果，园林业主可以自己实现衍生物的利润，也可以在社会中寻找相关合作。其实园林业主大可不必在乎衍生产品的蝇头小利，如果把这一类利润让给养护单位，可以收到意想不到的效果。通常可以先建立最初的较为简单的销售部门，设置兼职人员，然后逐渐成立部门级企业实体（分公司）。园林衍生产物通常是园林作品中的工作过程产生的废物，可是废物放在正确的地方并妥善利用，完全可以变废为宝，甚至利润有可能超过主产品。销售应交由销售部门具体处理，只是对利润实现提出几个需要特别注意的事项：应与园林养护者做好协调，并做好营销策划，如果衍生物的产能恒定应有长远计划（比如商标、商业名称等策划、促销手段、定价等），应做好目标市场计划，事先做好抵御低档次竞争、SWOT分析、购买者分析等工作。植物衍生产品可能有新鲜质量期限，过期则可能不新鲜而失去销售价值。所以时效性也是销售者应该充分考虑的因素。

第三节　植物配置的预见性

预见性的强弱关乎个体能力的大小，而预见性的评价一般是通过时间的递进来完成，“事后诸葛亮”完美地阐释了个体预见性的成败，社会生活中时局的复杂程度、缺少递进性规律、多发的横生枝节和事到临头的迅猛速度常常让大多数人的预见性失灵。每个人对事不关己的事务多少都有些预见性，置身于外时常常能够有较准确的判断，可是如果深陷其中，则受到种种自身利益的各种选择方向掣肘，吉凶悔吝让人难以取舍，而判断的时间常常短促，个体经验的不足和体力的持续下降，让我们常常做出生物性（生理性）的判断或行为，所以常常有人“非理性”的生物性行为（冒失、鲁莽等）爆发，乃至做出致人叹息的过失和难以挽回的结果。如此则可以总结为“预见能力较强者”的必要条件或者说综合素质，它们是：强壮的体魄和强大的精力（即长时间动脑也不容易疲倦）、深厚的经验（同类型事务的处理经验）、丰富的知识底蕴和链接知识的能力、快速反应能力、迅速评估自己和对手能力差值、沉着冷静的定力、打乱别人部署的能力、看透事物本质的敏锐、能够低头示弱的决心和走一步就踩实当下一步并看好下一步的良好行为习惯。

预见性充斥于我们生活的方方面面，而园林设计从业者具备的预见性内容相对固定并且外延或许更为丰富。预见性从时间跨度而言，可以分为短期预见和长期预见，前者多表现为突发事件的处理，多发生在社会生活中；后者多为设计、计划和规划，多发生在具体的行业实务中。

对于过去、现在和未来这个时间维度，预见性解决整个维度的问题，而创造性解决未来的问题，两者都非常重要。我们现在接触到的项目给设计者预留的时间非常少，我们需要在有限时间内完成尽可能完善的任务，这需要设计者必须有较高程度的“专业性的预见性”，如果把社会生活的预见性套用“专业性的预见性”是可以的。

植物配置知识体系（图1-8），泛指一定范围内或同类的植物配置知识按照一定的秩序和内部联系组合而成的整体，是不同系统组成的系统。该体系遵循自然界的自然法则，而因为有了人类的参与，导致该体系复杂化。影响这个体系的因素除自然和人的干预之外，还有人类社会对其利用发展的演进变化。

园林行业中有一些大家约定俗成的习惯，如园林作品定植之前的植物均称呼为“苗”而非“树”“草”等，甚至“苗”和植物株龄没有直接关系。如果特别强调苗的年龄，也仅在前面增加前缀而已。“大苗”的意思并不仅指该苗的体积，还指代其较为年长。一般而言，胸径超过15cm的香樟（*Cinnamomum camphora* (*L.*) *Presl*）苗，就已经可以被称作大苗，可是这个体量对于法桐（*Platanus* ×*acerifolia* (*Ait.*) *Willd.*）而言还只能算小苗，所以苗的大小因种而异。园林的主要工作均围绕植物开展，植物都是活的生命体，它们无论定植时年龄是否有差异，也无论这种差异是否悬殊，可是一旦完成了设计实现，就要在那个地方完成整个的生命过程（生老病死）。相同的时间内，幼龄苗、小苗、截干的大苗会发生体态上的剧烈变化，全冠苗或弱截干大苗也会逐渐枝干增粗、树冠增大，这些均需要设计师进行准确的预见。

植物配置设计造景的植物是依照人类的意愿，并非经过自然本身的筛选，人类应用适当的方法和手段，将蕴含与自然中的景观加以提炼、变化和改进，形成新的环境中的景观。植物通过自身的状态变化，也会传达某些方面的信息，但时间要久一些，并且需要一定的植物养护经验进行解读。它们在那里增加体积，相互竞争或合作，完成自然生态群落本应该完成的那些过程，这也就是说，如果完全不照顾（管理，任由它们自行野化）它们，它们中的一些可能会因为设计时考虑不周全而死亡（遭受自然淘汰）。人类通过园林管理虽然可以暂缓此淘汰过程，可是却不能解决根本问题。植物配置的预见性的作用正是针对这个问题，期望减少不必要的经济浪费。

园林作品是一种能引起人们多方面最佳感受的艺术形式，投资人、设计者、施工者、维护者和管理者通力合作，是信息流、物质流和经济流三流合一的物质形态。为了保证将经过周密设计的方案在既定场地得到最大可能的实施，我们注重园林设计的艺术性（感性）的同时，也注重科学性（理性）。在本书接下来的内容中读者可以看到，一个园林项目的最终实现，在未计入养护成本时，已经达到700～800元/m^2的造价（按照2012年国家标准造价目录），可见作为设计者，不容有较大的失误，这样对于他们而言，不但要有三维空间作为基础，运用知识体系，还必须有四维（时间轴）的预见能力（想象力）。这样看来，植物配置设计是连结园林作品过去和未来的纽带。当然，设计者的个人风格和其艺术水准也直接影响其预见性水平。

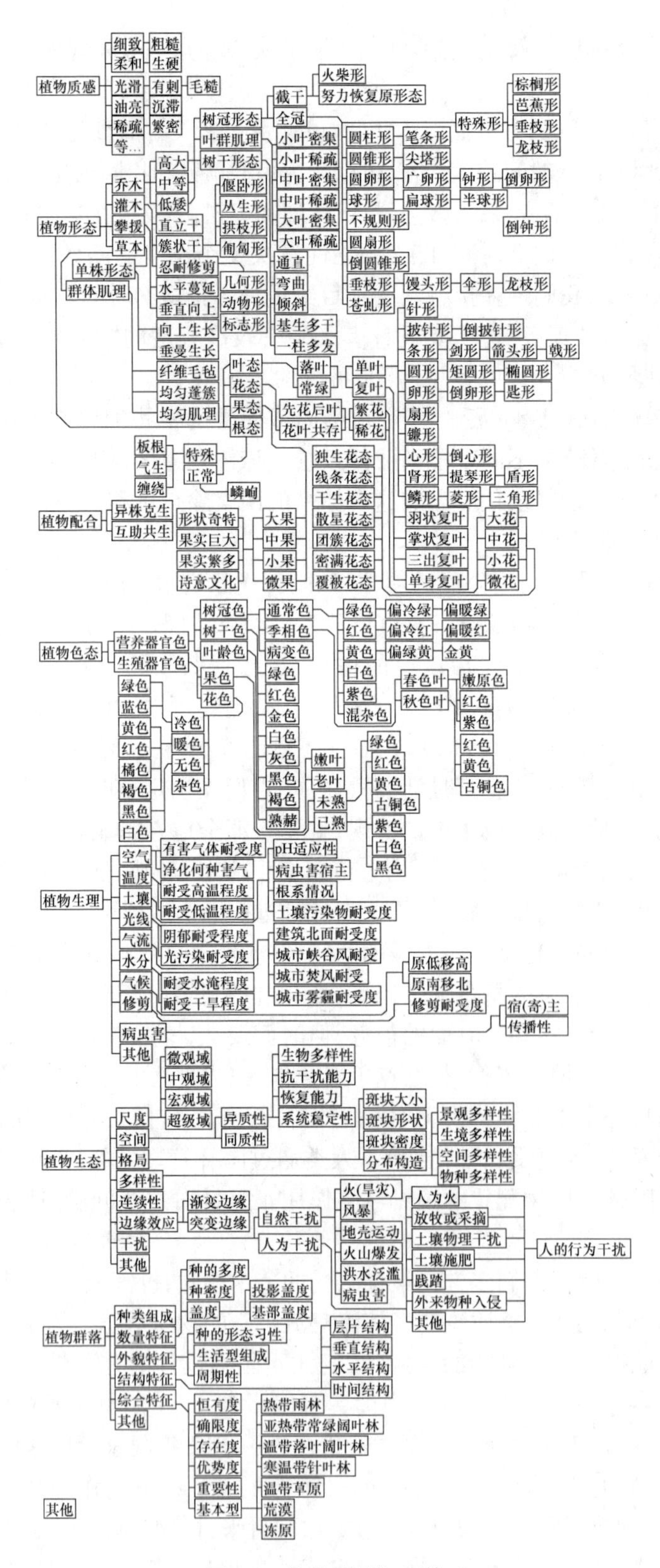

图 1-8　植物配置知识体系

第二章　园林植物配置史简述

园林作为一种较高级的娱乐消遣方式物，由人自发进行各方面器质的推进。就人类而言，消遣娱乐、兴趣爱好乃拥有高级智慧之人类的本性，其依赖自发的动力必然使园林艺术在各个历史时期发展至当时生产力框架下的极致，而前一个极致和后一个极致之间到底有无继承或发扬的关系，应该是需要论证的而不是简单地判定后者一定强于前者。出于人们的热爱或兴趣而发展的园林艺术必然在各个历史年代发展到令今人惊异的状态，只是任何时代其时必然受制于技术的局限。这种艺术成就可能并不分先后、优劣和高下，园林艺术呈现波动关系而非传承关系，这并非一种完全线性传递，中国园林史应该没有分明的“生成—成长—长成—成熟”如此这般的生理阶段，这如同“艺术不是一棵树”，艺术是“飞地关系”而非“脉系关系”。只有园林技术呈现不断的丰富和传承，帮助园林艺术更简单、更迅速、更经济地实现卓然的效果，技术的承前启后是可以被清楚地记录的，可是艺术却是模糊的，形容的艺术已是经过描述人的再加工，而非原真的状态，我们不能被技术史蒙蔽了眼睛，而贸然认为园林艺术也是如此这般。

艺术是这样的一个东西，它只能附身于高级智慧的人类操作者的兴趣之上，没有兴趣，不是出于热爱，则没有艺术可言。画家、音乐家、园林家、诗人、文学家他们首先是出于热爱这个行业或行为，能从这个事情上找到快感才能连绵不断并坚持着从事这个事情。艺术在任何时代都可能到达技术限制的顶峰，然而评价艺术不应该被其技术外貌所限制，艺术就是艺术，应该是超然于技术的存在。古人配置植物所面临的困难远远超过今天我们的想象，他们没有大型器械作为技术上的支持，也没有先进的喷灌系统使植物的随后阶段的生理安全得到保证。可是他们仍旧造成了举世瞩目的艺术成就。

中国传统园林的外貌呈现了历史上总体的一致性，是园林艺术相互继承的主要依据，这正是技术历史传承的有力证据。中国技术历史呈现这个状态，和国情、地理位置、物产资源、人文传统、政治统治形态、古人传统自然观等息息相关，是这些关联因素限制了技术历史的状态，说明这个的本意是想论证园林艺术在各个历史时期的非传承关系，它们应该在整个历史空间中呈现非规律化的正弦曲线跃动，有的时代它的顶峰高，有的时代它的顶峰低，它们之间也并非完全破碎化，历史的延续性也客观地使它们具备连续性，它们之间可能是在并列关系的基础上呈现传承的身影。

处于北半球温带地区的广域中国，植物资源特别丰富，约有三万多种植物，仅次于世界植物最丰富的马来西亚和巴西，居世界第三位。其中苔藓植物 106 科，占世界科数的 70%；蕨类植物 52 科，2600 种，分别占世界科数的 80% 和种数的 26%；木本植物 8000 种，其中乔木约 2000 种。全世界裸子植物共 12 科 71 属 750 种，中国就有 11 科 34 属 240 种。针叶树的总种数占世界同类植物的 37.8%。被子植物占世界总科、属的 54% 和 24%。北半球亚寒带、温带、热带的主要植物，在祖国几乎都可以看到。水杉、水松、银杉、杉木、金钱松、台湾杉、福建柏、珙桐、杜仲、喜树等为中国所特有。中国历来都是园林植物的宝库，所以在植物种方面，一度还有

“世界园林之母”的称号。

植物作为园林景观的血肉、肌肤和毛发，在造园中起着举足轻重的作用，是影响和制约其他景观要素的链带。祖国的自然资源作为客观存在，在一定程度上影响了中国人的行为和文化，传承、积淀和不适淘汰促使植物和中国园林文化成就了传统与现代的园林形态、意识和观念，环境决定论在这一方面显露出它的确切性。

中国文人的诗词，前半部分多描摹景，景中多描述植物，后半部分多抒情，或嬉笑怒骂、讽古喻今，或借景抒情与言志。我们不能武断地说这浩如烟海般文字记载的植物描写都得益于传统的植物配置的美感，但是这里面有多少是受其影响，在具体比值难以界定的同时也完全可以进一步模糊地给予肯定。中国传统园林的植物配置一定受到传统文化的影响，而反过来也一定进一步影响了植物配置的审美取向。“春色满园关不住，一枝红杏出墙来”（叶绍翁），如果出于经济原因而种植杏树未尝不是一种解释，可是如果出于对美景的追求，这也是一种园林植物配置的优化，一种推动力。

唐人白居易有《草堂记》，中说“……环池多山竹野卉，池中生白莲、白鱼。又南抵石涧，夹涧有古松老杉，大仅十人围，高不知几百尺。修柯戛云，低枝拂潭，如幢竖，如盖张，如龙蛇走。松下多灌丛，萝茑叶蔓，骈织承翳，日月光不到地。盛夏风气如八、九月时。下铺白石，为出入道。堂北五步，据层崖积石，嵌空垤块，杂木异草，盖覆其上。绿阴蒙蒙，朱实离离，不识其名，……”唐代及前代园林现在几无遗存，关于它们的影像只能通过文字遗存进行猜测。作为现实主义诗人的香山居士描写了自己匡庐庭院内的植物景胜，虽然这些植物未必经由诗人亲自手植，可是其已颇具植物配置后的植物造景味道。清初陈淏子的《花镜》如此描述，“梅呈人艳，柳破金芽，海棠红媚，兰瑞芳夸，梨梢月浸，桃浪风斜……庭新色，遍地繁华……岂非三春乐事”。植物的属性古人已经熟稔，想必运用已然不在话下。

传统园林植物配置一说有九大功能（刘敦桢）：隐藏围墙、拓展空间，笼罩景象、投影成荫，分隔含蓄、联系景深，装点山水、衬托建筑，散布香馥、招引虫蝶，根叶花果、四时清供，表现风雨、借听天籁，渲染色彩、突出季相，陈列赏鉴、景象点题。古人造园受到资金和场地的限制，不可能追求广大，也不可能把天地万物尽收园中，园林植物作为一种空间处理方法，要给人以“入其狭而得境广”的感觉，壶中天地不仅仅是其容身之所，更是心灵得以暂且逃避的归所。

古人配置园林植物于农耕社会，应带有其深刻的文化意义，士农一衣带水，况外躬耕林泉，艺园林植菜蔬，渔樵耕读常被看作自律、隐忍、勤劳的美德。深厚的土地情缘使古代士人天然地临近农耕，是谓“朝为田舍郎，暮登天子堂”。古人也已经运用不同种类的植物，产生不同冠形、色彩、高低、质感、叶态等变化，引起观赏者视觉的变化。结合建筑的变化，植物或衬托或掩映，游客稍一变换位置，便能“移步换景”，如《宋书・王弘敬》“所居亭山，林涧环绕，备登临之美”。

传统植物配置的匠意是植物自身文化内涵，并有机地融入了造园者（园主）的人格观念和审美关念，使之反映在园林植物组合和园林空间营造中，最能反映天地自然与人的内心世界的一种镜像。如王世贞《弇山园记》提及“……堂五楹，翼然，名之‘弇山’，语具前《记》。其阳旷朗为平台，可以收全月，左右各植玉兰五株，花时交映如雪山琼岛，采而入煎。瞰之芳脆激齿。堂之北，海棠、棠梨各二株，大可两拱余，繁卉妖艳，种种献媚。又北，枕莲池，东西可七丈许，南北半之。每春时，坐二种棠树下，不酒而醉；长夏，醉而临池，不茗而醒”。此明朝的弇州山人借植物表达自己“气从意畅、神与境合”（图 2-1）的人生意境。

图 2-1　冬临爱晚亭

相当于殷、周等奴隶制时代，贵族的宫苑是中国古典园林的滥觞，最早的园林形式“囿”出现在这个时期，为便于禽兽生息，人们也栽植树木，囿字在甲骨文中的写法，明显是成行成畦地栽植树木果蔬的象形，这种本应该是某种农业，如果说是园林植物配置稍有牵强。春秋战国时期，果蔬不自觉地被纳入商品交易中，这带动了以较高经济形态的植物栽植技术和品种的深化和多样化，某个时段的历史节点，这种单纯的经济活动渗入到人们的审美领域。“山有扶苏，隰有荷华。不见子都，乃见狂且。山有乔松，隰有游龙，不见子充，乃见狡童”。“东门之杨，其叶牂牂。昏以为期，明星煌煌。东门之杨，其叶肺肺。昏以为期，明星晢晢”。人们对花草树木越来越欣赏，殷周时期，外貌形象之美不但为人们所重视，同时也开始注意其象征性寓意，如“岁寒，然后知松柏之后凋也”(《论语·子罕》)。

从中国古代大量存留于世的诗、画、雕刻以及古书籍中，不难发现我国对园林植物的偏好，近千年来形成一个比较集中的传统。这些植物大多是：①木本，如玉兰、梧桐、松、柏、柳、杨、槐、桃、梅、李、杏、梨、竹、海棠、月季、牡丹等；②草本，如牡丹、菊、芍药、兰、荷、莲、菱、荇菜等。这些植物原生于我国，已经完全适应祖国环境，各种适应抗性也较强。同时，它们也具有优美的姿态、特殊的色彩、某一种特殊的香味等，与中国传统文化中的自然山水园韵味的特点相一致。如《诗经》“山有扶苏，显有何华”“桃之夭夭，灼灼其华”“东门之栗，有践家室”“树之榛栗，椅桐梓漆”“将仲子兮，无逾我墙，无折我树桑”“淇水滺滺，桧楫松舟”“山有乔松，隰有游龙”“乐彼之园，爰有树檀，其下宅萚”“乐彼之园，爰有树檀，其下维榖”“折柳樊圃，狂夫瞿瞿”“东门之杨，其叶牂牂”“东门之杨，其叶肺肺”等。《诗经》几乎是将茂密枝叶和艳丽花色的桃树比作年轻的姑娘。中国古典园林无论是北方的皇家园林，还是江南、岭南的私家园林，植物配置手法趋于一致，虽然各有细微差别，但强调意境美及深刻寓意则是它们共同的特点。

正由于中式园林的植物配置意境涵蕴得如此深广，中国古典园林所达到的情景交融的境界，按照狭义的说法也就远比其他园林体系更为高级。由于受中国传统文化的影响，植物作为园林的重要的构成要素之一，其植物景观在展示其天然姿态时不经意的隐喻特征，更似是那种“象外之象，景外之景”。

第一节　春秋至汉

春秋战国时期(公元前770—公元前577年),是中国历史上较早的剧烈变革的时代。各诸侯国发展生产,提高国力并使人民快速繁育。知识分子的自由度在这段历史中空前自由,各国出尽奇招以吸引人才,同时士人也卖力修行各种学术水平,经过近百年的积累,学术界出现了史家所称的"百家争鸣"的局面,这种思想上的空前解放和经济上的相对繁荣扎实地奠定了中国文化的最初形态轮廓。其时"高台榭,美宫室"盛极一时,如吴王姑苏台中有"玩花池""采香径"等景,如图2-2所示,由图可见当时把鸟禽、植物和建筑结合起来,构成人居环境的做法已经出现;有如《诗经·鲁颂·泮水》称"思乐泮水,薄采其茹"。先秦、两汉及之前的历史时期由于使用竹简记事,留存于现在的对于植物本身及其造景描写甚少,《三辅黄图》载:"帝初修上林苑,群臣远方,各献名果异卉三千余种植其中,亦有制为美名,以标奇异";《西京杂记》记载了武帝刘彻时期茂陵富翁袁广汉所筑私园,其"奇树异草,靡不具植";《后汉书·梁统列传》描述东汉梁冀园囿时提到"深林绝涧,有若自然",另有"奇果异树,瑰禽怪兽毕备"。由此推测两汉时期私家园林业主已经开始有意识地搜集珍贵花木,并初步有了一些配置意识——"有若自然",经营审美已经有了较高水平的倾向,如图2-3所示。事物必须是从初级进化到高级,当我们被典型的进化论影响时,我们想当然地认为园林在两汉时期一定是原始的,可是事情并不是这样。虽然"靡不具植"可能只是炫富,可是就当时的移植技术而言,只追求拥有而不注意植物之间的种植位置关系,似乎也说不过去。所以可以想象当时人们在辽阔的区域内,利用植物纯朴的自然环境模山范水、建屋设台,人地互动的自然景色应是当时造园的时尚。

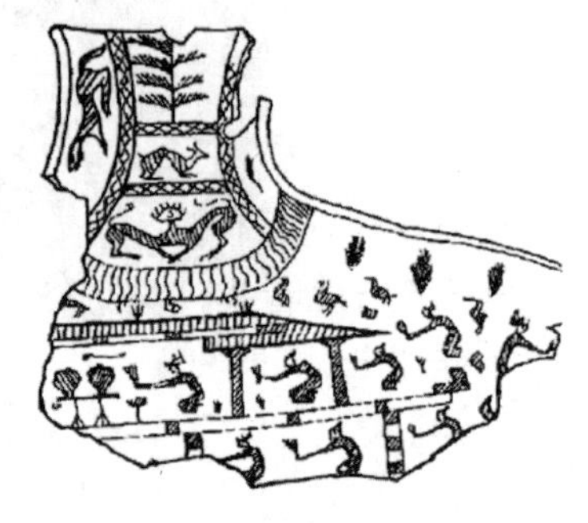

图2-2　先秦时代庭院内建筑、动物、居者和植物共处纹样

图2-3　四川出土东汉画像砖拓片

人们认识植物种类的多寡和园林水平的关系呈现正比关系,国人很早以前就已经有了较丰富的这方面的知识。《诗经》收录了135种植物,其中木本61种,草本71种,是先民生活、自然与艺术的最佳见证;再有《山海经》记录植物158种,其中乔木89种,草本69种,并记叙了植物的生态环境、形态特征、功用及有关传说故事。《尚书·禹贡》简略概要地记录了祖国的生态环境特点,特别是该文记述了植物的地带性分布特征,具备一定的科学技术价值。《周礼·地官·大司徒》讲述的"土会之法"和"土宜之法"亦为此方面的典范,其中"以土会之法,辨五地之生。

一曰山林，其动物宜毛物，其植物宜皁物……”，土宜之法则是“辨十有二土之名物，以相民宅，而知其利害，以阜人民，以蕃鸟兽，以毓草木，以任土事”。《诗经》中“树之榛栗，椅桐梓漆，爰伐琴瑟”“于以采蘩，于沼于沚”等诗句都可以说是先民在植物审美方面的实用性倾向，对实用性植物的审美，事实上是对劳动的质朴赞美，是他们热爱生活的具体体现。

植物之于古人，最初人类普遍以采集和狩猎为食，于树上谋取野果和在林间追捕野兽，人们和植物休戚与共。但偶然一天他们发现禾本科谷物，在中国据说是神农氏，于是农业登上了历史舞台，其实躬耕于农田的农人，和植物接触的种类可能远远小于不依赖种田而存活的特权阶层，园林植物事实上是一种特权。

几乎在任何时代，植物都承载人们的感物咏怀。托物言志是人类特有的智慧特征，往昔《诗经》已有“昔我往矣，杨柳依依”和“蔽芾甘棠，勿剪勿败，召伯所憩”。《楚辞》中“葛綦蔓于桂树兮，鸱鸮集于木兰”则以优花良草比喻君子，以劣草恶树比喻小人。又有“窃哀兮浮萍，饥淫兮无根”，把植物特征和社会现象进行联系。《楚辞·九歌·湘夫人》对园林胜景的描述有“筑室兮水中，葺之兮荷盖。荪壁兮紫坛，播芳椒兮成堂。桂栋兮兰撩，辛夷媚兮药房。周薜荔兮为帷，僻蕙梅兮既张”，如此优美的园林景象描述，使我们惊叹于中国古人的智慧，也感叹他们的园林实践，如图 2-4 所示，瓦当图中树木纹的基本布局常为：以这种半瓦当的平边作为基线，在正中的部位立一直线作为树干，枝枝向上斜出作左右对称排列，枝上有叶，树左侧用缰绳栓有一马，右侧为一几何纹路，可能代表家族徽章的纹饰。偶有齐国社树的详细记载，见《庄子·人间世》说齐国曲辕有株栎社树，“其大蔽千牛，契之面百围，其高临山十仞，而后有枝，其可为舟者傍十数”，某外出物色树材的匠师，经过其旁却不屑一顾，称其为“不材之木”，为舟、为棺、为器、为门户，都“无所可用”，因此不必考虑。四川德昌县王家田遗址出土有战国中晚期的陶器，器底有清晰的叶脉纹，如图 2-5 所示。没有人类的干扰，很多植物的寿命远远超出人类寿命的极限，先民将乔木的寿命和人做对比，因此而产生对长寿者——植物的崇拜也就不足为奇了。植物对于古人而言，其“冬秋叶毙，枝灰干僵，然春复生，元亨利贞，循环往复”，特别是参天巨木，傲然肃立，使靠近者的心灵非自觉地得到震撼和洗涤。《论语·八情》记有“夏后氏以松，殷人以柏，周人以栗”，《周礼·地官司徒·大司徒》有“设其社翟之遣，而树之田主，各以其野之所宜木，遂以名其社与其野”，均表明先秦的植物崇拜事实。

图 2-4　东周时期齐瓦当上的树木纹，于临淄出土

图 2-5　战国陶器底足叶脉纹

植物和建筑的配合，或者是植物有意被配置在院落之内，可见四川出土的东汉时期的画像砖，它们的先后关系十分明晰，如图 2-6 所示。

植物配置几乎在园林这一事物产生伊始就注定兼具维持封建阶级特权的功能作用，《古微书·礼纬·稽命征》提及“天子坟高三初，树以松；诸侯半之，树以柏；大夫八尺，树以栗；士四尺，树以槐；庶人无坟，树以杨柳”，以种植植物来表明坟之级别。死尚且如此，生当然也不能马虎，《周礼·朝士》载有“掌建邦外朝之法，左九棘，孤卿大夫位焉，群士在其后。右九棘，公侯伯子男位焉，群吏在其后；面三槐，三公位焉，州长众庶在其后”。这可能和栽植技术有关，因为在以后的历史中，当植物栽植不是那么困难，并已经具备一定的规模后，用植物限定逾越制度就没有前代那么困难，也就部分失去了由权力才能拥有的那种稀缺性。

图 2-6　四川出土的东汉画像砖

第二节　魏晋南北朝

魏晋南北朝（220—589 年）是中国社会较为动荡的时期，虽然中国古人在当时“人生几何，譬如朝露”，荣辱生死毫无保障，诸侯军阀骄奢淫逸、及时享乐，但对园林的需求旺盛，使中国园林文化得以进入历史中第二个繁盛时期。我们发现园林这种事物，和平时期通常发展理论，动荡时期通常发展实践。得意者修造园林以享乐，失意者逃避现实的方式除了借酒消愁麻醉自己之外，便寄情山水、崇尚隐逸，如图 2-7 所示。生命如同“朝露”，中国文化自古以来具有“同情弱者，惺惜失意”的特点，在社会动荡时，失意才子其实最具话语权，其结果是一般认为这个时期是失意的时代，社会流行“隐逸文化”。中国的知识分子最惧怕失去组织，同时他们也最善于创造组织，无人认同尚在其次，在这个时期很多人“采篱南山”，同时自然山水被认为是最“自然”、最“真”，而这种最“真”表现为社会意义层面是“善”，表现为美学层面则是“美”。对未来的不确定性的惶恐，使士大夫认为只有宏大自然山水才是真、善、美，以士大夫为主体的山水审美和园林艺术也在这个时期得到空前的发展。

图 2-7　《竹林七贤与荣启期》，南朝大墓砖画

为什么是竹林七贤，而不是桂花七贤，再或者是桃花七贤？古人传下这一系列故事而选择竹林，在乎于对竹已经形成的文化意义的肯定，竹林七贤这7个人，可能都不知道自己被后人称呼为“竹林七贤”，况且他们应该也不止7个人，可能是8个、9个抑或更多。园林植物能够衬托出人的高洁，是植物成就了人，也是人成就了植物。

园林艺术在任何时代都能得到发展，这和饮食技术在历史长河中必然发展相同。人必然将一部分精力开掘文化需求，这与时代的平和抑或动荡无关。《洛阳伽蓝记》载：“敬义里南有昭德里。里内有……等五宅。……惟伦最为豪侈。斋宇光丽，服玩精奇，车马出入，逾于邦君。园林山池之美，诸王莫及。伦造景阳山，有若自然。其中重岩复岭，嵚崟相属，深蹊洞壑，逦递连接。高林巨树，足使日月蔽亏；悬葛垂萝，能令风烟出入。崎岖石路，似壅而通；峥嵘涧道，盘纡复直。是以山情野兴之士游以忘归”。此张伦宅园园内高树成林并历史悠久。富豪石崇的挚友潘岳在《金谷诗》中描写石先生家的园林“回溪萦曲阻，峻阪落威夷；绿池泛淡淡，青柳何依依；栏泉龙鳞澜，激波连珠挥。前庭树沙棠，后园植乌椑，灵囿繁石榴，茂林列芳梨；饮至临华沼，迁坐蹬隆坻”。不能因为久远的古代没有遗留下足够的文字证据就断然说以前的园林技术不够发达，如果可以加以断定是不是太武断。通过石崇本人的《金谷诗序》和《思归引》，我们已经可以看到魏晋时期园林的植物配置已经以树木的大片成林作为主调，并开始人为地利用不同的种属分别与不同的地貌或环境相结合而突出植物群落的美，足见三季有花、四季常绿，植物色彩、群落、果实及时令的搭配应用得极其巧妙了。

类似的例子还有很多，比如东晋谢灵运的《山居赋》，西晋左思在《招隐二者》中说“经始东山庐，果下自成榛。前有寒泉井，聊可莹心神。峭蒨青葱间。竹柏得其真”，东晋孙绰《兰亭诗》有“莺语吟修竹”，南朝王融《咏池上梨花诗》有“芳春照流雪，深夕映繁星”，刘宋时王敬弘爱山水，“所居舍亭山，林涧环周，备登临之美”，《洛阳伽蓝记》描述“嘉树夹墉，芳杜匝阶，虽云朝市，想同严谷”等不胜枚举。这个时期人们已经利用植物的生态习性参与配置，虽仍以植物的群落美为主，“城市自然山水园”（周维权）巧妙地安排山、水、植被、建筑等进行空间布局使其有若自然，如图2-8所示，山水诗文中对种植植物的描写如“前庭树沙棠，后园植乌椑”“榆柳荫后檐，桃李罗堂前”“籍芳草鉴清流，览卉物观鱼鸟”反映了士人注意从生态、美学多重角度来安排，同时也更加注意植物的功能性，开花结果的小乔木和灌木植于房前或前庭，华实照烂，具有繁荣丽藻之饰，符合出入观赏方便的行为心理。这种植物造景的描写对后来配置模式和范本的形成产生了很大的影响。

图2-8　南北朝时期建筑和园林

植物也深入到先民生活的方方面面，曹植在《洛神赋》中写到当时妇女的首饰，很多首饰的造型亦仿照植物的茎叶，精美绝伦："奇服旷世，骨像应图，披罗衣之璀粲兮，珥瑶碧之华琚，戴金翠之首饰，缀明珠以耀躯，践远游之文履，曳雾绡之轻裾。"并在《美女篇》中写道："攘袖见素手，皓腕约金环。头上金爵钗，腰佩翠琅玕。明珠交玉体，珊瑚间木难。罗衣何飘飖，轻裾随风。"如图2-9所示。从《洛神赋》画卷中我们也可以看到各种园林植物充斥在画面之中，品种和种植都呈现巧妙配置的艺术特征，如图2-10所示。

图2-9　南北朝时期宫廷妇女头戴的仿植物叶片冠饰

图2-10　《洛神赋图》局部

此时期的著名画家谢赫在《古画品录》中提出的六法，对这个时期的园林植物配置形成较大的影响。其一"气韵生动"，旨指一个园林作品总的艺术效果和它的艺术感染力。所谓"气韵生动"，是要求一个园林作品有真实感人的艺术魅力。其二"骨法用笔"，即绘画的造型技巧。一般指事物的形象特征；"用笔"主要指技法，用墨"分其阴阳"，更好地表现自然界的远近疏密、阴阳明晦、朝幕阴晴，以及山石的体积感、质量感等。结合各种林木，安排主次。种植之前要充分"立意"，能够"意在笔先"，又"不滞于手，不凝于心"，而"一气呵成"，完成后又能做到"画尽意在""不落遗憾"。其三是"应物象形"，在园林中即指植物、建筑和其他园林要素所占有的空间、形象、颜色占据合适的比例，个别事物不至于特别突兀。其四是"随类赋彩"，即使用不同色彩的园林植物来创造景深、意向或主题。我国古代画家把用色得当和表现出的美好境界，称为"浑化"，在画面上看不到人为色彩的涂痕——不落笔痕，看到的是"秾纤得中""灵气惝恍"的形象。这种色彩运用上的"浑化"境界，与我国园林艺术中的建筑、绿化、山水等色彩处理上的清淡雅致等要求的漫长审美选择是一脉相承的，况而园林艺术的色彩亦可以随着一年四季，或一天内早中晚的变化而变化，更使"浑化"境意得以"灵化"。其五是"经营位置"，即考虑整个结构和布局，使结构恰当，主次分明，远近得体，变化中求得统一。具体在构图时要求呈现规律，疏密得当、参差变化、藏露有致、虚实相益、前后呼应、简繁得体、明暗有间、曲直分明、层次丰富以及宾主各安等关系，这些亦是造园的理论根据。园林中的每个节点，犹如一幅连续而不同的画面深远而有层次，“常倚曲阑贪看水，不安四壁怕遮山”。这都是藏露、虚实、呼应等在园林种植中的应用，“宜掩则掩，宜屏则屏，宜敞则敞，宜隔则隔，留驻精华，俗者屏之，使得咫尺空间，颇能得深意”。其六是“传移模写”，即向传统学习。从魏晋开始，南北朝的园林艺术向自然山水园发展，由宫、殿、楼阁建筑为主，充以禽兽，广袤植林。其中的宫苑形式被摒弃，而古代苑囿中山水的处理手法被继承，以山水为骨干成为这个时代园林的基础。构山注重重岩覆岭，深溪洞壑，崎岖山路，涧道盘纡，合乎山的自然形势。山上要种植高林巨树、悬葛垂萝，使其产生山林生色。而叠石构山需有石洞，能潜行数百步，好似进入天然的石灰岩洞一般。同时又经构楼馆，列于山石上下，半山有亭，便于憩息；山顶有楼，远近皆见，跨水为阁，流水成景。这样的园林创作在当时所及仙境一般的自然意境，在今天看来仍然令人叹为观止。

道教初兴之时，佛教亦从西南传入。佛教在中国的广泛传播与流行依仗于当时中国正好处于北魏和整个南北朝时期，因为那个时代战乱频繁，现实常有悲苦和灾难，对于处在水深火热世界中的人们来说，佛教无疑具有极大的吸引力。这个时期外来佛教迅速地中国化，此时的佛造像和佛绘画中同时充斥了园林植物，可以肯定这样的植物图样并非只充当装饰那么简单，如图 2-11、图 2-12 所示。

图 2-11　南北朝时期佛陀造像，两尊佛在树下打坐

图 2-12　南北朝时期敦煌壁画，僧人在园中建筑廊前讲经，院内植物多样，可以从图中至少辨认出 4 种不同植物

园林艺术是帮助人们对内发现自己的真性情，对外找寻与发现自然的承载体。园林完全可以具备镂金错彩、炫奇夸富的功能，但同时也具备质朴脱俗、清丽自然的面貌。历史总是在循环往复的漩涡之中，所以当社会财富总值积累到了一定程度时，园林必然呈现前者的风貌；相反地，总的财富值较小并且政治总体趋于动荡的时候，园林的面貌也必然呈现魏晋南北朝时期的“伦造景阳山，有若自然……高林巨树，足使日月蔽亏；悬葛垂萝，能令风烟出入……是以山情野兴之士，游以忘归”的这种“翁然林水”“高林巨树”的园林自然环境和文人雅士的清雅生活相适应。植物走入文人雅士的精神世界，同时植物也成就了中国的园林。

第三节 隋、唐

隋、唐时期(581—907 年),园林较魏晋南北朝更兴盛,造园数量较前代也大量增加。隋代统一全国,修筑大运河,沟通南北成为命脉。隋炀帝建造西苑时"聚巧石为山,凿池为五湖四海,诏天下境内所有鸟兽草木,驿送京师。诏定西苑十六院名:景明、迎晖、栖鸾、晨光、明霞、翠华、文安、积珍、影纹、仪凤、仁智……天下共进花木鸟兽鱼虫莫知其数"(《警世恒言》),据说宫苑之内"草木鸟兽繁息茂盛,桃蹊李径翠阴交合",又有文献说"庭植名花,秋冬即剪杂彩为之,色渝则改著新者;其池沼之内,冬月亦剪彩为芰荷。院外龙鳞渠环绕,三门皆临渠,渠上跨飞桥。'杨柳修竹,四面郁茂'……"(《大业杂记》)。之后的盛唐之世,政通人和,经济、文化繁荣,呈现出历史上空前的太平盛世,各种园林形式蓬勃发展,士人普遍追求园林享受。文官集团在中国第一次兴起,官宦身份较同时代其他社会角色有了更高的社会地位。唐代士人园林是一种意味深长的文化符号和艺术形式,是一种烙印着士人主体痕迹的诗意空间,以其独特的形式契合士人的人格价值与审美情趣。园林中各构成要素与其组成的空间形式彼此互映,折射出士人的生命意识、精神追求和生存方式。时至唐代,士人园林经历漫长、复杂的嬗变过程,最终形成高度统一的文化艺术体系。园林作为知识分子社会交往的场所,受到文人趣味、爱好的影响也较前代更为广泛、深刻。但也正是因为双方关系尚未紧张,这种艺术还没有作为强压下的一种精神调节出口,基于这个主要原因,本书才认为此时代园林艺术尚未发达。

中国的唐代是个多文化极度交融的时代,各种异域来客带来了不同特征的文化,中国园林也吸收了来自欧洲、北非和西亚的一些造园经验和文化。但唐代的园林实物均已无存,况且时间的单线进程也不足以使人倒退回观望,所以无从判断。

隋、唐相比其历史后代,造园技术随着综合生产力的提高而逐渐分离和专业化,促成一部分造园匠人和知识分子能够专注于园林事业,园林艺术也开始有意识地融糅诗情、画意。造景活动遂摆脱对自然山水的简单模仿,而注入了主观的意念和感情,"外师造化,内法心源"。

唐朝园林的兴盛,是在继承隋和前代的基础之上,艺术水平也大为提高。其一,隋代统一中国,修筑大运河,沟通南北经济。之后的盛唐,政局稳定,经济、文化繁荣,呈现为历史上空前的太平盛世,人们普遍追求园林享受。其二,兴起科举制度,广大的士人有了晋升的机会,经营园林,是为将来退休提前做足物质准备。其三,科举取士,文人做官的比较多,园林成为他们的社会交往的场所,受到文人趣味、爱好的影响也较上代更为广泛、深刻。中唐以后,更有士人直接参与造园规划和设计,凭借他们对大自然风景的理解和对自然美的鉴赏能力来参与园林作品的实现,同时也把他们对哲理的体验、人生感怀融入造园与植物造景艺术中。于是士流园林所具有的那种清新雅致的格调得以更进一步提高和升华,更添上一层文化的色彩,便出现了"文人园林"。唐代不但全盘接受魏晋的造园经验,并进一步发展。植物上也更侧重于景观的观赏性。为了达到诗情画意的美感,人们组织和安排植物与其他景物的关系,宋之问《太平公主山池赋》中言道:"……向背重复,参差反复。翳荟蒙茏,含青吐红。……奇树抱石,新花灌丛……"。杜宝《隋西苑》说"……杨柳修竹,四面郁茂,名花美草,隐映轩陛……"。白居易"于履道里得故散骑常侍杨凭宅,竹林池馆,有林泉之致"。在山池句逗之间亦能反映出花木的安排,使景观融汇得更自然和谐。在面积较大的庄园里,为突出植物的群体美而成林种植,从王维的辋川别业和《辋川集》可窥一斑,"文杏栽为梁,香茅结为宇""檀栾映空曲,青翠漾涟漪"等,如图 2-13 所示。

图 2-13　辋川别业营的自然园林本图摹自《关中胜迹图》

唐长安造园之风靡广，据《画墁录》言，“唐京省入伏，假三日一开印。公卿近郭皆有园池，以至樊杜数十间，泉石占胜，布满川陆，至今基地尚在。省寺皆有园池，曲江各置船舫，以拟岁时游赏”，在野的权贵和官僚们亦在东都洛阳修造地宅、园林，“唐贞观开元之间，公卿贵戚开馆列第东都者，号千余有余所”，刘禹锡在《自朗州至京戏赠看花诸君子》中写道：“紫陌红尘拂面来，无人不道看花回。玄都观里桃千树，尽是刘朗去后栽”。甚至公共园林也得到长足发展，比如唐长安的曲江池，“疏蒲青翠，柳荫四会，碧波红集，湛然可爱”，岑参《与高适薛据登慈恩寺浮图》中的“青槐夹驰道，宫观何玲珑。秋色从西来，苍然满关中”，又有《东京梦华录》载：“……杈子里有砖石瓷砌御沟水两道，宣和间尽植莲荷，近岸植桃李梨杏，杂花相间，春夏之间，望之如绣。”洛阳园林之多并不亚于长安，“洛阳园池，多因隋唐之旧”，当时具有“人间佳节惟寒食，天下名园重洛阳”“贵家巨室，园囿亭观之盛，实甲天下”“天下名公卿园林，为天下第一”等说法。唐代花木栽培技术空前发展，诸多观赏花木论著问世，比如李德裕的《平泉山居草木记》、周师厚的《洛阳花木记》等。

在唐代园林资料中可以看出植物配置趋向于所谓合理化的倾向，如华清的园林在天然植被的基础上，进行了大量人工绿化的“天宝所植松柏，遍满岩谷，望之郁然”，同时还记录于文献中大约三十余种植物，如松、柏、柳、竹、石榴、紫藤、芙蓉、海棠、梧桐等。有诗歌赞云，“阴阴清禁里，苍翠满春松。雨露恩偏近，阳和色更浓。高枝分晓日，虚吹杂宵钟。香助炉烟远，形疑盖影重。”牛僧孺的归仁里宅园有“嘉木怪石，置之阶廷，馆宇清华，竹木幽邃”。又有李德裕的平泉庄的资料中记录了众多的园林植物种类，其数量之大和品种之多让人叹为观止，在《平泉山居草木记》中有“木之奇者，有天台之金松、琪树，稽山之海棠、榧、桧……金陵之珠柏、栾荆、杜鹃……”。更有诗人们的言论加以佐证，如“插柳作高林，种桃成老树”“绕廊紫藤架，夹砌红药栏。攀枝摘樱桃，带花移牡丹”“开窗不糊纸，种竹不依行”“竹径绕荷池，萦回白步余”等。

关于唐代皇家园林重视植物景观营造出现在很多文献之中，如“大明宫太液池中有蓬莱岛，山上遍植花木，尤以桃花为盛”“兴庆宫龙池中植荷花、菱角，池北土山有‘沉香亭’，周围遍植牡丹”。至于长安城里坊之间形成的道路宽阔，岑参（715—770 年）有“青槐夹驰道”句，学者据此判断“长安街道两旁一般均植行道树”。

这个时代寺庙园林常以植物景观而闻名,比如长安玄都观以桃花盛名,刘禹锡(772—842年)在《自朗州至京戏赠看花诸君子》中写道:“紫陌红尘拂面来,无人不道看花回。玄都观里桃千树,尽是刘朗去后栽”。有些学者认为曲江池、驰道行道树和寺庙园林带有公共园林性质。

晚唐造园文字记录显示了园林中花木的品种、形姿、色彩、寓意以及其他景观的配置关系,此系园林风格趋于精致的一个重要方面。《旧唐书·牛僧儒传》记叙其园以“嘉木怪石,置之阶廷,馆宇清华,竹木幽邃”。从李德裕平泉山园林之“嘉木芳草”和其《春暮思平泉杂咏二十首》《思平泉树石杂咏十一首》等诗可知,植物景观在园林中不仅占有重要的地位,而且已经不似仲长统、石崇等农业经营性庄园,成为单纯的观赏对象。“竹似贤,何哉?竹本固,固以树德,君子见其本,则思善建不拔者。竹性直,直以立身;君子见其性,则思中立不倚者。竹心空,空似体道;君子见其心,则思应用虚者。竹节贞,贞以立志;君子见其节,则思砥砺名行,夷险一致者。夫如是,故君子人多树为庭实焉”“引水多随势,栽松不趁行”“厌绿栽黄竹,嫌红种白莲”等,细读白居易的作品,不难发现其园林中的花木品种远不及李德裕园名贵与丰富,但其对士大夫园林植物景观美学原则的阐述却明确得多。

就文献记载的情况看,唐代园林承前启后的效应是明显的。皇亲贵族、世家官僚的园林偏于豪华,植物配置异常丰富;而一般文人官僚的庭院园林(私家园林)则重在清新雅致。后者应较多地受到社会上的称道而居于主导地位的思潮影响,其间的消长变化若用以说明文人园林早在唐代即已呈现萌芽状态并不为过。当时,比较有代表性的如庐山草堂、浣花溪草堂、辋川别业等,而明星文人如白居易、柳宗元、王维等也深刻地参与其中。知识分子开发园林、参与造园,通过实践活动并用文字记录下来逐渐形成的比较全面的园林观——“以泉石竹树养心,借诗酒琴书怡性”。这对于宋代文人园林及风格特点的形成也具有一定的启蒙意义。

在书写隋、唐时代园林史的时候,学者大多会遇到这个问题,前代存留下很多石刻、铜器纹饰、画像砖、墓壁画或洞窟佛教壁画,可以提供给读者观赏,但隋、唐两代的这些园林作品实物几乎未留存于现代,少有图片,不能形成直观感受,成为遗憾。

第四节　宋至清末

自宋伊始,市民文化的发展极大刺激了造园技术的发展,在观赏植物方面,宋代之后陆续刊行了许多经过文人整理的专著,比较有影响的如明代王象晋的《群芳谱》,清初陈淏子的《花镜》、汪灏的《广群芳谱》等,其中有很多关于植物配置的理论。

这一阶段皇家园林规模实际趋于缩小,但皇家气派更见浓郁,在植物选择上,倒不见得较前代丰富,但松、柏、榆等乡土树种,花木亦少而精,多用牡丹、芍药,如西苑内有牡丹数百株,御花园内则将牡丹、太平花、海棠等植于花池内,同时吸取江南私家园林的造园技艺,追求自然的“借芳甸而为助,无刻桷丹楹之费,喜林泉抱素之怀。文禽戏绿水而不避,麋鹿映夕阳而成群。鸢飞鱼跃,从天性之高下;远色紫氛,开韶景之低仰”。如西苑海中萍若蒲藻,交青布绿,北海一带种植荷花,南海一带则芦苇丛生。皇城内“绕禁城门,夹道皆槐树”,或者“河之西岸,榆柳成行,花畦分列”。总之,明代西苑建筑疏朗、树木葱郁,既有仙山琼阁的境界,又富水乡田园之野趣。清王朝入主中原时，他们对宽阔的自然山川林木另有一番感情，得于他们本身的游牧习惯，因此皇家园林的建设重点转向行宫御苑和离宫御苑，畅春园、避暑山庄、圆明园是清初的三座大型离宫御苑，是中国古典园林宫苑成熟时期的三座丰碑。求持自然的原始，建筑稀疏同时疏朗，着重大片的绿化和植物配置成景，把自然美与驾驭结合起来。畅春园内的植物配置为："时菜竹两丛，猗猗青翠，牡丹异种……满阑槛间，国色天香人世罕睹……自左岸历绛桃堤，丁香堤，绛桃时已花谢，自丁香初开，琼林瑶蕊，一望参差。黄刺梅含笑耀日，繁艳无比……"等。正如康熙所咏"春光尽季月，花信露群芳；细草沿阶绿，奇葩扑户香"。避暑山庄则保持其原有植被，突出天然风致，七十二景中有一半以上是与植物有关或以植物作为主题的。如"万壑松风、梨花伴月、曲水荷香、青枫绿屿、莺啭乔木"等。

宋、元、明、清这四个历史时期，使中国园林的"壶中天地"格局不断强化和"壶中"各种艺术手段的不断完善，到了明清后最终由"壶中天地"强化成"芥子纳须弥"的境界；植物配置重点突出意境美。清初以后逐渐形成了各个园林流派，并呈现许多具体风格的差别，比如江南园林、北方园林、岭南园林和四川园林等，但江南园林在整个园林文化中呈现最具实力的态势。宋人朱长文的乐圃内所用植物异常繁多，同时也注意各种姿态植物之间的互相配合，其人对植物生态习性也有较深刻的了解，建筑与花木"慈�列砌"，过渡自然并且画面生动(图2-14)。苏州园林使得知识分子既能享受到城市的社会服务，同时也能得到绿野仙踪般的旷野安逸，宋人苏舜钦之《沧浪亭》说"一径抱幽山，居然城市间"，说明了隐逸城市山林一样可以远离仕途险恶，野趣横生不类乎城中，如鱼鸟般悠闲这一事实。最初可能只是偶然为之，中国江南地区的地理气候特点特别适合植物的种植，加之西方市场逐渐对中国产品的无尽需求，大量货币进入中国的双重条件下，江南园林能够达到现存的这般园林胜迹，并非偶然。清代中后期的闽南园林，也是因为十三行获得了应尽的发展，可见园林艺术仅依靠文人风雅尚有不足，经济雄厚与否是其主因。

图2-14　北宋苏汉臣《秋庭戏婴图轴》

宋时的文人已经总结了各个不同时段观赏开花的植物种并记录下来，但是是否在庭院中栽植，我们目前可以在笔记和画作中得知一些信息。比如南宋张磁写的《赏心乐事》，按农历排列十二个月的游赏次序。正月赏梅、山茶、新柳。二月赏瑞香、细梅、红梅、樱桃花、杏花、千叶茶花。三月赏月季、柳、排碧桃、棣棠、新笋、牡丹、草、千叶海棠及黄蔷薇、紫牡丹、林擒花、山茶、芍药。四月赏新荷、荼縻、青梅、月月红、月季、玫瑰、盆栽山丹、樱桃、杂花、五色罂粟、虞美人。五月观碧芦、首草、采萍、尝杨梅果、榴花、蜜林擒果、枇杷果。六月赏碧莲、竹林荷花、夏菊、桃果、荔枝。七月赏荷花、葡萄、枣。八月赏桂花、千叶木挥、早菊、鸡冠、黄葵、野菊。九月赏菊、时果、五色木芙蓉、金桔、香橙。十月赏兰草、晚菊。十一月赏腊梅、枇杷花、南天竺果、水仙。十二月赏檀香腊梅、兰花、早梅花。该记录非常准确,甚至可为现在的植物配置作为参考。又有周师厚的《洛阳花木记》记载了多达两百余种的园林植物,甚至还分别介绍了它们具体栽植的方法:四时变接法、接花法、栽花法、种祖子法、打剥花法、分芍药法。

宋代园林作品中植物配置造景的比重很大,且按照不同种类进行景观分区,如延福宫"筑土植杏""修竹万竿""嘉花名木,类聚区别",宋代时的艮岳神仙山岛,似乎更重视植物配置,同时植物造景时也讲究和地形山水及建筑的结合,据说岛内植物种类极其丰富,包括乔、灌、果、藤、水生、药用、花卉等,其中不乏从南部引种驯化,植物的配置方式更有资料提及孤植、丛植、对植及群植等多种配置手法。"红苞翠萼,芙蕖菡萏,青松独秀,香梅含华"。园林中的一些丛植的花木命名,如山茶唤做"仙鹤丹"、桂花叫做"天阙香"等颇得意境。

吴存浩先生的《中国农业史》(1996 年版)统计宋代有牡丹专著 10 种,芍药专著 3 种,菊花专著 8 种,兰花专著 2 种,竹、桐、海棠、梅各一,其他花木书籍多种。陈景沂的《全芳备祖》,范成大的《梅谱》,刘蒙的《菊谱》等一批重要花卉著作,说明宋代在园林植物培育技术上有了极大发展,为丰富多变的种植设计手法提供了必要的技术基础。

图 2-15　仿清代刊本《红楼梦》大观园插图

相对于北宋,南宋时期的园林种植设计整体上趋于淡雅、简约和空灵,面对异常强大及不断崛起的蒙古及其他草原民族,在马刺和强弩的威慑前,士人于内忧外患的气候环境中嗅出靖绥政策和亡国政治的不安味道,所以文人题咏的花木由原先较多的牡丹变为梅花。林逋(967—1028 年)在《山园小梅》中言道:"疏影横斜水清浅,暗香浮动月黄昏"。从富家翁的悠然自得到生死忧患的焦灼,在这个意义上讲,"疏影横斜"可以看成南宋心理创伤型植物审美的社会风尚。由唐至宋,园林植物配置由"土宜之法"的写实套路演变为"求诗意及重视细节,讲真实并提倡境意"的写意风格,画意诗情和意境营造成为植物配置的一般性要求。比如南宋临安德寿宫后苑"香远清深"节点的植物配置,把梅、竹种植在一起,暗示"香"和"清"的主题,"松菊三径"节点的植物配置则以松和菊的配合渲染清远意境,即为当时"取象"的植物配置法,如图 2-16 所示。同时这种植物的诗意名称也用在建筑或建筑院落的命名上,见图 2-15 和表 2-1。

图 2-16 仿《访问乾隆的宫殿》插图

表 2-1 全国旧时代园林作品中以植物命名建筑或景观节点的举例

植物名	建筑或景观节点举例
松	听松风处（拙政园）、听法松（香山公园）、万壑松风（避暑山庄）、松鹤清樾（避暑山庄）、松鹤斋（避暑山庄）、万松书院（杭州西湖）等
竹	梧竹幽居亭（拙政园）、绿漪亭（拙政园）、倚玉轩（拙政园）、竹外一枝轩（网师园）、翠玲珑（沧浪亭）、竹香馆（宁寿宫）等
梅花	香雪云蔚亭（拙政园）、嘉实亭（拙政园）、问梅阁（狮子林）、暗香疏影楼（狮子林）、冷香亭（上海梅园）、南雪亭（怡园）、香雪海（苏州光福邓尉山）等
玉兰	兰雪堂（拙政园）、玉兰堂（拙政园）等
碧桃	桃源春晓（浙江台州天台山）、小桃坞（留园）、桃坞烘霞（岳麓书院）等
海棠	海棠春坞（拙政园）等
桂花	木樨廊（耦园）、天香秋满（退思园）、清香馆（沧浪亭）、闻木樨香轩（留园）、金粟亭（怡园）、小山丛桂轩（网师园）、储香馆（耦园）、唐桂堂（兴福寺）、展桂堂（昆山）、飞香径（集贤圃）、丛桂轩（藤溪草堂）、桂花坪（依绿园）、桂壑（隐梅庵）、金粟草堂（辟疆小筑）、桂隐园（钱氏三园）等
垂柳	柳浪闻莺（杭州西湖）等
荷	远香堂（拙政园）、留听阁（拙政园）、耦园、曲水荷香（避暑山庄）、香远益清（避暑山庄）、观莲所（避暑山庄）、曲院风荷（杭州西湖）、藕香榭（大观园）、风荷晚香（岳麓书院）等
木莲	芙蓉坪（香山公园）、芙蓉馆（香山公园）、芙蓉榭（拙政园）等
杏	春山杏林（北京八大处）杏花春馆（圆明园）等
梨	梨花伴月（避暑山庄）等
枇杷	枇杷园（拙政园）等

明清时期园林建设空前繁荣，此时植物栽培技术飞速发展，可供选择的园林植物品种较前代明显增多，并涌现出众多的植物专著，比如陈误子的《花镜》、王象晋的《群芳谱》、文震亨的《长物志》、李渔的《一家言》和《闲情偶寄》等，以及各种茶花谱、菊谱、兰谱、荔枝谱等。王毓瑚的《中国农学书录》所录我国历代 497 部古农书之中，明清农书占 283 部，约占总数的 57%，其中明清花卉著作有 74 部之巨，并出现了如《园冶》(计成)、《长物志》、《花镜》、《闲情偶记》这样的造园专著和专篇。

宋元明清时期是园林植物配置继承和变革共存并相互促进的时代，特别是明清时期。一方面文化艺术领域有着浓重的"仿古"情结，这可能和一部分文人反抗"洛可可"艺术趋势的一种自觉动力。反映在种植设计上，即强调"古意"。比如"最喜关仝、前浩笔意，每宗之"，又强调"臆绝灵奇"。种植及园林要素简洁化，总结以往种植形式和其归纳后的文化内涵能够和古代某范例相呼应，有时甚至故意把某官宦的私家园林种植样式定性为经典范例，无论是否牵强附会，在植物配置上则逐渐把这些历代及同代优秀的园林种植设计理法归纳成各种"程式"，在其他园林中广泛使用。另一方面，又强调设计要不落俗套，其实这种做法在日本也广泛流行于几乎相同的时代。同时强调"古"并总结种植程式和求"异"，这种看似矛盾的现象，从侧面透露出明清时期文人的多重性格和社会丰富程度增强的现象。

随着国际、国内形势的变化，西方的园林文化进入中国，清代中后期，中西文化交流日益频繁，十七、十八世纪中国传统园林艺术对西方自然风景园的形成产生了重要影响，欧洲规整式的植物配置手法，诸如整齐的绿篱，树木成行列栽植，灌木修剪成型，用花草铺镶成毛毡式的图案花坛开始进入中国，如圆明园的西洋楼。西方文化也给中国知识界展现了一个不同于中华文明的世界。清中后期，西方园林种植设计艺术更是随着西方文化的侵入而更加深刻地影响了中国园林，如图 2-17、图 2-18 所示。

图 2-17　圆明园西洋楼铜版画，主要绘制西式建筑及其园林植物配置样式

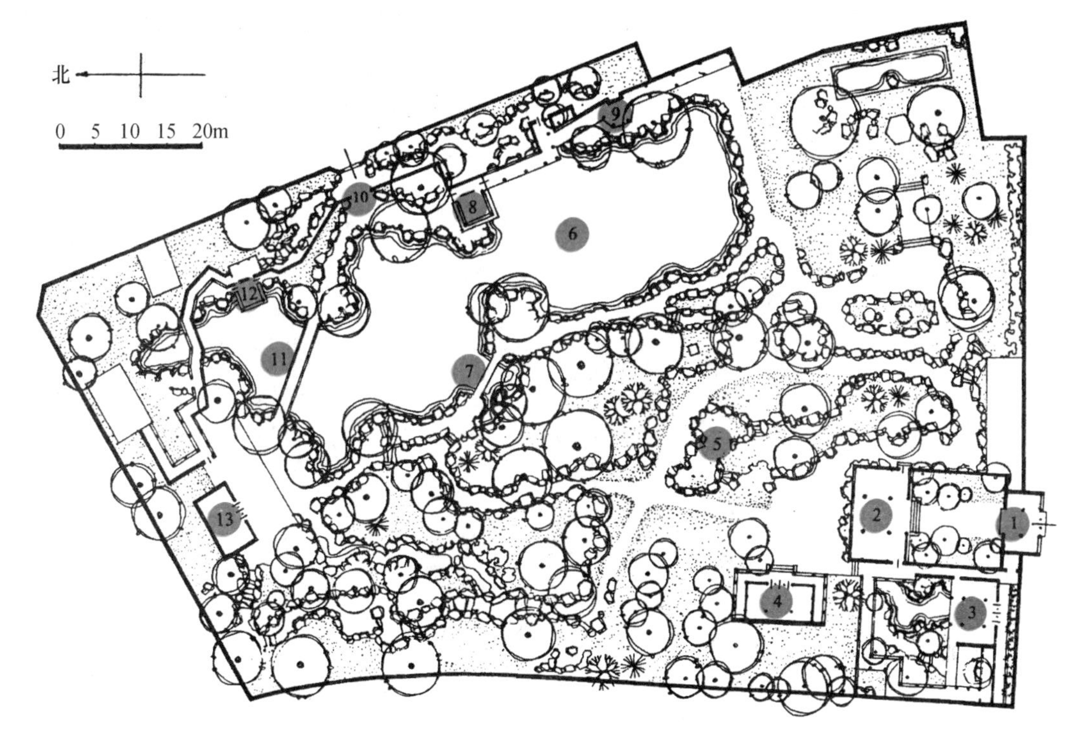

图 2-18 寄畅园平面图

1—大门;2—双孝祠;3—秉礼堂;4—含贞斋;5—九狮台;6—锦汇漪;7—鹤步滩;
8—知鱼槛;9—郁盘;10—清响;11—七星桥;12—涵碧亭;13—嘉树堂

中国园林在明清时期逐渐地形成了江南、北方、岭南三大风格。就园林植物而言,江南以落叶树为主,配合若干常绿树,再辅以藤萝、竹、芭蕉、草花等构成植物配置的基调,并能够充分利用花木生长的季节性,构成四季不同的景色。花木也往往是某些景点的观赏主题,讲究树木孤植和丛植的画意和其色、香、形的象征寓意,并注重古树名木的保护利用。北方的植物配置较之其他两种,观赏树种更少,尤缺阔叶常绿树和冬季花木,但松、柏、杨、柳、槐、榆和春、夏、秋三个季节更迭不断的花灌木,如芍药、丁香、牡丹、海棠、荷花等,却也构成北方私园植物造景的主题,每至寒冬,树叶零落,水面结冰,又颇有萧索寒林的图卷景观。岭南地处亚热带,观赏植物种类繁多,园内一年四季都可以做到花团锦簇、绿荫葱翠,诸如榕树等热带植物大面积覆盖遮蔽的阴凉效果尤为宜人,堪称岭南风貌。但它们因为种类繁多,当时人们不太重视栽培技术,在一定程度上阻碍了园林利用丰富的植物资源和广泛地发挥植物的造景作用。

"虽由人作,宛自天开",植物配置一方面创造自然的山野景观,另一方面掩盖人工痕迹。古树构成"咫尺山林"的骨架,如图 2-18 所示,植藤萝于人工叠石之上以掩盖凿痕,在土墙底部滋养青苔,天井中修石笋几枝间植翠竹,竹摇叶动、光影婆娑构成气韵生动的画面,具有极强的写意性,勃勃生机现于方寸空间,使狭小的庭院获得时空意念的最大化。

地理与气候决定论使园林植物的地域性选择方面在这个时期逐渐相对固定下来,广域的中国北方四季分明且冬季寒冷,故多选松柏科常绿植物及杨、柳、槐、榆等耐寒乔木,花灌木如丁香、海棠、牡丹、芍药,四君子梅、兰、竹、菊(图 2-19)等,时空上春、夏、秋三季更迭,冬季又颇有萧索、清朗、寒林的画意；江南地区温和多雨，落叶和常绿植物数量均衡，两方面相互配合，还常佐以藤萝、竹、沿阶草、芭蕉、兰、蕨等构成植物配置的基调，并利用人赋予的植物寓意作为某些节点的观赏主题，如“小山丛桂轩”的桂花。而岭南地处亚热带，观赏植物品种繁多，花大色艳，植物配置的选择特别多样化，从清代中期开始国人已经大量引进外来的植物。

图 2-19　郑板桥梅兰竹菊四君子

这个时期园林最突出的成就不单单在于视觉上的进步，更经由文学艺术的发展，演化出诸如嗅觉、听觉和触觉的园林观赏方法。“梧桐更兼细雨，到黄昏，点点滴滴”“柳浪闻莺”“南屏晚钟”“溶溶月色，瑟瑟风声，夜雨芭蕉，似杂鲛人之泣泪”“紫气青霞，鹤声送来枕上”（明代计成）等，园林之音，无非瑟瑟风声、残荷夜雨、鸟唱蝉鸣、古寺钟声、吟诗松荫、梵音诵唱，雨打芭蕉、松海涛声、弹琴竹里、渔舟唱晚、社日箫鼓等亦是园林常用之声。另外，“弹压西风擅众芳，十分秋色为伊忙。一支淡贮书窗下，人与花香各自香”（宋代朱淑真）、“疏影横斜水清浅，暗香浮动月黄昏”“竹篱新结度浓香，香处盈盈雪色装”等表达了嗅觉；“霜皮溜雨四十围，黛色参天三千尺”“夜雨芭蕉，似杂鲛人之泣泪；晓风杨柳，若翻蛮女之纤腰。移竹当窗，分梨为院，溶溶月色，瑟瑟风声，静扰一榻琴书，动涵半轮秋水。清气觉来几席，凡尘顿远襟怀”等表达了触觉等。同时这个时代的植物配置还特别注重环境的选择。正所谓“院广堪梧，堤弯宜柳”“芍药宜栏，蔷薇未架，不妨凭石，最厌编屏”，只有满足了植物的生长习性和所处环境才能创造出美丽的景观，否则，“有佳卉而无位置，犹玉堂之列牧竖”。这样中国传统的植物配置就形成了特有的固定地种植模式，如栽梅绕屋、堤弯宜柳、槐荫当庭、移竹当窗、悬葛垂萝等。

从植物的物理特质总结并上升为人格精神，比如“劲本坚节，不受雪霜，绿叶萋萋，翠筠浮浮，柔也；虚心而直，无所隐蔽，忠也；不孤根而挺耸，必相依以擢秀，义也；虽春阳气旺，终不与众木斗荣，谦也；四时一贯，荣衰不殊，恒也”。从竹子的人格化我们可以看出，自然美的各种属性本身往往在审美意识中并不占主要的地位。相同的例子可以任意列举，诸如荷、松、梅、兰、菊等。人们总是较前代更注重从自然景物的象征意义中体现物与我、内与外、彼与己、人与天（自然）的同一，进而人们几乎从唐代就开始把文学化的植物名称运用在园林建筑的命名上，此风一直延续至今。

由计成设计的影园："堂下有蜀府梅棠二株，堂之四面皆池，池中种荷花。池外堤上多高柳。水际多木芙蓉，池边有梅，玉兰，垂丝海棠，排白桃花几树。石隙间种兰、蕙、虞美人、良姜、洛阳诸花草。"同时注重利用植物的生长特性，合理配置，构成四季景观，如影园内"岩上植桂，岩下植牡丹、垂丝海棠、玉兰、黄白大红宝珠山茶、馨口腊梅、千叶石榴、青白紫薇与香椽，以备四时之色"。在配置上讲究欣赏植物的个体姿态，韵味之美，更加追求意境。

古代城市因为被防御功能所限制，不可能无限制地扩大，而其人口却逐渐增多。其结果是这几个历史时期私家园林的面积逐渐缩小，甚小者如苏州残粒园（麻雀虽小应五脏俱全，只有具备全部的园林要素才能叫做"园林"而非"花园"），占地未超过 144m^2，园内仅一亭、一池与一丘，至于园林植物选择方面自然不能求多，如图 2-20 所示。空间局促是江南私家园林普遍存在的现象（同时代北京、广州、成都各地私园都有小型作品问世，如图 2-21 所示，这个现象从另外一个侧面正好说明了园林此时最大化地平民化，逐渐进入到古代中国其历史时期最繁盛的时期。也正是这一特点促使植物配置既要体现其生物学葱郁特征之外，又要精求细致刻画，为了达到"以丛草为林，以虫蚁为兽，以土砾凸者为丘，凹者为壑"（沈三白《浮生六记·闲情记趣》）之"芥子纳须弥"的艺术境界，植物配置均重在求"意"，突出天（自然）人合一的内在呼应。"意贵乎远，境贵乎深"成为艺术表达的必然，比如明人王世贞的《游金陵诸园记》，提到其时金陵之东园、西园、南园、徐九宅园、同春园等众多园林皆采用堂前建花台，上植花木或立峰石为点景的手法，"多方胜境，咫尺山林"和"壶中天地、袖里乾坤"，即可管窥此种境况。

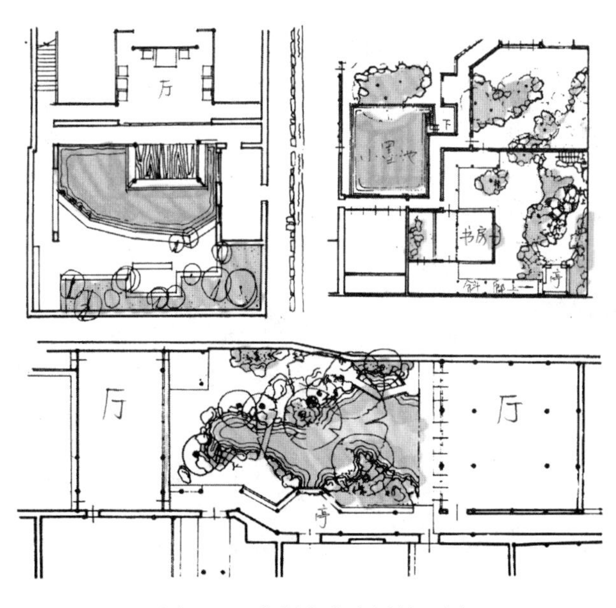

图 2-20　苏州私家小园林 3 例

图 2-21　清同治九年(1870 年)西方版画,描绘北京某宅园林景象

第五节　近代

近代(1840—1949 年)中国,园林进入一个剧烈的变革时期。第一次鸦片战争后,西方文化进入中国,新材料、新技术在园林中逐渐推广,西方园林种植设计手法也大量进入新建公园和庭园。1868 年上海外滩公园建成,被公认为中国近代公园的发端。此后,1887 年建成天津维多利亚公园,1902 年又相继建成上海虹口公园,1909 年建成上海法国公园等。租界公园和殖民地公园大量地在条约开埠城市建成。在种植设计上,这些公园基本采用西方园林风格(图 2-22、图 2-23),如上海顾家宅公园(今复兴公园)采用法国式种植设计风格。

图 2-22　19 世纪末期航拍的天津法国公园

图 2-23　19 世纪末期拍摄的大连大广场远眺(今中山广场),可见对称式的图案化种植明显

客观地说,具有现代城市性质、供公众游览休憩的公共园林,是由外国租界公园肇始。民国时期,中国出现了除私家园林之外,类似于现在的公共性质的园林作品,由政府或地方商团自建公园,或利用接收而来昔日的皇家苑园、无主庙宇或以前的地方官署园林。这些经过改造

的公共园林，大多采用门票制度对公众开放。同时，一些占用中国土地的西方列强，也在租界中开辟公园，通常也对民众开放，当然其中一些也采用门票制度，如图 2-22 所示。前者的这些公园，大多仍是沿用传统园林的造景原理及手法；而后者通常采用欧洲造园的布局方式，在形态上和中国传统风格形成较大差别。西方园林作品的物质实现，直接传递了他们的文化理念，对中国近代园林硬质景观和软质景观造景起到较大影响。

那些外国人在租界地建造的园林作品，采用宽阔大草坪、自然式树丛布局、大理石墙体建筑、几何形组团节点山林和水面组成形态，这些中国原本并不存在的形式，逐渐被中国文化界接纳，进而产生中西方园林文化相融合的园林作品。如上海兆丰公园（即现在的上海中山公园）以英国式园林风格为主，公园内布置有草坪，最大者面积达 8000m^2，有仿英自然风格的微微起伏的小地形，绿茵绵延一派牧场景观。在大草坪西北角，有建园者霍格于 1886 年手植的悬铃木，如今仍存留并形成树干挺拔，树姿雄伟的景观，当时即以孤植树种植。大草坪北建有具西方古典主义园林建筑形式的大理石休息亭，亭中有两个大理石塑人像；亭旁种植紫藤任其盘绕于架上，亭后用龙柏形成密实屏障，整个植物配置景观极富欧陆古典园林情调。公园南隅的蔷薇园，四周采用法国冬青围成高篱，中央设古典兽像雕塑，伸展两翼背负一块日晷，园中设规则式花台，种有月季约 400 余株。

又有上海法国公园（现在的上海复兴公园），风格为法国式样，以规整的中轴线、模纹花坛、喷水池、露天雕塑展现出法国古典园林的风貌。同时，园中又布置了兼具中国园林风格的山石、小径、亭式建筑等园林要素。公园中部采用法国式规则式布局，用几何图形的模纹花坛分列于轴线两侧，一年四季均栽植不同花色、叶色的草本花卉，组合成花纹图案，佐以喷泉，成为公园特色节点。多年后园内以往种植的悬铃木和列植的行道树已经长成规模，形成历史感很强的树林景观。

中华人民共和国成立初期，为改变城市绿化面貌，在党中央"普遍绿化，重点提高"及"实行大地园林化"的方针指导下，祖国各个城市开始广泛种植行道树，工厂、医院、学校等单位庭院也大量植树，甚至北京百姓庭院中也积极相应种植树木。为了快出效果，当时树种以快生乔木为主。1953 年后城市新辟了数量较大的公园绿地，先重点植树，再栽植木本花卉，尽量扩大绿地面积，使城市绿化出现了蓬勃发展的局面。

1978 年以后，各地园林绿化行业进入到新的快速发展时期。从这一时期开始，很多农业和林业的高等院校开始创设园林专业，培养了很多专家学者。同时社会对园林专业的认识程度逐渐加深并增强，很多其他专业的人逐步认识到用植物营造景观的必要性，因此"植物配置"被提升至重要的地位，成为现代园林要素之一。同时以下问题也被大众认识并接受：

1）注重生态效益，创造生态景观。在城市现代化的进程中，民众开始关注城市绿色空间；园林行业中的"城市绿地系统"开始被专家学者深入研究，并将其列入城市总体规划中的重要分项。很多城市积极开展相关实践，如上海在其外环线外侧，修造宽 500m，全长 97km 的大型绿化带；北京市建造第一条总面积为 112km^2 都市森林带，后来在此基础上又修建了总面积 1650km^2 的第二道绿化隔离带。

2）积极开展引种研究，增加园林植物种类。一方面强化乡土植物的应用，另一方面加强与国外的交流，引入许多新优植物种类，为城市绿地中提供更多植物种素材，使现代园林的面貌得到了长足进步。如紫叶小檗、金叶女贞、森叶女贞、日本樱花、日本晚樱、欧洲琼花、红王子锦带花、猬实、金枝柳、绒毛白蜡、郁金香、粉黛乱子草、蝴蝶花、鸢尾、万寿菊、非洲菊等。

3）在传统继承基础上，通过研究逐步扩充种植形式。除传统的自然式种植，还吸收了很多西方园林的种植风格，形成孤植、对植、列植、丛植、林植、修建、花坛、石植、花境、花丛、花带、模纹种植、室内种植、屋顶花园、爬墙及棚架等新配置形式，技法更趋向多元化。伴随经济文化艺术及现代科技的发展，园林工作者开发了各种不同园林类型，不同类型甚至需要配合不同的园林种植方法，如主题公园、专类园公园、居住区绿地、街头小游园、普及科学知识的植物园、动物园、森林公园、花海公园、湿地公园、郊野公园、城市广场、儿童公园、儿童游戏场所等。这些园林绿地形式异于传统的古典私家园林，满足了城市居民回归自然的实际需求。甚至，园林工作者还创造出特有的园林样式，如国庆期间在天安门广场搭建花坛。这已是历年国庆庆典中必不可少的装饰项目，成为北京市的一张城市名片。1986 年 9 月开工建设，同年 10 月 1 日开始向市民开放，有资料说当时使用了近 10 万盆鲜花组成花坛，装点天安门广场，受到群众的热烈欢迎。此后每年的花坛从设计理念到造型色彩，都力求表现中国日新月异的新面貌，象征祖国的繁荣昌盛。

4）开展园林研究和教学工作，丰富种植手法。中国的园林学者积累和总结古代人民丰富的种植设计手法和经验，顺应现代园林服务对象的需求，不仅反映在园林绿化面积的整体扩大之外，还在形式、风格以及布局手法上与时俱进，如疏林草地、林缘花境、林缘线布置、树阵、花林等的应用与布置。现在，植物配置设计师不但需要善于运用植物的色彩、质感、形态、嗅味、质感、体块、密度等个体特性，调动一切能够调动的艺术手段组合搭配，在有限的面积上创造尽可能深远的空间感，合理运用植物创造各种空间并安排空间动线。如此，园林植物配置得以成为一种相对独立的行业岗位。

中国园林特别的文化内涵，即便放之于四海，只要造成中国传统样式，就似乎能够让人联想起中国（图 2-24）。这样，现代园林种植设计在继承中国古代植物种植手法，不断创新和发展，又强调与环境相协调、生态效益、人性化设计，秉承传统文化等诸多方面，“师法自然”顺应自然规律，创作既具时代气息，又体现我们国家和民族历史文脉的园林作品，更好地为人民服务，创建和谐社会。

无疑，中国的园林植物配置事业会发展得越来越好。

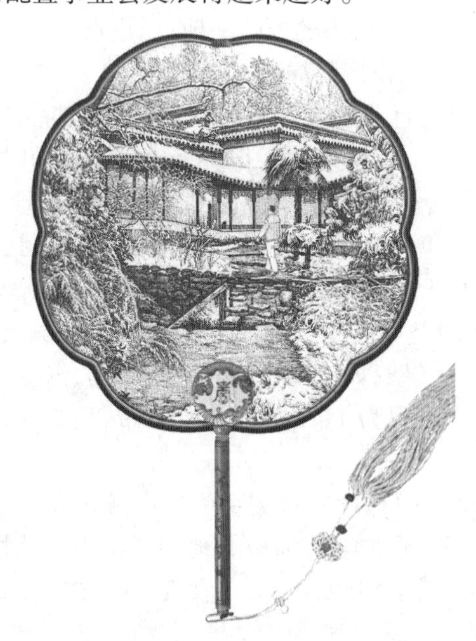

图 2-24　中国园林样式，无论在什么地方，始终带有强烈的中国景观风味

第三章　园林植物基础

植物配置工作常用到的植物类别等名词见表3-1。

表3-1　植物配置工作常用到的植物类别等名词

类别	包含的名词种类
乔木	常绿阔叶乔木、常绿树、常色叶乔木植物、常绿硬叶乔木、常绿针叶乔木、落叶阔叶乔木、落叶针叶乔木、有刺乔木、高大乔木、小乔木、棕榈类乔木、果木、花木、资源林木、经济林等
灌木	常绿灌木、常色叶灌木、落叶阔叶灌木、常绿针叶灌木、小叶灌木、小叶耐旱灌木、无叶灌木、有刺灌木、刺篱、花篱、球篱、果篱、绿篱、常绿绿篱、篱植、色块、丛生、绿墙、花台、花镜、花坛、花篱、花道等
草本	竹类、冬季草体、热季草体、草坪、碎花草坪、本地草坪、绿墙、高大草质、直立型、半莲座型、莲花座型、匍匐型、丛生型、根茎型、蕨类、结果实型等
藤本	木质藤本、草质藤本、观花藤本等
附生植物	木质附生、草质附生、蕨类、干上附生、树上附生、岩石附生等
叶状体	地衣、苔藓、藻菌等
和水相关	漂浮型浮水植物、固着型浮水植物、挺水植物、水下植物、沉水植物、藻类植物、耐水植物、湿生植物、不耐水植物、旱生植物、耐旱植物、亲水植物、滨水植物、水旁种植、滨水种植、城市下垫面等
和光相关	疏冠乔木、郁密乔木、耐阴植物、阴性植物、喜阳植物、阳性植物、耐干扰植物、喜阴植物、室内植物、室外植物、强阳性、弱阳性、阴性、植物密度、投影、植物绿地率、中庭植物等
和空气有关	抗风植物、不抗风植物、倒伏、防护林、防护林带、抗污染植物、巷道风、不耐受污染植物、指示植物、冬季风、夏季风、焚风等
和土壤有关	耐酸植物、耐盐碱植物、碱性植物、耐贫瘠植物、肥沃土壤、土壤水分、土壤空气、孔隙率、渗水能力、沙性土壤、肥沃土壤、化肥、有机肥、土壤溶液、土壤昆虫、腐殖质、贫瘠、土壤益虫、土壤害虫等
和温度有关	城市热岛效应、极高温、极低温、适合生长温度、耐寒植物、耐热植物、寒害、热害、冻土、38毫米降雨线等
和配置有关	植物配置造景、配置设计、孤植树、庭院树、对峙种植、对植、行植、行道树、三角形法则、庭荫树、列植、树阵种植、道旁种植、丛植、草坪、水体配置、净化水体、观果植物、观花植物、树冠、冠形、植物高度、冠叶植物、春色叶植物、常色叶植物、秋色叶植物、枝干质感、树干色彩、叶色、叶态、枝态、花期、果期、花态、花色、分枝点、胸径、地径、私密空间、开放空间、过度空间、遮挡视线等
植物本身	乔木、灌木、草本、木本、藤本、竹类、根、茎、叶、花、果、果实、种子、营养器官、生殖器官、一年生草本、多年生草本、多年生宿根草本、变态花、直根系植物、虚根系植物、常绿植物、落叶植物、有刺植物、本土植物、外来植物、外来种、适地适树等

续表

类别	包含的名词种类
设计及施工	屋顶花园、立面绿化、障景、框景、引景、对景、疏林草地、双名法、预算书、框算书、苗木表、拉丁学名、施工图、概念性配置方案、配置方案阶段、配置扩初阶段、施工阶段、施工监理、甲方、设计方、监理方、重型机械、苗木、苗圃、运输、挖洞、起苗、防护、设计资质、投入资金等
植物管理	滴管系统、滴管设备、给水、给肥、人工、附产品、园林产品、浇水、灌水、灌溉、修剪、降低密度、器械养护、植物养护、人力分配、催花药品、病虫害药品、病虫害防治技术等
植物经济	木材、木材加工、畜牧养殖、景观价值、燃料、薪材、医药、药用植物、食品、果蔬、茶、食用油、酿酒、中药材等
配置风格	中国传统风格、现代风格、极简主义风格、欧陆风格、美国风格、日本风格、东南亚风格等

第一节　植物的科学命名法

一、单种的多种命名

一个植物单种可能有很多不同的名字，如常见的月季，除了它拥有为数众多的培养种名不说，一般民众一致称呼为玫瑰。同样的植物种，我国南方与北方的叫法不同，更何况其他诸国各自的名称。在学术会议上，名称上的不统一，不仅造成了对植物开发利用和分类的混乱，无疑导致交流沟通或商业互通阻滞和困难；特别是在实际项目中，如果不能使用标准的、公认的、无异议的名称，设计人员原本布置使用的植物种，可能被施工单位在苗木采购时错买成另外的苗木种，导致反复运输、复工等不必要的浪费。

对于命名的这个问题尚未最终确定之前，学者们曾提出很多建议，但都因为各种原因被否定。最后，瑞典植物学家林奈（图 3-1）的双名法被最终确定下来。他于 1753 年发表了《有花植物科志》一文，比较完善地创立和使用了拉丁语双名法，发展成为国际植物命名法规。之所以采用拉丁语作为植物名的语言，其理由主要为：拉丁语曾经是欧洲大陆多国的官方语，有比较广泛的影响，其随罗马帝国的衰亡而式微，其时拉丁语已经不再作为广泛性沟通用的语种，是公认的“死语”。在生物学、医药学、古典哲学等领域，拉丁文多用于命名，是有不易出错、不易混淆的特征。也正是基于这个原因，林奈的拉丁双名法得到学术界的一致认可。

图 3-1　为纪念林奈，瑞典发行带有其肖像的货币

钱币和邮票都是国家经济权威的象征，邮票的印制过程和防伪等技术手段虽然均差于国家法定银行的货币，但其货币属性和真实货币相同，不容亵渎于伪制，所以邮票同样发挥货币价值。在邮票上印制植物及其拉丁文学名，是对双名法的法律（法定）认同（图 3-2）。

二、双名法

双名法的构成是这样的，比如银杏，拉丁学名为“*Ginkgo biloba L.*”，同学们首先注意第一个问题，那就是拉丁文必须斜体书写。然后我们看该名称的构成，其名分为两个部分，第一个名（词）是“属名”，属名的第一个字母必须大写，相当于该植物的“姓”，最大化地避免同种多

图 3-2　各国邮票上的植物和其标准拉丁名

次命名；第二个名（词）是“种加词”，相当于植物的“名”。银杏，后面还有一个“*L*”，这个可以是缩写，是该植物命名人名的第一个字母，如果某植物有两个命名人，则两个都以缩写的形式记在后面。

“种加词”又称为种名，其词性常常是形容词、名词的所有格或同位名词，比如北重楼 *Paris verticillata*（轮生的）、臭松 *Abies nephrolepis*（具肾形鳞片的）、白菜 *Brassica pekinensis*（北京的）、夹竹桃 Nerium indicum（印度的）、大车前 Plantago asiatica（亚洲的）、地榆 *Sanguisorba officinalis*（药用的）、漆树 *Rhus verniciflua*（产漆的）、木薯 *Manihot esculenta*（可食用的）、马齿苋 *Portulaca oleracea*（蔬菜的）、小麦 *Triticum aestivum*（夏天的）、草地早熟禾 *Poa pratensis*（草地的）、高山风毛菊 *Saussurea alpina*（高山的）等。

由“属名”和“种加词”组合起来构成了物种名。在种名的后面注上命名者的缩写，这种做法一方面表示荣誉归属，另一方面表示此人要对这个命名负责。这样看来，双名法实际上常常是由三个部分组成的，请读者注意。在植物配置图纸的名录及采购名单中必须有拉丁学名列表，苗木采购工作据此进行；施工中工程监理据此进行施工监督；在竣工验收时，施工验收单位会据此对植物进行清查，以此判定工程是否合格。

即便这样，双名法因为已经经历数百年的历史，伴随科学技术不断进步的过程中，也因为不断纠正错误而产生植物拉丁名的变化，这就导致某些植物的名称很长，因为本书并不面对植物分类学方面的读者，所以更多的变化和构词方法在此就不再赘述。

第二节　植物的生存要素

如同人类只要存活，就需要睡眠、吃饭、喝水、呼吸和排泄一样，植物也有基本的、必不可少的生命需求。它们是水、空气、温度、土壤、阳光、养分这六大基本需求。另外，为了使植物生长得更好，减少管理成本和避免个体之间的恶性竞争，植物的需求方面还应该增加“正态干扰的人为因素”这个要素。

园林植物作为活着的生命体，有需求是必然的，满足它们必要的需求量，是科学管理的一部分，一般采用适当性的原则，不可以无节制地给予，这会导致过犹不及(反自然的)。植物在无人干扰的野外，通常会根据环境和生存竞争进行自行调节，各项指标在其容忍的阈值范围内正常生长，反之衰败接受自然淘汰。

一、水

就天然的需水程度而言，植物总体分为水浸植物、耐水植物、喜湿植物、耐旱植物和不耐水植物(图 3-3)。如同鱼不能离开水，水浸植物必须浸泡在水中才能良好生长，比如各种水草。水浸植物分为沉水、浮水和挺水三种形态，沉入水面以下为沉水植物，现在很多家庭景观鱼缸的植物配置使用到这些植物；浮水植物是漂浮在水面上的，有些是根部扎入池底淤泥中而浮在水面之上的部分相对固定，如睡莲，有些任意随波逐流，如浮萍、水葫芦等；挺水植物是植物的一部分必须挑离水面，如荷花。

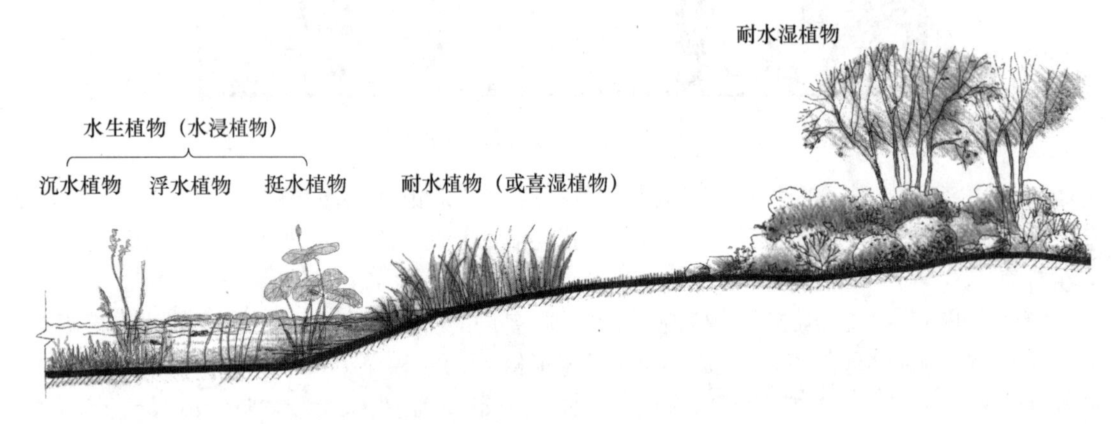

图 3-3　植物对水需求的不同而种植在不同位置示意图

喜欢水的植物是在水岸边缘生长，浸泡和不浸泡都可以，有水则锦上添花的植物，如鸢尾、醉鱼草等，鸢尾也可以生长在旱地，只不过会因为水少而低矮。

耐水植物是在一般旱地上也可健康地成长，但偶尔浸泡也没有关系的植物，如垂柳。

喜湿植物一般不能浸泡，但它们喜欢湿润的环境，空气干燥就会生长不良，这种植物一般难以用作园林植物，如各种兰花、铁皮石斛等。

耐旱植物和不耐水植物都需要水，并不是可以无限制地忍耐干旱，不过是对水的需求量较小而已，如仙人掌。不耐水的植物是不能被水浸泡的，虽然有些还是喜欢湿润的，这样的植物要求其根部土壤的通透性强又时常保持湿润，如君子兰等植物。以上具体归类见表 3-2。

表 3-2 植物对水的适应性和代表植物

类别	特征	代表植物	生长环境
沉水植物	株体沉于水中，和空气完全隔绝	眼子菜、狸藻、黑藻、水车前、金鱼藻、苴草、苦草、茨藻等	水体中，根着于水下泥中
浮水植物	叶片浮于水面	睡莲、浮叶慈姑、浮萍、槐叶萍、萍蓬草、凤眼莲、菱角、荼菱、莼菜、荇菜、芡实、水蕹、莕菜、金银莲花、水龙、水八角、粗梗水蕨、槐叶萍等	水体中，根着于水下泥中或水中漂浮
挺水植物	茎叶大部分在水面之上，并与水面保持一定距离	荷花、泽芹、水芹、水葱、花叶水葱、千屈菜、花叶芦竹、花蔺、芦苇、香蒲、菖蒲、宽叶香蒲、再力花、水浊、菰、雨久花、席草、红穗芦苇、黄花鸢尾、水鸢尾、纸莎草、泽泻、醉鱼草、水蓼等	水中或水边，根着于水下泥中
湿生植物	只能忍耐短时间缺水	鸢尾、石菖蒲、野芋、紫梗芋、伞草、千屈菜、豆瓣菜、慈姑、水生美人蕉、沼生柳叶菜、黄花蔺、问荆、鱼腥草、埃及莎草、梭鱼草、毛茛、水毛花、黑三棱、水蓑衣、雨久花、泽泻、落羽杉、红树、水松、垂柳、枫杨、穗醋栗、梨、枣树、桑树、紫穗槐、山核桃、蕨类、海芋、秋海棠、兰花（附生）、石斛（附生）等	地下水位高或距离水体较近，也可以忍受一定时间的浸泡或喜欢浸泡
亚湿生植物	可忍耐 2 个月左右水淹	水松、落羽杉、麻栎、枫香、乌桕、龙爪柳、柽柳、垂柳、雪柳、旱柳、榔输、桑、柘树、杜梨、柿、葡萄、重阳木、豆梨、白蜡、紫穗槐、棕榈、栀子、枫杨、榉树、山胡椒、狭叶山胡椒、沙梨、楝树、紫藤、凌霄、悬铃木属等	常见陆地环境
中生植物	对水要求中等，无法忍受过干或过湿	大多数植物均如此	常见陆地环境
亚旱植物	能忍耐 2 个月左右干旱高温环境	罗汉松、日本五针松、白皮松、落羽杉、马尾松、黑松、雪松、油松、赤松、湿地松、侧柏、千头柏、刺柏、香柏、圆柏、柏木、龙柏、偃柏、旱柳、杞柳、垂柳、加杨、响叶杨、小叶栎、石栎、栓皮栎、白栎、苦槠、榔榆、夹竹桃、楝树、柘树、构树、山胡椒、枫香、狭叶山胡椒、桃、枇杷、光叶石楠、石楠、紫藤、槐、黄檀、合欢、野桐、臭椿、乌相、黄连木、君迁子、木芙蓉、飞蛾槭、紫穗槐、盐肤木、火棘、栀子花、菝葜、小檗、葛藤、德国景天、荷兰菊、鸡眼草、丛生福禄考、千屈菜、算盘子、龙舌兰、仙人掌类、胡枝子类、毛竹、水竹棕榈、毛白杨、滇柳、龙爪柳、青钱柳、麻栎、槲栎、青冈栎、板栗、锥栗、白榆、三角枫、鸡爪槭、五叶槭、朴、小叶朴、随叶树、桑桑、无花果、广玉兰、豆梨、杜梨沙梨、杏、李、皂荚、槐、香樟、朝鲜黄杨、杜鹃、野茉莉、荚速、锦带花、接骨木、	常见陆地环境
亚旱植物	能忍耐 2 个月左右干旱高温环境	连翘、金钟花、油桐、千年桐、重阳木、野漆、枸骨、冬青、丝棉木、无患子、栾树、木槿、梧桐、杜英、厚皮香、柽柳、柞木、黄杨、瓜子黄杨、南天竺、紫薇、胡颓子、马甲子、扁担杆子、山麻杆、溲疏、薜荔、云实、银白杨、小叶杨、钻天杨、杨梅、胡桃、枣树、枳、椴树、山茶、喜树、灯台树、刺楸、白蜡、女贞、黄荆、大青、泡桐、梓树、黄金树、核桃楸、山核桃、长白核桃、桦木、大叶朴、木兰、厚朴、桢楠、杜仲、悬铃木、木瓜、樱桃、樱花、梅、刺槐、龙爪槐、柑橘、柚、橙、大木漆、锦熟黄杨、水冬瓜、八仙花、山梅花、蜡瓣花、海桐、海棠、郁李、绣线菊属、紫荆、水蜡、小蜡、葡萄等	常见陆地环境

续表

类别	特征	代表植物	生长环境
旱生植物	无法忍受过湿，耐旱，可以忍受长期土壤和空气干旱	景天类、马齿苋、紫藤、夹竹桃、芦荟、龙舌兰、台湾相思、合欢、雪松、珊瑚树等	常见陆地环境
特殊植物	空气湿润即可	空气凤梨（朱利亚铁兰、红开普铁兰、松萝铁兰、伏生铁兰、气花铁兰、银叶铁兰、哈里斯铁兰、贝吉铁兰、弯叶铁兰、针叶铁兰、章鱼铁兰、鳞茎铁兰、海胆铁兰、康氏铁兰、仙人掌铁兰、虎斑铁兰等）	不需要水培、不需要土栽、悬挂在空中就能自由生

在植物配置的时候，于水的部分，需要对总平面分析图纸的“竖向设计”图纸进行分析，低洼的地区配置耐水植物，在坡体上布置耐旱植物等，把适合的植物放在适合的位置，可以起到相当经济的效果，使得设计事半功倍。

水同时又是植物体内最多的物质，也是最重要的、无法替代的物质。水分占植物体鲜重的60%～90%，既可作为各种物质的溶剂充满在细胞中，也可以与其他分子结合，维持细胞壁、细胞膜等的正常结构和性质，使植物器官保持直立状态。植物细胞内的物质运输、生物膜装配、新陈代谢等过程都离不开水。如果没有水，植物将无法顺利地散发热量，保护自己不受炎夏的烈日灼伤。如果没有水，植物也无法吸收土壤中的矿物质和有机营养。水不但是植物体自身生长和发育必需的物质条件，也是植物体与周围环境相互联系的重要纽带。

城市园林中的水源，具有和一般自然地块较为相同的来源。即便如此，城市园林还面临着特别困难的情形，城市因为下垫面大面积地彻底改变，其应该承纳降雨的土地已经非常少了，硬化的铺装快速并彻底地清除降雨，所以单纯依靠降雨的补给是严重不足的。单消耗量客观存在，所以必须依靠人工给水。大型园林如果有中水再利用系统，可以较大地降低园林用水的经济消耗，但小型园林则事实上仍旧依靠城市管网供水，也即水源为自来水厂的净化自来水，如此则使得费用极大地增加了。现在已经有滞留雨水的园林地下装置，限于篇幅本书并不给出。需注意的是城市降雨并不能直接使用，因为雨水中已经溶解了较多的有害物质，需要事先进行一定的处理。

二、空气

和水一样，空气也无法取代。尽管城市中也充满空气，但因为有了人的干预，则城市中的空气质量其实并不乐观。

植物和动物一样，无时不刻不在呼吸（消耗氧气）。只有在光线适当的时候，叶片的制氧系统才开始工作，制造氧气。也就是说，在相对狭窄的室内放置较大的植物，鉴于光线的不足，室内植物并不能给居室带来额外的氧气。相反地，它却在耗用氧气并释放出二氧化碳。

人类为了得到相关的工业产品，而在城市的某些地区有意或无意地排放出污染气体。我们已经知道，某些植物能够耐受特定的某些种气体，也就是说，其在呼吸的时候也顺带地吸入了这些有害的气体，通过复杂的生物化学过程，将有害的气体转化为无害的物质或衍生物。人们借助这些植物的此类机能，一方面可以达到美化的目地，将这些植物种植在废气排放地区；另一方面也期望借助这种种植，达到一定程度的空气净化目的。但很多化学工厂每日的废气排放量超过周边植物的容滞量，植物容滞超出其阈值一定量有害气体，一样会导致生长不良甚至死亡。

由于城市工业客观存在，并非所有园林植物对一些有害气体排放没有影响，但总有那么一些植物可以在某种气体中存活，工厂厂区也不能光秃秃地没有绿地，所以设计师就有必要知晓何种植物可以在何种场合栽植。

1. 氯气（Cl_2）气体情况下园林植物种（塑料生产、水体净化、化肥工业等）

①抗性强的树种。无花果、夹竹桃、广玉兰、柽柳、合欢、枸骨、臭椿、榕树、樱花、九里香、小叶女贞、柳树、枸杞、丝兰、白蜡、杜仲、厚皮香、构树、木槿、白榆、木棉、国槐、黄杨龙柏、侧柏、大叶黄杨、海桐、蚊母、山茶、女贞、皂荚、凤尾兰、棕榈、沙枣树、苦楝、桑树、紫藤、大丽菊、蜀葵、百日草、千日红、醉蝶花、紫茉莉、蛇目菊等。②抗性较强的树种。桧柏、朴树、青桐、栀子花、珊瑚树、板栗、罗汉松、瓜子黄杨、山桃、刺槐、铅笔柏、毛白杨、石楠、榉树、卫矛、接骨木、紫薇、紫荆、紫穗槐、乌柏、假槟榔、枳椇、红豆树、细叶榕、蒲葵、地锦、法桐、水杉、厚朴、红花油茶、银杏、桂香柳、枣树、丁香、泡桐、银桦、云杉、柳杉、太平花、天目木兰、石榴、桂花、枇杷、蓝桉、梧桐、重阳木、黄葛榕、小叶榕、木麻黄、梓树、扁桃、杜松、人心果、米仔兰、芒果、君迁子、月桂等。

如有此种污染则不可栽植的园林植物种：核桃、樟子松、池柏、赤杨、紫椴、木棉等。

2. 乙烯（C_2H_4）气体情况下园林植物种（合成纤维、合成橡胶、合成塑料等）

乙烯气体可以促进果实成熟，促进叶片衰老，诱导不定根和根毛发生，打破植物种子和芽的休眠，促进或抑制许多植物开花，在雌雄异花同株植物中可以在花发育早期改变花的性别分化方向等，这种气体对正常的园林植物极其有害。

① 抗性强的树种。法桐、棕榈、夹竹桃等。

② 抗性较强的树种。黑松、女贞、榆、枫杨、乌柏、紫叶李、垂柳、香樟、罗汉松、白蜡等。

如有此种污染则不可栽植的园林植物：刺槐、臭椿、黄杨、合欢、苦楝、玉兰。

3. 氟化氢（HF）气体情况下园林植物种（铝电解厂、磷肥厂、炼钢厂、砖瓦厂等）

氟化氢气体的水溶液清澈无色，同时可发烟并具有腐蚀性，有剧烈刺激性气味。

① 抗性强的树种。青冈栎、国槐、海桐、白榆、大叶黄杨、黄杨、瓜子黄杨、蚊母、龙柏、山茶、红花油茶、朴树、构树、香椿、石榴、桑、丝棉木、侧柏、皂荚、柽柳、木麻黄、沙枣、棕榈、红茴香、细叶香桂、杜仲、夹竹桃、厚皮香、金鱼草、菊、百日草、千日红、醉蝶花、紫茉莉、蛇目菊等。

② 抗性较强的树种。樟树、楝树、白玉兰、厚朴、广玉兰、樱花、黄栌、银杏、天目琼花、金银花树、珊瑚树、臭椿、刺槐、枳椇、楠木、垂枝榕、山楂、柳树、枳橙、白皮松、杜松、云杉、桧柏、滇朴、垂柳、枣树、青桐、桂花、无花果、木槿、合欢、胡颓子、紫茉莉、白蜡、飞蛾槭、榕树、柳杉、丝兰、太平花、银桦、梧桐、鹅掌楸、柿树、含笑、乌柏、小叶朴、梓树、泡桐、油茶、紫薇、地锦、山楂、月季、丁香、女贞、小叶女贞等。

如有此种污染则不可栽植的园林植物：池柏、南洋杉、梅、榆叶梅、杏、山桃、金丝桃、葡萄、紫荆、白干层、慈竹。

4. 二氧化硫（SO_2）气体情况下园林植物种（钢铁厂、大量燃煤的电厂等）

① 抗性强的树种。侧柏、银杏、鹅掌楸、刺槐、国槐、紫穗槐、柽柳、青冈栎、榕树、构树、白蜡、木麻黄、相思树、蚊母、梧桐、海桐、合欢、女贞、棕榈、广玉兰、重阳木、大叶黄杨（正木）、雀舌黄杨、锦熟黄杨山茶、金叶女贞、夹竹桃、十大功劳、枸骨、金橘、无花果、枸杞、九里香、皂荚、黄杨、美人蕉、紫茉莉、仙人掌、九里香、唐菖蒲、郁金香、菊、鸢尾、玉簪、雏菊、三色堇、金盏花、福禄考、蜀葵、半支莲、垂盆草、金鱼草、蛇目菊等。

② 抗性较强的树种。华山松、白皮松、杜松、云杉、地锦、梓树、白榆、榔榆、花柏、粗榧、丁香、卫矛、板栗树、无患子、玉兰、八仙花、细叶榕、苏铁、栀子花、青桐、臭椿、朴树、黄檀、蜡梅、含笑、杜仲、细叶油茶、珊瑚树、柳杉、罗汉松、龙柏、厚朴、桑树、红背桂、桧柏、榉树、毛白杨、桃榄、木槿、丝兰、八角金盘、厚皮香、枣树、泡桐、香梓树、石榴、月桂、印度榕、榛子、椰树、蒲桃、米仔兰、高山榕、柳杉、丝棉木、苦楝、金银木、紫荆、黄葛榕、柿树、垂柳、胡颓子、紫藤、三尖杉、杉木、太平花树、紫薇、赤杉、杏树、枫香、加杨、旱柳、扁桃、枫杨、红茴香、芒果、连翘、七叶树、银杉、蓝桉、乌桕、冬青、小叶朴、菠萝树、麻栎、石栗、沙枣树、木菠萝等。

如有此种污染则不可栽植的园林植物种：苹果、梨、油梨、梅花树、羽毛槭、李、紫叶李、樱桃、马尾松、油松、云南松、落地松、雪松、湿地松、法桐、白桦、贴梗海棠、月季、玫瑰等。

5. 臭氧（O_3）气体情况下园林植物种（配置设计行道树时需要注意）

法桐、枫杨、鹅掌楸、刺槐、银杏、柳杉、樟树、枇杷、青冈栎、黑松、扁柏、女贞、夹竹桃、海州常山、冬青、连翘、八仙花等。

6. 氨气（NH_3）体情况下园林植物种（制液氮、氨水、硝酸、铵盐和胺类等）

氨气具有恶臭气味，有严格的排放标准。

抗性强的园林植物，如银杏、樟树、柳杉、朴树、杉木、女贞、丝棉木、腊梅、皂荚、广玉兰、玉兰、木槿、紫荆、石楠、石榴、无花果等。

如有此种污染则不可栽植的园林植物：栎树、刺槐、枫杨、女贞、金叶女贞、杨树、法桐、虎杖、核桃、杜仲、冬青、芙蓉、紫藤等。

7. 滞尘能力强的园林植物种

国槐、刺槐、杨树、柳树、白榆、臭椿、栎树、樟树、榉树、广玉兰、凤凰木、朴树、银杏、法桐、榕树、枸骨、皂荚、石楠、女贞、黄杨、海桐、冬青、夹竹桃、厚皮香等。

8. 烟尘气体情况下园林植物种

麻栎、构树、榉树、重阳木、朴树、樱花、法桐、泡桐、枫香、榆树、桑树、青冈栎、银杏、楠木、刺槐、国槐、苦楝、臭椿、枸骨、桂花、香榧、粗榧、樟树、黄杨、冬青、珊瑚树、广玉兰、石楠、皂荚、厚皮香、女贞、刺楸、紫薇、乌桕、青桐、蜡梅、黄金树、木槿、夹竹桃、大叶黄杨、八仙花、栀子等。

9. 不耐燃烧的园林植物种（适宜配置在配电房等有防火要求的建筑侧旁）

银杏、栓皮栎、罗汉松、枸骨、槲栎、榉树、杨梅、山茶、油茶、海桐、冬青、蚊母、八角金盘、女贞、厚皮香、珊瑚树等。

这些植物一般树冠较为郁密，可以有效地对建筑进行遮挡。

空气中除了有害的物质之外，空气湿度也是一个重要的指标，前文已经提到诸如兰花这样的植物必须有较大的空气湿度才能健康生长，过于干燥的空气，对植物的生长会产生不利的影响。对于过于湿润的空气，大多数温带的植物种也表现出较差的耐受度，而热带的植物种却并无问题。人类在盛夏的极热和隆冬的极冷时节，健康的机体只要防护得当，其实都不太容易得病；但在温度和空气湿度多变的春、秋两季，抗性弱的个体容易得病，植物也是这样。当环境温度在 18 ~ 26℃之间，空气湿度在 60% 以上时，此时最容易产生病害和虫害。病虫害是大自然的另外一只手，和造物相反，它消除老者和弱者，保证植物群落和族群健康地成长。

空气和水都不是固定的，会在自然界能量驱动下形成“流”或“流动”。空气流就是所谓的风，风带来或带走的水汽改变了植物环境空气的湿润度。园林多建造在城市中或城市边缘，会强烈地受到“城市风”的影响。植物的抗风情况见表 3-3，建筑和建筑之间，在不同季节会形成对植物极其有害的风。比如,在夏季形成极其干燥的焚风;在冬季形成极寒冷又极干燥的寒凛风(燥寒风);又容易形成力道极大的有害风——巷道风、顶角旋风和城市旋风。

表 3-3 园林植物的抗风能力及代表植物

抗风能力	代表植物
强	金钱松、白皮松、黑松、马尾松、圆柏、南洋杉、麻栎、槐、黄杨、河柳、胡桃、樟树、榆树、榉树、乌桕、樱桃、厚皮香、枣树、台湾相思、臭椿、朴树、栗、梅、柠檬桉、假槟榔、桄榔、大麻黄、小檗、柑橘、葡萄、竹等
中	银杏、侧柏、龙柏、柳杉、杉木、旱柳、檫木、枫杨、重阳木、凤凰木、广玉兰、枫香、榔榆、桑、梨、柿、桃、杏、合欢、紫薇、木绣球、山核桃等
弱	雪松、钻天杨、加杨、银白杨、垂柳、刺槐、榕树、大叶桉、法桐、梧桐、泡桐、杨梅、枇杷、苹果、木棉等

城市的下垫面已经大部分进行了硬化,土壤较为少见,所以空气中的水分已经极大地减少了,加之各种特殊空气的城市效应,比如“热岛效应”等,都对园林作品中的植物产生了相当的挑战。

三、温度

温度是依靠空气(流动)、土壤和水这三种媒介物来实现对植物的影响。温度对植物而言其实分为环境温度和感受温度两种,这与环境湿度息息相关。同样的温度下,当湿度发生变化,感受温度也发生变化,感受温度只会高于或等于环境温度。空气湿度加强或减弱实际温度对植物影响的真实程度。植物对温度有一定的耐受度,温度过高会发生灼害(热害),过低则发生冻害。植物受害后将产生严重的后果,轻则发生各种病虫害,重则迅速衰弱至死亡。

耐受上限和下限之间的温度,也分为适宜温度和不适宜温度,植物在适宜温度区域内生长发育,开花结果;在不适宜温度范围内,会做出相应的自我保护措施,如落叶、变色、冬眠等。城市的各种温度效应,比如热岛效应、较大温度剪刀差效应等,都对植物的正常生存提出了严酷的挑战。很多城市下垫面在夏季会升至 40 ~ 75℃,适时通过水雾法降低植物的环境温度是必要的,如图 3-4 所示。

图 3-4 水雾法降温

在植物配置过程中,需要注意相当多的温度问题。①建筑北侧的植物需要选用较为耐寒的品种,因为冬季这个地区会形成极其寒冷又干燥的坡面风;②在建筑通道中需要种植较为耐旱的品种,这里会形成极其干燥的焚风;③在面临水面的缓坡上选择种植耐病害的植物种,因为富含水汽的风更容易带来菌类病害;④在下垫面过渡铺装的地区使用耐寒、耐旱及耐热的植物种。

关于植物生长温度存在几个关键性名词,最佳温度是指植物光合作用率最高的温度,随植物成熟度降低。日平均温度 ADT:$ADT=(DT\times DH+NT\times NH)\div 24$,(公式中,$DT$ 为日间温度,DH 为日间小时数,NT 为夜间温度,NH 为夜间小时数)。积温是指植物所感到的温度与持续时间的乘积,单位为℃ · h,DIF 用于表示昼夜温差,$DIF=DT\times DH-NT\times NH$。

低温会降低植物的生长速度,但在经历低温后适度提升温度会弥补植物遭受低温时的损失。在线性范围内,只要植物所感受的积温总和相同,植物的生长速度就不会受到影响,10a

的10℃加10a的25℃与20a的17.5℃的条件相比较，植物的生长速度是一致的，a可以理解为单位时间。但在线性范围之外，则植物事实上已经受害，细胞发生因为温度而产生的病变，则各种生长即被打破，产生不可逆影响。积温理论在应用的过程中有两个关键的参数，即积温差和容忍带宽，前者可以理解为环境温度偏离植物最佳生长温度的范围数值；而后者则是植物感受的积温偏离理想积温的值，例如某植物的理想积温为a℃・h，实际感受的积温为b℃・h，那么此处的温度堆积值则为$b-a$。例如月季，在上下不超过5℃时，150℃・h内的积温差不会影响月季的观赏情况。*DIF*影响植物的形态，当*DIF*降低时，植株的节间长度会降低，因此可以用*DIF*来控制植物株高，这成为调节植物形态的一种重要方法。

温度，还包括土壤温度和空气温度，城市露天环境的空气温度并不容易控制，如图3-4这种情况，局部由高降到低在有风条件下是可行的，但如果从低到高却并不容易，较不经济的方法是在土壤中铺设地热管道，以提升土壤温度，至少这种策略可以让原本不能露地越冬的植物种有机会依靠根部存活度过严冬。

四、土壤

土壤因为其物理性质和生化功能，亦无可代替。尽管我们现在已经有了很好的无土栽培技术，也有了比较好的屋顶花园薄土层栽培技术。在自然界，整株乔木因为风害而发生倒伏的现象是少见的，因为植物根系可以借助土壤的物理性质完成立地过程，即便主体植株死亡，仍旧可以多年屹立不倒，植物根系对土壤固结的积极作用不容忽略。

土壤的构成极其复杂，颗粒之间天然形成空气的通道，各种微生物、中小型动物赖以生存，同时它们也可对土壤有机物水平的提高做出贡献，产生极其复杂的化合物和衍生物，这些物质能被其他各种生物所利用。植物的根部从土壤中吸收氧气、水、无机矿物质和有机营养物、激素等（图3-5）。

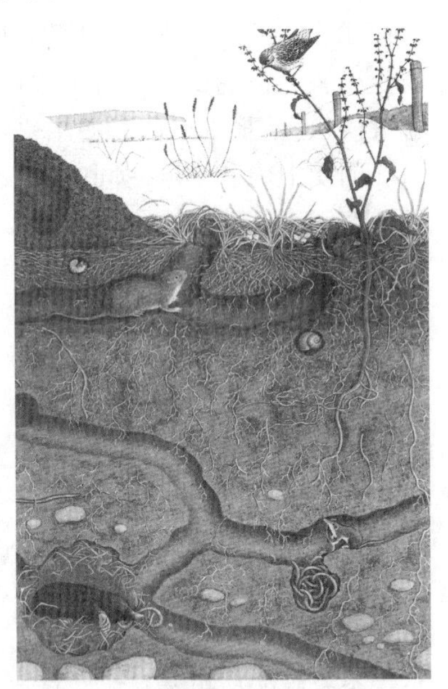
图3-5　自然界中的土壤剖面

评价土壤的指标很多，其中和园林植物比较有关系的大致有孔隙率、滞水能力和透水能力等指标。孔隙率简单地说是指土壤中孔隙体积与土壤在自然状态下总体积的百分比。滞水能力是指土壤最大能够容滞水量的能力，容水能力过强也并不利于植物的生长。透水能力和容水能力其实是一个概念，即土壤保水的能力，过于透水的土壤虽然有利于植物的生长，但可能大量消耗灌溉水，容易造成经济损失，所以一般用于种植的土壤需要各种孔隙度的土壤结合分层使用。

城市园林作品中的土壤，一些对植物有利的部分已流失或消耗而又得不到自然的补充，已经和野外的那些土壤成分不同，需要人为地给予补充。但问题在于，效果快速的补充物也会带来另外的问题，比如土壤盐碱化，灭杀了一些有益的细菌或生物等。可是如果施与比较无害的补充物（腐熟后的动物粪便等），又会产生恶气味、吸引不良生物、影响园林景观等问题。

不同土壤条件的项目，应根据土壤条件布置合适的植物。水边土壤的含水量大，则需要布置喜水的植物或耐水植物，在偏干旱的土壤布置耐旱的植物。各个地区的土壤也不尽相同，比如湖南和湖北地区的土壤为红色酸性土壤，透水性较差；河北的土壤为黄色细腻的土壤，透水性中等，容易肥沃；浙江多为沙质土壤，透水性强，不够肥沃。结合项目的实际区位，在项目考察时应该顺带调查土壤情况。

园林植物常常并不是项目地块土生土长的，在其移栽过程中需要保证根部带有一定体积原生地的土壤（土球），并用麻绳全面捆绑这个土球，防止土球松散和露根，这块土球能够保证移栽植物在新的土穴中顺利成活并持续生长。原则上土球必须足够大，但因为挖掘时间、挖掘雇工、编织、吊装、运输等成本问题，其实土球的规格都远小于其理论规格，这样造成了后期养护的一些风险和问题。比较好的解决办法，是在苗木规格表中将土球的规格也作为一个列入项进行限制。

土壤的酸碱度，其实是表现与土壤水溶液的酸碱度。园林植物有一定的适应性，见表3-4，只可惜不能穷举。

表3-4　园林土壤类型与之对应的代表性植物

土壤类型	描述	代表植物
碱性土壤	pH≥7.5	侧柏、新疆杨、柽柳、紫穗槐、沙枣、合欢、黄栌、木槿、油橄榄、木麻黄、沙棘、非洲菊、文冠果、香豌豆、石竹类等
中性土壤	6.5≤pH<7.5，大多数土壤	雪松、杉木、杨、柳、菊花、百日草、矢车菊等大多数植物
酸性土壤	pH<6.5，多分布在中国南方红壤地区	马尾松、红松、山茶、茶、马醉木、石楠、白兰、含笑、珠兰、构骨、肉桂、杜鹃、茉莉、乌饭树、油桐、栀子花、八仙花、吊钟花、印度橡皮树、柑橘类、大多数棕榈类等
贫瘠土壤	养分含量低或很低	油松、马尾松、沙地柏、酸枣、木麻黄、构树、牡荆、小檗、金老梅、小叶鼠李、锦鸡儿、景天类等
沙性土壤	沙漠及半沙漠	沙柳、黄柳、沙冬青、骆驼刺、沙竹等
含钙土壤	石灰岩地区土壤内含有游离碳酸钙	柏木、栓皮栎、青檀、南天竹、臭椿等

城市绿地要解决的问题，在于城市中根除硬化地部分以外的暴露土壤，做到一块土地都不露天，只要经济海量投入是不难办到的。但也正是因为“看不到”土壤，就更容易忽略了它的健康。

五、光线

大多数植物需要阳光，而且需要接受一定时间的阳光照射。人工虽然可以部分模拟阳光，但需要相当大量的电力支撑。无土栽培之所以大部分仅在育苗阶段开展，就是因为植物长大以后需要更多的光能，只是靠人工给光远远不够。

大多数植物的成长需要“全光”，意思是指太阳的直接照射。种在玻璃封闭性阳台上的植物，总会生长不良（喜欢生长茎而不容易开花），是因为玻璃过滤了大部分（95%～99%）的紫外线，其阳光已经不是“全光”。

在植物配置前，如果能够取得项目地硬质景观和环境情况的CAD矢量图纸，便可以使用相关软件进行光照分析，如图3-6所示。如果将图放大，可以见到各种颜色的影区由数字构成，数字为该片区的全天阳光照射时长。需要额外进行解释的是，由于太阳角的原因，并不是所有时间的太阳光强均匀一致，所以那些数字是代表以该地区的正午时间为中分点的时间，假如数字为5，则代表此处是上午9时30分开始有阳光，至下午2时30分阳光光照结束。

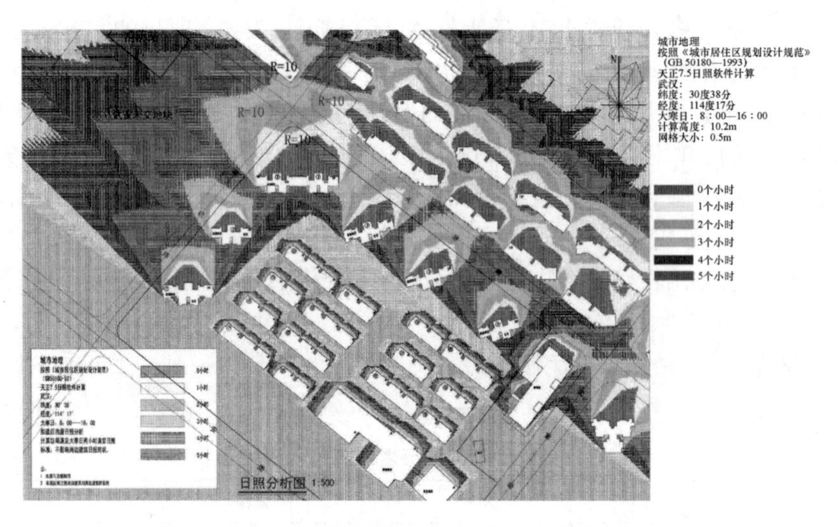

图 3-6　分析项目地光照情况的软件

按照植物对阳光的需求不同,将其分为强阳性植物、阳性植物(喜阳植物)、耐阴植物和喜阴植物。前两种需要阳光直接照射,如果缺乏光照就生长不良。耐阴植物可以忍受阳光的漫反射或短期直射,也可以忍耐比较长时间的缺乏照射。而喜阴植物则最好不要太阳直射,换言之,它们并不是完全不要阳光,而是仅有漫反射就可以。前面两种植物最好不要放在室内栽培,后面两种植物则可以并适合家庭种植。如果加入地理位置这个属性,可以发现亚寒带植物种和温带植物种绝大多数是阳性的,而热带地区的植物种多耐阴或者喜阴。

在城市中,出现了在自然界中没有的阳光问题。比如一些地方形成了长期性的建筑阴影,也就是说,在这些区域内终年得不到阳光直射。园林植物所在位置得不到自然地安排,所以通过拉长身体来夺得阳光就相对困难,在光线条件差的位置安排强阳性植物,它们就不能良好地生长,而且会出现各种病虫害,直至衰弱死亡。反之,如果在项目地块中并不缺乏阳光的地方安排耐阴植物,也会造成令人不乐见的结果。

另外一个特殊情况,设计者也必须注意到,那就是城市建筑的玻璃幕墙,可能会在特定的时间段内反射较强的阳光到项目区域内,这相当于增加了植物日照的时间,如果能够巧妙地加以利用,可以取得很好的效果。这也预示了一个问题,那就是设计前的调查工作必须细致到位。

表 3-5　城市园林植物对城市光污染的敏感性

中等敏感	栾树、国槐、鸡爪槭、国槐、水青冈、灯台树等
极敏感	茶条槭、红花槭、枫香、白桦、法桐、榆树、四照花、垂柳、红瑞木等

注:对光敏感的植物不能设计在容易被光污染的地块上。

再有城市夜间的照明,改变了植物正常的生活作息,也会衰弱植物,见表 3-5。但这也是没有办法的事情,人类如果终将消失,城市不复存在,大地终将归还于自然。

六、养分

“水是命,肥是劲”,养分简单地说就是给肥。前文已经提到过,城市绿地土壤的肥力,因为来源种类的减少,同时园林植物又总是源源不断地索取,则事实上土壤产生了退化。所以,需要人工给予有计划、有步骤地补充养分。

城市园林绿地块的土壤中的常量营养元素氮、磷、钾通常不能满足园林植物生长的需求,所以需要施用含氮、磷、钾的化肥来补足。而微量营养元素中除氯在土壤中并不缺外(但也不容易被直接使用),另外几种营养元素则需施用微量元素肥料。化肥一般多是无机化合物,仅尿素肥是人工工业化合成有机化合物。凡只含一种可标明含量的营养元素的化肥称为单肥,如氮肥、磷肥、钾肥等。凡含有氮、磷、钾三种营养元素中的两种或两种以上且可标明其含量的化肥称为复合肥料或混合肥料。中国进入到化肥时代在世界范围内比较晚,大致真正普及是在 20 世纪 80 年代之后,中国解决近十几亿人的粮食问题,极大地依赖化肥工业的发展。

养分补给常常是园林养护单位的工作,但是对于设计人员,应该做到的是降低养护人员的施工难度。高效的单肥有明确的弊端,直到现在中国农业技术仍有很多问题需要落实和解决,如中国化肥的利用率不高问题,当季氮肥利用率仅为 35%。据联合国粮食及农业组织的资料显示,1980 年至 2002 年中国的化肥用量增长了 61%,而粮食产量只增加了 31%。肥料利用率偏低一直是中国农业施肥中存在的问题。鲁如坤等研究者研究发现,中国农田磷肥的利用率仅为 10% ~25%。磷肥利用率偏低不仅造成严重的资源浪费,还会使大量的磷素积累在土壤中,从而导致农田及环境污染和自然水体富氧化。因此,提高磷肥的利用率对农业的可持续发展和环境保护等均具有重要意义。

除此之外,施用单肥还给城市土壤带来①重金属和有毒元素有所增加,直接危害人体健康;②土壤微生物活性降低,物质难以转化及降解;③养分失调,硝酸盐累积;④酸化加剧,pH 值变化剧烈等问题。

现代园艺技术在给予植物养分方面已经取得了长足的进步,通过土壤给肥只是全部方法中的一部分。现在常见的方法有:通过叶面给肥(叶面喷洒);有些园林作品,采用大型的综合管道系统,通过滴管的方法给水和给肥;当出现严重的失养问题的时候,还可以通过点滴法给肥,即营养液直接扎入茎皮,如同人类挂吊瓶的方法。

在植物配置工程完成之后,竣工图需要提供给园林养护单位,由其编制植物养护管理工作的流程和细则,其中就会有给肥计划及时间表。这些书面材料虽然不必发回给园林设计单位审核和批准,但是为了以后更好地工作,园林设计者应该注意收集这些资料,通过项目回访借以反向提升自己的园林植物配置能力。

植物养分缺乏或过盛会表现出不同病症,如:少氮则生长势差,全株黄化,叶片呈淡绿,叶早衰变黄干枯脱落;少磷则叶片变暗绿,下部叶片出现红斑或紫色斑,叶片坏疽;少钾则老叶生白斑或黄斑,出斑后坏疽;过多氮则叶大而软,徒长少花;过多磷则抑制其他元素吸收,叶下部出现红斑;过多钾则造成钙及镁难吸收,叶尖焦枯,等等。

以上,就是园林植物的六大生存要素,缺一不可。作为园林植物的属性,每个单种都有相应的特点。

七、植物之间的互利及影响

植物之间相互有些微妙的关系,有些植物会分泌出利他的化学物质,又有些会分泌出不利于其他植物的化学物质,它们相互影响,见表 3-6。

表 3-6　植物之间相互影响

相互促进	①油松、板栗；②牡丹、芍药（间种相互促进）；③石榴、太阳花；④红瑞木、槭树；⑤皂荚、黄栌、百里香、鞑旦槭（互相增高）；⑥核桃、山楂；⑦接骨木、云杉；⑧朱顶红、夜来香；⑨葡萄、紫罗兰；⑩泽绣球、月季等
控制病虫害	①苦楝或臭椿、杨树或柳树或槭树（防止光肩星天牛）；②杨树、臭椿（防止蛀干天牛）；③大豆、蓖麻（防止金龟子）；④月季、金盏菊（防止土壤线虫）；⑤山茶花、茶梅、红花油茶等茶类和山苍子（防止霉污病）等
抑制生长，严重导致死亡	①大丽菊、月季；②水仙、铃兰；③葡萄、小叶榆；④松、云杉或栎树或白桦；⑤柏、橘树；⑥接骨木、松或杨；⑦丁香、紫罗兰、郁金香、勿忘我（任意组合均相互伤害）；⑧桃、杉树；⑨绣球、茉莉；⑩玫瑰、木犀草；⑪榆、栎树或白桦或葡萄；⑫玫瑰、丁香；⑬刺槐、果树（结果被抑制）；⑭铃兰、丁香（丁香萎蔫至死亡）；⑮丁香、稠李、刺槐、夹竹桃危害周围的植物；⑯胡桃分泌物胡桃醌毒害松树和苹果；⑰侧柏使周围植物呼吸降速；⑱海棠等蔷薇属植物危害桦木、马铃薯、番茄和多种草本植物等
互为寄主并传播病虫害	①洋槐和苹果或洋槐和梨（果树炭疽病）；②海棠或樱花与构树或无花果等桑科植物（桑天牛、星天牛）；③稠李和云杉（引发球果锈病）；④松树和栎、松树和栗（引发锈病）；⑤落叶松和杨树（引发杨叶锈病）；⑥垂柳和紫堇（引发垂柳锈病）；⑦油松和黄檗（引发油松针叶锈病）；⑧桧柏和苹果、桧柏和梨、桧柏和山楂、桧柏和山定子、桧柏和贴梗海棠（苹桧锈病）；⑨二针松（油松、马尾松、黄山松等）加芍药科、玄参科、毛茛科、马鞭草科、龙胆科、凤仙花科、萝摩科、爵床科、旱金莲科（引发二针松疱锈病等

表 3-6 中相互促进作用，表明两种植物种植在一起，它们之间可以相互促进，健康成长；控制病虫害作用代表这两种植物种植于一处则可提升双方抗病虫害的生理机能；抑制生长，严重导致死亡影响，如果将两者种植在一起则相互发生抑制，两败俱伤；互为寄主并传播病虫害影响，该两种植物反而促进或提升各自致命病害的发生几率，对双方均产生不良影响。在后面两行中松树出现的次数较多，也就是说当需要配置松树及松类植物时，需要注意的项目较多，请读者务必重视。

第三节　植物生命体的六大器官

根、茎、叶、花、果实、种子，这六种器官，是植物体的六大器官。任意一株植物，大多由这六种器官组成，但并不是说六种器官总是同时存在。根、茎、叶，叫做植物的营养器官；花、果实、种子是植物的生殖器官。在植物呈现幼态或非生殖时期，表现为以发展营养器官为主，目的之一，在于为后面的生殖工作做营养储备和生理准备。任何植物的一生，核心目的在于繁殖，而非生长，这是理解自然的一把钥匙。

一、根

根埋藏于土壤之中，通常位于地表之下，负责吸收土壤内部的水分及溶解于其中的无机盐肥料，同时也呼吸，并且具有支持、繁殖、贮存与合成有机物质的作用。根衍生出很多文化意义，本书不做论述。但就观赏价值而言，很多植物的根也有景观价值（图 3-8）。

针对我们的读者，单支根及根系的生化知识恕不记述。植物按照根系的生长结构，分为直根根系、须根根系两种。无论属于什么根系，在植物移栽的过程中，都需要尽可能地制造较大的土球（前文已述），除了尽可能地带去其原生地的土壤之外，也需尽可能多地保留植物根系。

直根系的植物有明显的主根和侧根，主根比侧根长并且粗壮，从主根上发出侧根，主次分明，如地上部分的干枝。须根系的主根和侧根没有明显的区别。直根系的植物移栽难度较须根系植物大，因为其主根已经遭受到彻底破坏。所以，栽植后容易因为外力而倒伏，需用多根直杆进行立地加固。再有，很多大树移植到园林作品之后，一二十年都难以再发出起到物理支撑作用的较大枝干，主要原因也在于其原生的直根系已遭到破坏。所以，大树进城，是特别值得商榷的问题。

民间有"植物生得多高，其根就有多深"的说法，这种说法不一定适用于所有的植物，但具备一般性正确的特征。有些园林作品场地上的确保留有土生土长的"原生"植物，因为其并非移植而来，所以有着完整的直根系，所以面对各种困难，都有着较强的抗性能力，同时也可以大大地减少养护成本。这样看来，保护项目场地上有价值的原有植物是有必要的。

有很多种植物的根可以食用、药用或作为工业原料。甘薯、木薯、胡萝卜、萝卜、甜菜等是我们日常的食品，人参（*Panax ginseng*）、大黄（*Rheum officinale*）、当归（*Angelica sinensis*）、甘草（*Glucurryhiga uralensis*）、柴胡（*Bupleurum chinese*）、龙胆（*Gentiana scabra*）等是常见的药材。某些乔木的大根或藤本植物的老根，可雕制成工艺美术品。植物的根有保护坡地、堤岸和涵养水源、防止水土流失的作用，活体植物贡献了上述的生态功能性作用，即使植物死亡，其根部虽然也逐渐死亡但仍对周遭土壤产生相应的固着机械作用。

关于根，还要介绍一种共生关系，即根瘤菌和豆科植物的和谐共存现象，在设计中，这种植物可以加以利用。

在苗木采购表中，在同一行附录中，常常规定设计植物是否为"实生苗"，意思就是指该苗木是否是苗场自己播种生长壮大（非移栽），有直根系的苗木。另外还有一个名词叫"容器苗"，尤其指绿篱植物，这种植物直接在培养的容器中长大，一般都有较完整的直根根系，很容易移栽成活。

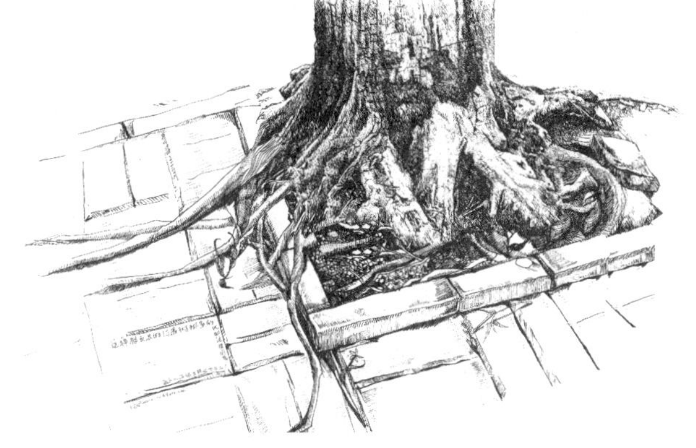
图 3-7　行道树根平行于地面生长现象

根总的来说是向下延伸的，但有些乔木（如国槐、广玉兰）的侧根会沿地面方向横向生长，特别是靠近主干部位会向上鼓起，这些植物总是会将已经铺设好的路面材料顶起，凹凸不平增加了人行的危险（图 3-7）。但是如果选址合适，这种现象反而能够被我们利用其来营造有趣的景观。匍匐盘虬在地面上的这些根，很好地增加了园林作品的历史感。还有些植物（榕 *Ficus microcarpa Linn. f.*）的根从枝上发出，或者向下接触地面后再向下扎，好像生出一株新的植物。或者盘绕主干蜿蜒向下，好像年代久远的样子（图 3-8），这种树可以借此延绵生长，所谓"独木成林"，形成独特的热带风情。总之，温带、亚寒带的植物根系都比较正常地向下扎，而越向热带地区延伸，其植物种的根系越有妖性，如气生根、板根（图 3-9）、水生根等。科学的解释是，年平均气温的升高，带来的生物多样性越多，环境也越复杂，适应性习性也越多，植物形态也越多样。就中国国土而言，越过长江之后，园林作品的植物配置工作，也越应该注意将植物的根态作为一个设计属性来加以考虑。

图 3-8　榕树，中间粗壮部分是其干，周围攀附状态的是其气生根

图 3-9　热带地区深林中的板根植物

二、茎

茎是植物体中轴部分。通常，草本植物的这部分叫做“茎”，而木本植物把这部分叫做“干”。木本植物的“干”通常是个系统，地面以上分为“主干”和“枝”，而其“枝”又常常分为“主枝”和“侧枝”。有些植物个体有明显的主干，其立剖面是一个底边狭窄而两个侧边极长的类等腰三角形；有些是在某一个高度，就分生出数枝较强势的最大枝（有时也可以叫做主干），这个高度，就叫做“主分枝点”。为了方便植物下部人的行走，人们人为地去除主干比较接近地面的杂枝或大枝，在理想的高度以上放任其他枝条生长，其地面和这个理想的高度之间的垂

直距离，叫做“分支点高度”，人们修剪时，要保证树冠的其他部分的高度，最低不能低于这个高度。“分支点高度”是重要的指标，在苗木采购清单中有时必须加入这个指标，这也是园林植物重要的售价评价指标，因为这个指标可以间接地保证苗木的优品率（图3-10）。

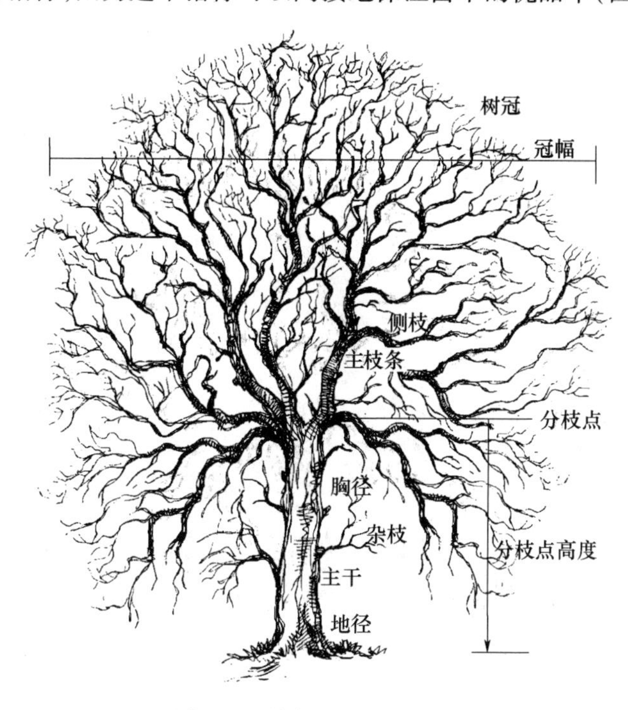

图3-10　植物干茎的分级

关于乔木的主干，还有两个重要的指标，其一为“胸径”，指从植物的树干基部以上至树干1.2～1.3m处，植物干的直径数值。另一个是“地径”，是指树干基部以上20～30cm的树干直径数值。这两个都是苗木采购清单中的重要指标，但通常只能采用一种。一般而言，使用胸径值采购来的苗木能够更好地达到设计效果，但是如果胸径值定得过大，则苗体的整体体量就会非常大，起苗、运输、下坑、养护等的工程量也就比较大，售价也随之水涨船高。胸径一般以2cm及其倍数向上或向下增减，一般仅相差2cm，其价格就会有天壤之别。

苗木商一般使用地径来销售苗木，因为这个数值一般都会比较大（比胸径值大得多），让人误以为其苗木的年龄和规格较大一些，以获得更多的经济利益。设计者如果使用这个数值，需提前进行设计预测。这是因为，即便是同一种植物，个体之间这个数值也即便相同，其地面上发育的植株体也有粗细、分支点高矮等较大的差异。所以就设计方角度而言，我们并不推荐使用这种数值。通常只有那些不容易测度的小型苗木才不得不使用地径值，如桃、梅等。

由根部生发独立的主茎（干），数量上有一根或几根明显优势的主茎（干），树干和树冠有明显区分的植物叫做乔木，没有明显的主干，呈丛生状态，有数量众多、规格相似的茎（干）的植物叫做灌木。灌木使用冠幅作为设计及采购的标准。

茎（干）呈直立或匍匐状态，茎上生有分枝，完好的分枝顶端均具有分生细胞，进行顶端生长和延伸。茎具有输导营养物质和水分的作用，以及支持叶、花和果的物理性质。同一株植物的茎还能在空间上进行轴向自调，较为合理地安排叶群的位置，以便使叶片获得最大的阳光照射。有些植物的茎本身还具备光合作用、贮藏营养物质和繁殖的功能。

植物树冠的形态,主要是两点。单轴分枝,顶芽不断向上生长,成为粗壮主干,各级分枝由下向上依次逐渐细短,树冠呈尖塔形。树冠生长成圆锥形,如松杉类的柏、杉、水杉、银杉等植物。合轴分枝(图3-11),茎在生长中,顶芽生长迟缓或枯萎,顶芽下面的腋芽迅速发展,代替顶芽的作用。如此反复交替进行,成为主干。这种主干是由许多腋芽发育的侧枝组成,称为合轴分枝。合轴分枝的植株,树冠开阔,枝叶茂盛,有利接于受充分阳光,是一种较先进的分枝类型,大多数植物都是这种类型。

图3-11　植物树冠的形态,单轴分枝植物和合轴分枝植物

有些植物的茎极其通直,如喜树、桉树;有些喜欢弯曲盘虬,如黑松、龙爪槐。

有些植物的茎质感粗糙,如樟树、雪松;有些质感细腻,让人不禁去触摸,如青杨、紫薇。

有些植物的茎颜色白,如白杨、白桦,如图3-12所示;有些颜色黑,如紫竹;有些像迷彩军装的颜色,如法桐、白皮松、榆树;有些颜色金色,如黄金柳;有些颜色绿,如各种竹子和草本植物;有些红色,如紫叶李、红瑞木。如图3-13所示。

有些植物的茎中空,可以当盛水容器或吸管用,如竹类、草本、溲疏、荷花。

有些植物的茎上带刺,很多园林作品中禁止出现或有条件出现,如花椒、杠板归、刺槐、月季、玫瑰、枸橘、柠檬。

有些植物茎的横截面是方形或规则的几何形,如云南黄馨(方形)、芝麻(方形)、莫邪菊(三角形)、虎刺梅(三角形)。

还有一些植物的茎和叶已经特殊化,如仙人掌、光棍树。

另外有一些植物的茎已经被人文化了,如古树(树干极其粗壮)、湘妃竹等。

颜色、质地等性质普通的植物茎(干),常被人忽略,这是正常的。即便如此,如果形成树林,群集效应也能凸显和强化茎(干)的观赏价值,特别是如果有阳光洒射入内,形成疏影斑驳的状态,其景观也颇为震撼。

最后特别提醒读者,植物的茎(干)有着相当大的自重,在做一些特殊设计时,比如行道树或路边植物的设计时,应该选择那些不容易出现朽烂病害、茎(干)的物理器械性质较强的植物。否则,狂风、暴雨、雷雨等异常天气情况下,会发生茎(干)脆断砸落的危害。

图 3-12　白桦林冬季的白色干杆景观

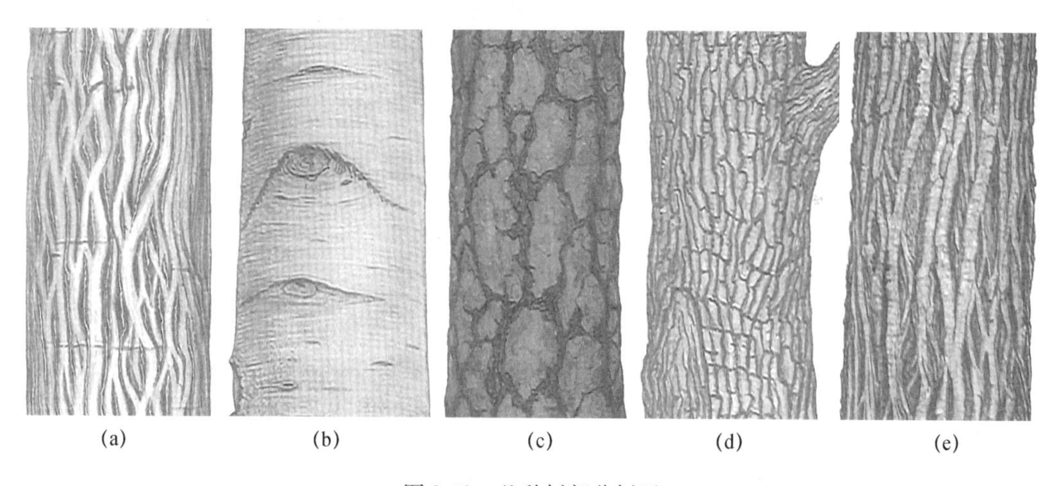

图 3-13　几种树部分树干

(a)山毛榉一部分树干;(b)青杨一部分树干;(c)松一部分树干;
(d)橡树一部分树干;(e)椴树一部分树干

三、叶

叶片是叶的主体,呈现片状,较大的表面积用来接受光照并与外界进行气体交换及水分蒸散,富含叶绿体的叶肉组织,其功能是进行光合作用合成植物必需的有机物,通过叶面的气孔从外界取得二氧化碳而同时向外放出氧气和水蒸气,发生蒸腾作用,以提供给根系吸收水和矿质营养的动力,保证植物体的物质输导畅通。叶的表面还有透明表皮起到保护作用。

同时有叶片、叶柄和托叶三部分的称为“完全叶”,如缺叶柄或托叶的称“不完全叶”;叶又分单叶和复叶。叶的形状和结构因环境和功能的差异而有不同,如图 3-14 所示。

大多数植物的叶子或生长旺盛期时含叶绿素多(占比大),因此它们呈现绿色。但也有些植物的叶子天然呈现其他颜色,如天麻、秋海棠、紫叶李的叶是红色的,这是因为它们的叶片中除含叶绿素外,还有类胡萝卜素、花青素或藻红素的缘故。当秋天来临时,叶片中的叶绿素退化,火炬树、枫、槭、柿等的叶因花青素的存在而会变成红色。此外,大多数落叶植物到了秋季会变色,是因为天气温差增大,叶进入老态,叶柄逐渐干枯,叶片中的叶绿素大比例地减少,树叶便由绿变黄、红或铁锈色,最终飘落,如图 3-15 所示。

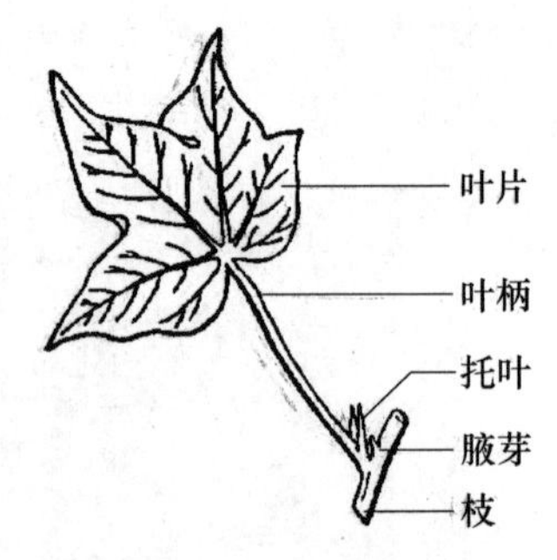

图 3-14　完全叶

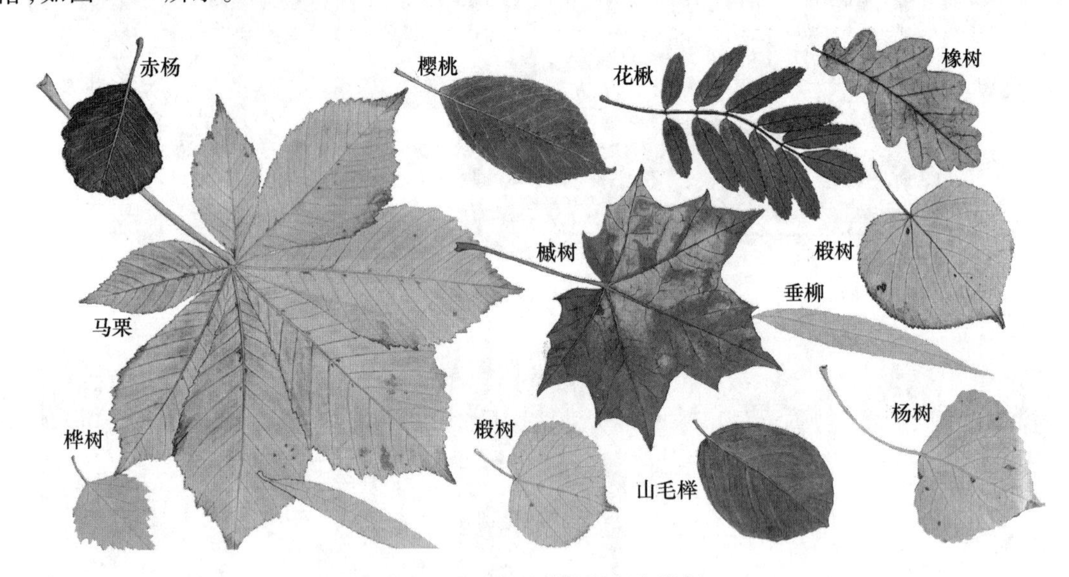

图 3-15　秋色叶植物的颜色举例

植物就秋季落叶与否来划分,分为常绿植物和落叶植物;就叶的色彩来分,分为秋色叶植物、常色植物和彩叶植物。常绿植物并不是永远不落叶,而是在除秋季以外的其他季节落叶,并且伴随新叶的生发与老叶的凋落同时发生,给人一种永远也不缺叶的感觉,所以叫做常绿植物。比如杜英,其终年不断地落下老叶,但新叶也随时长出。又比如香樟,其新叶于春季时集中长出,老叶也随之大规模地凋落,树冠并不落空,始终保持丰满的体块形态。落叶植物通常于秋季集中落叶,仅留下光秃秃的干(茎)状态越冬,至次年的春季生发新叶,如此循环往复。温带地区的乔木一般都是落叶植物。落叶植物在秋季落叶之前,叶片会集中变色,在这个时间段,大面积的落叶植物林会形成“霜叶红于二月花”的壮观景象(图 3-15)。这些能够变色的乔木,又叫做秋色叶植物。相应地,当这些植物在春季重新发叶的时候,嫩绿的小叶展现出一种欣欣向荣的勃发景象,似“碧玉妆成一树高,万条垂下绿丝绦”,此时有些学者也称呼它们为“春色叶植物”。常色叶植物是在整个生长期内总保持一种非绿叶色的植物,它们中的一些种也是落叶植物,但并不因为新发或落叶而变化颜色,如紫叶李(紫色)、紫叶桃(紫色)、红花檵木(紫色)、红叶小檗(紫红色)、金枝槐(嫩黄色)、紫叶海棠(紫暗红色)等。杂色叶植物也被唤做异色叶植物,也常常表现为在整个生长期内总保持特定的叶色状态，比如红背桂（叶面绿叶背红）、洒金珊瑚（绿叶上布满黄色斑点）、金边吊兰（金边丝兰）、花叶蔓长春等。

关于单片叶的生化与生理知识，本书并不深入介绍。比如叶的各种形状，叶尖的各种形态，边缘的锯齿多种形态，叶的下沿的多种形态，缺裂现象，叶脉的各种状态，有否叶柄，托叶的位置、单叶和复叶，变态叶，叶序，叶的质地，叶的反光性等，并不是说这些知识并不重要，鉴于本书面对的读者群，也限于篇幅，恕不一一介绍了，感兴趣的读者可以自行拓展深入学习。

园林植物配置更关心的是叶组成的庞大树冠体系，特别是木本类植物，给人们直观感受的是树冠。特定的植物种，会自然而然地生长成较为固定形态的树冠。如雪松、水杉等形成圆锥塔型树冠；桂花、无患子总长成卵圆形树冠；合欢、枫杨等总长成伞形树冠等。常用的园林植物种，其树冠的整体形态、体量、颜色是园林植物配置设计师需要牢记的属性。

另外，还有树冠的颜色、质感。即便是绿色，也有各种不同的绿色（图 3-16），雪松表现为蓝绿色；银杏总体为偏黄的嫩绿色；枇杷偏向于白绿色；桉树表现出一种粉绿色；黑松是墨绿色；海桐由于叶片较厚的角质层，表现出一种油脂感的深绿色等。秋季和春季，树冠的颜色伴随秋色叶植物和春色叶植物的属性更为丰富多彩。质感分为三类（图 3-17），一是因为叶片大小，而产生的小叶树冠细腻、紧凑的质感，或者是大叶构成的粗犷、大气的质感；二是因为叶片表面反射光线的不同，而产生的粗糙或丝滑的质感，如溲疏、枇杷，这种植物因为叶片表面特别粗糙，不太反光，就给人一种亚光的粗糙感；像茶梅、海桐，叶片油亮的感觉就比较顺滑；三是因为树冠的稀疏与密实的质感，稀疏的如合欢，密实的如香樟、桂花。其实，质感的类别并不单单有上面三类，不同的植物，在质感方面产生了极其迥异的感觉，比如松一类的植物，其针形态的叶，就给人一种针刺的感觉，这种感觉先天就不如欣赏叶片舒展的植物亲近；含羞草、合欢这种羽状叶的植物，质感轻盈，特别容易吸引人去抚摸，反之没人去抚摸仙人掌或仙人球。叶与叶丛有时候放在一起才能体会它们之间质感的不同，如图 3-18 所示。

图 3-16　形态

（a）竖列雪松三角形冠形、叶态和颜色；（b）银杏大卵形树冠、叶态及颜色；
（c）竖列按树长竖卵形树冠，叶态和颜色；（d）枇杷伞形树冠，叶态及颜色

图 3-17　花形

(a)羊蹄甲叶;(b)构树叶;(c)银杏叶;(d)马褂木叶

图 3-18　植物的质感,放在一个场景里才能感觉它们的不同(拙政园晚翠月洞门)

在园林植物采购表中,苗木树冠的冠幅直径是一项重要的设计指定数据。这是指太阳垂直照射植物的时候,投射同株植物树冠阴影的平均直径距离。冠茎是评价和限定园林植物是否健康的一个关键数据,直接决定了园林作品是否能够完成设计者的设计意愿。

再有,整个植株的株体高度,也是园林植物采购苗木表中的重要指标。这个概念很简单,在此就不再赘述。

在设计中还要考虑落叶的问题,并不是所有的植物种,其叶落在地上就能够迅速地“化作春泥更护花”。相当多的品种,其叶的降解速度很慢,如广玉兰,这时落叶会顺雨水流入地下管网,甚至给地面清洁、市政维护造成相当大的困扰。

四、花

人人都喜欢花。如果植物正值开花，通常人们会直接忽略植物的其他生理部分或结构，将注意力直接转移至花，这是一种常见的视觉中心转移现象。

一般来说，花由花瓣、雌蕊、雄蕊、萼片、子房、花托等结构构成，如图 3-19 所示。

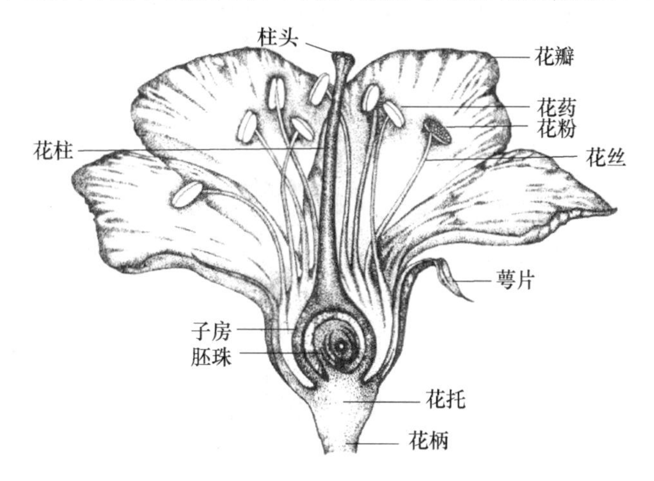

图 3-19　花的基本结构

花常被称为“花朵”，是被子植物的繁殖器官，其生物功能是结合雄性精细胞与雌性卵细胞以产生种子，繁衍传播。它是各种媒介传粉、受精、种子发育、再传播的过程。对于高等植物而言，种子就是其下一代，是各物种自然分布的主要手段。

同一植物上着生花的组合称为花序，如图 3-21 所示。

图 3-20　花海景观，从 2012 年以后特别流行，图为金盏菊花海

一些植物的花，总是在一个生长周期中集中出现一次（有些种类也有多次），比如春季集中开花的桃、梅、梨等。从初花到末花的时间长度，叫做花期。花期长、花香浓郁、集中开花、具

规模、花色艳丽、花朵大的植物，特别受植物配置设计者和观赏者的欢迎，适合营造花海景观（图 3-20）。同时，何时发花、花期长短、是否集中发花、是否有群集效果、是否成为规模、花色如何、花的繁密程度、花的大小、花的气味等，都是设计者在植物选择时应该考虑的属性。

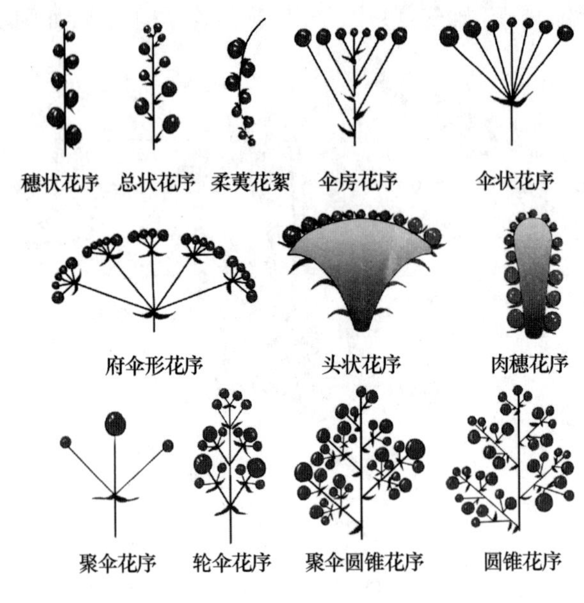

图 3-21　常见的花序举例

有些花开放的时候，吸引蜂类；另外有一些开放时，吸引大量的蝇类。再有一些园林植物花开之后，其花粉会随风散播，会引起过敏体质的观赏者出现呼吸道疾病，虽然这不是设计者能够避免的事情，但园林管理者应该在可能产生较强刺激的植物下部放置警示标志。

叶子花（三角梅）、各种菊花、芋等植物，那些色彩艳丽的苞片，被认为是美丽的花瓣，但实际上那是一种近似于叶的结构，如图 3-22 所示，图片中的叶子花，中间的那小白花才是其本尊。

图 3-22　三角梅

双子叶植物大多是雌雄同体的植物，既能够开花，也能结出果实。像银杏、罗汉松、铁树等是雌雄异体的植物，雄树只负责开花，并不能结出果实。

又有些植物，花并不美观，但一旦开花，植株就完成了其生命周期，将随即步入死亡，如各种竹类和大多数禾本科草类。

并不是所有的植物都有单花，大多数植物都是以花序的整体花态来展现自己，这样我们也需要知道一些关于花序的知识。图 3-21 给出的是无限花序，还有有限花序等，感兴趣的同学可以深入地学习。花序给人繁花似锦的热闹感觉，一个完整的花序植物常常比单花植物感觉要好。

前面讲述了花的形态，花还有花香，每种植物都有自己的花香，且遗传因子相当固定，也就是这种植物的花香千年之前便是如此，并未变化。但对于相对感性的“香”，每个人的感受却有不同，如万寿菊，对于这种植物，有的人喜欢曰其香，有的人极其厌恶谓之臭。一般来说，依靠昆虫来授粉的植物之花均可能散发气味，而且多是人类喜欢的香味，但也有特殊者，散发的是苍蝇等昆虫喜欢的腐臭味。

花朵盛开之时外泄的花粉随空气流飘动，一旦进入到敏感人群的呼吸道或停留在他们的皮肤上，可能产生不同程度的过敏反应。目前人类的认知还难以根除这样的过敏反应，只能采用比较粗糙的方法，或者是服用“他定”类药物，或者是服从医生的嘱咐，在外界鲜花盛开的时节减少外出的机会或次数。园林不能让所有人满意，不能不说是一种缺憾。

花语是指人们常用某种植物的花来表达心中想说而未说的话语。花语表达人的某种感情与愿望，这种托物言志的行动是在一定历史条件下逐渐产生并逐渐约定俗成，为某一种文化圈人群所公认的信息暗喻形式。赏花如果懂花语是比较锦上添花的事情。花语后来也被当作构成花卉文化的核心，在花卉交流中，花语虽无声，但此时无声胜有声，其中的含义和情感表达甚于言语。花语最早起源于希腊，那时不但花有其特定的含义，其叶、果等也有。19 世纪初法国开始兴起花语，随即流行于欧洲大陆。中国大众接受花语大致是在 19 世纪中叶。常见的花语有：玫瑰代表爱情；百合代表顺利；郁金香代表摆脱孤独等。

花的景观价值毋须多言。

五、果实

在一些项目中，配置能够结出果实的植物（果物），可以突出或体现其乡野特征（图 3-23）。很多果实的形状、颜色、体积、气味都有很好的景观效果。即便是城市园林项目作品，在项目中设计这种植物，也会受到市民的喜爱。

图 3-23　满树柿子景观

但配置果树的缺点也十分明确。其一,观者常常会粗暴地采摘果实,有时甚至会攀爬、折断观赏植物的枝干;其二,果实陆续成熟的时候,会发生食果性虫害,进而可能引发一些其他病害;其三,如果在前面的基础上喷洒化学农药,又可能会连带毒伤采食果实的游客;其四,落果除了可能污染游客的衣物以外,掉落在铺装上还可能造成路面损伤。总之,园林作品中果实植物的种植特别考验园林管理者的综合能力。

对于园林植物配置设计者,需要知道关于果实的一些知识。按照果实生成器官的状态,可分为单果、聚合果、复果三大类。单果是由一朵花的单雌蕊或复雌蕊的子房发育而成的果实。聚合果是由一朵花内若干个离生心皮发育形成的果实,每一离生心皮形成一独立的小果,聚生在膨大的花托上。如八角、茅莓、草莓、莲等。复果是由整个花序发育而成的果实,如桑葚、凤梨、无花果、猕猴桃、火龙果等。

按照成熟果实的果皮的脱水干燥程度或肉质多汁的状态,将单果分为干果与肉质果两大类。其中肉质果又分为:①浆果。果皮中包含果汁丰富、手感软弹的果实;②核果。包括外果皮、中果皮、内果皮及种子等部分,如桃、李、杏等;③柑果,如橘子;④瓠果,如西瓜、甜瓜等;⑤梨果(假果),是由花托与子房发育而成,其中花托发育为果实肉质可食部分,子房发育为果实中央部分,如苹果。干果的种皮一般都具有干燥、硬度高等特征,其中坚果(核桃、松子)、瘦果(向日葵籽粒)、颖果(小麦、大麦、水稻)等可以食用,而其他的诸如翅果、蒴果等就不再详细介绍。各种果实举例配图如图3-24所示。

(a) (b) (c) (d) (e) (f)

图3-24 果实

(a)樱桃果;(b)苹果果实;(c)杨桃果;(d)芭蕉果;(e)荔枝果;(f)芒果果实

有些植物的果实,不但在园林中具备观赏价值,而且在日常生活中也有一定的文化作用。如葫芦,嫩葫芦原本是一种蔬菜,木质化的老葫芦可以作为一种文玩,特别是高约3~5cm的小型葫芦,也叫做手捻葫芦。原产于中国的葫芦,果实常长得很大,刚长出的小葫芦常因为太嫩,即便去掉蜡皮,也会因为难以木质化而腐烂。合适的小葫芦,需要在秋季才开始结成果实,因为不能积累足够的温度以供生长,所以长成"小老化",往往数株藤蔓也不能结出一枚理想的果实,(图3-25)。

图3-25 市场上的手捻葫芦

将整个果实作为文玩其实还有很多种类,如代代橘、胡柚、佛手、玉米(图3-26)等,它们自然老化后掉落在地面上，及时捡拾后陈放，可以完全干化。在干化之前把玩，不但可以有持久的香味，也可以形成完整包浆。

植物配置工作，应该避免由于设计导致的问题。比如如果将柿树作为行道树，可能发生柿子果成熟之后掉落在行人身上；再比如一些不能食用但又富含油脂或黏液的果实，掉落在路面上，会给清扫人员带来极大的困难。

植物配置工作中，可以人为地设置一些采摘障碍，增加游客采摘的难度，这样可以有效地保护园林植物免遭破坏。比如提高分支点，让人可以观赏却够不着；种植带有针刺果皮的植物，比如板栗等。或者管理者也可以安排采摘收费项目，达到双赢的目的。

有毒的果实通常不能提供较好的口感，但是需要防止低龄儿童的误食。所以在一些特殊的园林作品（如儿童游乐园、动物园）中，应该避免设计剧毒或具毒类型的结果植物。一些能够结果的毒性杂草，如蓖麻、曼陀罗、龙葵，园林管理者应给予及时清除。

园林配置可以结果的植物，不但可以在景观视觉上丰富观感，其特别的功用，其实是招引自然界中的动物来此安居或暂居。中国公安部门的禁枪政策，最大化地保证了城市园林作品中这些野生动物的安全，园林中的植物果实可以给它们提供必需的食物。食果的鸟类额外提供给游客鸟鸣景观（图 3-27）；小型动物如食坚果的松鼠和捡拾落果的刺猬，也给园林增加了极其生动的动物景观；一些自然条件较好的湿地公园或城市郊区园林作品，甚至可以形成较为完整的动物食物链系统。

图 3-26　文玩小玉米，长 5 ~ 7cm，如玛瑙镶嵌

图 3-27　植物果实的招鸟效果明显

六、种子

种子同样具备招鸟引兽的功能。同样，种子的生物学特征本书不做讨论。

种子通常被果皮包裹，保护得很好，所以很难直接形成观赏点。但有些植物总会不经意地或故意地暴露它们，相当有趣味。如铁树会暴露出红色的大圆种子；玉兰奇形怪状的果（聚合的蓇葖果）会裂开，暴露出其内红色的种子；大方的向日葵整盘都是种子；蒲公英的种子可以随风飞舞等。

在高速轴转线圈被发明之前，工匠通过人力把坚硬木料或高密度坚硬石材制成小型标准圆球体，是比较困难的，需要消耗极多工时，导致其价格不菲，普通人却可以较低廉地享受自然的恩赐，很多植物的种子天然就是小型圆球体，可以用来制作珠串，它们质地坚硬、表皮润泽、经久耐用。宋代以后,由于商品经济的发展,商人开发了种类繁多的"菩提子"。

园林作品中很多种植物,掉落下来的种子可以被游客捡拾,而后打孔穿绳即可,此举增加了园林游赏的参与度,也不失为一种乐趣,比如无患子(黑菩提)、黄藤(星月菩提)、莎木(白玉菩提)、圆果杜英(金刚菩提,图3-28)、大果枣(莲花菩提)、蒙椴(五线菩提)的种子等。

图3-28 金刚菩提,尼泊尔大乔木 *Elaeocarpus Ganitrus* 的种子

以上,笔者通过植物的六大器官,简单地阐述了植物的一些配置属性,这一部分的知识点颇多,很多问题也没有相应地展开,希望读者通过自己的逐步积累,来增益植物配置的能力。

第四节 园林植物形态

一、园林植物的时间形态

每一种植物都有某一种相对固定的壮年时期形态,这由其DNA决定。植物在其到达壮年之前的生命周期中,如果没有其他植物竞争干扰挤压,尚未遭受严重病虫害,也没有人的刀劈斧砍,亦没有雷劈风倒,一般来说植物在壮年时段中都会自然而然地生长成那个预定的形态。本书所说的植物形态,主要就是指植物壮年时期的外貌形状。

一种植物的一生,即便无任何干扰,也会经历几个形态,种子态→萌态→幼年→小苗→青年(苗)→壮年(苗)→老年(苗)→暮年(苗)→死亡态(图3-29),壮年态最具商业价值,同时也占据整个植物的最长时间段,是相当稳定的一种形态,所以将这个时期作为讨论内容。除了以其一生作为时间轴,其实在一年中植物本身也会发生几次变化,即春态、夏态、秋态和冬态(图3-30),落叶乔木常有这四种形态,但常绿植物四季的变化并不明显。

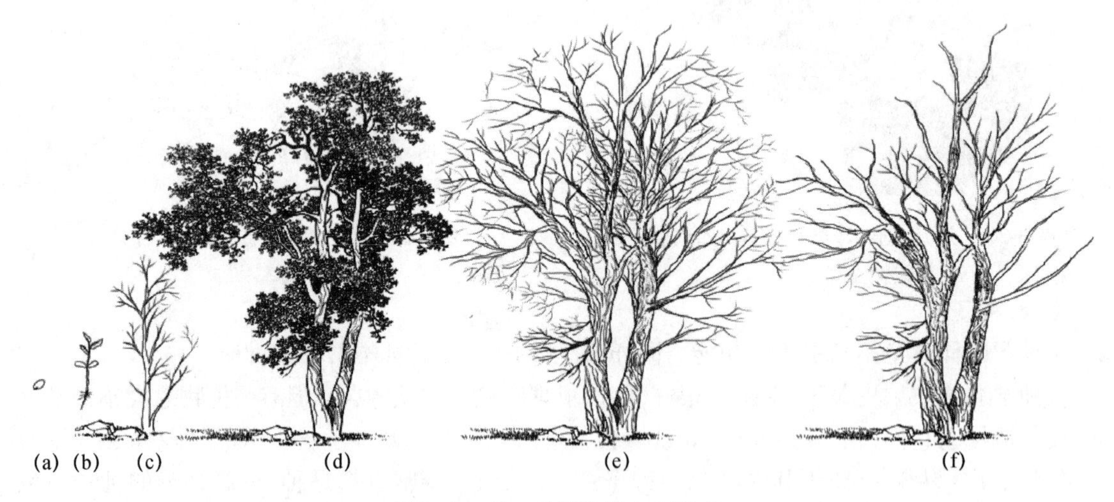

图3-29 某一种植物的生命形态

(a)种子态;(b)萌态;(c)幼年;(d)青年;(e)壮年;(f)暮年

图 3-30　某一种植物在一年四季中的 4 个形态

(a)春态;(b)夏态;(c)秋态;(d)冬态

二、园林植物的冠形

园林植物的形态是个综合的表述,包括外貌轮廓、体量、形状、质地和结构等。

树形是指树木的大致外轮廓。树形由树冠及树干组成,树冠由一部分主干、主枝、侧枝及叶幕组成(前文已述)。不同树种的树形都有其自身的特征,主要受遗传因素决定,同时也受外界因子和园林养护管理措施的影响。树形在生长过程中呈现一定的变化规律,一般所谓某种树有什么样的树形,均指在正常的生长环境下,其壮年树的外貌而言。通常各种园林树木的树形可分为下述各种类型:

倒卵形:刺槐、千头柏、旱柳、榉树等。

卵圆形:毛白杨、悬铃木、香椿等。

垂枝形:垂柳、垂枝桃、垂枝榆等。如图 3-31 所示。

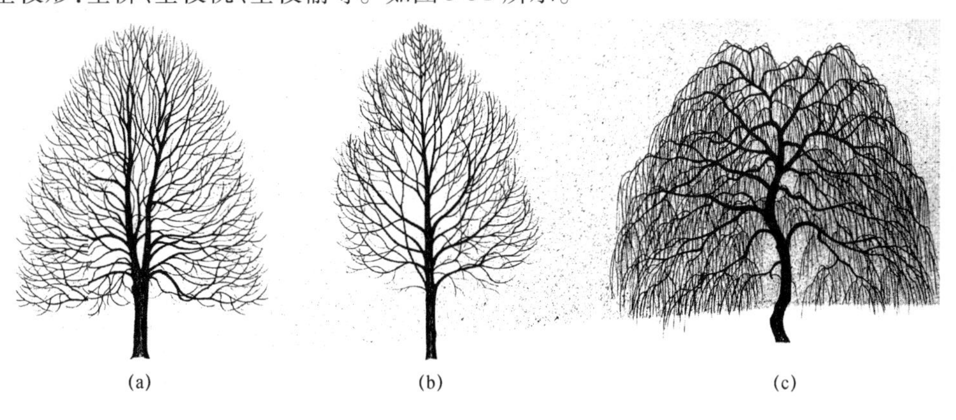

图 3-31　园林树木树形(一)

(a)倒卵形;(b)卵圆形;(c)垂枝形

曲枝形:龙桑、龙爪槐、龙爪柳、龙枣、龙游梅等。

圆柱形:杜松、钻天杨、铅笔柏等。

近圆球形:馒头柳、五角枫、千头椿等。如图 3-32 所示。

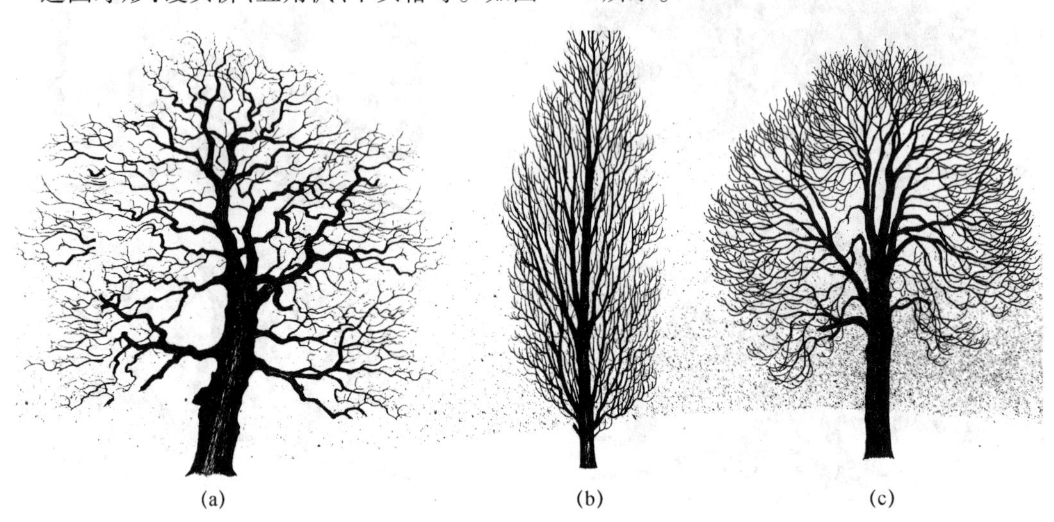

图 3-32　园林树木树形(二)

(a)曲枝形;(b)圆柱形;(c)近圆球形

盘伞形:各种果树。

圆球形:樟树等。

柔软形:李树、杏树等。如图 3-33 所示。

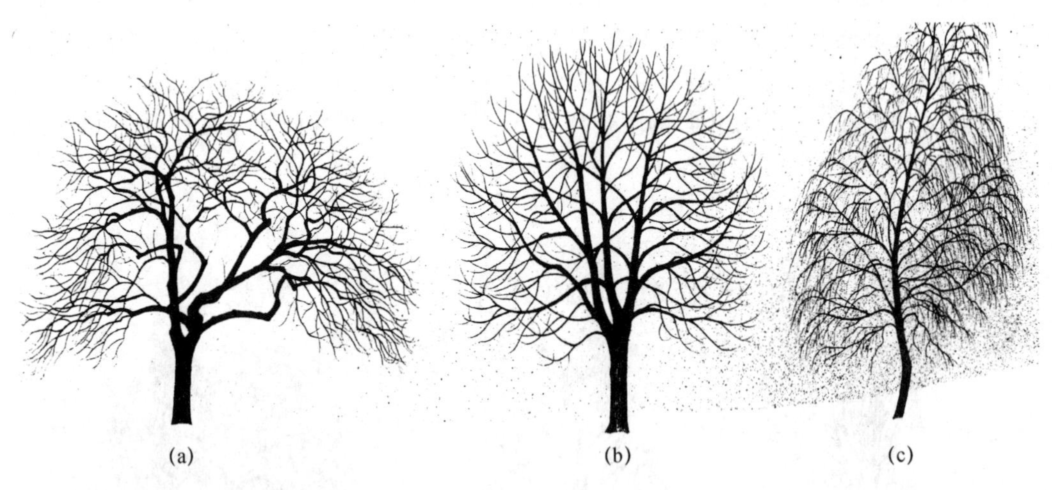

图 3-33　园林树木树形(三)

(a)盘伞形;(b)圆球形;(c)柔软形

尖塔形(圆锥形):雪松、云杉、冷杉、水杉、南洋杉等。

松偃枝卧形:松类、铺地柏、松的盆景类等。

全卵形:构树等。如图 3-34 所示。

灌木垂枝形:迎春、连翘、锦带花等。

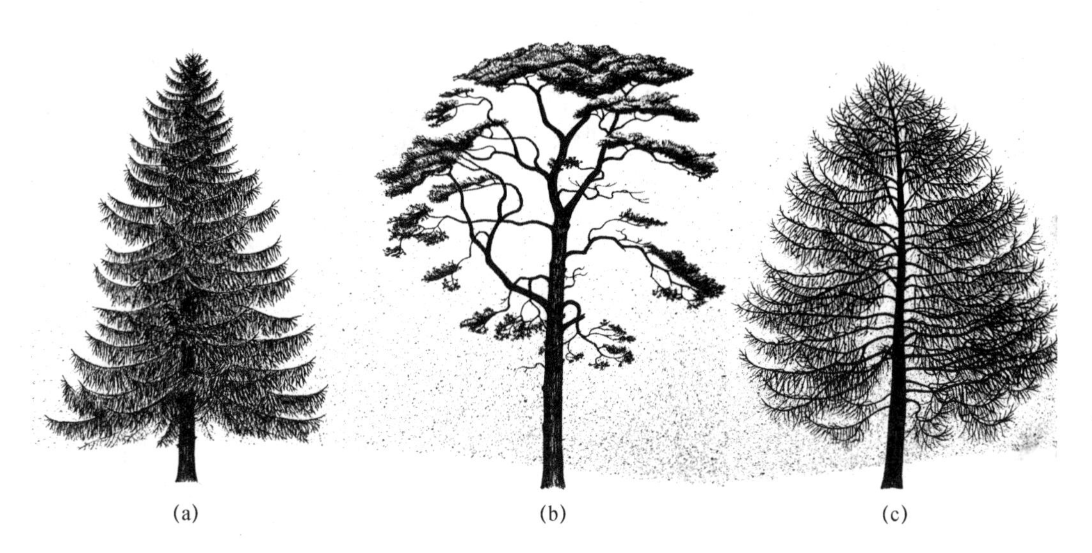

图 3-34　园林树木树形(四)

(a)尖塔形;(b)松偃枝卧形;(c)全卵形

匍匐形(也可以是松偃枝卧形,只要贴地生长即可):铺地柏、沙地柏、平枝荀子等。

棕榈形:棕榈、蒲葵、椰子等。如图 3-35 所示。

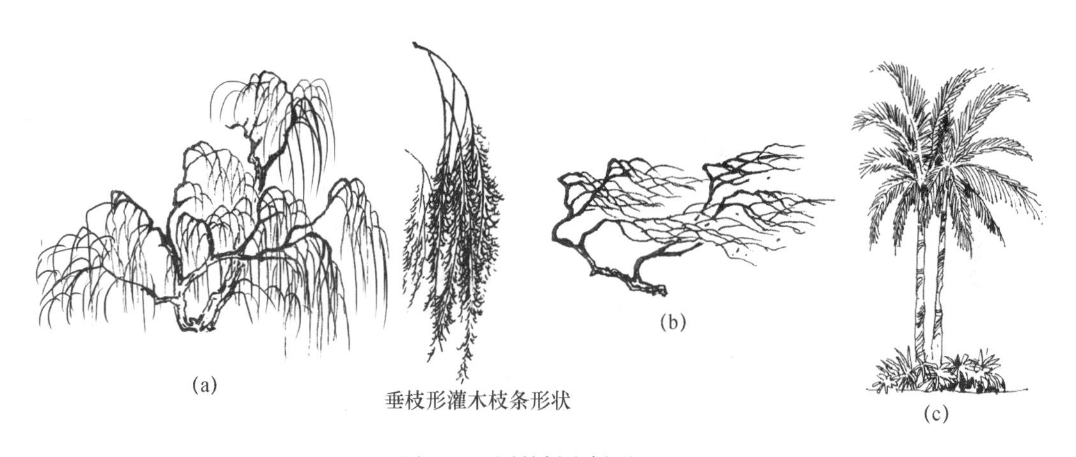

图 3-35　园林树木树形(四)

(a)灌木垂枝形;(b)匍匐形;(c)棕榈形

不同的树形有不同的表现性质,在园林植物景观设计上有独特的作用,可以让人产生不同的心理感受。根据树形的方向性,也可以把植物的姿态分为垂直向上类、水平展开类、垂枝类、无方向类及其他类。垂直向上类植物一般是指上下方向尺度长的植物,比如圆柱形、笔形、尖塔形、圆锥形等都有比较明显的垂直向上感,常见的有桧柏、塔柏、铅笔柏、钻天杨、新疆杨、水杉、云杉等。这类植物能够引导人的视线直达天空,突出空间的垂直面,强调了空间的垂直感和高度感,具有高洁、权威、庄严、肃穆、崇高和伟大等表现作用,同时给人以傲慢、孤独、寂寞之感(图 3-36)。

水平展开类植物一般是指偃卧形、匍匐形等具有水平伸展方向性的植物。常见的有鹿角桧、铺地柏、沙地柏、平枝荀子等。另外,如果一组垂直姿态的植物组合在一起,当长度大于高度时,植物个体的垂直方向性消失,而具有了植物群体的水平方向性,如绿篱、地被,这种群体也具有了水平方向类植物的特征。水平方向类植物有平静、平和、舒展、恒定等表现作用,它的另一面则是疲劳、空旷和荒凉。这类植物会引导视线向水平方向移动,因此可以增加空间的宽阔感,使构图产生宽阔和延伸的意向(图3-37)。因此,这类植物与垂直向上类植物配置在一起,具有较强的对比效果。

图3-36 高大的植物有强烈的向上纵深感

垂枝类植物具有明显的悬垂或下弯的枝条,如垂柳、照水梅、垂枝碧桃、龙爪槐、迎春、连翘等。与垂直向上类植物相反,垂枝类植物具有明显的向下的方向性,能将人的视线引向下方,在配置时可以与引导视线向上的植物配合使用,上下呼应。垂枝类植物可以用于水边,柔软下垂的枝条与水面波纹相得益彰,把人的视线引向水面。

图3-37 绿篱植物有平和舒展的感觉

大多数树木都没有明显的方向性,如卵形、圆形、馒头形、丛生形等。这类植物统称为无方向类植物,这类植物在引导视线方面既无方向性也无倾向性,因此,在构图中任意使用都不会破坏设计的统一性。这类植物具有柔和、平静的特征,可以调和其他外形较强烈的形体,但这类植物创造的景观往往没有重点。球形是典型的无方向类,圆球类植物具有内聚性,同时又由于等距放射,同周围任何姿态都能很好地协调。天然的球形植物不多见,园林中应用的大多是人工修剪的球形植物,如水蜡球、米子兰球、大叶黄杨球、六月雪球、溲疏球、雀舌黄杨球、龟甲冬青球、无刺枸骨球、火棘球、刺柏球、花叶胡颓子球、小叶黄杨球、红檵木球等。圆球形植物具有浑厚、朴实之感。

三、园林植物的质感

园林植物的质感，粗质型植物有较大的明暗变化，视觉效果强壮、坚固、刚健，外观上也比细质型植物更空旷疏松，当将其植于中粗型及细质型植物丛中时，便会跳跃而出，首先为人所见。因此，粗质型植物可在景观中作为焦点，以吸引观赏者的注意力。也正因为如此，粗质型植物不宜使用过多，避免喧宾夺主，而细质型植物比较柔和，没有太大的明暗变化，外观上常有大量的小叶片和稠密的枝条看起来柔软纤细。因此，可大面积运用细质型的植物来加大空间伸缩感，也可作背景材料，显示出整齐、清晰、规则的气氛。

在某种程度上来说，景观设计是在一个特定的空间完成的。而在一个特定范围内，质感种类少，容易给人单调乏味的感觉；但如果质感种类过多，其布局又会显得杂乱。有意识地将不同质感的植物搭配在一起，能够起到相互补充和相互映衬的作用，使景观更加丰富耐看。大空间中可稍增加粗质感植物类型，小空间则可多用些细质型的材料。粗质型植物有使景物趋向赏景者的动感，使空间显得拥挤，而细质感植物有使景物远离赏景者的动感，会产生视觉空间大于实际空间的幻觉。

最后，本书稍论述一下植物形体大小的情况。植物在壮年时期生长到最高点，然后生长开始停滞，树冠可能不会扩张但是树干仍可能会不断增粗。但也有些植物因为气生根变为分支干，树冠也可能会不断扩大，如榕树类。植物的高度对比如图 3-38 所示。

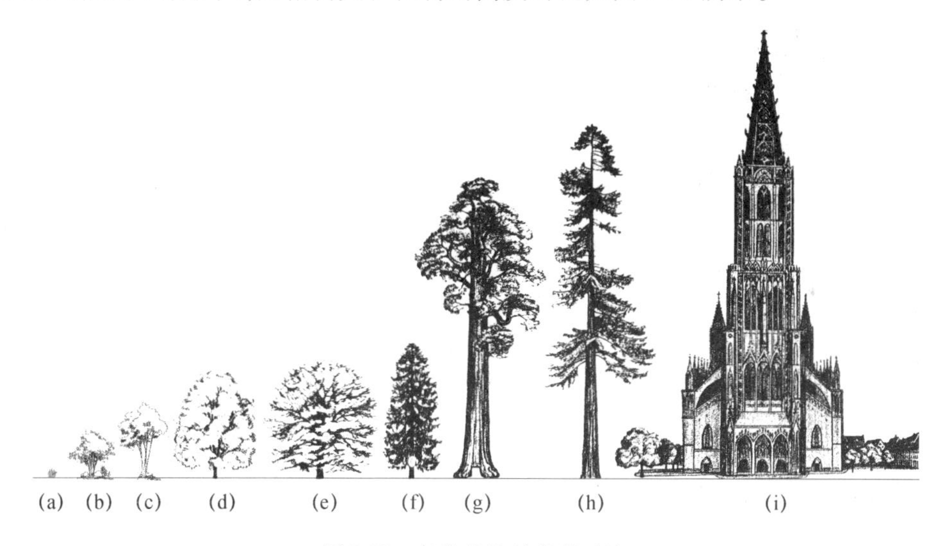

图 3-38　各种植物的高度对比

a—石榴 4m；b—广玉兰 12m；c—枫杨 25m；d—槭 35m；e—山毛榉 40m；f—云杉 45m；g—巨杉 100m；h—红杉 120m；i—德国乌尔姆大教堂 161.6m

四、园林植物的色彩

色彩对人的影响本书不再重复，仅总结如下：

1. 干皮颜色

尤其在祖国秦岭淮河以北的广大地域，冬季阔叶园林植物叶片大多已凋落，唯留下茎干，所以园林植物的枝干色彩显得尤为重要，见表 3-7。

表 3-7　茎干的颜色和其代表性植物

颜色	代表性植物
白色	白桦、银杏、毛白杨、山茶、白桉、漆树、胡桃、银白杨、柠檬桉、新疆杨、朴树等
紫红色	紫竹、樱花、金钱松、柳杉、山桃、紫叶李、红瑞木、马尾松、山桃、悬钩子等
黄色	黄金柳、金竹、连翘、黄桦等
绿色	青杨、青桐、棣棠、国槐、迎春、河北杨、新疆杨
迷彩斑驳色	白皮松、法桐、榔榆、榆树、斑驳黄金竹

2. 叶片颜色

这部分列表较为清楚，见表 3-8。

表 3-8　叶片的颜色和其代表性植物

分类	颜色	代表性植物
秋色叶	红色	黄栌、连香木、黄连木、地锦、花楸、红槲、南天竹、小檗、樱花、盐肤木、卫予、乌柏、漆树、五叶地锦、花楸、山楂以及械树类植物等
	黄色	银杏、槐、白桦、七叶树、榆花楸、腊梅、白蜡、鹅掌楸、榆、石榴、黄槐、金缕梅、无患子、加杨、柳、梧桐、复叶槭、紫荆、栾树、麻栎、栓皮栎、悬铃木、胡桃、水杉、落叶松、楸树、紫薇、榔榆、酸枣、猕猴桃、金合欢等
春色叶	红色	臭椿、火炬树、五角枫、红叶石楠、黄花柳、红栎、漆树、鸡爪械、茶条械、蛇藤、山楂、枫杨、乌柏、盐肤木、花楸、南天竹、卫矛、黄连木、枫香、红叶石楠、小檗、爬山虎等
	异色	云杉、铁力木
彩色叶缘	红边	朱蕉、紫鹅绒
	银边	高加索常春藤、银边常春藤、镶边锦江球兰、银边八仙花等
	金边	金边丝兰等
彩色叶脉	白色	白网纹草、银脉凤尾蕨、银脉虾蟆草、银脉爵床、喜阴花等
	黄色	金脉爵床、黑叶美叶芋等
	多色	彩纹秋海棠等
	白底绿脉	花叶芋等
叶片带斑	彩斑	彩叶草、七彩朱蕉等
	块斑	锦叶白粉藤、变叶木、冷水花、黄金八角金盘、虎耳秋海棠、金心常春藤、金叶胡颓子等
	点斑	细叶变叶木、洒金一叶兰、洒金常春藤、洒金柏、洒金珊瑚、黄道星点木、白点常春藤等
	线斑	斑马鸭趾草、虎皮兰、条斑一条兰、金线凤梨、虎纹小凤梨、斑马小凤梨、金心吊兰等
彩色叶片	黄色	金叶甘薯(有紫色叶和花色叶)、金叶凤香果、金钱松、金叶女贞、金山绣线菊、金叶鸡爪槭、金叶圆柏、金叶雪松、金叶连翘、金焰绣线菊、金叶接骨木等
	银色	银叶菊、银叶百里香等
	红色	红花檵木、红叶小檗、红叶景天、红枫等
	紫色	紫叶欧洲槲、紫叶榛、紫叶李、紫叶矮樱、紫叶黄栌、紫叶桃、紫色吊竹梅、紫叶梓树等

续表

分类	颜色	代表性植物
彩色叶片	双色	红背绿、银白杨、胡颓子、金叶胡颓子、栓皮栎、紫背万年青、青紫木等
	多色	叶子花等
特殊绿色	粉绿	雪松、桉树、蒲公英、狐尾藻等

3. 花色

人天然地喜欢花，花各有色，具体见表3-9。

表3-9　花的颜色和其代表性植物

颜色		红	黄	白	蓝	紫(粉红)
春	大	木棉、牡丹、芍药、朱顶红等	天人菊、金盏菊等	白玉兰、广玉兰、白牡丹等	风信子、鸢尾等	紫花玉兰、羊蹄甲、紫藤、珙桐等
	中	樱花、山茶、映山红、杜鹃、瑞香、锦带花等	金钟花、南阳楹等	山茶(白色品种)、白杜鹃、络石等	蓝花楹、矢车菊等	锦绣杜鹃、山茶(紫色)、紫花泡桐、叶子花等
	小	榆叶梅、山桃、山杏、海棠、刺桐、红千层、紫荆、郁李等	迎春、连翘、腊梅、金钟花、棣棠、相思树、黄兰等	白鹃梅、笑靥花、珍珠绣线菊、梨、山桃、山杏、碧桃、白丁香、珍珠梅、流苏、石楠、火棘、山樱桃等	—	紫丁香、巨紫荆、黄山紫荆、楝树等
夏	大	美人蕉等	向日葵等	广玉兰、八仙花、白花紫藤、日本厚朴等	—	鸢尾、八仙花、荷花、莲花灯
	中	合欢、蔷薇、月季、玫瑰、石榴、凌霄、木槿、凤凰木、扶桑、千日红、百日草、红王子锦带等	锦鸡儿、云实、鹅掌楸、檫木、鸡蛋花、夹竹桃、蔷薇、万寿菊、天人菊等	玫瑰、月季、木槿、太平花、栀子花、木香、糯米条等	木槿、油麻藤、千日红、紫花藿香、大花牵牛花等	蓝花楹、矢车菊、马蔺等
	小	楸树、紫薇、枸杞、一串红、太阳花、绣线菊等	黄槐、栾树、卫矛等	山楂、茉莉、花椒、水榆花椒、白兰花、刺槐、槐等	紫薇、碎花牵牛花、三色堇等	飞燕草、乌头、婆婆纳等
秋	大	木芙蓉、大丽花、扶桑、千日红、百日草等	菊花等	—	木槿、千日红等	—
	中	蜀葵、紫薇、红王子锦、羊蹄甲等	黄花夹竹桃、合欢、金合欢等	油茶、木槿、糯米条等	紫薇、紫、羊蹄甲、九重葛、翠菊、紫花藿香蓟等	风铃草、藿香蓟等
	小	—	桂花、栾树等	八角金盘、胡颓子、九里香、槐等	—	—

续表

颜色		红	黄	白	蓝	紫(粉红)
冬	大	一品红、山茶、秋牡丹、大红牡丹等	—	—	—	—
	中	—	—	鹅掌柴等	—	—
	小	梅花等	腊梅、胡颓子等	梅花等	—	—

4. 果实色

前文已经有篇幅专论园林植物的果实,这里就不再多说,仅讨论果实的颜色以填补前文的空白,见表3-10。

表3-10 果实的颜色和其代表性植物(表中植物均为成熟后颜色)

颜色	代表性植物
白色	乌桕、白茄、玉果南天竹、珠兰、红瑞木、雪里果等
黄色	银杏、香蕉、梨、杨桃、芭蕉、龙眼、香泡、佛手、木奶果、木瓜、乳茄、白枇杷、苦楝、无患子、榴莲、菠萝、蛋黄果、柠檬等
橙色	柑橘、柿树、金橘、枇杷、成熟苦瓜、不知火等
红色	天目琼花、郁李、红果冬青、草莓、火棘、小果冬青、卫矛、南天竹、忍冬、欧洲花楸、樱桃、东北茶藨、平枝枸子、冬青、覆盆子、蛇皮果、欧李、海棠、沙果、石榴、木香、五味子、朱砂根、麦李、苹果、羊奶果、花椒、枸骨、龟背竹、无刺枸骨、接骨木、枸杞、荔枝、石楠、西红柿、无花果、火棘、铁冬青、九里香、沙棘、风箱果、瑞香、莲雾、山茱萸、小檗、红豆杉、观赏椒、山楂、枣树、欧洲荚迷、蛇莓等
紫至黑色	商陆、十大功劳、葡萄、刺楸、山葡萄、山竹、女贞、灯台树、金银花、白檀、紫珠、海州常山、水腊、八角金盘、小叶朴、稠李、东京樱花、西洋常春藤、接骨木、珊瑚树、午饭子、香茶藨子、紫叶李、蓝果蛇葡萄、桑树、君迁子等
其他	桧柏(粉绿)、五色椒(多色)、罗汉松(上绿下紫)、腰果、灯笼果、樱桃(红、黄、粉多色)、板栗、桃(粉红)、火龙果(艳粉色)、蓝莓(粉蓝)、猕猴桃(灰褐色)、核桃(绿色)、紫藤(墨绿)等
异形*	紫茉莉(手雷形)、喜树(多刺球鱼雷形)、玉兰(聚合蓇葖果)、广玉兰(聚合蓇葖果)等

注:*异形本不应该放在颜色讲,但因为并无篇章再度安排所以放置在此。

一种植物果实的名称有时是个总称,具体到不同的商品类别,加之较多的颜色变化,则可能会有诸多商品名如苹果,果实有纯米黄色的,也有大红色的,常见的半红半绿;再如葡萄,果实有绿色的,也有紫黑色、红色等,所以笔者只能将较为常见的类型归类。

以上,是植物形态的一些叙述,但其实可以讨论的点极多,几乎频繁地分布于全书之中,就不在此啰嗦了。

第四章　园林植物配置的常规工作

第一节　园林植物的附加特征

园林植物的附加特征，主要阐述其美学特征、文化特征等，因为理论性（文字性）很强，所以应简明扼要地进行说明。

一、美学特征

人类对于美有天然的趋向性。“美”是比较广泛词汇的总称，“漂亮”“秀丽”“英俊”这类词是形容美的，诸如“辽阔”“浩瀚”“透迤”这样一类词，也带有美的意蕴。民众对美其实是较宽容的。草原景观如图 4-1 所示。

图 4-1　草原景观

在具体园林作品中设计师知道如何创造合理性，这仅是第一步，相当于完成工匠的工作。但如果知道如何创造美和为何创造美，这就更进一步了，是上升为“意匠”的水准了，意匠需通晓两步之间的区别和递进关系。

乡土植物是表达地域性自然景观的指示性要素，也是反映景观类型的代表性元素之一。植物本身能够为景观增色（图 4-2），植物配置设计使环境具备了美学观赏价值，又能够有日常使用的功能，并能够保证生态可持续性发展。因为具备复杂性和独特性，及自然文化，使植物配置设计体现了人类文明的发展程度和价值取向及设计者个人的审美观念。

图 4-2　植物加入普通的景象，加之光与影的参与是为景观

作为哲学的一个分支，美学是以对美的本质及其意义的研究为主题的学科。美学的认知结果经过了人类理性与感性的交互性作用，所以不限于也不仅为简单的“美”与“丑”的判断，而是深入地认识客体的美学本质。所以美学在植物配置中的体现，也就是现代植物配置造景不是单方面美的自洽，即不单纯地强调大量优美或珍稀植物品种的堆叠，也不再局限于植物个体美（图 4-3），如植物体型、花朵、果实、色彩、质感等方面的展示。事实上，配置设计过程追求的是一种更复杂的系统，这和以往传统的园林设计理念有着根本性不同。还需考虑植物构成的空间及尺度，以及它们构成的空间氛围能否反映预设要求，能否适应自然条件和地域特征，能否形成理想低经济要求的植物群落。即便是配置孤植树，也需兼顾和其他距离较近植物群落的关系。

图 4-3　植物本身的生存，是其物种的各种适应性，枇杷在隆冬开花，在次年的初春结果，在温度适宜之时果熟可食

自此，美学渗透于整个植物景观设计工作之中，通过对客观条件的理性分析和植物配置设计师主观的感性认识贯穿于整个设计过程。也就是说植物配置设计是综合自然生态、地方文脉、要素条件、地域特色、经济条件、生产力水平、审美主张及人类文明的发展程度、价值取向和设计者个人的审美观念及既有经验等因素于一体的，这些因素相互作用和相互影响，植物配置

是随时间与空间的转换而成为一种动态的平衡,美学是配置工作的过程而非结果。

二、诗性和吉祥寓意的特征

植物季节之变、周期循环往复的自然规律,也成为中国人美学意识的缘由,循之而进行艺术创作,产生诗性与哲思。在文学中常用落花、败荷、枯藤、昏鸦、红叶、老树、旧屋、凋草这些形式消沉的物象(图4-4),表达对生命转瞬即逝、苦多乐少的感伤情绪。中国人把植物生衰变化的自然现象进行审美对象化后,成为其领悟生命、思考命运、剖析人性的主要媒介。青葱茂盛、相互依存的植物体现的自然之美,是国人的审美意识和美学观念的来源。

图4-4　枯藤老树昏鸦,小桥流水人家,古道西风瘦马,夕阳西下断肠人在天涯

用植物进行意境创作是中国传统文化典型的风格和文化风气,中国栽植历史悠久,创造出了极为灿烂的文化。诗、词、歌、赋为各种植物种赋予了人格化的内容,从单纯欣赏植物的形态美,升华到欣赏植物性格的意境美,这是"人顺自然"的具体表现。在园林植物配置设计中,借助植物抒发情怀、情景融聚、寓志于景,"梅、兰、竹、菊"——四君子(图4-5)。

(a)　(b)　(c)　(d)

图4-5　花中四君子

(a)梅;(b)兰;(c)竹;(d)菊

上文已经提及“植物人格化”的古例，现在有“花语”这样的词汇，实际上是人为地将植物赋予了人性化意义，成为现代文化中的一种模式，如热恋中的人互送玫瑰。植物成为一种“标志性”的语言，较之“人格化”赋予，拓展了其外延和内涵。诸如，周敦颐说荷花“出淤泥而不染，濯清涟而不妖”，从此以后荷花就增加了其卓尔不群、超凡脱俗的品质。

至于众多的文化象征符号和吉利象征意义，举例如下：

梅花有“梅开五福”，常用于铺装和各种雕刻，梅和眉同音，和喜鹊组合的图案，寓意“喜上眉梢”。

荷花有神圣洁净的寓意，是智慧和情景的象征，后周敦颐又赋予其卓尔不群、超凡脱俗的品质。

樟木木质驱虫、耐久，多用来做木箱或建筑构件。樟树因树龄较长，常用作传统村落的水口风水树（图4-6），被赋予驱邪、长寿和吉祥如意的寓意。

图4-6　江南地区风水树

合欢，树如其名，是合家欢乐的意思。合欢树之所以被中国北方民众欢迎，因为其树冠叶群比较稀疏，正好适合北方庭院内栽植，其秋季落叶后在冬季又不遮挡阳光，使得庭院相当温暖。

梧桐与神鸟凤凰相互联系，梧桐招引凤凰，成为引雅的植物。桐和“同”同音，和其他动物组成图案，如和喜鹊，即为“同喜”，和牡丹，则为“同贵”等。

桃单独的时候有健康长寿的寓意，桃木在古代还有辟邪的作用。一直到现在仍有“鹏程万里”“前程万里”的寓意。

玉兰，寓意美好和高洁。玉兰花有对爱情忠贞不渝的寓意。

海棠，也有富贵的寓意。有诗说“一从梅粉褪残妆，涂抹新红上海棠。开到荼蘼花事了，丝丝夭棘出莓墙”。诗中的海棠是乔木海棠而不是花卉海棠。

牡丹，代表富贵已成通识。

垂柳，寓意依恋。古人送行折柳相送，也寓意亲人离别故乡正如离枝的柳条，希望他到新的地方，能很快地生根发芽。它是一种对友人的美好祝愿。

兰花象征友谊。

丁香，象征爱情，常被人们誉为“爱情之花”“幸福之树”。

石榴，寓意多子，多子即多福。石榴在古代还象征爱情。

无论是诗性还是吉祥寓意，大都冠名于本来就美丽动人的物质之上，这是人类的一种本性。

第二节　园林植物配置构图形式

园林植物配置形式的不同，就产生了不同的配置策略。本节将论述多种基本样式，园林作品是多种植物配置形式的组合体。

配置形式分为两大类：其一为数量方面的配置，如列植、对植、孤植、三角形配置法等；其二为形式方面的配置，如草坪的配置、庭院树的配置、绿篱的配置等。

一、行道树（列植）

这是指行道树成列种植在道路的边侧（图4-7）。一块板的道路可以有2列行道树；两块板的道路可以有3列行道树；三块板的道路可以有4列行道树。行道树的初衷，是为了美化街道环境，以提供遮阴和防护为目的并形成景观。行道树对于街道空间有再塑造的作用，所以它不是简单地种几排植物。总地来说，行道树对于完善公共道路服务体系，提高城市道路的服务质量，改善或局部改善城市生态环境，及美化城市街道有着十分重要的意义。

图4-7　行道树配置方法（行道树景观）

把行道树进行细分，又可以分为街道树、公园道路树、园墙树、墓道树。行道树一般成对地纵向列栽植（两个纵列），所以本身就带有方向引导性质。行道树为行人及车辆遮挡阳光，减少路面的热辐射和反射光线，起到局部降温、防风的作用，另有一些不明显的滞尘和减弱噪声的作用。

行道树的生存环境十分恶劣，如温度、水分、有害气体、土壤条件、光线条件和人的影响均较为恶劣。夏季高温时节，硬结路面温度可高达45～70℃，如此高的温度，迅速带走绿带土壤和环境中的水分，使得土壤板结，环境极度干燥，也容易灼伤绿带植物和行道树；反之在冬季极寒的环境，机动车流（通勤风）使得空气温度也实际更低；汽车尾气和烟尘更容易集聚在行道树树冠的下侧；城市道路地下部分常常建设有综合地下管线，而地下管线隔离层通常需做“防根穿刺”的处理，从某种意义上来说，这截断了或挤占了其上植物根部的向下空间。道路大面积铺装硬化使土壤长时间得不到自然循环补充，土质逐渐瘠薄化，有时雨水难以渗透到行道树根部;空中也会有电缆线路通过,为了安全,人们会对植物进行高度限制;街道两旁的建筑有时也会形成时间过长的遮阴效果,而夜晚则会有长时间的灯光照射,有些商家甚至会直接将景观灯缠绕在行道树上,造成了直接的杂光污染伤害,同时杂光也会吸引一些有害昆虫;再有,江南地区的冬季下雪天,其雪含水量极大,堆积在枝条之上,容易造成常绿行道树的弯折灾情,如果不及时处理,就会给造行道树带来伤害。

有时候行道树还会造成遮挡街旁店铺店招的问题,店铺经营者可能会悄悄伤害行道树树体,割伤株体树皮或者倾倒不明液体,使树冠稀疏,同时经营者或城市管理部门人员也会在行道树之间悬挂条幅,直接将铁钉钉入树身,造成树体损伤。这使得行道树设计也需要精细化,而非机械地每隔固定距离种植一棵。

行道树有时也会对道路形成一些不利影响。如:①一些植物种的花粉、毛、飞絮对行人产生刺激性作用,容易引起过敏性皮炎、呼吸道(肺部感染或哮喘)、荨麻疹等疾病;②抗剪力不足的植物,在狂风或雷暴雨时,可能发生大枝条断落,造成严重的人身伤亡或财物损失;③行道树落叶,如果不及时处理,可能会在下雨天滞留在下水管道中,轻则堵塞管道,重则引发局部洪水,造成人身伤亡或财物损失;④大量的落叶也会给街道清扫者增加工作量;⑤行道树植物的落果、残花等,有些有较强的黏性,或含有甜、酸、油脂成分,当招引昆虫食用时,如果不能及时清扫,则人踩车碾,形成难以清除的痕迹;⑥有些植物的根会平直生长,可能会将铺装砖块向上拱抬,容易造成行人绊倒跌伤等。

综上,行道树选种有一定要求:①耐性强,耐寒、耐旱、耐瘠薄、耐损伤、耐高温、耐修剪;②抗性强,抗病、抗虫、抗污染、抗风;③适应性强,萌芽力强;④分支点高,树冠冠幅大,基部不易生杂枝;⑤落叶时间短且集中,不结浆果;⑥落叶集中且叶片容易腐烂分解;⑦最好是当地的乡土树种;⑧道路横断面方向两树树冠之间应有一定的间隔,应大于2.5m(图4-8)。

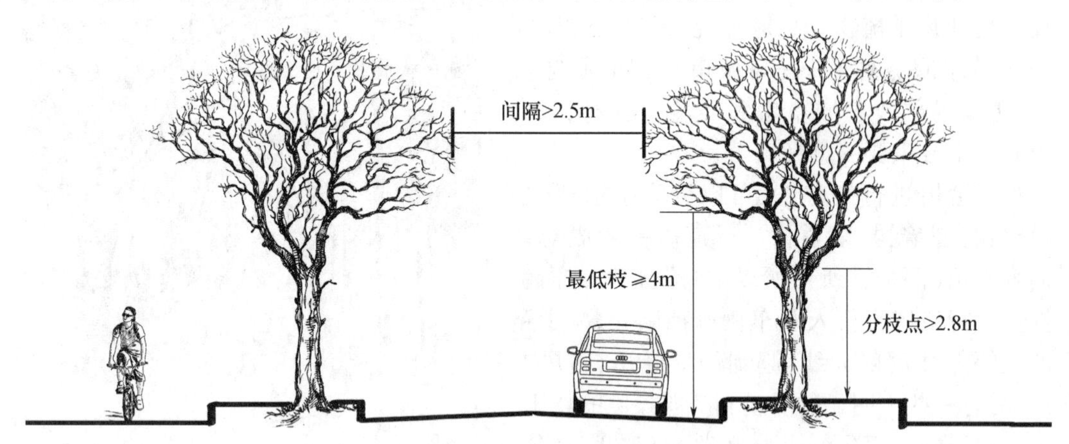

图4-8　三块板道路中间的两条绿化带,如果种植行道树,需遵守相应的标准

20世纪五六十年代,我国受到苏联影响,很多城市使用法桐(二球悬铃木)作为行道树。很多城市看自己的"市树",取植物的象征意义作为城市的一个风貌,有时候会将"市树"大量地用作行道树。另外,行道树其实更应该强调的是功能,适合做行道树的植物被使用在合适的位置,才能焕发出最美丽的状态,既完成美化功能,又完成生态功能。不能因为避免"千城一面"就使用不合适的植物,这不但容易造成植物生长不良,完成不了美化目标,而且也会造成苗木管理上的困难和经济浪费。

适合作为行道树的植物种其实还是很多的,已经广泛种植并且有一定景观成效的品种,如法桐(进行绝育改良过的)、银杏、国槐、青杨、旱柳、白蜡、白榆、白千层、樟树(强调种植位置)、核桃、榉树、重阳木、七叶树、玉兰、凤凰木、小叶榕、木棉、亮叶含笑、银桦、蒲桃、紫叶李、楹树、南洋楹、刺桐、鸡冠刺桐、印度紫檀、麻楝、蓝花楹、南洋楹、楹树、吊瓜树、海南菜豆树、观光木、红花荷、芒果、扁桃、竹柏、异叶南洋杉、广玉兰、醉香含笑、阴香、天竺桂、大花紫薇、柠檬桉、鱼木、乌墨、洋蒲桃、榄仁树、长芒杜英、石栗、黄槿、秋枫、蝴蝶果、血桐、台湾相思、雨树、盾柱木、红花羊蹄甲、黄槐、枫香、木麻黄、木菠萝、大叶榕、垂叶榕、高山榕、桃花心木、无患子、人面子、扁桃、喜树、火焰树、假槟榔、椰子、大王椰子等。

需注意的是,道路板数越多,道路也随之越宽,则越靠近车行道的行道树,选取的植物各方面抗性应越好。现在,一些有经济实力的城市,在做条形城道路绿化带之前,已经预埋了给水等服务性管线,可以在植物缺水时实现自动供水,极大地提高了管理效率。

公路两侧,因为后期的园林养护次数少,所以要选择生命力顽强的植物种,如马尾松、刺槐、旱柳、臭椿、相思树等。其植物仅为交通廊道服务,所以并不需要体现单体的美观,修剪工作的重点在于其不能形成对道路交通的干扰。火车铁路两侧因为有绿色防护网,较少被人干扰,所以沿路种植的夹竹桃长势好,每逢盛花时节,一路鲜花美不胜收,是很好的案例。

园林道路两侧如果种植行道树,也需要强调其观赏性。至于墓道等特殊甬道,务必突出其庄严肃穆的环境,南北方在此方面比较一致,一般种植针叶植物或色调较为沉着的常绿阔叶植物,含有“万古长青”之意。

二、孤植树(景观)

孤植树(图 4-9)也叫做独赏树、景观树、标本树或者园景树。当场地足够开阔或位置重要时,就可以依据园林设计构图的需要,安排孤植树。总地来说,任何植物都可以作为孤植树,关键看目标场地的面积。面积大,选择与其体量相匹配的高大挺拔的树;面积小,选择小巧玲珑的小型植物;具备转折性质的节点,则需要选择色叶醒目、树姿美丽的植物;极简主义或后现代风格的庭院,仅用黑色油漆涂满枝干,如图 4-10 所示。极简主义特别喜欢孤植,少就是多,少就是焦点,焦点集中更容易形成强烈视觉对比。单独种植,看具体情况而定,如场地的大小、突出何种样式风格、硬质景观的具体情况、服务对象等,都是植物选择的限制项。

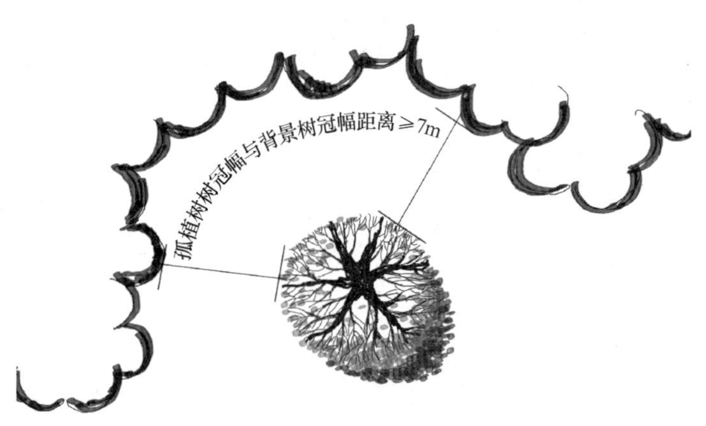

图 4-9　孤植树平面示意图

图 4-10　某极简主义庭院内的孤植树

一般而言，这样的植物比较适合作孤植植物：树体挺拔、树冠宽阔、树龄大、有奇趣、秋色叶壮丽、有特殊纪念价值（某名人手植等）等。

孤植树还有明确的标识和识别作用，能够起到区分此区域与彼区域的功能。孤植植物，是空旷地的明星，在一定范围内的各个角度都能观赏到它，同时也是这个区域内的精、气、神集中的所在地，一棵恰如其分的孤植植物，是提升整个园林作品的关键所在，可以说在设计过程中需要花些力气，经过多次筛选、比较和论证才能定下植物种。为了更好地实施设计方案，设计者最好在选择苗木时到场，亲自挑选，直至苗木种植在项目场地之中，如图 4-11 所示。

图 4-11　孤植树

不同地区通常使用的孤植树种见表 4-1。

表 4-1　不同地区可以选择的孤植树举例

所处地区	可供选择的植物
华北地区	银杏、雪松、油松、白皮松、青阳、桧柏、蒙椴、樱花、白榆、法桐、白桦、柿树、西府海棠、朴树、七叶树、皂荚、槲树、桑树、白蜡、刺槐、国槐、旱柳等
华中地区	银杏、雪松、金钱松、马尾松、枫杨、柏木、罗汉松、枫杨、枸骨、七叶树、杨梅、鹅掌楸、鸡爪槭、水杉、枇杷、羽毛槭、法桐、喜树、玉兰、枫香、栾树、香泡、红豆杉、广玉兰、含笑、桂花、香樟、楠、合欢、刺槐、无患子等
华南地区	大叶榕、小叶榕、蓝花楹、鸡蛋花、凤凰木、木棉、芒果、广玉兰、芒果、印度橡皮树、菩提树、南洋楹、大花紫薇、橄榄树、荔枝、龙眼、铁冬青、柠檬桉等
东北地区	银杏、云杉、冷杉、白皮松、落叶松、油松、华山松、水杉、水曲柳、白蜡、五角枫、元宝枫、京桃、秋子梨、山杏、栾树、刺槐等

三、庭荫树

类似于孤植树的配置植物，小庭院内种植单棵或数株植物，如果是私人院落，一般居者会选择果树植物，一方面有果实可以收获，另一方面可获遮阴效果，且冬季没有叶子不遮挡阳光。北方常用枣树、柿树、核桃等；南方常用樱桃、枇杷、香泡、油柿、龙眼、荔枝等。

庭荫树早期多在庭院中孤植或对植，以遮蔽烈日，创造舒适、凉爽的环境，后发展到栽植于园林绿地以及风景名胜区等远离庭院的地方。庭荫树在园林绿化中的作用，主要是为人们提供一个阴凉、清新的室外休憩场所。同时由于庭荫树一般均枝干苍劲、荫浓冠茂，无论孤植或丛栽，都可形成美丽的静赏景观。

庭荫树的分枝点一般要超过人的身高，所以大底盘的植物并不受欢迎，如雪松，但雪松如果树龄较大，可通过清除低矮枝条，提高主分支点来获取人的活动空间，也不失为优美的庭荫树。

庭荫树种的选择标准，因其功能目的所在，主要选择枝繁叶茂、绿荫如盖的落叶树种，其中又以阔叶树种为上乘，如能兼备观叶、赏花、嗅香或品果则更为理想。部分枝疏叶朗、树影婆娑、叶柔冠蔓的常绿树种，也可作庭荫树。

庭荫树具体配植时要注意与建筑物南窗等主要采光部位的距离，考虑树冠体量和树体高度对冬季太阳入射光线的影响程度，总体来说应当遵循以下几条原则：

（1）结合我国气候应尽量选用落叶乔木，常绿树应低矮辅助。因为冬季人们需要阳光和晾晒衣物，冬季落叶可极大增加植物的透光率，过多使用常绿树种会导致庭院阴暗。

（2）选用干直、无针刺、不容易孳生有毒昆虫，可控制分枝点高度的园林植物，为高效利用庭院空间，同时为人提供利用绿荫的机会。

（3）需要同时考虑选用园林植物的观赏价值，如花香、叶秀、果美、干秀等。

（4）在观赏价值和适用之外，还可结合衍生物产生，提高庭院绿化率的生态或景观效能。

（5）选用园林植物的落花、落果、落叶无恶臭，不污染衣物、容易降解、不污染土地，还应易于打扫，在硬质铺装上不容易经人踩踏后留有痕迹，果实种子掉落不会招引蚂蚁等昆虫。

（6）选择抗病虫害的树种，避免在家庭庭院中使用化学药剂。

（7）选择的园林植物与地方文化、环境协调，具备吉祥寓意，避免为人诟病。

中国常见的庭荫树：东北、华北、西北地区主要有毛白杨、青杨、加拿大杨、旱柳、白蜡、紫花泡桐、白花泡桐、枣树、榆树、刺槐等；华中地区主要有悬铃木（需要做绝育处理）、梧桐、红豆杉、银杏、栋树、香榧、枇杷、泡桐、喜树、板栗、栾树、石榴、榆树、榉、榔榆、枫杨、枳椇、垂柳、枫香、油柿、无患子、金钱松、羽毛枫、桂花、樱花、核桃等；华南、台湾和西南地区主要有樟树、榕树、荔枝、龙眼、橄榄、凤凰木、桉树、鸡蛋花、木麻黄、蓝花楹、木棉、椰树、红豆树、楝树、金合欢、黄花槐、楹树、蒲葵等。

公共庭院、中庭、公园等比较开敞的空间，需要多种类园林植物综合配置。

四、一般配置平面构图

1. 对植

两株植物或者两丛植物的配置，在平面构成层面而言即"对应种植"，简称"对植"。此两株植物树冠外源的距离是有要求的，距离太远就不能形成对植关系，距离太近则转化为一体关系，见式(4-1)、式(4-2)、式(4-3)，如图4-12所示。从更宏观的角度来看，孤植树和一个斑块之间的关系也是对植关系，甚至为了满足一定的生态或景观功能而将植物种植在道路两侧，行道树种植应该也是一种对植关系（从道路横截面来看，行道树植物呈现两株植物对植的状态）。健康的行道树道路形态必须是两排行道树树冠边缘之间留有一定的空隙（开天窗），否则汽车尾气等有害气体容易瘀滞于内。

当 $a<b$ 时 $\quad a/2 \leqslant \omega \leqslant 4(a+b) \quad$ (4-1)

当 $a>b$ 时 $\quad b/2 \leqslant \omega \leqslant 4(a+b) \quad$ (4-2)

当 a 和 b 相等时 $\quad a/2 \leqslant \omega \leqslant 8a \quad$ (4-3)

a、b——植株或斑块交叠于同一条直线上直径的投影距离；

ω——植株或斑块交叠于同一条直线去掉 a 和 b 的投影距离。

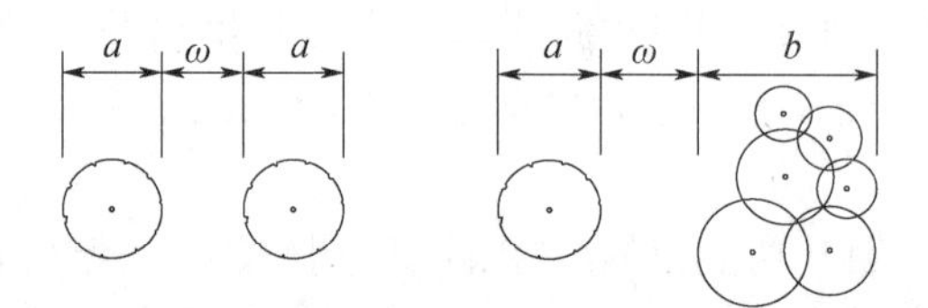

图4-12　图解公式(4-1)的两种情况

对植配置是按照一定的轴线关系左右对称或均衡的种植方法，主要用于公园、建筑前、道路、广场的出入口，如图4-13所示，起到突出建筑物或构筑物的对称关系、遮荫和装饰美化的作用。在构图上形成配景或夹景，很少作主景。对植树在规则式或自然式的设计中有广泛的运用。

规则式对植一般采用同一树种、同一规格，按照全体景物的中轴线成对称配置。一般多运用于道路两侧、建筑较多或庄重深沉的场合。自然式对称则通常采用两株不同的树木（树丛），在体形大小上故意给予差异，种植位置不讲究对称，以表现树木的自然变化，自然式对称变化较大，形成的景观比较生动活泼。在较小型的园林或庭院园林中，对植产生的视觉效果是明显的。但是对于大型的园林作品，除非使用特别名贵或体量较大的植物对植突出相对的意象，否则因为种植的植物很多，不容易引起游客的注意。

对植树在选择方面并不严格，无论是乔木、灌木，只要树形整齐美观均可采用，对植树附近根据需要还可配置山石花草。对植的植物在体形大小、高矮、姿态、色彩等方面应与主景和环境协调一致。

图 4-13　植物对植

2. 平面三角形种植

三株植物在数量上并不一定只是 3 棵植物，而有可能是三个植物丛。研究三株植物的关系，是以单株植物的主干中心，或者树丛的平面中心所在位置为其“点”的位置为研究对象。

3 个点可以构成三角形，三角形可以是直角三角形、等边直角三角形、等腰三角形、等边三角形和普通三角形；同时三个点也可能构成一条线段，只是三个点在这条线段上的位置有均分或不均分两种。以前曾有三株植物不宜构成直线段或等腰三角形的说法，如图 4-14 所示。理由是，这样会有植物被遮挡并且从视觉上会显得单调乏味。这种理由虽然在平面上还解释得通，可是在现实生活中，其实无所谓，因为较少有人会一动不动地呆立着观赏园林（中国园林是动线观赏，仅日本园林主要是坐观），游客总是处于运动过程中，随着观察者的位置变化，视觉影像也会相应地发生变化，所谓“移步换景”就是这个道理，如图 4-15 所示。

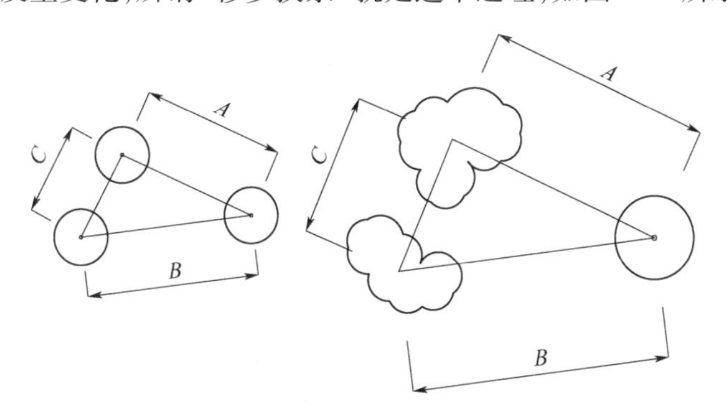

图 4-14　在平面图上的三角形植物构图法，左侧图是三株等大的植物，B > A > C；右侧图为两丛植物与一棵孤植植物，同样 B > A > C

在平面图构图上分析，我们把由三株植物构成的三角形，较近距离的两株称呼为关联，而它们与距离较远的第三株称呼为对立，这样三株植物构图中就形成了一个关联关系和两个对立关系。然而，植物相对于人而言是固定不动的，游人在变化位置的过程中可能出现关联和对立相互转化的可能。三株植物的关系可以是同型（同种同型和同型异种）和异种。同型的树种要考虑到色彩、质地等因素，同种同型是三株品种外形都相同的植物的组合，在实际栽植时

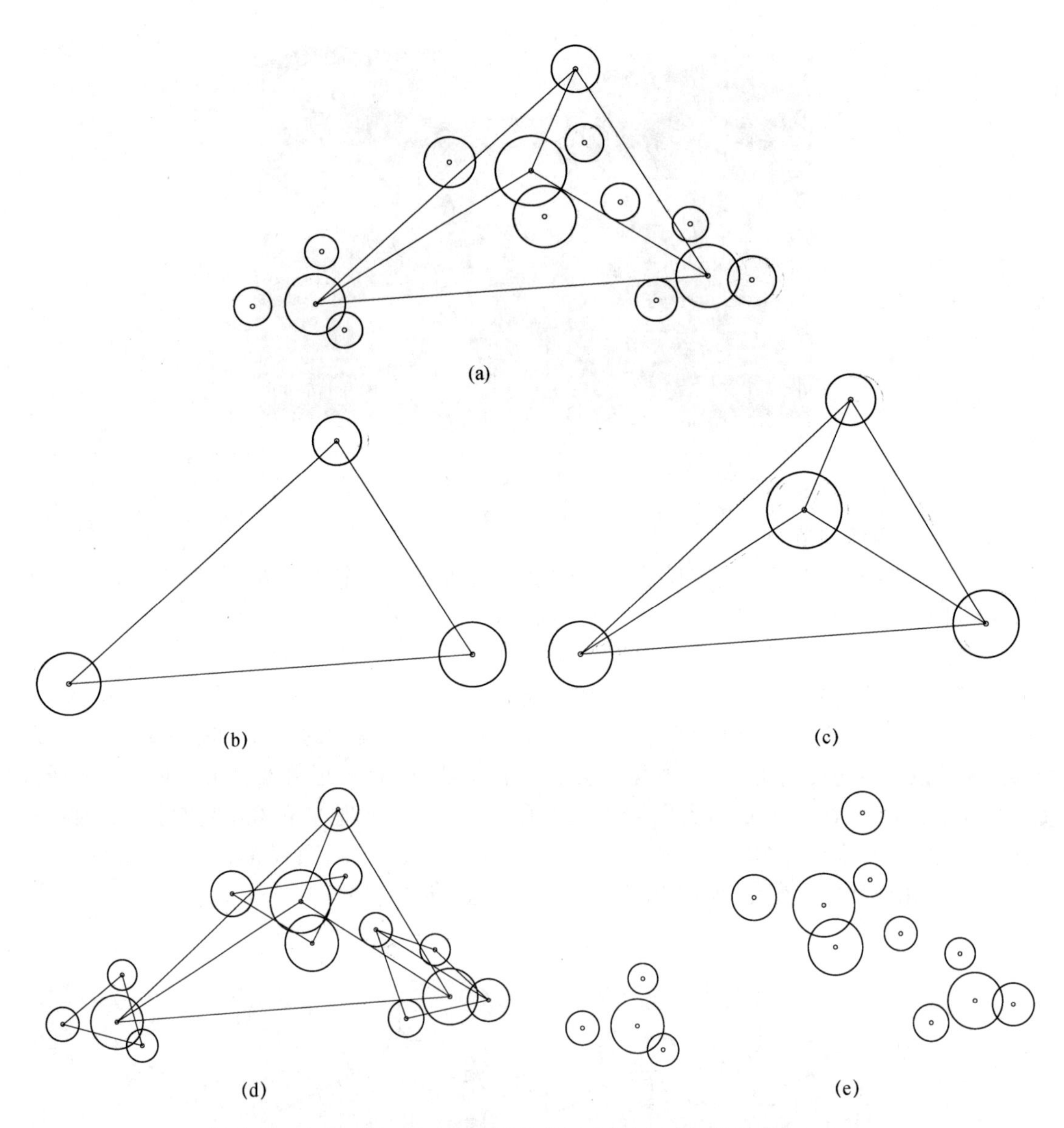

图 4-15　在平面图上的三角形植物构图法扩展应用，本图为设计过程
(a)为配置完成图；(b)为三株主要植物(恒星)做最初的三角形；
(c)为在三角形中配置第四株主要植物，即四株构图法；(d)为继续设置
二级卫星植物，卫星植物组成的三角形将之前“最初定植物”的中心包入在内，卫星植物可以多株，
冠幅大小也较恒星植物小一些；(e)为去掉参考线的效果

要选择体量有差异的苗木。同型异种是指三株外形相似但品种不同的植物组合，在进行植物配置时要考虑到色彩、质地、体量等因素，并注意各种因素之间的相互平衡。通常深色、冷色、粗糙质地、较大体量在人们心理上的感受相似(较为沉重)；同样道理，浅色、暖色、细腻质地、小体量等使人的心理重量感受较轻。通常可以将两个感受轻的植株和一个感受重的植株布置在一起构成三株植物，但如果将两个感受重的植株和一个感受轻的植株构成三株植物，则会引起心理上的失衡感或挤压感。异种指品种和外形不同，也分为两种情况：三株都不同和其中有

两株相同。如果有两株植株相似，在配置时一般将两个不同的植株种植在三角形的短边；如果三株都不同，则需要综合考虑它们的株高、色彩、质感等因素，尽量做到主观赏线路上移步换景时其三角形在视觉上的稳定性。

同样，三株植物用在小庭院中才具有明显的构图关系，如果植物较多，则不一定能够厘清各个三株植物的关系，因为同一株植物可以和周边的各个两株植物定义为“三株植物”，这实际上给评价造成识别上的困难。所以严格意义上的轻重关系或位置关系其实并不重要，只需知道三株植物是植物配置的最根本单元，虽然它并不是最小单元，但是它可以形成一个基本围合的空间单位。

需要注意的是，三株植物配置法并不一定只是 3 棵植物，如设计示意图（图 4-14 和 4-15），其实是由数组植物构成的。

3. 四株植物

四株植物可以想象为两组三株植物，只是它们中有两株植物要使用两次。之所以要研究四株植物，是因为就植物围合的空间而言，三株植物围合的空间让位居于内的人感觉促狭，而四株植物围合的空间给位居其中游客的感觉要宽敞和舒适得多。那么，植物围合的空间形态是什么样子的，就有必要稍加讨论了。我们把植物围合的空间和物理墙体围合的空间作比较，可以在平面上看到，植物产生的空间一般是通透的“空间域”，而墙体围合的空间就是实际意义上的空间——“定性空间”，墙体越高，其空间的定性越明确，郁闭性也越高，如图 4-16 所示。

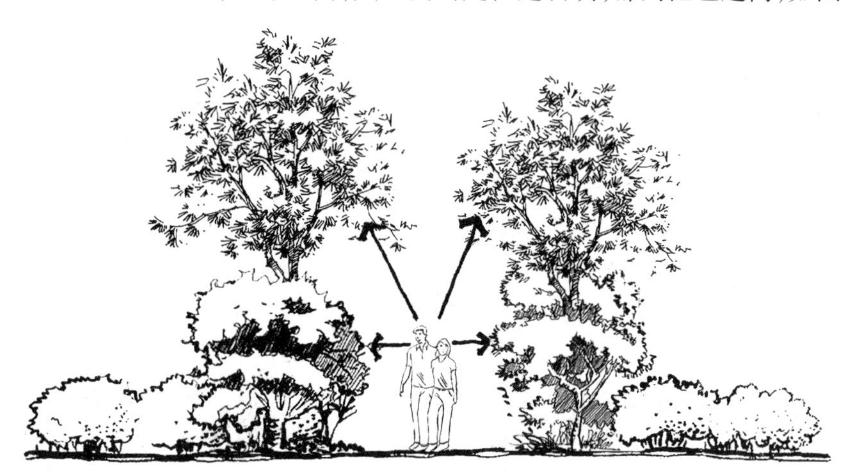

图 4-16　植物越高，其郁闭性也越高，其空间的定性越明确

从图上可以看出，植物围合的空间比实墙围合的空间大得多，人在其中既会形成领域感，又会有空间拓展感。事实上，植物配置所选择的植物数量一般为奇数，这样可以避免出现等分的现象。但人类的本能就是要等分所见事物，这是一种特殊意义的视觉习惯。同种的四株植物配置时在数量上可以按照 1∶3 或 3∶1 的比例进行分配，这种分配可以理解为一株植物的视觉重量是其他三种植物的总和，分别将四株植物分配到不等边四边形的 4 个顶点，如图 4-19 所示的第五幅。四株植物配置时要注意体量（视觉重量）的视觉平衡，这当然要包括游人在主要游线路径上的透视所产生的视觉重量，图中体量偏小的三株都被放置到了右侧，这样为了使这三株的视觉体量和另外一株的关系相互匹配，可以适度加大与另外一株的距离。

四株植物构成的空间过程，如图 4-17 所示，四株植物的配置其实很常见，因为空间需要使然。

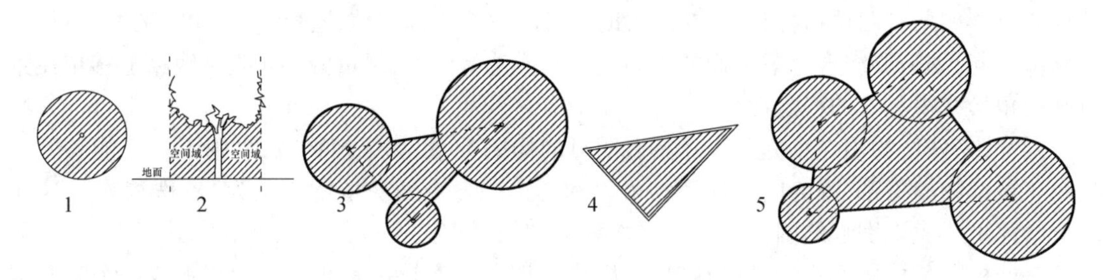

图 4-17　四株植物构成的空间过程

1—植物树冠下部均为空间域，为了简单地说明问题，以单株植物为例；2—单株植物的立面进一步说明左图阐述的问题；3—三株植物围合的空间域；4—物理墙体围合的空间，边界明确；5—四株植物围合的空间域。

四株植物配置时若品种不同，则应考虑不同植物的视觉重量，使之平衡。四株植物可能会出现平面构图的特例，比如其中一株植物主干的位置，处于其他三株主干连成的三角形中，则我们并不认为这种配置是四株植物，而应该归其为三株植物配置，除非位于中间的这株植物的冠径最大。比如，这种植物配置被安排在周围有围墙的有限空间庭院中，为了不影响人的活动，常把较低矮的植物布置在周边而高大植物位居其中。同理，五株植物和七株植物配置时也有类似情况。

4. 五株植物

这种配置方法对植物品种并无要求，通常园林项目的面积越大，越需要限制五株植物的物种数量。其平面布置可以分为两组，数量的比例可以是 2 ∶ 3 或 4 ∶ 1。种植的外缘形状以不等边五边形为宜。当五株植物的主干中心点处于不等边五边形的五个顶点上时，它们之间既可以是关联关系也可以是对立关系；当它们之间对立关系的数量越接近 5，并且其中最长的一个对立距离越接近第二长的对立距离的 2.2 倍时，就越能营造出开口较大的开敞空间，并且其围合的面积越小，但 5 个对立关系的比值越接近，其围合的面积越大，围合感越强烈。采用五株植物配置，当条件允许时要考虑远观的效果，并留出足够的无视觉干扰的空地。当距离渐远时，它们自身距离的对立关系也就随着透视缩小甚至可以忽略不计，五株植物配置演化为较大型的树丛。所以选择植物时要注意株高的变化，以形成丰富的林冠线，增加观赏效果。

当五株植物配置在平面上表现为关联关系数量较多（大于等于 2）时，在选择配植上就要尽可能地考虑植物的质感，近观可以显露出视觉效果。色彩的搭配也要根据具体要求而定。当它们彼此之间都是关联关系，那么五株植物便适宜作为一个整体进行配置，构成的空间相对封闭，完全可以认定为一个由植物构成的私密空间，当然，其私密度和植物主干的主分支点相关联，分支点越低则私密性等级越高，见表 4-2，这种情况在乔灌草三级植物均配置的密植配置除外。

表 4-2　植物围合所造成的私密空间由分支点高度而确定的私密性等级

分支点高度	私密性等级	分支点高度	私密性等级	分支点高度	私密性等级
$a<30$cm	高级	30cm$\leqslant a<80$cm	弱高	80cm$\leqslant a<120$cm	中
120cm$\leqslant a<150$cm	适中	120cm$\leqslant a<190$cm	低	190cm$\leqslant a$	很低

公共的园林空间如果在开敞空间内部居中的位置布置五株植物、七株植物或奇数植物配置，则不适宜在其下层布置数量较多的灌木植物，以避免营造出私密性等级较高的隐蔽空间，

私密空间级别越高则安全性越低，加之其中间可能由于采光不足，自有或形成了空穴，容易容纳不良企图或行为。当这种配置位于某种边缘，则可以通过适量增多下层小乔木和灌木数量，形成密植以增加人进入其内的困难度，达到阻止人入内的目的。

5. 七株植物

七株植物当然可以选择 7 个种类的植物种，可是这样容易使人产生杂乱的感觉。通常我们会选择 2 ~ 3 个品种进行配置，前者比例为 3 : 4 或者 2 : 5 为宜，后者可以是 1 : 2 : 4、1 : 3 : 3或 2 : 3 : 2。同一种之间适宜安排关联关系，异种间可以安排对立关系，这样在景观上容易形成变化，使林缘线丰富多彩有韵律感，视觉上也容易均衡。

七株植物配置也要考虑到引用植物的体量、质感、色彩等因素，主要游线上视觉均衡是重要原则。七株植物围合的私密空间会更大，围合度也更高，相应地私密性也随之更高，所以也需要注意安全性问题。园林作品对游客安全的保障是首要问题，也可以说是原则性问题，是设计师职业道德的最低标准和设计行为的底线。

6. 绿篱种植

今天的园林，绿篱的定义已经和以往发生了变化，20 世纪八九十年代，绿篱的作用是隔离，“篱”本来就有篱笆的意思，即将绿地块圈出，四周种植绿篱不允许游人进入绿化中心地。这种隔离已经不能满足现代人们生活的需要，如图 4-18、图 4-19 所示。

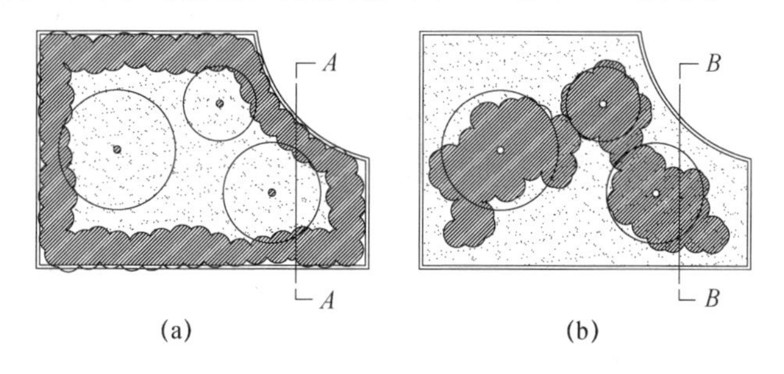

图 4-18　小地块新、旧植物配置设计思路对比情况

(a)20 世纪八九十年代绿篱将绿地块全面包围，中间种植草坪，不欢迎游客进入；

(b)现在的绿篱已经和乔木配合种植，草地在外，欢迎游客进入

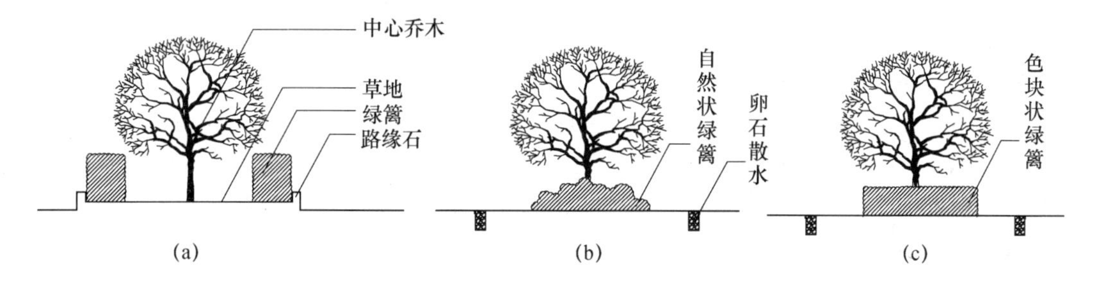

图 4-19　小地块新、旧植物配置设计思路剖面图对比情况

(a)为图 4-21 的 *A-A* 剖面；(b)为图 4-20 的 *B-B* 剖面的自然绿篱形态；

(c)为图 4-20 的 *B-B* 剖面的色块绿篱形态

现在，大面积绿篱已经不再被称呼为绿篱，而叫做“绿化色块”“色块”或“植篱”，色块常用在道路绿地中(图 4-20)。请管理者注意，绿篱或绿化色块和草地不同，不允许进入践踏，为

防止这种情况发生,可以在其中设置明确的障碍,比如在内部靠近边缘处配置带刺的植物,或者超过人的心理安全高度(1.2m),也可以有效减少行人穿行。

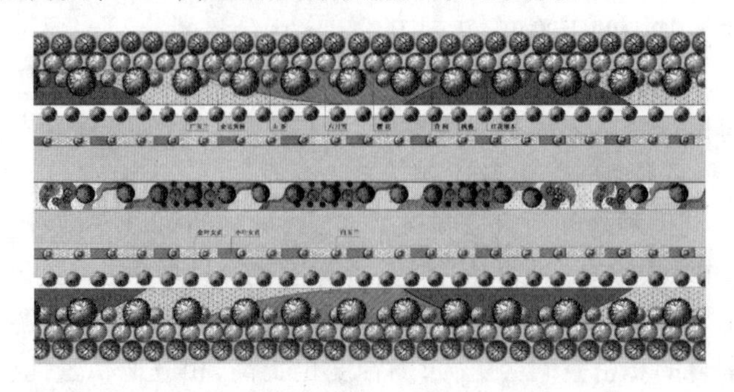

图 4-20 色块绿篱现在广泛地运用在道路带状绿地中,本图为 4 块板道路

绿篱植物,并不一定是人们观念中的低矮灌木,大多是身量高大的乔木,比如红叶石楠、女贞、红花檵木、冬青、海桐等。如果不再修剪同时条件尚可,即便是灌木,依旧可能发育成庞然大物,如溲疏、火棘、六月雪、月季等。绿篱色块,因为不断地萌生增大,需要不断地进行人工修剪,所以绿篱植物必须具备这样的特征:耐修剪、萌芽能力强、切口快速愈合、不因为剪切而病变等。但是即便这样,多年之后,绿篱中心部的植株主干也会过于粗壮,应该及时移栽,让其恢复本来壮大的面貌。

现在,很多绿篱植物不断地被开发出来,如大花六道木、云南黄馨、凤尾竹、刺槐、茶树、杜鹃、紫薇、银杏、南天竹等,也就是说,以前我们认为不能够作绿篱的植物,现在也能够在人工环境中被作为绿篱使用了。

绿篱如果按照用途来分,可分为保护绿篱、背景绿篱、观赏用绿篱等;按照植物种类来分,可分为花篱、果篱、叶篱等;按照形体来分,可分为人工整形绿篱、散丛生绿篱等;按照高度来分,可分为高绿篱、中绿篱、矮绿篱和低矮绿篱。按高度区分绿篱,其名称就揭示了绿篱的功能。一般超过 1.7m 的绿篱,称作高绿篱,高绿篱的隔离效果显著。一般高度为 1.2 ~ 1.5m 的绿篱,叫做中高度的绿篱,但是如果这个高度用在道路两侧,需要在距离交叉口视距三角形之外 10m 的地方逐渐降低高度,连土层其总高度不允许超过自路面开始计算的 1.2m 净高,请注意这是国家强制性标准,如果因此发生了“在转角半径视域内因为绿化植物过高而看不清”的交通事故,绿地块所有单位需要承担一定的法律责任(图 4-21)。一般矮绿篱的高度在 0.7m 左右,这样的绿篱已经是人们的警示高度,一般不会遭到人的踩踏,但可能遭到人的跨越,如果其宽度超过 1m,这种跨越就不会发生了。养护人员最喜欢修剪这个高度的绿篱,不需要弯腰或架梯,非常省力。低矮绿篱的高度在 0.35 ~ 0.4m 之间,这种绿篱一般种植在本身就有一定高度的花台上,但在比较广阔的绿地地块中,这个高度的绿篱较少使用。

绿篱植物还广泛地被用来塑造几何形体,在欧洲的园林作品中较为常见,在国内这种形式相对较少。

现在,常见的绿篱大致有:

红色绿篱:红花檵木、红叶小檗、金边小檗、红背桂、红叶石楠等。

绿色绿篱:黄杨、大叶黄杨、雀舌黄杨、罗汉松、龙柏、枸橘、花椒、枸骨、马甲子、火棘、溲疏、侧柏、圆柏、紫衫、海桐、茶树、绿女贞、茶梅、茶花、珊瑚树、杨桐、柳杉、龟甲冬青、冬青等。

图 4-21　带状街道绿地在交叉路口 10m 距离内植物最高不能超过距离路面

偏黄色绿篱：金森女贞、金叶女贞、六月雪、金叶胡颓子、黄金柳、黄金串钱柳等。

开花绿篱：紫薇、茶梅、杜鹃、木槿、锦鸡儿等。

果篱：火棘、南天竹、十大功劳、金桔、栒子、假连翘、菲白竹等。

7. 草体种植

草体分为游憩观赏草坪、运动场所草坪、护坡草坪等。运动场所草坪在经过赛事之后，需要投入大量的资金进行重建或修整。普通草坪可以踩踏，但并不耐受长时间、频繁和密集地踩踏，草坪本身必须有较长时间跨度的修养期。

除护坡草坪这种功能性草体之外，现代园林理论秉持种植草体是允许游客进入的这一观点，所以在草种的选择上，需选择比较耐踩踏的草种。那些不欢迎人们进入的地块，可以种植一些较高的草植，如墨绿、较高的蓬状草体植物——麦冬、鸢尾、吉祥草等。现在，很多园林作品使用较低矮的多年生草本植物取代禾本科草皮植物，或者直接用低矮绿篱来代替。

假设将苏州古典园林中的水体替换为草坪，在景观效果上其实并无违和感，这是草坪设计的神奇之处，如图 4-22 所示。

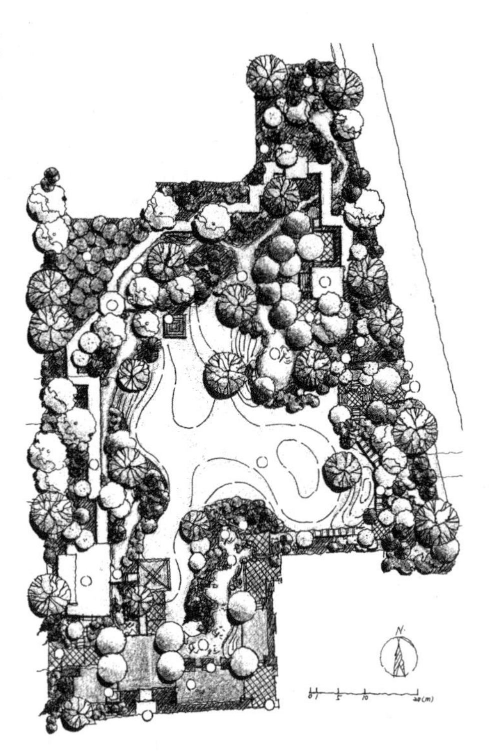

图 4-22　古典园林设计构图，中间较大地块设计为开敞地块，原来通常设计为开敞水体，现在通常设置为开敞草坪

草坪，在中国是近三十年来的较新生事物，总是呈波动性流行，出现盛期之后，就会出现市场需求的回落。20 世纪 90 年代，国内还出现了集中对草坪的讨论，多数学者对草坪提出了批评和质疑。原因在于草坪的景观效果虽然很显著，但其后期的

维护开支巨大(2018 年 3200 元/m^2 · a)。草坪需要大量的灌溉水,同时修剪、给肥、灭杂(草)、除病、去虫、补种、培土等都需要大量的园林维护投入,可以说,草坪是比较不经济的园林种植形式。

现代园林的草坪技术已经极大地发展了,常常并不是由单一草体品种构成,而是多种草体综合配置。这是因为一些草种是热季型草本,即在冬季会变黄凋零;而有一些草种是寒季型草种,在夏季高温时会枯黄凋零。所以几种草种综合在一起种植,能够基本保证每个季节草坪都呈现绿色。现在草坪的形成,分为两种形式,其一为商品草皮直接覆盖到项目整好的土地上,其逐渐向下扎根,慢慢长成;其二是在整好的绿化地块上撒种,草籽逐渐发芽后长成。只要养护得当,两者都可以在 1 年左右形成规模,前一种见效快,而后一种整体效果好。

为了减少草坪的养护成本,很多园林作品项目已经不再全部使用纯禾本科的草坪植物作为主要草体植物,或者任其本地种反扑,和设计草种混合生存;或者直接掺杂一些可以开小花的草本植物种,比如蛇莓、蒲公英等植物,形成具有乡野气息的杂花草坪,这样的草坪也支持整体修剪,亦可有相当好的整体感。

草坪于西方人的意义重大,是一种被他们广泛接受的特定符号如图 4-23 所示。

图 4-23　美国中产阶级喜欢在房前设置大片草坪,草坪在他们心中是政治权力、社会地位和经济实力的象征

8. 立体绿化和垂直绿化

立体绿化包括屋顶绿化(图 4-24)、平台绿化、半屋顶绿化等,垂直绿化主要是墙体绿化(图 4-25)。

这一园林类型有着广阔的市场空间,同时正在业内欣欣向荣地展开。立体绿化亟须各种技术突破。比如,极大地增加有限厚度轻质土壤的机械物理性质;有效防止根部向下穿透防水层的特殊涂层,并极大地提高其强度;给水、给肥系统管道的建造,并提高其有效性和减少液体损耗;如何提高墙体强度和悬挂的关系等;如何提高悬挂植物的整体性和减少人的服务性劳动;如何提高培养基质抗下坠的物理性质等。立体绿化和垂直绿化的问题实际是技术问题,技术问题的核心又是经济问题。

立体绿化作为特殊性质的园林植物配置作品,在后面的章节会特别提及,请读者参考后文。

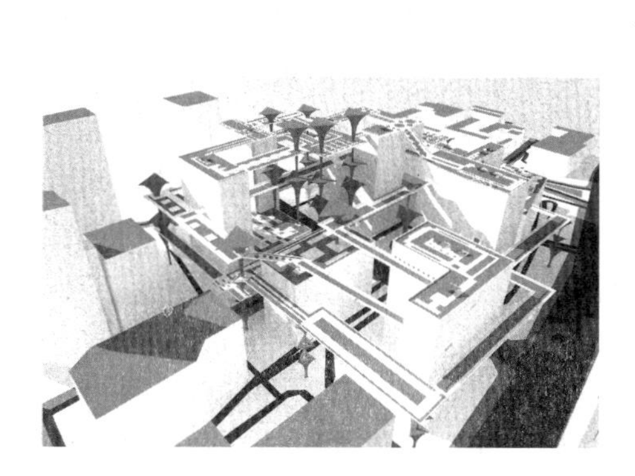

图 4-24　传统观念中的立体绿化——在屋顶上进行绿化种植

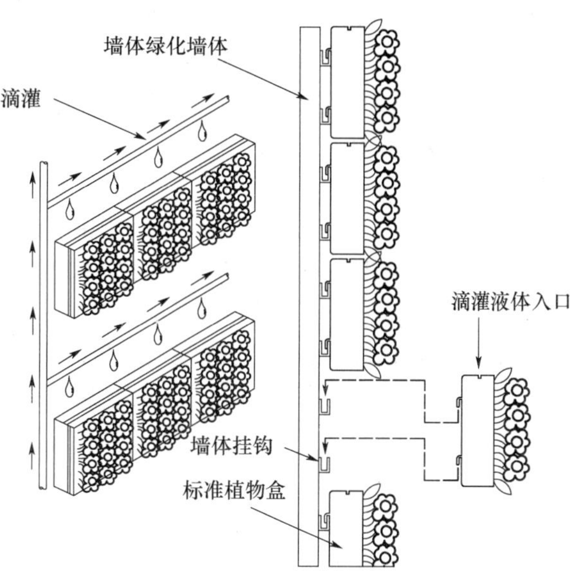

图 4-25　墙面立体绿化轴侧图和剖面图

五、图纸精度

计算机 AutoCAD 矢量绘图技术把图纸精度穷尽化了,使这个词汇失去了意义。从理论上来讲,AutoCAD 绘图软件的画布界面可以无限放大,这样就相当于设计师可以在显微镜下精雕细琢。

1997 年以前,在国内设计界普遍没有计算机的时代,园林师们在画板前绘制园林植物配置平面图,比例尺决定了图纸的精度。通常我们绘制总图时常使用的比例尺为 1∶1000(现今的低精度),也就是说图中的 1cm,代表现实中的 10m。这样一株冠径 8m 的较大乔木,绘制在图纸上只有 0.8cm,看起来就像一个昆虫的圆卵,而大量的小圆形充斥着整幅图纸,感觉上也并不是特别美观。即便如此,当设计的项目中一个边超过 1000m 的时候,图纸就变得特别大,不但绘制起来不方便,而且因为其精度较小,绘制出来的意义也有限。可是如果把这个比例尺扩大一倍——1∶500,对于刚才举例的 8m 冠径的植物扩大效果并不明显,可是设计者却有可能因此需要绘制像墙壁大小的巨大画布。在那个时代,为了解决这个问题,我们通常在 1∶1000 总图的基础上,加绘 1∶200(现今的中等精度)的一整套图纸,好比把那张很大的图纸用一张巨大的纸打印出来,然后用刀一张张地裁开。以前,一般只有进入到施工图,才会使用 1∶200 及更小的比例尺,于当时已经算较高精度了。

1997 年开始,计算机真正意义上进入到普通人的生活,AutoCAD 软件事实上是"只要有空间属性(三维空间之内)就能绘制"而无论这个东西占据多大的空间。所以它其实没有比例尺,而使用比例标尺了。比例标尺是一段阴阳线组成的刻度,用 1∶1 的比例绘制在图面上,图上的 1cm 事实上也就是现实中的 1cm。所以,我们也可以理解为 AutoCAD 软件其实是按照真实尺度来绘制项目作品的。这个项目如果大到几个平方千米,那么这个画布也就有数个平方千米,这在纸质时代是无法想象的。

精度误差控制技术指标受到全国系列比例尺土地利用数据缩编及各级比例尺的土地调查

数据库的影响。在绘图中,误差的来源主要有:数据源本身的误差、数据源的扫描及定向误差和地图综合误差。数据源误差本身在测制过程中允许存在的平面误差有测量误差和图纸误差,测量误差包括控制点误差、加密点误差、展点误差、测图误差和编绘误差等。图纸误差是图纸受温度和湿度变化的影响产生伸缩而产生的误差,通常湿度产生误差要大于温度的误差。而且图纸在印刷和打印的过程中也会产生误差,拉伸方向的误差常大于平行方向的误差。现在手持设备已经出现,随时可以大屏幕实现的电子图纸可以减少这方面的误差。地图综合误差有平面误差和高程误差。平面误差主要指编绘误差、移位误差和概括误差。

误差永远也避免不了,因为精度是无限的。在图纸绘制过程中,设计师只能尽量减少误差的发生,同时园林设计的环节也使误差产生的可能性增加,每个环节都尽职尽责,尽量避免给下一步工作设置人为障碍。尽管有些误差并没有较大的危害,每个环节只要符合精度规范要求,编绘方法正确,对项目实现影响是不大的,这也就是施工实际耗工需要按照竣工图核价而非依据设计图的原因。

精度越高,则图纸量越大,对于一些精度要求一般的设计项目,设计师使用相对的精度即可。同时也并不是项目中所有部分都必须使用同一种精度,总有一些部分对精度要求较低,而涉及地下管线、高空网线、市政工程、国防光缆、城市补给线、城市防灾减灾安全设备设施等位置则需要极高的精度,以避免因施工破坏带来的经济损失。

第三节　园林植物的建造功能

植物因为有明确的体块或可以暗示其体块的结实实体,其对空间的塑造功能对于室外环境,如总体布局和空间分割等形成,是非常重要的。其体块在设计过程中常被忽视,人们比较看重的是色彩或者是否开花等属性。但其体量才应是首要考虑和研究的因素,如同种植植物之前需要进行园林硬质景观工程的营造,硬质景观的建造功能,是有目共睹的,但植物要素的建造功能,是硬质景观的进一步延伸、强化或弱化。其建造功能在设计中被确定以后,第二步工作才是考虑其观赏特性等。

植物的建造功能是指它能充当构成空间的要素,如同构筑物的地面铺装、围墙、门窗、穹顶一样。从构成角度而言,植物是一种天然的、能够持续生长、或大或小的T形建材,植物天然地适合作为一种设计因素或一种室外环境的空间围合构件。的确,在自然环境中,植物同样成功地发挥了它的建造功能,如图4-26所示。

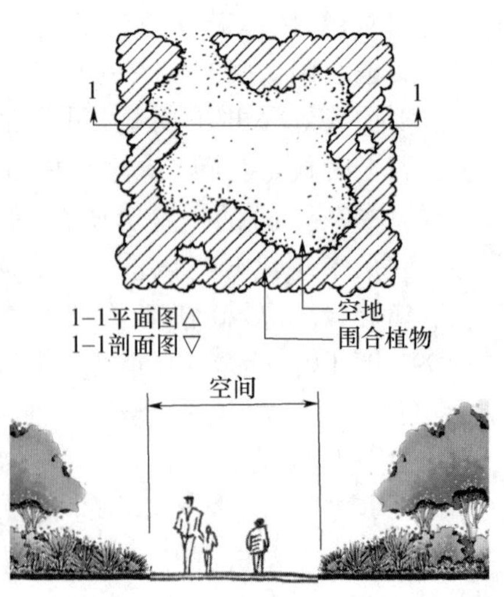

图4-26　植物的建造功能

所谓植物构成空间,是对原来一贯的物质空间观念及形态的一种实质性延伸。标准空间的定义,尤其是固有意识形态中的空间定义,是指由地平面、垂直地平的面以及顶平面,三者间或配合或共同组合成的,具有三度空间物质实在的或暗示性存在的围合范围。简单地说,空间的实质即在于“空”,其他任何限制围合是为“空”服务,是象征性存在的“皮”。

在水平面上，植物能通过相当多的方式影响空间感。

树干，树干如同直立于外部空间中的支柱，这种柱和各国传统建筑内的柱网很相似（图4-27），它们多是以暗示的方式，而不单纯是以实体限制着空间。同样分支点情况下，即相同树冠底部距地面距离，树干越粗，则空间感觉就越小；相同树干粗度情况下，树冠底部距离地面距离越长，则空间感觉越大。这种组合样式几乎无限多，其空间封闭程度，即给人的隔绝感觉，随树干的粗细、高矮、疏密，甚至色泽或质感、密集程度，以及种植形式的不同而不同。一般来说，树干越多，空间围合感或密实感越强。北方的冬季，无绿密集的树干甚至是一种独特可赏的风貌。树干暗示空间实例，两侧道路按照固定规则种植行道树、广场树阵、生产林地、植篱、防护林等，即使在冬天无叶时，其树干和枝桠也暗示空间的界限。

(a)

(b)

图4-27　行道树

(a)建筑柱廊效果；(b)行道树

叶丛，是影响空间围合的重要因素。叶丛的叶密度和分枝的高度影响空间的闭合感。在单叶大小一致的情况下，阔叶或针叶越浓密、丛叶体积越大，其围合或密合感就越强烈，空间就显得越小。而落叶植物有闭合和开敞周期，即随季节的变化而出现固定的周期性变化。人们可以巧妙地运用这种周期。夏季，叶丛浓密，可形成较为明显的闭合空间，也可以给人分割内与外的隔离感（图4-28a）。冬季，同一空间因为落叶，其暴露的空隙比夏季明显增大，观者的视线能无障碍地延伸到天空。虽然落叶后枝干仍旧暗示着其空间范围，但这种较弱的空间感仍然起到相应的空间功能（图4-28b）。常绿植物在垂直面形成贯穿全年的、稳定的空间封闭效果。

全树完整的一整株叶丛，叫做树冠。单株或多株树冠的底部，在室外形成了犹如室内空间的天花板，限制观者眺望天空的视线，也限制了垂直面上的距离。当然，变量因素也有很多，如季节、叶密度、叶大小、叶厚度，以及树木的种植形式。事实上，当树林中各个树冠相互覆盖，完全遮蔽阳光，正午时分顶面的封闭感最强烈，这种封闭感伴随日光的变暗反而会下降。一般园林大型乔木苗木的树冠半径在4～4.5m之间，所以树木的间距在3～5m之间时，树冠交叠产生的封闭性是明显的，但如果园林乔木的间距超过9m，便会失去空间封闭的视觉和心理效应，该苗木就形成了孤植树。

使用园林植物构成室外空间时，植物配置设计从业者首先需要明确设计目的和塑造空间的性质，同时也有必要加强自己的空间想象能力。然后根据空间的需要恰当地选取和组织设计所要求的植物（图4-29）。

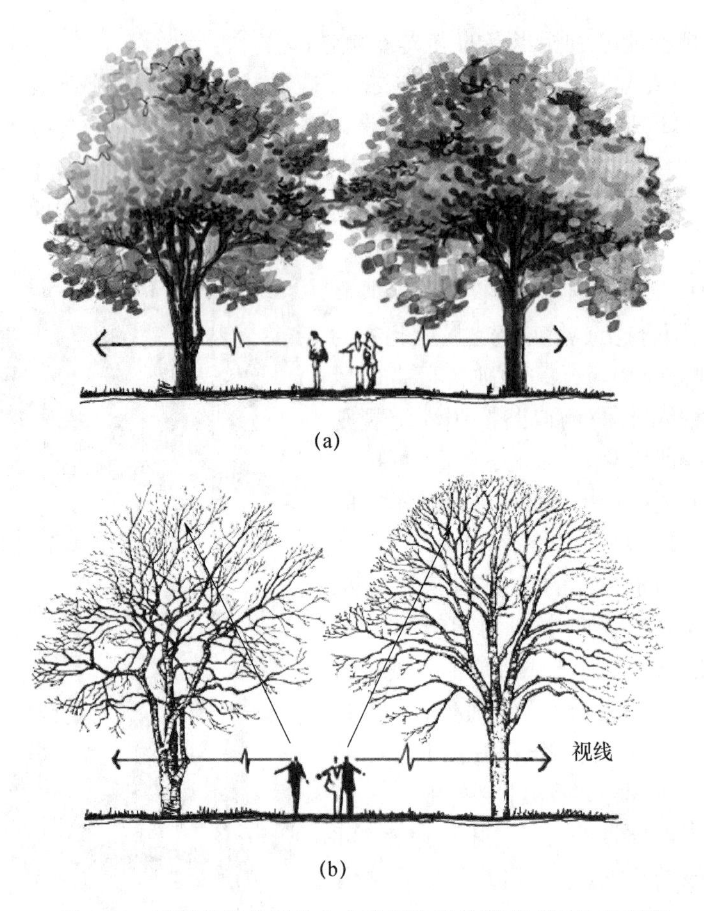

图 4-28　同样的植物夏季和冬季因为叶丛形成不同的空间感

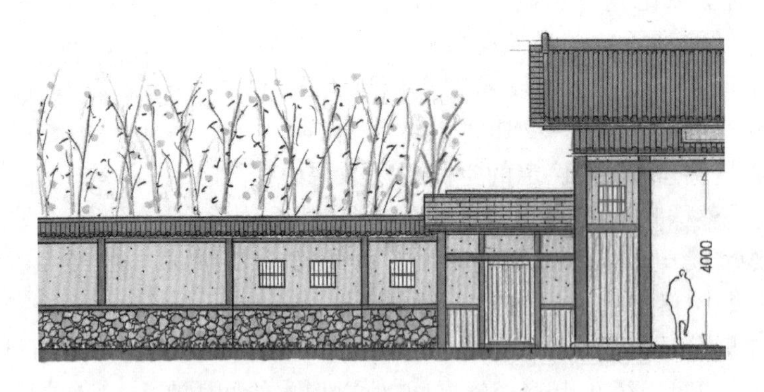

图 4-29　墙体是实体的墙,密植的冬青实际上也是墙

通常,植物配置设计师可利用植物构成的一些基本空间类型,主要分为:开敞空间(通透空间)、半开敞空间、封闭空间(私密空间)、覆盖空间、完全封闭空间(不可入空间)等(图 4-30)。

空间,不是以单独姿态存在的,而是有序地形成一种序列才有意义。植物材料作为空间限制的因素,能建造出相互联系的空间序列。植物制造出各种空间的入口,与各种空间的围合墙体一起,引导游人进出和穿越这些空间。建筑如果已经塑造好空间,植物与之配合时可以打破建筑坚硬的外表,使空间序列变得柔和并富有韵律。植物在发挥空间塑造作用时,也改变了原有空间的顶平面结构,在竖向上有选择性地引导和阻止向上的视线,以此来“缩小”和“扩大”视线范围,让游赏过程更加有节奏,可以形成欲扬先抑、开门见山、豁然开朗等视觉效果。植物配置设计师在不变动地形的情况下,利用植物就可以达到调节空间范围的目的,也是一种艺术性的创作。

植物如果与其他要素相互配合,则会强化或弱化共同构成的空间。比如,植物与园林设计要素的形相配合,强化或弱化由于地表面坡度变化所形成的空间。将植物植于坡顶、凸地或山脊上,即可强化并增加地形凸起部分的高度(图 4-31),相对于凹地,则亦随之强化了相邻凹地、谷地或盆地的空间封闭感。同理,若植物于凹地、谷地或盆地等底部种植,它们随即削弱由地形所形成的空间趋势。因此,通常把植物种植于地形坡地高处、山脊等高位置上,同时让低洼地区更加通透、空旷,少种植或不种植植物。

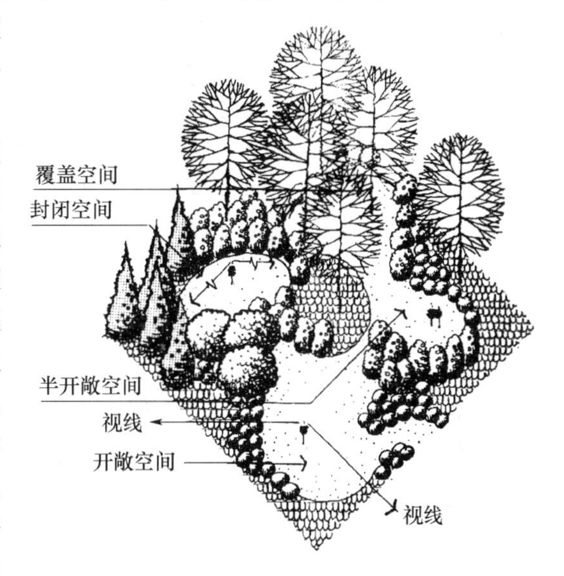

图 4-30 植物围合塑造的空间

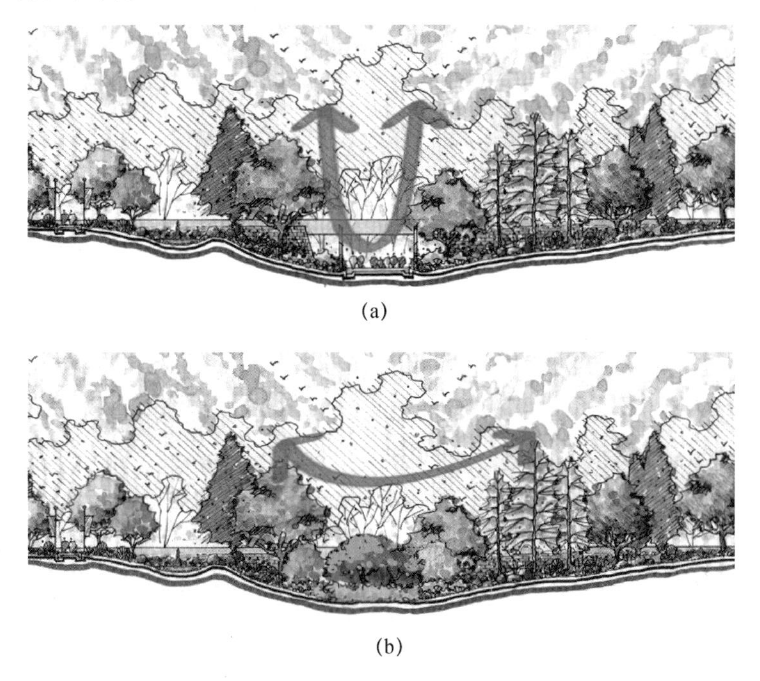

图 4-31 植物增强和减弱由地形所构成的空间
(a)增强;(b)减弱

庭院四周如果种植植物,中间也会形成一块类似于洼地的空间,设植物高度为 a,而院落宽度为 b 时。当 $a/b>1$ 时,也就是说植物的高度大于庭院宽度,则不适宜在中间再种植较高植物或布置较大体量的园林构筑物，此时最好空置该空间，并做好地面铺装；当 $a/b=1$ 时，布置方式同上，但可以在此空间布置座椅等小型园林构筑物；当 $0.5\leqslant a/b<1$ 时，庭院中可以布置小型构筑物、小型乔木或草体花镜，但数量要少，避免视觉拥挤；当 $0.33\leqslant a/b<0.5$ 时，庭院中可以布置中型乔木或中型构筑物，同样是数量要少，避免视觉拥挤；当 $0.2\leqslant a/b<0.33$ 时，庭院中可以布置中大型乔木或中大型构筑物，此时大乔木可以作为孤植树，仍然需要注意控制数量，避免视觉拥挤；当 $0.1\leqslant a/b<0.2$ 时，庭院中可以种植大乔木，并且大乔木可以成组布置，控制植物组体量，避免视觉拥挤；$a/b<0.1$ 时，边界植物已经失去控制洼地空间的意义，在此可以布置园林水体等大型园林设施及土建，形成新的庭院（洼地）空间。如在城市环境、校园布局、综合园林空间，或由建筑构成的硬质主空间中，用植物材料再分割出一系列不同尺度的次空间（图 4-32）。

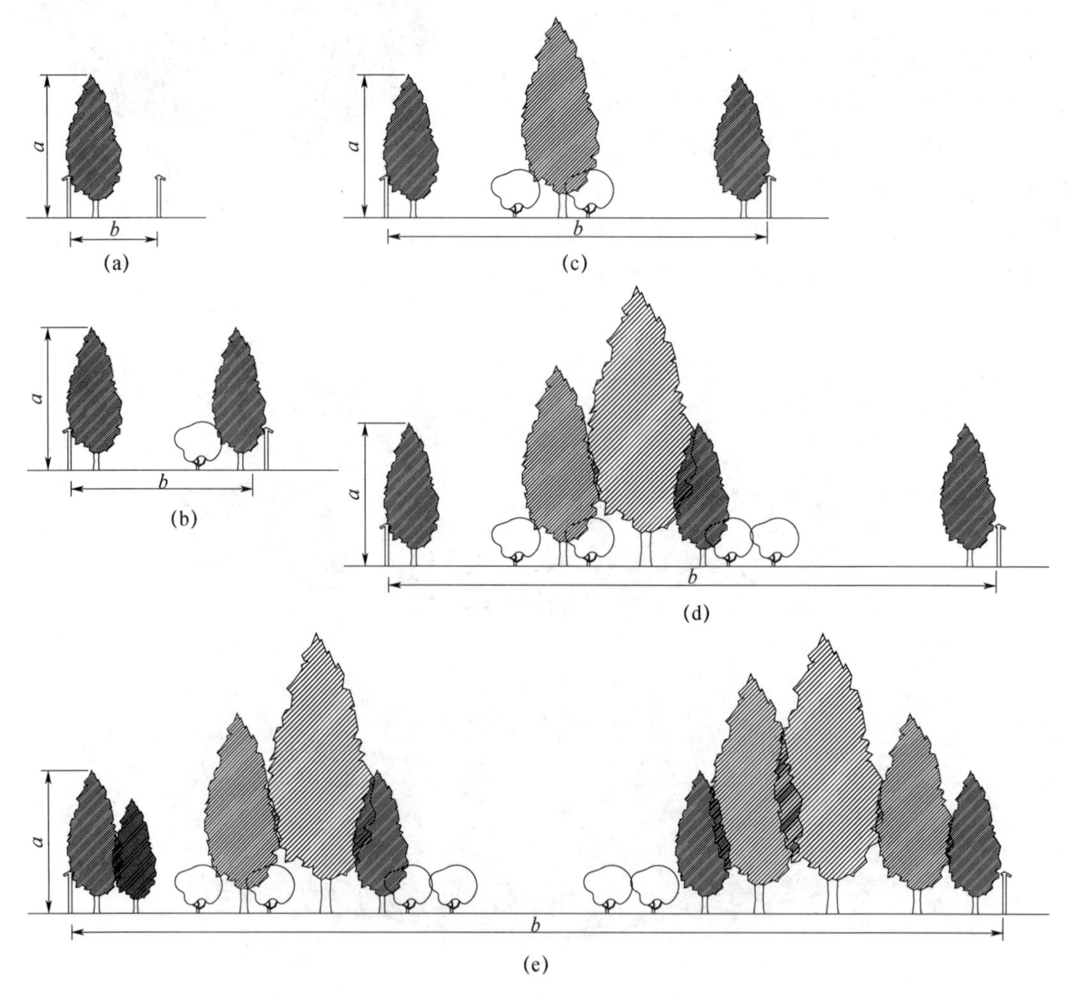

图 4-32　植物材料分割次空间

(a)当 $a/b>1$；(b)当 $0.5\leqslant a/b<1$；(c)当 $0.33\leqslant a/b<0.5$；
(d)当 $0.2\leqslant a/b<0.33$；(e)当 $0.1\leqslant a/b<0.2$

植物可以改变由建筑物所搭构的硬质空间，虽然建筑可以通过改变外表的样式来达到对空间的柔化，但植物天然具备这种柔化功能。现代建筑使用金属、玻璃、大块墙体贴面这种外表坚硬和表面光滑的材料，为了突出人力、现代性或科技性，则故意减少植物或不布置植物（仅作为背景）。这种没有植被的环境，反映出一种空旷空间属性，如图4-33所示。

在乡村景观中，林缘、田缘、林地、灌木植篱、水岸绿植等，可以将乡村分割成一系列空间。连续的植物廊道空间是乡村人民进行联系的主要通道，乡村建设的重要一环就是要将这些廊道逐渐进行恢复。

图4-33　现代主义庭院几乎没有植物

同样的，在城市景观中，植物材料的立面，如直立的屏障，像建筑墙体一样控制着人们的视线，将目标景收于观者眼中，或将有碍观瞻之物障于视线之外——障景，也可以把美丽之物收入视线——框景。障景的效果按照具体的情况而定；若使用繁密不通透的植物，如冬青、圆柏、檵木等，能完全遮挡视线；若使用不那么通透的植物，如刚竹、溲疏、云南黄馨等，则能达到欲遮还透、朦胧、漏景的效果。这是对空间灵活理解和运用的高级形式。植物配置设计师首先要模拟并分析观者所在位置，隐藏物、被障物或节点的高度，观赏者与该物的步行距离以及地形等因素。这些因素均可能影响植物屏障的高度、厚度、平面形式以及具体种类配置。较高的植物虽在某些景观中有效，但并非绝对，不对用作挡墙的植物进行高度控制，它们会伸长至破坏原本比例，改变空间的原有性质。

人对正前方的点状景观物敏感度或注意力如果设定为标准值“1”，当正面有浓密植物挡墙的时候，观者往往并不知道其挡墙植物后面有景观物，在绕过挡墙之后，其景观物可能会出现在观者的侧面，则人的敏感度会迅速下降，只有正面视觉敏感度的40%～45%（步行速度3km/h）。如果再加入较快速度这一变量（跑动时速度大于5.5km/h），则人对景观物的敏感度会进一步下降，降至正面视觉敏感度的10%～15%的水平，速度加快，这个数值会进一步下降。视觉敏感度下降代表着景观布置的失败率提升。为了避免景观节点无人关顾这一问题，比较有效的方法是设置障景的同时，通过减弱遮挡物密度、高度等方法，隐约地或事先透露景观点的信息，当观者的好奇心被有效地调动起来后，遮挡在植物后面的景观点的有效性将迅速地提高，其视觉敏感度数值恢复为1，因为观者会主动绕过遮挡植物用正对着景观点的身体姿势去观察。

对植物组成私密性空间的控制，与障景功能是相同的。私密性控制也是利用植物阻挡人们的视线，进行明确的空间围合塑造。私密性空间控制的目的，就是将公共属性的空间与私密性空间完全隔离开。一般来说，私密空间控制与障景的区别在于：前者是故意用浓密植物围合并分割成相对独立的空间，从而彻底封闭和隔绝所有进入空间的视线；后者是植物配置师慎重种植植物屏障，核心在于有选择地屏障视线。私密空间控制杜绝任何视线在封闭空间外部向其内部的自由穿行，而障景则允许由外及内的视线在植物屏障中自由穿行。

安全性较高的城市或地区，在居民住宅设计时，往往使用植物篱墙作为私密空间围挡。可以说，植物的各种塑面美丽水平大于任何的墙体效果。但是，为安全起见，在很多公共园林作品项目中，已经不再设计任何园林植物构成的私密空间。另外，也不在公共园林项目中设计可供“伏击”的场所空间，保持实现通透性，不但是为了提高园林作品的安全性，同时也是为了提高园林的可穿越性,提高园林作品的使用率。

植物具有屏蔽视线的作用,其实是和植物的株体高度相关的,这也可以理解为对私密控制的程度。如果把植物修剪成至少一个面具有陡崖形式(垂直于地面),即可以充当绿篱或篱墙。其高度高于2m,对空间的隔离性最强,私密感最好。1.2~1.5m高的植物篱墙,能提供部分私密性,这个高度的屏障作用是明显的,通常人们不会跨越这个高度到对面空间中,也可以有效地保护坐在地上的人。高度为0.6~0.8m的绿篱篱墙,不能提供私密性也不具备隔离作用,这个高度最容易被人跨越,事实上当这种绿篱的横向厚度不足(<0.4m)(破窗原理),行人几乎会不加选择地穿行,篱植随即被人破坏。但当横向宽度超过1m时,则穿行的难度明显增大,即不会有人穿行了。

图4-34中,使用了编号a~i的9张小图来说明一个问题,即同样的一块园林地块,如果使用了不同的植物,所形成空间的通透性或郁密度是不同的,通常植物越高大,空间就显得越不通透或越私密。同时使用常绿植物,也会让人感觉较之落叶植物更不通透。

园林植物材料不仅被运用于限制或释放空间,建立空间序列,屏障人的视线以及提供空间的隔离性,其还具有一定的美学功能。植物的建造功能涉及园林硬质景观设计的结构外貌,其众多观赏属性,如体量、色彩、质感、形态、疏密、嗅味等以及与地形布局和周围其他植物种的关系等,都深刻影响着植物建造功能设计的美学实现。

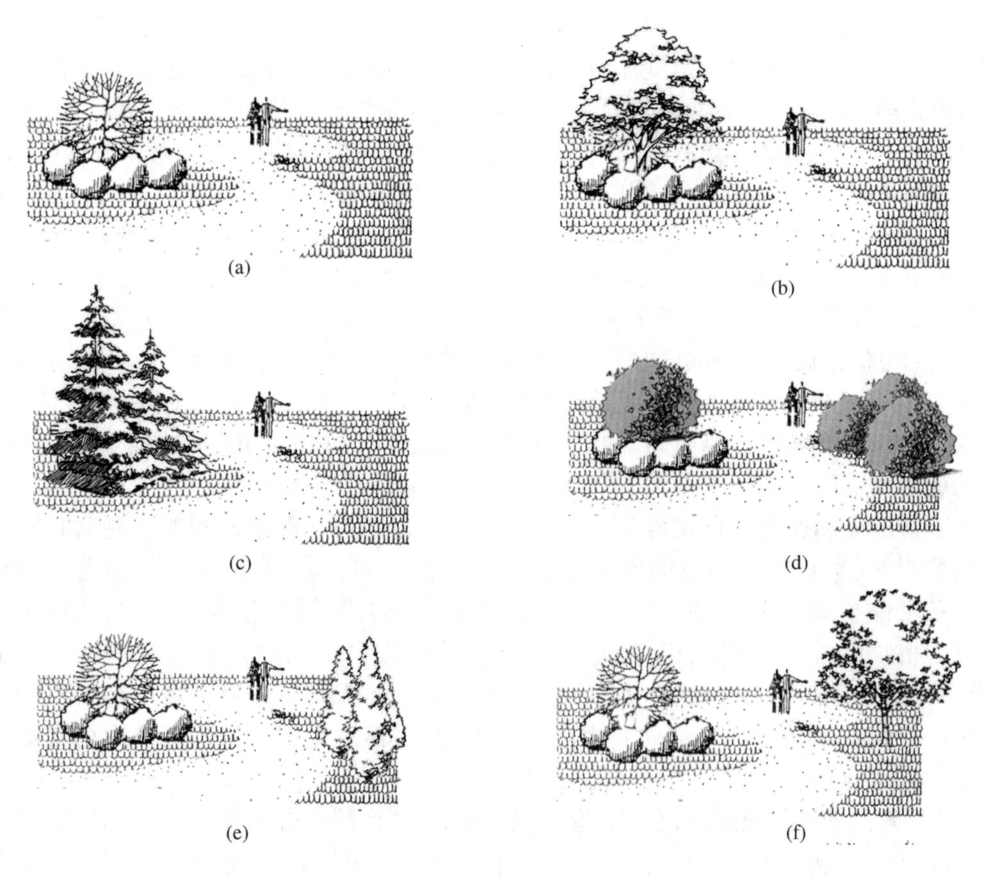

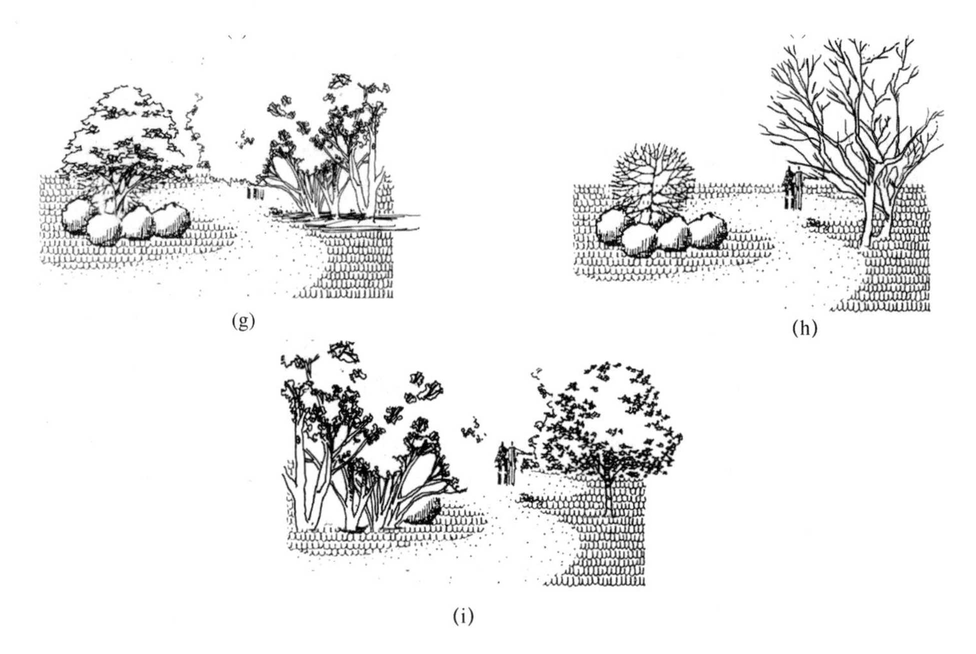

(g)　(h)　(i)

图 4-34　植物高度或种类和空间郁闭的关系(障景)

好的园林作品是运用植物进行一系列的线性塑造(线性的空间塑造),这就需要很多的剖面和立面图,本节受限于篇幅,则不进行具体的示例,也为了避免文字及类似图片的重复,将一部分内容放在第八章中的具体园林作品的设计过程中分析。

第四节　常见种植形态

在园林植物配置中有一些特殊的种植形态,特点是它们都需要人的深度参与,即园林作品落成之后仍旧需要投入较多的养护管理工作。比如花坛(永久性花坛和临时性花坛)、植物造型(绿雕)、花镜和花钵种植等。

一、花坛

花坛是在一定形状轮廓的植床内种植各种色彩艳丽的花卉或其他植物,运用花卉或其他植物的群体效果构成设计目的性图案,或单纯观赏盛花景观的园林应用形式。

花坛是 20 世纪 20 年代中期开始在中国流行的园林样式,那个时候大多使用花坛的早期形式——高设花坛。即用砖石搭砌抬高约 0.4m 的小矮墙,矮墙上再用砖块稍突出横铺压顶,讲究的再用有色长条形瓷砖整体贴面,这个小矮墙构成或大或小的闭合线性图形,在此间填满园土以抬高矮墙内地平,形成比侧旁园路高 0.4 ~0.5m 的土台,这种土台和矮墙通称为花坛(图 4-35)。这种小园林在那个时间段被广泛建设,带有强烈的时代气息。其小矮墙提供给人们闲坐,为了减少人进入台状绿地,在其边缘处往往还种植阻挡人进入的矮绿篱,绿篱高度大致也在 0.4 ~0.5m 之间,之所以这样,是因为其操作面(图 4-36)如果太高,园林工人养护施工太消耗体力。

进入 20 世纪 80 年代中期,上面的这种花坛已经不再流行,园路两侧的绿地块已经不再修造抬高性矮墙。但又出现了一种新的园林样式,园林道路或院内部道路超过 2m 时,一般在道路两侧种植 1.2 ~1.5m 的较高绿篱,其内部圈起的绿地块种植乔木或中型灌木。当园路小于 2m 时,可以在城市道路两侧用铸铁的小篱笆将绿地块圈起来，也有用较矮的小绿篱(0.5～0.6m)圈将绿地块圈起来。经济条件好的城市已经出现了大草坪，但无论是怎样的绿地块，都不欢迎人们进入。

图 4-35　形式优美的花坛顺便作为座椅

图 4-36　绿篱的操作面

20 世纪 90 年代的大草坪热，其优点是对绿地块形式进行了概念性的重新定义，铸铁小篱笆生锈腐烂之后，更换的周期过长，同时铸铁作为一种资源总被人盗窃。所以这种形式在 20 世纪 90 年代中后期逐渐被淘汰。虽然瓷砖边砌的花坛，并未淡出人们的视野，但最近十年，园林硬质景观形式的多样化，使得之前的那种高设花坛(图 4-39)又以新的面貌被重设。比如在狭窄庭院中以不同高度的高设花坛装饰，形成很有趣的叠层空间，如图 4-37 所示。

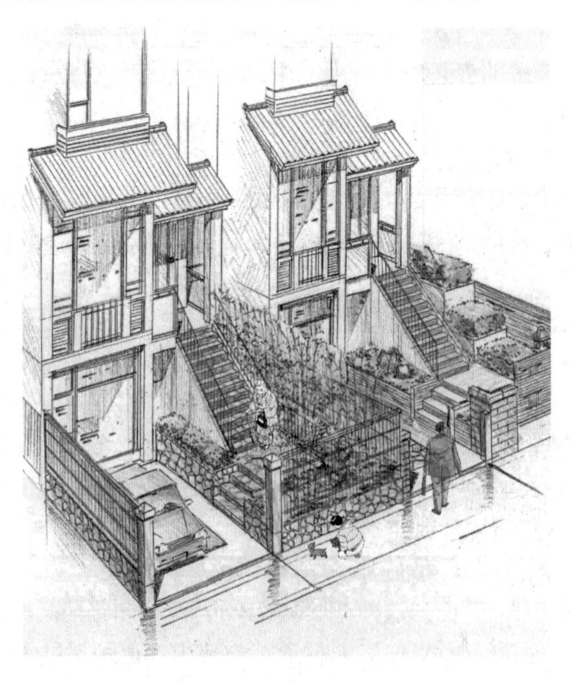

图 4-37　小庭院中使用花坛给人干净整洁的感觉

按照时间来区分花坛，有永久性花坛和节日花坛（图 4-40），后者也可以称作临时性花坛。永久性花坛在本节前面已经提到，本段主要介绍节日花坛。节日花坛也称作造景花坛，借鉴园林营造山水、建筑等景观的手法，运用以上花坛形式和花丛、立体绿化、花境等相结合，布置出模拟自然山水或人文景点的综合花卉景观（如山水长城、江南园林、三峡大坝等景观）。一般布置于较大的空间，多用于节日庆典。节日花坛是在重大节日或指定的重要时间期间，摆放于城市广场、街头延边绿地、企事业单位入口广场或开阔地等场所。营造和烘托节日气氛的花坛，可以在一定时间中成为城市景观的组成部分，一起构筑城市的美好环境。节日花坛的目的明确，借助植物的艺术美，突出城市形象，或明确节日的纪念意义，具备强烈的宣传意义。如天安门广场十一国庆大型花坛群组（图 4-38），已经成为北京的一张旅游名片，其形式多样，大多是大型立体花坛或植物雕塑，气势磅礴、瑰丽壮观。

图 4-38　北京天安门广场和街头上的国庆节日花坛

花坛这种园林造景形式以表现主题来分，可分为花丛花坛（图 4-40）、模纹花坛（图 4-41）、标题花坛（图 4-42）、装饰物花坛、立体造型花坛（图 4-43）、混合花坛和造景花坛。简单地说，花丛花坛是用中央高、边缘低的花丛组成色块图案，以表现花卉的色彩美，主要观赏精致复杂的图案纹样，植物本身的个体美居于次位。通常由低矮观叶植物材料组成，常不受花期限制，模纹花坛，用高矮一致的观花或观叶植物组成具有明确主题的均一平面图案，按其表达的内容又可分为文字花坛、肖像花坛、象征性图案花坛等。立体造型花坛，以枝叶细密、耐修剪的植物为主，种植于有一定结构的造型骨架上，塑造出立体造型装饰，如人物形象、旗帜、城墙，甚至建筑等。近年来，这种样式的花坛和其他花坛样式一起常出现在各种节日庆典时的街道布置上，所以也为节日花坛，前文已经略述。

花坛按照空间形式可分为平面花坛、高设花坛、斜面花坛（图 4-44）以及立体花坛。平面花坛，通常其表面与地面相互平行，观赏花坛的平面景观效果，有时是沉床花坛，也可以稍高出地面；高设花坛，前面已述，即根据景观设计，将花坛的种植床基面人为地抬高，也称花台；斜面花坛，表面为斜面，与前两种花坛种植形式相同，表现平面图案和纹样，多设置于天然斜坡或阶梯斜坡；立体花坛，以表现三维的立体造型为主，见前述节日花坛。花坛是全人工的园林形式，不能长时间离开人的照料。结合上一段，各种花坛配图如图 4-39 至图 4-44 所示。

图 4-39　高设花坛(永久花坛)

图 4-40　花丛花坛(花镜、盛花花坛)

图 4-41　模纹花坛(平面花坛)

图 4-42　标题花坛(斜面花坛)

图 4-43　立体造型花坛(立体花坛)

图 4-44　斜面花坛(模纹花坛)

花坛选用的植物种多为开花草本,任何花坛中的草本花卉植物都需要人工及时栽植和更替,花卉植物均有时效性,即使水肥管理跟上,也不可能和之前是一样的开花效果,个体的退化速度大多比较显著。伴随花卉技术的突破,现在园林行业基本任何时间段都可以让花卉适时开放,不需要受季节限制。所以现在于一年中的任何时段,都可见到各种花卉。它们大致的种类是:一串红、万寿菊、矮牵牛、三色堇(蝴蝶花或鬼脸花)、雏菊、大丽花、美女樱、矮美人蕉、千日红(百日草)、半枝莲、彩叶草、吊竹梅、各种景天、香雪球、松叶菊、萱草、一品红、月季、紫萼距花、鸡冠花、羽衣甘蓝、吊兰、红背桂、茉莉、六月雪等。

在某种空间边缘设置障碍的花坛,这种设计已经获得了长足的发展,也有很多草坪直接和园路相互驳接,这就意味着园林已经真正地“放下身段”,欢迎人们与之“亲密接触”。

二、植物造型

植物造型有时候专指树雕(图 4-45)。基本上可以用树雕这种园林形式来判断中国城市的等级:一般一线城市有较大型或中小型的树雕,其造型优美,基本达到设计目标的园林构件;二线城市有小型的或成组构成中型树雕,也能够基本做到造型优美或虽破损但也勉强可观;三、四线城市基本没有树雕(除盆景之外)。

树雕是绿雕中的一部分,植物雕囊括范围更广,有多种形式。除了树雕(对单株或数株耐修剪乔灌木树冠进行修剪,生成三维立体的体块形象);另一种是绿雕(图 4-46),先用某种可以弯折的材料做成立体金属或塑料骨架,在骨架上通过技术手段缠绕、悬挂使植物附着土壤基质,然后让草本植物附着或缠绕生长,以形成看起来像人工树雕的完整三维立体形象。这两种形式可以达到相似的效果,但制作及养护方法却不尽相同。树雕的养护与其他地栽的植物相同,难点在于以后的形体保持修剪和外观整体度保持。而绿雕的重点在于前期立体骨架的建造,只要水肥及时到位,整体性反而要比树雕好,树雕比绿雕难度大,同时在养护管理方面也困难。所以绿雕形式的运用更为广泛。树雕,同时也更强调修剪者的艺术感、艺术基调、艺术情怀。很多城市甚至用塑料制品代替这一类园林原素。植物雕还有一种形式——干雕,干雕还包括盆景。

图 4-45　树雕

我国绿雕制作起步于 20 世纪 80 年代初,受欧洲模纹绿雕的影响,图案以模纹为主,骨架结构、造型设计简单,可供选用的植物种类较少。20 世纪 90 年代中期开始在各地流行,造型简单或复杂,如花篮、篮球、宝塔、龙、熊猫、大象或十二生肖等。在 1990 年的北京亚运会时期为了装饰比赛场馆,大量采用五色草立体造型装饰的绿雕,是一种见效快、短时效果好的折中方法,其后的数年是五色草绿雕做法的流行时期。随后又加入了彩色草本藤蔓植物,以进一步增加这种绿雕的色彩,并且用卡盆代替了以往的挂泥插草工艺。在 1999 年昆明世界园艺博览会上,这种绿雕又加入了简单自动浇灌技术。之后,天安门广场及长安街国庆绿雕便应用了卡盆与钵床结构。2005 年以后,低矮草花、微喷滴灌技术被广泛使用。继而在 2008 年奥运会期间及之后,绿雕 LED 夜景照明技术也被广泛推广,各种技术的推进,使该造型有更多色可选,持续期更久,色彩更丰富,养护也更方便。

图 4-46　绿雕

树雕的要求:(1)枝繁叶茂,耐修剪,生长慢,如珊瑚树、冬青、大叶黄杨、小叶黄杨、圆柏等。(2)适宜布置在西式园林作品中,在中式园林中显得突兀。(3)常作为孤植树。(4)树雕的立体形态轮廓线最好作为独立的林际线(图4-47),其后不宜有高大的背景植物,背景最好是天空。绿雕的构图部分大致同树雕一样,只是强调后期养护及时和到位。

应避免毁坏乔木干体的"树雕"(图4-48),将植物的干体进行雕塑,是一种极其毁树的行为,应该给予禁止。

图4-47 盆景是人很好控制的形态,也是一种树雕

图4-48 这种树雕形式对植株的损伤很大,应禁止

三、花境

花境是园林中花卉和草体的一种特殊的种植形式,在园林种植形式中属于经济消耗较大的形式。常以树群、大绿篱、矮墙或建筑物为背景,将草体及花卉自然式布置成条形、带状形式或不规则形式。花境的目的是模拟自然林地边缘地带的多种野生花卉和草体交错生长状态,由欧洲园林艺术家创造,并转化为设计配置各式已经人工驯化的花卉和草体的园林形式,核心是欣赏它们组合后的野趣。花境于20世纪90年代中后期正式进入中国,但一般也仅在管理水平较高的一线城市应用。花境的难,在于其"配置野趣"和"有效管理"而"配管成野",即所谓"虽由人作,宛若天工",如图4-49所示。较好的配置设计加一流的后期管理,可以采用花境这种园林形式;反之,如果没有放心可靠的后期管理,不建议采用花境形式。

花境多具有规整的外轮廓以暗示其出于人工之手(前文已述,花镜其实也是一种特殊的花坛),通常是沿某一方向作直线或曲线的中轴,其外轮廓如果是由直线组成的规矩的几何图形,但植物配置需在立面上打破这种形态,而显得稍有难度;曲线的外轮廓给园林配置师提供了较为自由的余地。花境内的花卉及草体,配置成丛或成片,运用各种植物花色、花期、花序、叶型、叶色、质地、株型的自由变化,高矮错落,多为比较容易控制空间高度的宿根和球根花卉,花境技法发展之后,也可配置点缀小型花灌木(起于中国)、山石(起于日本)、器物(和希腊式样结合)等。花境的植床边缘通常有围边材料,以避免本地种随意介入,并略高于周围地面。花境中的花卉植物即使在不开花时色彩也丰富,并通过各种叶形展开种间对比;花卉植物花期或观赏期一般较长,比较理想的是不需经常更换种植植物种类,符合管理的经济性;植物之间有较好的配合，竞争关系不明显，形成较好的群落稳定性；花境也强调具有季相变化，秋季枯黄之后仍能够保持较好的姿态度过冬季。

涉及后期可能较少投入但又要求较好效果的园林形式，如道路景观绿化、街道小型公共空间绿地块等，如果需要建设较高层次的绿地形式，一般配置花境的简化体，即复杂篱带。这种复杂的篱带广泛应用于建筑基础、边坡、道旁、水畔、绿地边界等庭园环境造景。

花境或篱带的高度，最高控制在1.5m，宽度因具体情况定，但不应超过6m。其类型大致有：(1)单面观赏，以建筑物(不高于窗体下沿)、墙体、树丛、灌木丛等为背景，前面选种较为低矮的边缘植物，后面逐层增高，一般设置3～5层或3～5种植物即可，整体上呈现前低后高，供一面观赏；(2)双面观赏，因为缺乏背景，则植物种植自轴线两侧逐渐降低高度，高度层数可以为3～5层，但植物种应适度增加，理想状态为7～11种之间，两面均可供观赏。花境或篱带的长度不限。花境或篱带植物配置要点：(1)单种数株丛状种植；(2)每丛植物相互交接，互为背景、依赖并为前者的背景；(3)除花朵之外，其全株均可观赏。

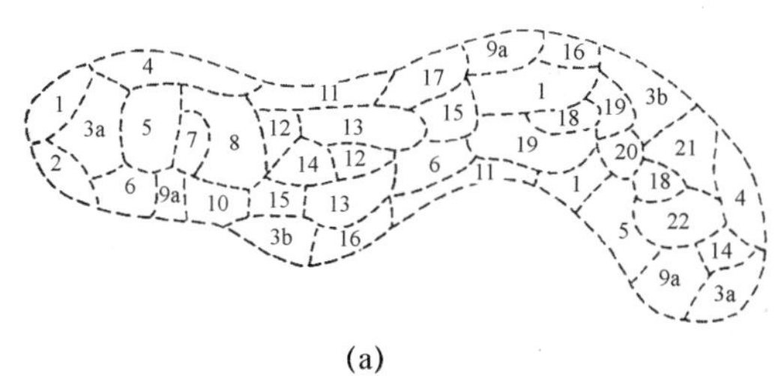

(a)

1—新西兰麻；2—白鲜；3—夏枯菜；3a—石竹；3b—矢车菊；4—毛叶水苏；5—羽叶槭；6—黄栌；7—风铃草；8—云南唐松草；9a—一串红；10—博洛回；11—蒲包花；12—荷包牡丹；13—观赏葱；14—分药花；15—玉帘；16—白花鸢尾；17—百子莲；18—草原合叶子；19—筋骨草；20—薰衣草；21—金鸡菊；22—茶梅

(b)

图4-49 花镜的植物配置平面图示意(a)及效果(b)

花境或篱带的植物选择：(1)宿根花卉花境或篱带，可露地过冬的宿根花卉，如鸢尾、芍药、萱草、玉簪、耧斗草、荷包牡丹等。(2)混合式花境或篱带，为了保证景观在四季中的实现，所以种植植物种以耐寒、抗冻害的宿根花卉为主，配置少量的花灌木(杜鹃、金丝桃、月季等)、球根花卉(水仙、郁金香、朱顶红、风信子、文殊兰、百子莲、石蒜、贝母、唐菖蒲、小苍兰、番红花、观音兰、虎眼万年青、白头翁、花叶芋、马蹄莲、仙客来、大岩桐、球根秋海棠、花毛茛等)或一二年生花卉(美国石竹、紫罗兰、桂竹香、绿绒蒿、蜀葵、三色堇、四季报春、一串红、银边翠、美女樱、醉蝶花、茑萝、紫茉莉、福禄考、飞燕草、柳穿鱼等)。这种花境季相分明，色彩丰富，应用广泛。需要注意的是，一二年生花卉会出现比较明显的个体种时间性退化，需要及时更替。(3)专类花卉花境或篱带。由同一属不同种类或同一种之不同品种植物为主，这种做法比较专业和少见。要求选种植物的花期、株态、质感、花色等植物属性有较丰富的变化，如百合类花境、鸢尾类花境、菊花花境等。(4)花镜用的观赏草体，大致有莎草科、香蒲科、灯心草科、天南星科的菖蒲属，具体如芦竹、蓝羊茅、苔草、细叶芒、斑叶芒、花叶芒、矮蒲苇、玉带草、血草、狼尾草、拂子茅等。

近年来适合作为花境的新植物不断地被开发出来，除了外来种的引入、科学育种培新之外，我国亚热带地区的植物北迁(列举植物所在地杭州)是另外一种重要途径，如柳叶马鞭草、千鸟花、花烟草、花叶枸杞、金叶假连翘、毛地黄、羽扇豆、醉蝶花、大花飞燕草新几内亚凤仙、巴西鸢尾、银姬小蜡、细叶美女樱、粉花美人蕉等。

就开花的时间而言,花境或篱带可以使用的植物:(1)春季开花,紫罗兰、石竹、郁金香、金盏菊、大花亚麻、飞燕草、风信子、蔓锦葵、鸢尾类、荷包牡丹、山耧斗菜、马蔺、花毛茛、晚香玉、雏叶蒴夏萝、桂竹香、铁炮百合、芍药等。(2)夏季开花,福禄考、美人蕉、矮向日葵、矢车菊、玉簪、鸢尾、天人菊、唐菖蒲、蜀葵、射干、大丽花、百合、卷丹、萱草、桔梗、葱兰等。(3)秋季开花,百日草、鸡冠、醉蝶花、乌头、紫茉莉、雁来红、风仙、麦杆菊、翠菊、硫华菊、万寿菊、荷花菊等。

四、花台、花钵和花箱

花台如前面所述的高设花坛,但高度更高(图4-50),同时占地面积更小,其外圈的砌构更加复杂、美观,有些花台也能提供给人坐憩,又制造出相当多的小空间供人灵活使用。花台是近几年园林硬质景观的新形式。花台和花坛的植物配置可以相似,也可以和花境或篱带相似,所以这里就不再赘述了。

图4-50　花台

花钵和花箱,这两种形式的存在,因地面已经硬化,无条件进行园林植物地栽种植,不得不将植物种植在较大的"花盆"中,它们都高度依赖人的后期管理和养护。

花钵简单来说就是西式盆状、杯状大花盆(图4-51),有的用花岗岩材质制作,显得极其厚重;有的用玻璃钢作为材质,显得轻盈纤薄;也有用陶泥烧制的,形成一种粗粝感。花钵有直接蹲地的样式,也有下面设置柱体支撑而挑于空中的,或者由数个高矮不同(其下支撑柱体高度不同)而成组的。花钵只要不落地,即有潜在的安全隐患,因为当下设柱体支撑之后,即重心较大程度地提高,如果游客有意用力推,或者不是基于故意的冲撞,则花钵以及其内的植物可能会倾覆。轻则钵破,重则砸伤行人。

花箱(图4-52)即无盖木箱,构成的木料各个面都经过了防腐蚀处理,里面填土进行园林植物种植。有时做成大木桶,也有做成手推车的,为了形象,有的还特意做出手推的把手和木质的轮子。但无论怎样,花箱的最大难点是木质材料的防腐。花箱放置在户外环境,经历风吹雨打,箱内的土壤还天然地带有各种细菌、水分等对木材有影响的物质,维持花木生命仍需不断灌溉。这些木材除了需被防腐液体浸泡处理过之外,有些还用火烧的方法对表面进行碳化防腐处理,但大部分木质花箱使用寿命仍不足3年,腐蚀造成的残破因为无法维修而造成了大量的资源浪费,这方面仍需要技术给予突破。

一般地,西式的建筑配合花钵较和谐,而中式建筑配合花箱较合适。如果加上花台,这三种园林样式的植物选择有较为相同的特征,即要求植物本身的抗性、耐旱性、耐热性、耐寒性等都比较出色。植物抗性强,则后期管理也相对轻松。

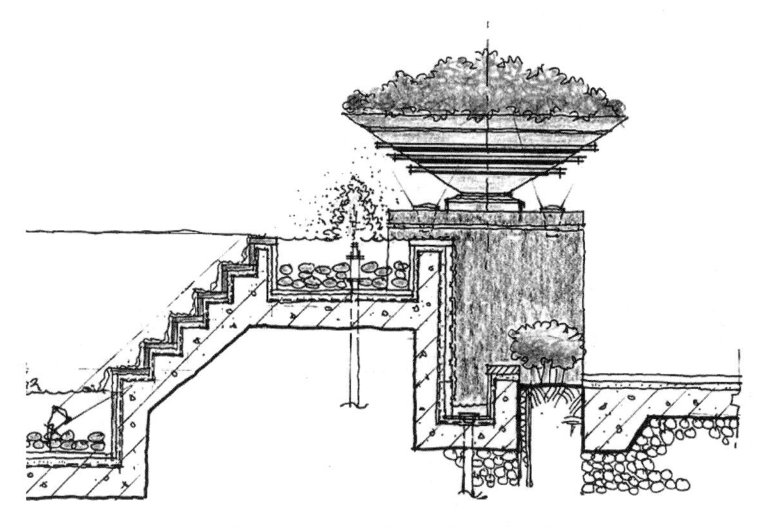

图 4-51　某公园的入口，为方便游客休息设置花台

以上三种形式，其底部均有孔洞，以便灌溉水过多时自行排灌，避免雨季时植物遭到水淹。但现在有了一种新的变形，即将农村废弃不用的大牲畜食槽重新利用，在其底部打孔，如花钵的应用方式；或者保持其以往的封闭状态，填河泥和水，种植小型水生植物，如碗莲、小荷花、菖蒲、鸢尾等，如图 4-53 所示。

图 4-52　花箱

图 4-53　小型花坛新形式

近十年家庭经济能力不断丰沛，养鱼的“发烧友”已经不满足简单的水草与热带鱼的饲养，于是“水草缸”逐渐兴起，即用大型超白玻璃钢模拟小型热带雨林的环境。其内大量使用脱脂枯木和各种热带耐水乔灌木、藤本或草本植物，各种挺水、浮水和潜水植物，分为积水区域、半积水区域和干旱区域，其内还养殖真实的热带动物，如蛙类、蜥蜴类、蜘蛛类等。采用人工补充光线、暖气保持恒定温度，加湿器补充小环境湿度并用除湿机避免湿气外泄等技术方法，塑造出惟妙惟肖的小型雨林热带景观奇观，如图 4-54 所示。营造这样的作品，也需要较高等级的生态学认识、植物学知识、园林设计素养、美学积淀和电子技术能力。其实，这一类样式也可以说是一种景观花坛。

更小型园林种植的特殊应用，使近几年又出现了迷你花园的概念。即用小型的玻璃容器，在其内分层填土，借助镊子栽植小叶形的室内草本植物作为第一或第三高度（如同自然界的乔木——第一高度和地被——第三高度），用苔藓模仿草体地被，再放置小石块、建筑模型和卡通人物模型,构成小盆栽的园艺尝试。自己动手,用滴管给肥,用小喷壶浇水,放置在桌面台案上,别有一番味道,如图4-55所示。

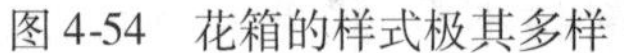

图4-54 花箱的样式极其多样

图4-55 可爱的瓶中小花园深受儿童喜爱

相信未来的设计师会发明出更多的创新做法,让生活更加丰富多彩。

花钵、花箱、花台等,本质都是小型花坛,其使用的设计语言和花坛是相似的,只是大小不同而已。植物因为是被抬高于地面种植,所以既可以选择直立生长的,也可以选择垂挂式生长的,可自由选配。在器材放置和植物选择方面,通常只要注意风格和谐、主次分明、颜色活泼鲜艳、植物高度协调等即可。最后,仍有一个共同性问题,即多余的灌溉水如果直接排放在硬化的园林铺装上,应尽可能地避免对步行者产生影响。

五、色块

色块(图4-56)为常色叶绿篱植物种植常用的称谓,是人们时常接触的园林设计样式,不仅使人赏心悦目,而且在城市混凝土森林中,特别符合现代人追求视觉效果和动态观赏的需要。这种园林形式是在1999年以后逐渐兴起的,是20世纪末期针对大草坪热的一种折中设计方法,色块比大草坪的绿量大大地增加了,也能够产生草坪的平整效果,第一次投资虽然较大,但是后期养护成本比草坪小不少,并且具备一定高度的色块绿篱给人一种天然的不可进入感,人为毁坏的几率比大草坪要少,虽然对于色

图4-56 色块

块的破坏也较难复原,但其总的经济效率是令人满意的,目前色块布置已成为城市绿化和美化的主要手法。在城市广场、交通绿地、围墙绿化带、公园、建筑物前后、交通互通和一些街头绿地、单位绿地中,随处可见大面积的色块。有些色块还可以塑造成为具有简单规律的立体样式,以增加其韵律感。

色块是指用低矮的灌木、木本花卉或多年生草本花卉组成的成片种植的园林绿地。欲使其达到设计的效果,必须有一定的栽植密度,并需要在栽植后对其精心地修剪整形,因为同种栽植的密度和面积较大,所以管理者必须密切注意大规模性质的病虫害,否则虫口会使景观效果迅速崩溃,所以客观上也要求色块的植物种尽可能多一些,以增加病虫害传播的困难程度。

色块设计常采用简洁并且富有节奏感的几何图形,若采用曲线,则让人感觉柔美、优雅和浪漫。曲线的转折和起伏通过透视会产生视觉和感情的变化;不同的曲线也提供给观赏者很多变化和想象。通过控制不同种类的色块绿篱高度还能制造出层次变化有序的美感、空间感和体积感。色块绿篱可以通过不同的直线或曲线的围合,配之以不同的色彩植物,组成某种抽象或具象的图案。图案的形式可以是各种各样的,但应该尽量简单,因为细小的结构部分很难用几株植物塑造出来,即便塑造出来也不易保持,容易发生因为个别植物死亡而致使图案破碎化。比如有些居住小区用色块绿篱塑造小区名称,汉字的复杂笔画的塑造植株难以保持,养护不善成了错别字弄巧成拙。图案还是应该具备粗犷的外貌,如带状、波浪状、"S"状、放射状、三角形、方形、图弧形、扇形等,直观简单、纯朴柔和、自然新颖、富有个性化和创新性的色块绿篱给人耳目一新的感觉。

适宜作色块的植物很多,其色彩也很多。红、橙、黄、绿、兰、紫、白等各种色彩均可。不同的色彩具备不同的情感意义,见表4-3。色块绿篱可以整体使用单一的植物,其色彩也呈现均一性,也可用两种或几种色彩搭配组合。单一的色彩并不意味着整块绿地的单调,而是传达整体感;如果用两种或几种色彩,在色彩的搭配上可用对比或调和两种形式。只要线条流畅、图案优美,同样令人赏心悦目。有些绿篱植物在祖国北方冬季会整体落叶,呈现出灰色或黑色,为了避免这样的视觉效果,也可以用对植物健康无妨碍的染料进行喷涂,也可以取得很有趣的反季节视觉效果。

表4-3　绿篱颜色传达的情感意义

红色	热烈、喜庆、激情、避邪、危险、热情、浪漫、火焰、暴力、侵略
橙色	温暖、食物、友好、财富、警告
黄色	艳丽、单纯、光明、温和、活泼、明亮、光辉、疾病、懦弱
绿色	生命、安全、年轻、和平、新鲜、自然、稳定、成长、忌妒
深绿	信任、朝气、脱俗、真诚、清丽
蓝色	整洁、沉静、冷峻、稳定、精确、忠诚、安全、保守、宁静、冷漠、悲伤
紫色	浪漫、优雅、神秘、高贵、妖艳、创造、谜、忠诚、罕有
白色	纯洁、神圣、干净、高雅、单调、天真、洁净、真理、和平、冷淡、贫乏
灰色	平凡、随意、宽容、苍老、冷漠
黑色	正统、严肃、死亡、沉重、恐怖、能力、精致、现代感、死亡、病态、邪恶

常用的色块植物种类主要有低矮的灌木、各种草本花卉和一些木本花卉。如果按植物茎的木质化程度分,有木本色块植物、草本色块植物和草木本植物。①木本色块植物,为多年生

植物，茎的木质化程度比较高，几乎从地面开始分支，耐修剪萌蘖力强，枝叶紧凑，密度高容易成形，品种见表4-4。②草本色块植物，植物茎木质化程度极低或无木质化，一年生、二年生或多年生，如红草、雪苋、蚌壳花、冷水花、合果芋、豆瓣绿、吊兰及各种时令花卉。③草本与木本之间的植物，特点是茎基部木质化、坚硬，而茎上部较柔软，如绣球、一品红、金银花等。

表4-4　中国各地区主要的木本绿篱植物种

地理位置	种类*
北方（秦岭淮河以北，部分条件优越的东北三省城市地区）	椤叶槭、黄素梅、小叶黄杨、月季、正木、锦熟黄杨、红叶小檗、桧柏、河南桧、铺地柏、金叶女贞（河北南部，山东条件卓越地区）、茶梅（山东条件卓越地区）、丁香、珍珠梅、金银木
中部（长江流域）	红花檵木、杜鹃、福建茶、红背桂、满天星、花叶连翘、变叶木、茶梅、米兰、金叶女贞、女贞、红叶石楠、棣棠、四季桂、凤尾竹
南方（湖南南部、浙江南部、两广、福建等）	黄金榕、红桑

色块植物可能会在适当季节开花，如果按季节分，有春季花卉、夏季花卉、秋季花卉、冬季花卉和一年四季均可用的木本花卉。①春季花卉（2～4月），如雏菊、一品红、金银花、郁金香、金盏菊、天竺葵、瓜叶菊、杜鹃、大丽菊、水仙、海棠花、金鱼草、仙客来、羽衣甘兰等。②夏季花卉（5～8月），如一串红、三色堇、凤仙花、长春花、天竺葵、万寿菊、千日红、矮牵牛、石竹、波斯菊、大花马齿苋、四季海棠、百日菊、旱金莲、美女樱、八仙花、马樱丹、月季等。③秋季花卉（9～11月）花卉，如万寿菊、黄葵、鸡冠花、早菊花、长春花、雁来红、百日菊、千日红、穗冠、马樱丹、小花紫薇等。④冬季花卉（11～12月）花卉，如一串红、菊花、一品红、羽衣甘蓝、金盏菊、穗冠、月季、瓜叶菊、杜鹃、万寿菊、大丽菊、四季海棠、天竺葵等。⑤四季均可用作色块的花卉，如红花檵木、冷水花、女贞、变叶木、茶梅、红桑、红背桂、月季、福建茶、连翘、合果芋、豆瓣绿、黄金榕、花叶良姜、吊兰等。

设计者选用何种植物材料，除根据项目调查信息、当地气候条件和对植物学知识体系掌握程度外，也根据业主出资的情况和地区养护管理水平进行选择。

色块和其他植物配置的配合，如草坪、其他灌木和乔木等，形成完整的绿地系统。

1. 草花色块组合（类似花镜）。即全用草花进行色块配置。效果活泼、跳跃、华丽、明朗、爽快。草花色块的后期管理要求很高，需要精心养护，但破坏它们却极为容易。

2. 低矮灌木类色块组合。就是用不同种类的低矮灌木搭配组合图案。这种色块的每一种植物都可以被修剪成球形，也可以统一修剪成为一个体块，产生不同的图卷感觉。

3. 草花、木本混合色块组合。即用草本、木本混合拼组。这种组合对比强烈，具有视觉的戏剧性。

4. 纯色块的造型组合（图4-59）。就是单独用一种植物组成的一个大色块。常用在体块较宽阔的平面地块上，纯色的大色块可以有较大尺度的色彩组合，组成巨大文字或图案。在小尺度上，用纯色色块虽然没有两种或两种以上色块搭配在一起时热烈，但仍可以通过形体修剪的方法进行造型处理，也可使人感觉到色块植物的稳定、统一。

色块一般布置在不使人进入的地块上，有时色块也可以不依托草坪，即整块绿地被色块占据。色块可以布置在任意地表上，在缓坡地形上的视线面更大、效果更好。

色块组合技巧及注意问题,设计师在进行色块设计前,如果掌握一定的色彩学基本知识,熟悉色彩布置的基本原理和色彩的象征意义会事半功倍。

1.色块应与环境的轮廓走向相协调,不出现图案矛盾性。如在宽阔的交通性道路两侧的带状绿地设计中,采用和道路平行方向的带状和波浪状的图案;在近似方型的绿地中,则采用圆弧形、扇形、方形的图案。

有时设计的图案为表达一定的主题和寓意,色块选取的植物种类与环境的主题如相吻合,会起到增色作用。另外,色块图案面积的体量也需与环境空间体块协调。当然,大色块视觉冲击力强,效果明显。但面积过大也会给人感觉过于厚实,显得拥挤,同时也造成修剪等管理不便,造成视觉疲倦;空间大而色块较小,则会显得体量上不匹配,色彩对比不强烈,效果不明显。色块面积的大小应与绿地、铺装地的大小或道路的宽窄协调,体量适合。

2.因地制宜。选择适于露地栽培、价格适当或适合集中大量种植的种类。当然,在个别重要的场所,也可以选择一些较为名贵的绿篱(花卉)品种。色块如果布置在高大的乔木或大灌木的树冠下,需事先进行色块植物对光线的需求评估,如果是强阳性植物,则其上的大乔木树冠产生的阴影可能影响色块的正常生长,影响色块的美学效果。

3.以人为本。在设计开放性绿地时,色块的设置需考虑人的行为特征,如果需要设置路径应提前给予设置,以避免行人在色块植物种穿行超近路,成块绿篱中间一旦被人穿行所造成的空洞很难后期给予补植。

第五节　园林植物配置原则

园林植物配置遵循生态学原理,尊重植物生长的自身规律及对环境条件的要求,因地制宜,合理科学地配置,使各类植物喜阳则给光,喜湿则水足,乔木、灌木、地被、攀援、岩生、水生,以及常绿、落叶、草木等植物共生共存,具体到园林植物配置原则,则需重视以下几点:经济性原则、生态性原则、美丽性原则,后附十八字要领。

一、经济性原则

无论是“适地适树”还是“种植乡土植物”,其实是经济问题。其一,合适的种植,解决的是“种下”就能够“成活”,而无须返工,任何工程项目,返工都需额外费用,不但会削弱整体盈利的可能性,还会推延其他项目的施工进度,导致其他建设项目原料采购的质量下降(施工方可能为节省成本而采取消极策略)。其二,合适的种植,该植物在工程完成之后顺利地成活,各种后期维护的费用低,达到低消耗的状态。其三,合适的种植,其群落的各个植物种各得其所,相互产生互助关系而非竞争关系,植物种之间没有因为竞争而死亡,这是比较经济的方法。

经济性原则,就是避免各种渠道可能发生的浪费,精确到园林项目的每一道工序。在项目实施前的设计阶段起到了相当重要的作用。慎重设计是设计者的一种职业道德。园林植物配置设计者应集合设计小组,甚至集合甲方,由讨论来产生设计结果。构思在纸上的时候,仍旧是价格低廉的,甚至是可以推翻重来的,而植物一旦从苗圃中开始起苗,失误或错误导致的经济损失就不可避免了。

1.因地制宜

依据地质情况、气候特征、具体地形、光照强弱、补给水源、土壤特性等生态环境条件,需依据植物设计服务的类型,如对庭园、道路、广场、防护带、滨水、山体、建筑边缘等各种景观类型做出不同安排。同时在设计中需要依据植物的生理习性，合理地选择植物，将各种体型的植物因地制宜地配置为一个自然式或规则式的人工植物群集、组群、种群或群落。保证配置的个体植物能够和种群间相互协调，形成立面或景深立面复合层次和季相变化，并使得具有不同特性的植物又能各得其所与充分利用周遭各种环境因素，健康持续地成长。

2. 可持续发展

园林作品的可持续发展需要相关部门共同努力。由于责任的承担呈现阶段性和阶梯性，所以每个阶段的责任人均需尽职负责。对于植物配置设计造景阶段而言，为了使园林作品的植物健康并可持续地成长，至少应该将以下工作设计到位，如对配置的植物生长环境进行充分、公正和科学的评估，包括对所属位置的光照条件、土壤情况、环境温度及变化规律、来去水情况、空气质量情况、植物之间的相生相克关系、人为破坏的可能性、病虫害发生的可能性（是否靠近农用地）、未来甲方的养护委托意向等。设计需要解决和克服诸多问题，但因为有些问题是后发的，则应当写入必要的文本内，以通过设计备忘录形式给予园林业主必要的提醒。能够在设计阶段解决的问题不应留给以后的责任单位承担，这才是真正意义上的可持续发展。

植物配置利用活体植物创造景观，每株植物都有一个生长、发育、衰老、死亡的过程。持续健康生长的植物会随着时间的推移，其形态、色彩、生理功能及所占据的空间等都会不断地发生变化，这种变化均为事实上可以利用的图景景观。这也客观地需要植物配置具备一定的预见性。

3. 经济高效

经济高效需从三个角度来讨论。第一，园林的目的是造景，从经济学角度而言，多角度观赏、一景多用、景观互借才是高效的设计（为植物所用）。充分发挥其综合功能，力求经济、高效。第二，使用合适的植物，美观、采买方便、施工便捷、适地性好、抗病虫害、耐寒耐旱、后期维护成本低等。第三，种植后可持续地创造衍生价值的植物，具备一定的后期衍生经济价值是园林作品锦上添花的好事情。

设计师也会根据绿地类型来安排植物配置的合理经济消耗量，即园林作品养护费用。比如道路绿地，一板多带的道路绿地的主要功能是组织交通、美化道路、调节生态和缓解司机视觉疲劳等，另外功能性园林作品是以组织交通功能和城市生态绿楔为主，美化道路是功能性园林作品的次要功能。由于道路型园林作品的植物配置需要植物绿量非常多，同时对景观效果的需求并不是“立竿见影”，如此就需要种植价格便宜、生态价值量高、容易养护、生长迅速、抗性强的植物。同时也需要保证行车司机视线通透和避免对向车灯眩光等实用功能，如能兼顾植物形态和色彩构图，达到理想的绿量以实现减噪、防尘和吸收汽车尾气等生态功能。现在业内都在积极地倡导节约型园林，应考虑植物配置的科学性以避免造成不必要的浪费。

4. 以人为本

任何设计其实都是为人创造环境的过程。所谓植物配置设计造景上的以人为本，就是一切从人的生存、生活、健康、审美等需求出发，创造满足人的行为和心理活动所需要的人工生态环境。

不同的人对同一个空间可能会有不同的使用方式，设计者的设计能够很好地契合目标使用人的行为诉求和心理需求时，才能发挥其最大的价值。但是我们的园林作品大多是综合性质的，多个年龄段和社会角色的人均有可能使用而不仅仅限于具体的某类人群，如此即要求设计者必须考虑更多的具体问题,常常是越细致、深入、全面越好。

5. 联想文化

成功的植物配置常是带着诗意的。设计者能够把反映某种人文内涵、象征某种精神品格、代表某种文脉意义或历史典故的植物进行文化性、科学性的合理配置,是提高植物配置品位的有效途径。

每一种植物都被赋予不同的人文内涵,如“梅、竹、松”代表“岁寒三友”,“梅、兰、竹、菊”共称为“四君子”,前者代表坚贞隐忍,后者有才情高的意蕴。

本节提到的经济性原则在于设计时涉及的问题,而涉及后期及园林植物配置管理等问题的部分,在第五章第三节会提及。

二、生态性原则

生态性原则的目的是根据园林植物品种的自身(立地)条件,结合项目的踏勘情况和对整体环境的掌握情况,较低标准是使未来各种设计植物安适地生长。如图 4-57 所示。

图 4-57　在自然界中有这样的死亡现象,事实上植物配置应该避免植物因为生态竞争而导致的死亡,如果真的发生了,也应该尊重自然而未必需要清理

目标园林项目中引进非本地植物种,在景观视觉方面是必要的,但相比之下使用乡土树种更为可靠、经济与安全,同时也能够减少景观同质性,具备地方特色。我国北方城市受地理位置与自然环境条件的限制,可户外生长的常绿植物品种(或类)的资源有限,导致在冬季乏有绿色。如果盲目引进常绿植物种,又未进行细致的呵护,势必引发大量的死亡现象,造成不必要的浪费。事实上,即便热带植物也能在我国北方立地生活,只不过需要付出相对较大的经济代价。

植物配置的较高境界,是能够在美学的基础上模拟出多种植物(植物多样性)的自然群落。自然界的绝大多数自然群落不是由单一的植物种组成的,通常是由多种植物种类和各种非植物生物组合而成。中国样式的园林作品通常的特征,即标称自己为自然风貌的人工地景作品,所以通常特别注意生物的多样性。同时,现在我们的一些项目也受到来自西方文化的一些设计思潮的影响,设计和实施了一些具备“极简主义”等设计风的作品。

我国园林植物配置作品特别注意乔、灌、篱、草、地结合,尽量将它们捏合为一个群落,植物群落通常还能够增加植物存活和稳定性,也有利于其中较为珍稀植物的保护,或者在构图上突出应该出位的种类。植物群落通常会自发地充分利用高、中、低不同层次的空间,使得直接得光的叶面积指数增加,也能提高植物的生态效益和环境质量。

生态性园林植物配置,多在较大面积的项目中实现,但诸如城市交通性带状绿地等园林类型，更强调视线安全限制和交通引导等功能，所以通常会营造较为整齐划一的绿化形态。当然，其一般从空间结构上缺乏群落的分层，往往是单纯的草木、色块灌木或和乔木相互孤立的种植方式，而生态稳定性较强的乔灌草结构则较少见（事实上如果绿带面积足够大，这种结构是可以部分实现的）。交通性绿地块，需要不断地进行后期的园林服务，除了需保证安全视线的功能之外，其核心原因在于生态性不足和缺损。

1. 地方特色

植物配置设计造景应尽量多地选用乡土植物，营造具有地方特色、能反映地区民族传统和文化内涵的地方性景观。地域的特色性是一个地域或地方文化体系中的一个子系统，是本土文化与其所处城市社会发展现状共同创造的，在物流、信息等高度发达的今天，在全球化不断加深的形势下，地域文化和本土文化都不可避免地受到冲击。在这种背景下，探求一个国家、地区、民族的景观地域特色文化的延续与发展显得尤为急迫。特别需要论述的是，当千城一面、严重同质化、地方特色普遍缺失的情况下，越是地方的，反而越是特殊的。

不同的园林作品所在的地域不同，自然环境、人文背景、植物材料、性质、功能等都不尽相同，因地制宜，随势生机，创造各不相同富有个性的景观。有个性就是有特色，特色是园林艺术所追求的基本原则，植物配置也不例外。走遍天下都一样，索然无味的结果并不为园林设计者所乐见。

2. 艺术、科学与功能相结合

植物配置是感性和理性相互结合，共同创造人工景观的过程。要根据设计者的美学素养按照美学原理把植物的艺术美充分展示出来，如植物的形态、色彩、质地、光影、姿韵及其与其他园林物质要素之间的组合布局等，表现出一定程度的艺术性，从而创造出一个虽源于自然而又高于自然的优美生境。但同时，植物作为值得尊重的生命体，具有一定的生物学特征，植物配置的艺术性必然建立在科学合理的基础之上，才能创造出长久稳定的生态美景。

在植物配置中，还应该充分考虑物种的生态位特征，也就是说合理选配植物种类，避免种间直接竞争的现象，引发植物死亡，造成经济损失。设计生态位结构合理、功能健全、种群稳定的复层群落结构。再有，不同地理位置、气候条件、不同水土的城市，都自有经过考验了的生存者，特别适合于本地生长的植物种类和植物群落。将这些本土植物种及群落运用到园林绿化项目中，可以取得鲜明的地域特征，具有明确的可识别性与特色属性。如穿行在椰树、散尾葵、棕榈等植物作行道树的街道，会强烈感觉到岭南风情；而漫步于青杨树林中就会感觉到中原一代风气，如果两侧都有白桦掩映，又会有一种西北的感觉。使用乡土植物种，无疑是较为生态的。

三、美丽性原则

设计必须向美，设计人必须有朝美之心，美有逻辑，美存因果，美是人类质朴的善意。

规则式园林植物配置多为对植、行植、列植，而在自然式园林中则采用不对称的自然式配置，充分发挥植物材料的自然姿态。根据语境和在总体布置中的要求，采用不同形式的种植形式。入口、大门、主要道路、整形广场、大型建筑附近多采用规则式种植；在自然山水、私家庭院及不对称的小型建筑物附近采用自然式种植。

色的调配，园林植物随季节而发生色的变化，色彩可以突出一个季节植物景观主题，于统一中求变化。尤其是条形绿地，可在动线中做到四季皆有景可赏，即使以某一季节景观为主的园林作品也适宜点缀其他季节的植物，否则则显单调。

全面考虑园林植物种的形观、色观、嗅观、声观方面的效果。配置的疏密和轮廓线，是设计者比较容易忽视的，是立面上的树冠线和林冠线、树林中的透视线。植物的景观层次和远近观赏效果，远观常看整体及其大片的效果，如大片秋叶、群花等。同时也需与建筑、山、水、道路的关系和谐。在设计中，针对某个植物种的设计，也要看与其他植物的总体配合是否合适，如体型、高矮大小、轮廓，其次叶、枝、花、果。

简单地总结如下：

1. 多样与统一

“统调”，艺术是把繁杂的多样变为高度化的统一。把植物的外形、色彩、线条、质感及相互结合，产生具有一定的变化，显示出差异性，并保持一致性，以求得统一感。如图 4-58 所示。

2. 对称与平衡

对称是强调规则性，得到平衡和稳定感。植物景观配置的对称与平衡，不是单纯对称格局的布置，而是塑造图形上的某种整体稳定感，并形成某种秩序性，如图 4-59 所示。

3. 对比与调和

对比与调和本身是相互矛盾的要素。植物配置则使用植物要素的色彩、体态、质感和体量、构图等对比，能创造出比较强烈的视觉效果，使人们获得较强的美感体验。

调和是采用中间色调或折中风格使原本的对比达到视觉和谐。缺乏对比则构图就缺乏变化，显得沉闷。但如果全是对比而缺乏调和，难以达到平和或平衡的效果。对立又统一正是植物配置设计的妙趣所在。美从这种角力中产生，如图 4-60 所示。

图 4-58　美丽是设计的重中之重，需要多样和统一

图 4-59 植物配置的对称与平衡

图 4-60 植物配置的对比和调和

4. 韵律和节奏

植物配置的作品要活泼、生动和有趣,则其使用的构图手法要有韵律和节奏。如同音乐,促使人从头至尾倾听,是因为其形态上绝不是一成不变的沉闷单调。植物有规律的变化,所产生的韵律感有效地避免单调。简单韵律、交替韵律和渐变韵律都在动线观赏时起到作用,在静态观赏时则效果有限,所以这种设计可以多用在交通性绿地中。路旁种植物布置成高低起伏、疏密相见或具有复杂变化的韵律性构图,可以有效地使司机保持一定的清醒状态,如图 4-61 所示。

图 4-61 植物配置与园林构筑物之间的韵律和节奏

5. 比例与尺度

园林作品本身具有空间三维特性,所以植物株体与株体之间,及植物要素与要素之间必然形成一定的比例关系(图 4-62),这种比例关系起到了空间塑造作用,形成了一定的美感。

图 4-62　植物配置与园林构筑物之间的比例和尺度

与园林建筑等硬质景观不同,植物景观配置的相关空间比例,不但要考虑三维空间尺度,还需考虑植物在第四维度时间方面的维度变化。简单说,种植的较幼小的园林植物,随着时间的推演,逐渐长大,原先的尺度比例关系发生变化,原来优美的尺度,逐渐变得拥挤和狭促。

这就要求,园林植物配置设计师必须具备一定的前瞻性。

6. 功能性

这是美的最低要求,可以说,连功能性都不能满足,作品就失去了存在的价值。

7. 适应园林主题及情节

园林植物配置工作是配合上一层次的园林设计主题与情境而进行的进一步工作,是设计工作的内部协调。某一个园林项目,需要全部工作环节紧密地围绕中心逐步开展,不能突出或烘托主体,甚至于跑题,是不允许的。当然,适应了园林主体和预设的情境,会给设计方案锦上添花。

8. 主次分明

秩序分明(主次分明)只是构图的一个原则。设计者需要运用很多的植物种,单株美的植物如果尽收其中,没有主次、前后、轻重,就有可能杂乱无章。

园林作品的植物配置设计造景就植物的安排而言,要想突出美,就需要安排些可做背景的植物以衬托出主要(主体)的美。"对比"是主次分明原则的核心和具体手法,制造对比是植物配置的手法。主次分明、紧扣主题,使园林形成强烈的视觉力量。

四、十八字要领

总结上文,得到以下较为简单易记的要领:

植物配置十八字，
冲清渐收遮虚实。
稳衡比韵调错落，
更借空场显主题。

1. 冲——植株最佳观赏面，尽可能朝向（冲着）主要观赏面。

2. 清——表现主题，逻辑需清晰，忌语无伦次，话不由衷，表达所有。

3. 渐——群落过渡，采用渐变手法，“你中有我，我中有你”。

4. 收——尽可能在观赏面反向不显眼处收头。

5. 遮——可以用园林植物遮挡欠美之物。

6. 虚实——通常把常绿树理解为实，落叶树为虚，注意虚实的结合。

7. 稳——基调树种明确显著，保证上层树冠，球类植物整体重心下沉，构图稳定并控制全局。

8. 衡——整个立面画面或空间重量感均衡。

9. 比——大小、高矮、粗细，常绿与落叶、质感、色彩和花期以及天际线、林缘线，有丰富活泼的变化。

10. 韵——空间的大小间距舒缓，景点的布置有一定的节奏感。

11. 调——植物搭配相互协调，相互间有顾盼关系。

12. 错落——不等边三角形构图。高低错位，前后左右错位，无论平面还是立面均须遵循。

13. 更——该精处精，粗细结合。有所为有所不为。

14. 借——巧于因借，善于借景。

15. 空——用有形的植物组成特有的空间效果。

16. 场——空间疏密处理得当，如同中国画的构图画理，可以“密不插针，疏可走马”，也可“疏密有致，收放自如”。

17. 显——“好东西”放在显眼处。

18. 主题——有些主题可反复强调。

植物配置其实常常是有法无式的，正像武侠高手一样，做到“手中无剑”才能产生优秀的园林作品。但是，越是有法无式就越难把握。设计者必须全面掌握相关的科学知识和技能，具备较高的文化和艺术修养，拥有丰富的想象力和感悟能力，才能设计出成功的作品，这需要设计者长期的积累。

第五章　园林植物配置的特殊工作

第一节　特殊环境的植物配置

有一些植物配置设计项目，有较为特殊的属性，需要一些专业性的设计方法。

前文已经略提到过水体植物的配置，但有水体并不一定就是有湿地，水体和湿地并不能划等号，有些自然湿地从表面看来并没有水面（水体）。湿地并不缺乏水，然而本节中的一种特殊园林形式看起来又是那么缺水，即岩石园林。

一、湿地环境植物配置

自然山野的溪、瀑、潭、沟、涧，因为长时间有水参与，表现为局部的湿地状态，植被会格外丰茂，人们也特别乐见这些山水景观，如图 5-1 所示。

图 5-1　园林因有水而灵动，植物因有水而俏秀，石因有水而生情

湿地，本来是地球上自然形成的一种地貌，简单地说就是指地表总是呈现积水或过于湿润的状态。现代人类已经非常重视湿地的生态学意义（图 5-2，图 5-3），于是在保护的基础上，园林景观和相关的专业也随之跟进，为城市及相关区域提供相应的旅游资源。有些城市曾被填埋的湿地，现在部分得以恢复，在此阶段，仍应该被称为人工湿地。纯粹自然的湿地当然仍广泛存在，但它们大多因为远离现存城市，开发和开放存在不容忽视的困难，不在本书讲述范围之内。其他一些湿地即便有得天独厚的自然条件，因为涉及城市旅游，纯粹天成的景观有时也难以符合普通人的审美标准，仍需要人工进行干预，以上即湿地开发需要植物配置的原因。

图 5-2　湿地的生态学意义，湿地不但是植物的多种生长地而且是多种动物的栖息地

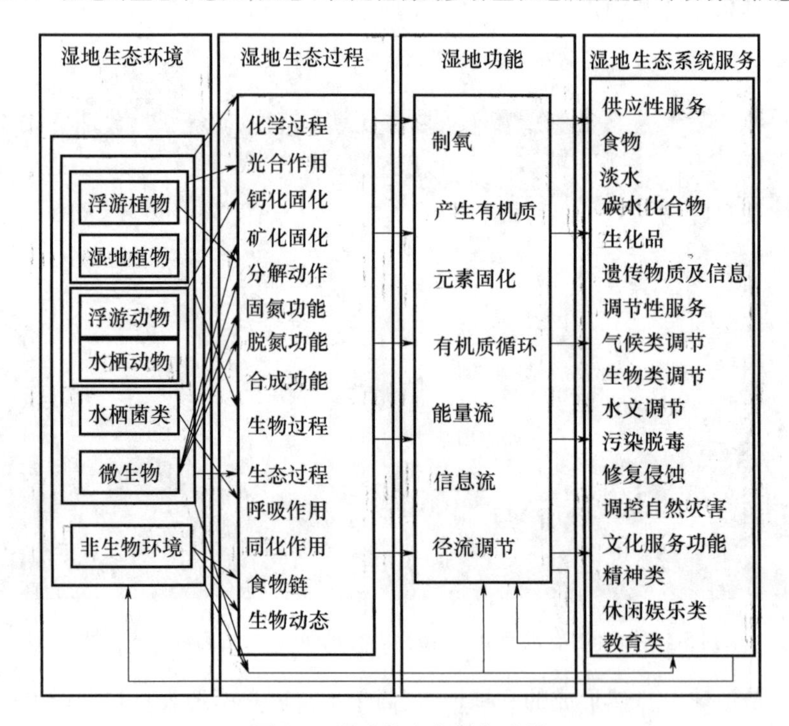

图 5-3　湿地的生态服务过程

湿地之所以被称为地球之肾，是因为湿地能够对一些自然生发的污秽之物进行无害化处理。湿地是一种复杂的生态系统，是包含各种含水层土壤、水（入水和出水）、水生植物、湿地动物、微生物、气候环境、湿地环境等一系列组成的整体结构。在园林植物配置方面，受到现有技术的限制，所使用的植物为较喜水的植物。

除湿地环境以外，本文还探讨人工水体的植物配置。

1. 表面径流人工湿地的植物配置

人工湿地的水面常常位于填料之上，长江以南地区，因为地下水位较高，水源较为丰沛，则可以采用循环景观水或自然水源补给常流水的方法，尽管水的总体厚度在0.3～0.5m之间，但水流总呈现推进式前进。有一些较大型的人工湿地，承担了城市或城市部分区域的污水净化工作，则此污水和前述景观循环水类似，是以一定的速度缓慢流过湿地表面，在此过程中，一部分水蒸发或者渗入地下，出水则由溢水口或溢流堰流出。如图5-4所示。

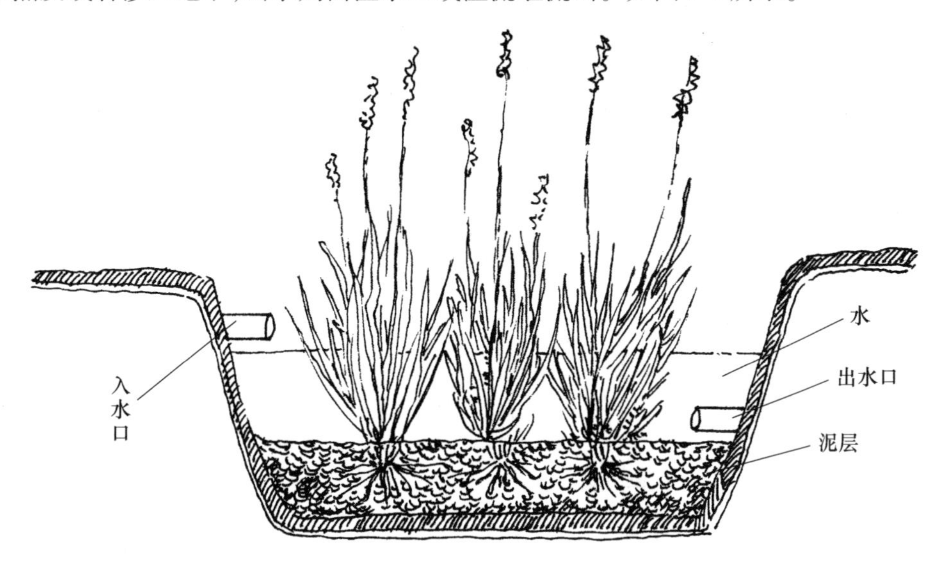

图5-4　表面径流人工湿地的植物配置

表面径流人工湿地的植物配置；一方面，需要做到水中、水面和水上植物的空间合理配合。可选的配置植物种为：①水上可采用，香蒲、再力花、美人蕉（水生）、茭白、荷花、花叶芦竹、鸢尾（水生）、水葱、马蹄莲、旱伞草、芦苇、荻、梭鱼草、狐尾藻等；②水面可采用睡莲、菱角、水雍菜、荇菜、水鳖等；③水中可采用金鱼藻、石龙尾、菹草、苦草等；另一方面，选择植物需做到水边、浅水和深水植物的梯度合理搭配。适水乔灌木，如垂柳、池杉、水杉、落羽杉、中山杉、耐水杨、枫杨等。如图5-5所示。

图5-5　选择植物需做到水边、浅水和深水植物的梯度合理搭配

在本节可以选择配置的植物，均已适应水浸或高湿度环境，而其他植物请慎采用。另有一些适水植物，在条件许可的情况下会在短时间内剧烈地繁殖，则可能引发水体的负氧化。其在死水中尚较容易控制，但在自然流动性水体中，其种子或植株残部仍旧可能因水流在异地发生严重的生态灾难，应禁止使用，如凤眼莲（水葫芦）、浮萍、空心莲子草等。

由于表面径流人工湿地通常为线性特征，所以在配置植物时需要注意的问题有：水流流速对配置植物根下种植土的侵蚀；水体溢出口对配置植物种子的防外泄防护等。也就是需要对配置植物的水深要求、植物分蘖特性、植物对气候变化的适应性等有较细致的安排。

2. 潜流人工湿地

这一类型的人工湿地，虽然也可能表现为线性的，但特征是深度较大（1.5 ~ 2m 之间），由于入水管道可能在水面下方较低的位置，所以实际较快流速的水流在配置植物的根部流动，带来的直接益处是植物的生物利用率很高，对污水处理的效率也随之增加。但这种湿地因为其深度限制水生植物的实际种植，目前的一般做法是将植物插植于漂浮于水面上的生物膜质中，同时需要将这些载体用绳索固定。

在视觉景观方面，这种设施可能不如植物直接扎根于水下土壤中美观，但优点也较为明显：①水力荷载大，较快速的水流也并无问题；②受季节影响小；③植株生长迅速；④浮体可搭载植物种类多。但由于水面位于浮体之下，而且为了安全常使用较突出的颜色，其边缘整体观感较差。在城市渠道中使用，甚至可以将其塑造成一定的非规则形状。这种设施在某观测地实施，还可减少 66.5% 的野游行为。

潜流人工湿地适应的植物，除了表面径流人工湿地的植物配置种以外，因为可能发生的落水期，也就是水面可能因为供水侧限流或泄流而发生的水体内水位急剧下降或上升现象，则要求岸侧植物的水适应阈值更大，如芭蕉、龟背竹、三白草、紫萼距花、龙舌兰、虎耳草、木槿、木芙蓉、小叶女贞、八角金盘、法国冬青、夹竹桃、冬青、栀子花、苎麻、羽衣甘蓝、萱草等。

以上两种都是条形水体，这种水体其实就是溪涧，分成自然形成和人工创设两类。如果模拟得好，既能起到净水的作用，又能表现山林野趣。所以人工造的溪涧在溪流形态方面尽可能采用自然式，植物配置及树种选择上宜以“自然式”和“乡土树种”为主。因为靠近水源，土壤也相对肥沃，所以在植物体块方面需要管理方面配合，应安排明确的剪枝疏叶的工作计划。否则野趣虽生，但随野即荒，美感渐失。

如果条形水体的水面宽阔，则视为河道的滨水植物配置，这种绿地已被作为一种大型工程项目由专人和工序呈现，同时也被纳入到城市滨水绿地系统中，其出发点是为改善城市环境、安排城市绿楔（蓝色的楔子）、防污防尘，其主要功能变为调节城市生态功能。河道两岸坝体可供滨水种植的露土地带一般都远高于水面（常大于 10m），以保证在泛洪期不至于倒灌城市。长江以南的很多城市中就有宽阔河道，甚至这些河道普遍保有通勤功能。所以植物配置工作需考虑河岸绿化的生态功能之余，还需较全面地考虑到河道绿地的观赏游玩功能。在通勤水位得到保证的情况下，同时通过水务部门的审查后，如果有条件则可以适度沿河流近岸设置扎根于泥土中的挺水植物。岸侧绿化道，适宜种植高大乔木，以保持视觉开敞，其两岸植以抗浸泡洪泛期的耐植物，如水松、蒲桃、小叶榕、水翁、水石榕、紫荆、木麻黄、椰子、蒲葵、落羽松、落羽杉、水杉、池杉、大叶柳、垂柳、旱柳、乌桕、苦楝、悬铃木、枫香、枫杨、三角枫、重阳木、柿、榔榆、桑、梨属、白蜡树、海棠、海桐、香樟、棕榈、无患子、蔷薇、紫藤、南迎春、连翘、夹竹桃、丝棉木、桂花等,可种植黄杨、月季、冬青、木槿、木芙蓉、银杏、鸡爪槭、火棘、杜鹃、金丝桃、海桐、夹竹桃栾树、柿树、八仙花、绣线菊、野蔷薇、棣棠、日本晚樱、山茶、金丝桃、美国凌霄等灌木。除需满足其生态功能,还应采用分段种植以避免河道景观的单调和乏味。如果河段身处城市段,则河道滨水被开辟为滨水廊道、条形游园、慢行绿道等形式,每个城市由于主打植物的不同而形成了具有地方特色的河道滨水景观。

3. 水塘型湿地的植物配置

这种形式在全国各个地区均大量存在,尽管长江以北地区因为下渗、撂荒、补给水源受限、蒸发或降雨量较少等原因,当实际经济意义小于其土地价值(意义)时,其水塘被填平或荒废。长江以南地区,虽然有因为城市建设而发生的填塘现象,但因为降水量较丰富和人的实际需要,仍旧保留了数量繁多的水塘。江南地区的桑基鱼塘其实就是根据生产的具体需求而出现的一种借助于植物配置获得效益的经典范式。

水塘一般都有宽阔的水面,所以通常具备一定的经济效益。私有水塘如果用于生产,一般塘主不会在意水体边缘的植物配置情况,因为是否有美感并不重要。共有的水塘有时候也会用作某一种植物作物的主架构型经营,但大多数共有的水塘因为其公共属性,就需要有一定的视觉效果。

有植物覆盖水面面积和无植物覆盖水面面积的比例关系,何种为最优,其实并无定论。也可以推演为庭院内有植物覆盖的面积和无植物覆盖面的比例关系,大致只能是一种概论。当场地中有效集中地块面积≥70%,且集中地块形成长宽比数值较小(≤2.5)时,这种数学关系(表5-1 和表5-2)才能成立,否则无法具备样本属性或研究意义。

表5-1 单纯旱地园林中植物覆盖和场地面积的关系(美景度高)

场地中有效集中地块面积(m^2)	树冠可覆盖成人头顶的植物($H_1 \geq 2m$)覆盖面积和总场地面积占比适宜(%)	$0.8m < H_2 \leq 2m$ 植物覆盖面积和总场地面积占比适宜(%)	小于人身高1/2($H_3 \leq 0.8m$)的植物覆盖面积和总场地面积占比适宜(%)包含 H_1 和 H_2
$S_1 \leq 100$	≤50.0	≤4.0	≤65.0
$100 < S_2 \leq 400$	≤56.5	≤8.5	≤72.5
$400 < S_3 \leq 1600$	≤61.5	≤10.5	≤77.5
$1600 < S_4 \leq 3600$	≤66.4	≤11.7	≤81.7
$3600 < S_5 \leq 6400$	≤68.2	≤13.5	≤83.1
$6400 < S_6 \leq 10000$	≤65.1	≤15.5	≤83.1
$10000 < S_6 \leq 20000$	≤52.5	≤14.3	≤83.5
$20000 < S_7 \leq 40000$	≤40.5	≤13.1	≤83.4
$40000 < S_8$	≤30.5	≤13.0	≤80.4

表 5-2　当集中式水体面积在场地中占据有效集中地块面积的≥55%时，水生植物覆盖和水体面积的关系（美景度高）

场地中有效集中水体面积（m^2）	挺水植物高于水面（$H_1 \geq 1m$）其覆盖面积和水面地面积占比适宜（%）	$0.2m < H_2 \leq 1m$ 水生植物覆盖面积和水面面积占比适宜（%）包含 H_1	浮水植物（$H_3 \leq 0.2m$）的覆盖面积和水体地面积占比适宜（%）包含 H_1 和 H_2
$S_1 \leq 100$	≤30.0	≤34.0	≤40.0
$100 < S_2 \leq 400$	≤36.5	≤38.5	≤42.5
$400 < S_3 \leq 1600$	≤41.5	≤45.5	≤47.5
$1600 < S_4 \leq 3600$	≤46.4	≤50.7	≤51.7
$3600 < S_5 \leq 6400$	≤48.2	≤50.5	≤53.1
$6400 < S_6 \leq 10000$	≤55.1	≤55.5	≤53.1
$10000 < S_7 \leq 20000$	≤42.5	≤44.3	≤43.5
$20000 < S_8 \leq 40000$	≤30.5	≤30.5	≤34.2
$40000 < S_8$	≤20.5	≤23.0	≤29.3

水体因为仍有其特殊的景观效果，如镜面反射效果，岸侧的植物在水中的投影会起到遮挡这种镜面效果的作用，所以需要在高度和构图方面给予适当让步，这就需要设计者更加巧妙地安排。如图 5-6 所示。

图 5-6　水塘型湿地水面的镜面效果

水塘型湿地植物配置需要考虑植物对水深的适应性，植物的水深适应性通常指常水位以下区域配置植物时的限制性因素。景观水体只要具备景观作用，就必须考虑到游客安全的问题，特别是特殊游乐人群，如儿童和戏水者的人身安全。

（1）挺水植物

挺水植物要求水深的适应性一般与其株高相关，高大的植物适应水深能力强，反之则弱。有些品种的荷花，直立出水面部分1.5m，整株株体可达2.6m，即其能够适应较深水体。虽然如此，但一般来说景观水体种植挺水植物的区域水深也尽量不大于60cm，这样有更多的植物可以选择，如再力花、荷花、茨菇、芋、荸荠、水葱、梭鱼草、水生美人蕉、芦苇、水鬼蕉、花叶香蒲、花叶芦竹等。水深小于40cm时，有灯芯草、花叶水葱、菖蒲、水鬼蕉等可植。当水深小于20cm时，黄菖蒲、花菖蒲、风车草、水芹菜、蒲苇、花叶薏苡、黑三棱、席草、水莎草、茨菇、姜花、溪荪、香根草、千屈菜、灯芯草、皇竹草、铜钱草、黄花水龙、鸢尾也可种植。这样随着水由深至浅，其驳岸逐渐种植可形成较完整的梯度观赏面。

（2）浮水植物

浮水植物的叶柄、茎或叶片的海绵体组织发达，此间贮存有很多空气，在物理结构上适应了水环境。由地表径流补给的水塘，禁止种植凤眼莲（水葫芦）、浮萍等容易造成负氧化生态灾难的浮水植物。睡莲、碗莲、荇菜、芡实、水莎草、满江红、黄花水龙、红菱、四叶萍、菱角等都是浮水植物。人们为了限制它们胡乱漂浮无序化生长，用竹杆编成大框，这种漂浮的浮水植物就不会因风或水流逃逸至竹排之外。又如睡莲等本身扎根于水中的浮水植物，为了不至于肆无忌惮地蔓延，将其种植于沉在水中的缸盆之中，如图5-7所示。

竹竿圈围限制浮水植物的方法，并不能防止水葫芦等有害植物外溢。一方面它们的种子仍有可能借助通联的地表径流逃逸到其他水体中；另一方面当遇到多年一遇的特大降雨需要紧急排涝时，其植株亦有可能趁机逃逸。凤眼莲、浮萍等植物在雨污分流地区可以种植于小型鱼缸内，禁止跨地区邮寄、携带等。很多南方地区的城市，每年均需要花费大量的人力和财力打捞这种有害植物。

图5-7 莲花在园林水体中实际是种植于盆中

（3）沉水植物

当能够确保水体没有游人游泳时，景观水体可以种植沉水植物。如果有野游行为，可将水面降低以减弱游泳乐趣，并及时清除沉水植物，保证水体底部的空旷度。

浑浊污秽的水体中安排沉水植物并无意义，只有在水质清澈的水体中，沉水植物的美学价值才能够体现。种类包括苦草、菹草、水鳖、金鱼藻、黑藻、狐尾藻等。

实际上要形成优美的水景景观，和水有关的三种植物都有必要种植，挺水植物、浮水植物和沉水植物。水塘水体因为宽阔的水面，不可能有过快的水流速度，则更容易导致水体水质的下降，在此如果能适度安排动物参与，形成完整小型生态系统，则可以起到其间植物生长与疏剪（动物食用植物）的平衡，水体中可饲养以沉水植物为食的鱼类，基本配套为1kg

食植鱼类/4.2m^2沉水植物，1kg 食植禽鸟/50m^2水面。这样，禽鸟和鱼类排出的粪便可以滋养植物生长，又可以间或以其水中的鱼类为食；水中的鱼类可食植以蔬。而水质因为生态收支平衡而清澈。

如果水塘的水面极其开阔，则塘岸其实就是"堤"，区别在于堤的顶部可供种植的露土区域和水面的高差，越高就越应该种植高大乔木，以突出水面的气势。至于堤的长度，倒并无关系。如分隔开杭州西湖的苏堤，其堤面及水面的高差并不大，但却长达2.8km，堤上相继串有六桥，自宋代以后沿堤遍植桃柳，桃红柳绿之时有"六桥烟柳""苏堤春晓"的题咏。但也有人评价其缺少变化，过于单调，提出一段一树种，一堤六种景的设想，克服长堤单调、乏味和冗长的感觉。

而白堤较苏堤短，历来有"一株杨柳一株桃"的记载，但白堤的地下水平面距地面较近，而碧桃不耐水湿而生长不良，即将碧桃与垂柳分行种植，形成倒"品"字形，此则使白堤成为桃红柳绿之堤。

4. 岛的植物配置

中国园林中历来有"一池三山"的构景传统，有比较宽阔的水面自然会设置岛。曾经，日本遣唐使从中国将这种造景模式带回，他们在水体中也按照这种图式发展出具备自己风格和易识别的日本园林。既然有岛，自然就有岛上及岛岸的植物配置。

日本的一些小型水体或枯山水沙盘，因为水面或代表水的沙面总面积较小（$\leq$100m^2），则其中用大石同时按照石本身的姿态布置于其中代替岛屿，石上种植青苔，以小见大代表大树或密林。岛上的植物配置，需要考虑岛的大小，即植物初植时候和植物生长之后这种逐渐增大的体量，和并不会增大或减少的岛的体量，它们之间是否匹配。如果岛上的植物太大则岛就像一个花盆，美感顿失。中式园林中岛屿类型众多，大小各异。有可达可登岛的半岛及湖中岛，也有仅供远眺、观赏的湖中岛。前者在植物配置时还要考虑步行路线，植物配置宜疏朗不宜障密，以保证其四面八方皆有水面可赏。如三潭印月（小瀛洲）是一处湖中岛，总面积约7000m^2，其以东西、南北两条堤将岛分为田字形的四个水面空间。堤上种植香樟、大叶柳、木芙蓉、紫薇、紫藤等乔灌藤植，借助植物的漏与隔，增益了岛的景深、层次、林岸线和天际线，构成西湖的湖中有岛、岛中有湖的景观。

5. 北方水环境植物配置

人工湿地或自然湿地大多集中在长江以南地区，北方除自然湿地之外，人工湿地较少推广。南方气候热资源丰富而且年温差较小，其冬季及翌年初温度较高，雨水丰沛，这些条件都有利于水生植物的生长发育。北方冬季低温，地表及以上有冻土现象，易导致此季水生植物地上部分全部冻死，大多数植物不得不进行季节性休眠，几乎谈不上景观性。尽管如此，在北方的可观赏季节，也需要较为丰富的植物种类，这些植物的地下部分可以越冬。如黄菖蒲、香菇草、狐尾草、香石竹、萱草、木槿、金盏菊、羽衣甘蓝、木槿、女贞、夹竹桃、栀子花、八角金盘等，由于南北热量差异，在北方的种植密度需适当大于南方（约高15%～20%）。

在冬季冰冻期来临之前，需提前将水体植物地面以上部分剪除，一方面可以保持较整齐的景观，另一方面也可有效清理上一年病虫害的卵体等潜在危害。

6. 中式古典私家园林的水环境植物配置

中国古典私家园林中大多有水体营造（并非湿地），此为"园林"和"花园"的根本区别之一。水体从营造到后期的管理，都需要耗费较多的人力、物力和财力的支持。水塘在旧时代的江南地区并不少见,但古典私家园林中的水体(虽然也就是一种水塘)和墙外的水塘有着本质的区别,因为其主要的功能在于景观观赏,所以一般严格控制水生植物覆盖水面的面积,另外其驳岸一般有置石围合,再有水体和建筑及岸旁的植物更讲究体与影、实与虚(图5-8)、相与意的呼应。

图5-8 苏州同里退思园园林部分的水体所表现出的体与影、实与虚的景观语言

尽管明、清两代古典私家园林艺术进入到巅峰,但植物养植技术长时间并未显著增进,种类数量也远低于现在,1949年后逐渐恢复了相当数量的旧时代私园,但受到植物种类的限制,恢复的现状与旧貌存在一定的差异。其驳岸半耐水植物种的使用尤其少,因为已经有各种园石包圈,所以岸路和水体已经无须再行衔接,置石和岸路交接的少量空隙,种植的植物也非鸢尾、水葱等现在常见的植物,反倒是可将枝条垂挂进水体一侧的迎春一类传统植物。

旧时代的园林并无现在园林的那种"亲水"意义,人与水形成一定的疏离,这种距离感应该是古代文人的一种有意为之。如图5-9a和图5-9b所示。旧时代的私家园林使用人群,并无和水有真正"切肤之亲近"的需求(图5-10)。因此,以置石隔离开水体与土地,就有了合理的解释(图5-11)。

限于篇幅,本书无法穷举案例,但从轴测图可以看到,古典私家园林除了水体之外,几乎所有空地都采用长条形石片竖直插于地面做法的铺装,一方面可以阻止杂草,另一方面也有利于雨水尽快下渗。而水体的水面也留出大面积的空白,荷花仅在较小范围种植。在视觉上,铺装、旱地园林植物、置石、建筑将图卷密集地占据了,而水体如中国画的留白部分,假如这部分再密集种植水体植物,画意将被彻底打破,而失去设置水体的意义。

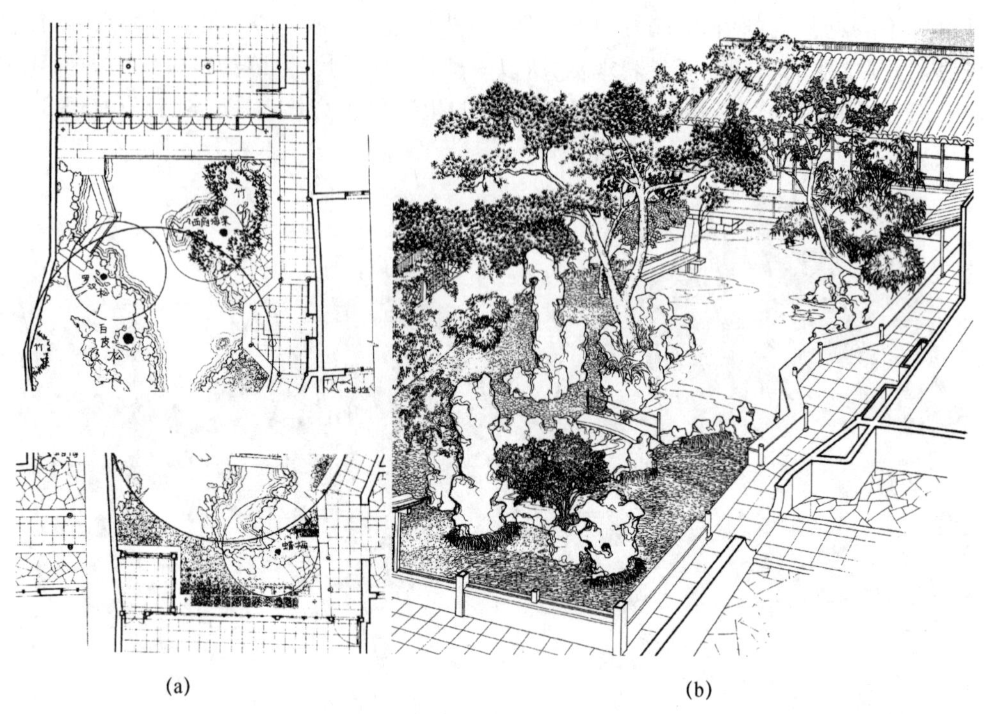

图 5-9　扬州壶园园林部分的示意性平面图

(a)和轴测图;(b)摹自刘先觉、潘谷西《江南园林图录》

图 5-10　环绣山庄从西侧廊看东侧园景剖面,叠山、折桥、两侧平台均与水面相隔 1m 左右,不可亲水

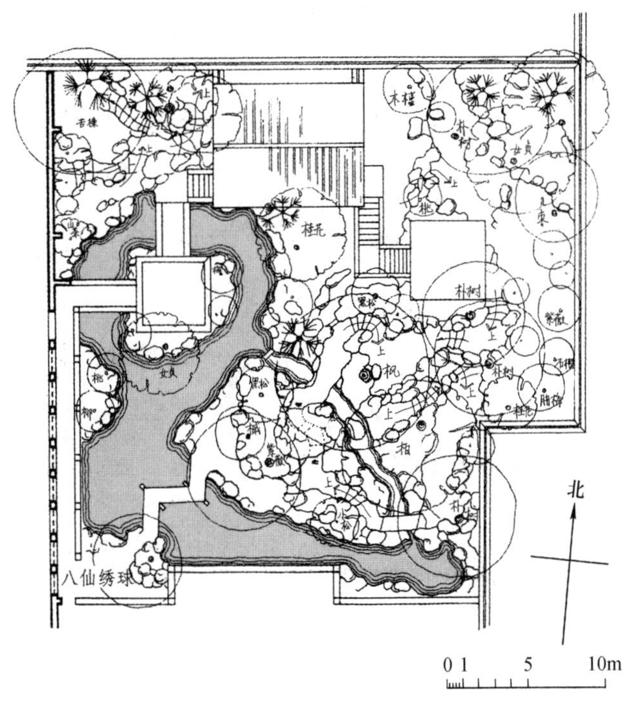

图 5-11　环绣山庄平面示意图,水面全由台、叠石隔离

7. 西方样式的临水驳岸植物配置

西方人对园林更加偏于自然造化,更喜欢"浑然天成"的构图或做法,其核心在于"不留任何斧凿人工之痕"。也就是不同文化的人对于"虽由人作,宛若天工"这句话的不同理解,中国人强调"某种东西(园林作品)做得巧妙、精美、精妙,好似老天做的";而西方人则认为其意为"人做的园林景观作品效仿自然,和自然生成无异,看不出是人工造物"。大家都使用相同的一句话,意思却迥然不同。

西式的湿地既然看起来像园林景观设计师什么都没做,那也就并无必要用很大的视角去研究,似乎只需剥离出临水驳岸的做法就可以"以一孔而窥全豹"(这当然是低估西方园林景观了)。以前,由于防渗漏材料、金属防锈技术及其他园林材料和技术尚未突破,西方园林的驳岸也无法突破"水面和岸线草体无限靠近"这一难题,但现在情况已有所改善。和人更接近的园林水体驳岸,因为人工可以控制其水位线,所以也就没有涨落变化,这样就不会暴露出低水位时光秃的岸线。同时在水线位置插入不容易生锈的金属片,就可以让水线极其靠近岸体上的草坡。绿色的草坡和蓝色的水体几乎无缝衔接,看似简单却需要精密施工,景观效果当然惊人。

西方驳岸常干净利落,岸侧草坡通常不设宿根草植或临水灌木,如果岸侧腹地仍宽阔有余,则安排森林形态,大型乔木树干最好是白色等活跃颜色,这样树身和水面倒影可交相辉映。也有在驳岸上安排白色圆亭,亦可形成曼妙倒影。如图 5-12 所示,是凡尔赛宫中小特里阿农园的"爱之亭"。

水体的驳岸边缘如果设有置石或亲水灌木,就会有一种将水体圈养起来的感觉。西方人也并非完全排斥人工,甚至可以说某种程度的热爱,他们同样也用石材将水体圈驳,制造类似花坛一样的人工驳岸。此种图景传达的景观意向，是认同自然的伟大亦暗示出人的伟大。而中国旧时代私家园林中的水塘，虽然用湖石雕琢进、出、突、凹、险、奇、狭、阔，但总归是一种穷技，显示不出自然的雄奇，也就并不能反射出其人（园主）的格局。

图 5-12　凡尔赛小特里阿农园

二、岩石园的植物配置

干旱地区（旱）或高海拔地区（寒）也需要园林营造，但被缺水、地理位置和气候等条件限制，无法如同其他低海拔温带地区一样使用大量的常规植物，所以发展出另一种园林形式——岩石园。但是读者必须知道，岩石园的建造只是一种折中。

一些自然条件较不理想的城市，昼夜温差大、酷寒、干旱、灌溉水较少，也就是说，能够给予园林景观的条件性资源不够理想。当建造岩石园是不得已而为之时，在如此条件限制下也应呈现较好的面貌，所以其植物配置的优劣就显得尤为重要。

岩石园是以岩石即岩生植物为主，结合地形营造的园林作品。在高海拔并不缺水的地区，甚至还有高山草甸、牧场、碎石陡坡、峰峦溪涧的自然景观可以利用，营造景观别致、富有野趣的景观图卷。

岩石园最早起源于欧洲，一些早期的植物学家和园林师为引种，从阿尔卑斯山上采集矮生、多花、冷色调的高山植物，首先在植物园中修造这些植物原生活环境，是为岩石园。英国爱丁堡皇家植物园于1860年，在其东南部首先建立了一个岩石园，经过近一百余年的不断改建和完善，现在已经有1hm^2的规模。我国第一个岩石园在庐山植物园内，是陈封怀先生建于20世纪30年代，园内有报龙胆科、春花科、石竹科、十字花科等高山植物236种。岩石园与中国传统私家园林中的假山形式不同，前者观赏的主要物是植物而非石，后者与之相反，是植物辅助石，衬托石的秀美。

岩石园在欧美国家以专类园的形式出现，因为岩石园中的植物比较娇嫩，所以在中国，这种园林形式一方面比较少见，另一方面即便有也较为小型。目前很多私人的小型花园、阳台花园或屋顶花园中使用平面式的岩石园。

目前，由于园林植物特别是花卉植物的矮化技术深刻介入，很多花色绚丽、体量小的植物被用在条件较为艰苦的岩石园中。

1. 岩石园类型及植物配置方式

(1)规则式岩石园

规则式岩石园目前较为常见，在街道两侧堆土抬高坡面，然后在坡面上置石，形成石与坡的台式景观，同时观赏岩石和植物。小型园林植物需要避免日后生长过大，将身下的景观石材包裹住（俗称吃掉石头），同时因为园林植物是在“夹缝”中求生存，所以在布置园石时，其产生的缝隙大小不要过于一致，同时缝隙中也要留足土壤，力求自然。在使用石灰或混凝土粘连景石时切勿将植物根下空隙填死。

如果将规则式花坛和规则式岩石园对比（图5-13），读者可能会发现这两种园林形式是相同的。景观本质方面也是相同的。区别在于施工细节，前者和地面相接的时候需要做排水或防水、防止沉降等技术处理，而后者无须这么麻烦，在施工方面后者更为简单。

(a)

(b)

图5-13 对比

(a)规则式花坛局部；(b)规则式岩石园局部对比

(2)自然式岩石园(图5-14)

自然式岩石园展示自然的真实情况,虽然是人工斧凿但让游客看不出人的痕迹,是为佳品,这种施工境界,需要施工人员经验丰富同时具备工匠精神。自然式岩石园需要大量的人工管理投入且需要管理者也有一定的审美经验和操作能力。

图5-14 自然式岩石园

自然式岩石园林又称为风景式、不规则式、山水派。地形为自然起伏的和缓地形与人工堆置的若干自然起伏的土丘相结合,其断面为和缓的曲线。在山地和丘陵地,则利用自然地形地貌堆石和种植园林植物,除建筑和广场基地以外不做人工几何形体阶梯形的地形改造工作,原有破碎割切的地形地貌也加以人工整理,使所有放置在其中的石材感觉自然。所有种植决不可成行列式,种类力求繁多,位置随机无规律,以反映自然界植物群落自然之美,花卉布置以花丛、花群为主,不用模纹花坛及绿篱。树木选择矮化,配植以孤立树、小树丛为主,不用规则修剪的绿篱,以自然的树丛、树群、树带来区划和组织园林空间。对园林植物的选择标准:一讲姿美;二讲色美;三讲体态美;四讲味香美。

(3)墙园式岩石园形式

墙园式岩石园形式是用堆叠起来的岩石组成石墙(图5-15),呈现出钵体形式,在石墙顶部和侧面都能种植植物,类似花坛,但其形式钢架自由、奔放和粗粝,很能体现出乡土的风情(图5-16)。

这种形式需要注意:①墙面不可垂直,垂直就失去意趣,如果种植垂蔓形园林植物,需要控制其攀爬的长度,既然是墙体,就需要露出一些墙石,否则整面墙被完全覆盖和遮蔽,就失去了布置的必要和价值;②石墙中部也可留出种植孔,进行恰当的种植,但石块插入的方式要由外向内稍朝下倾斜,否则水分不能存留,同时也避免水土流失,这里需要种植较为耐旱的小型植物；③石块之间的缝隙不能太大，同时需要种植根系较弱的植物，否则植物的根系发力会将石墙挤塌；④石料在堆叠的时候需要注意石材纹理保持一致，同时也需要兼顾植物和这些纹理的呼应；⑤需预留排水孔。

岩石园中园林植物的选择与配置，一般如下：①岩生植物一般株体低矮，生长缓慢，耐受干旱和忍耐贫瘠，其节间短，叶片小，一旦开花则花朵繁茂，色彩较绚丽。岩生花卉会有温带不常见的蓝色系列，所以特别为人所喜爱；②木本植物也应该选择较小株体的品种，如果引用较大株体，需要后期控制其长势；③多年生花卉需选用小球茎和小型宿根花卉；④低矮的一年生草本花卉应作为临时材料，种植方式最好是撒种，以填充被遗漏或因为植物退化而爆出的空隙和石隙，日常养护需要控制植物的长势，过分茁壮会掩盖岩石的美感；⑤根系发达，适宜在缝隙内生存。

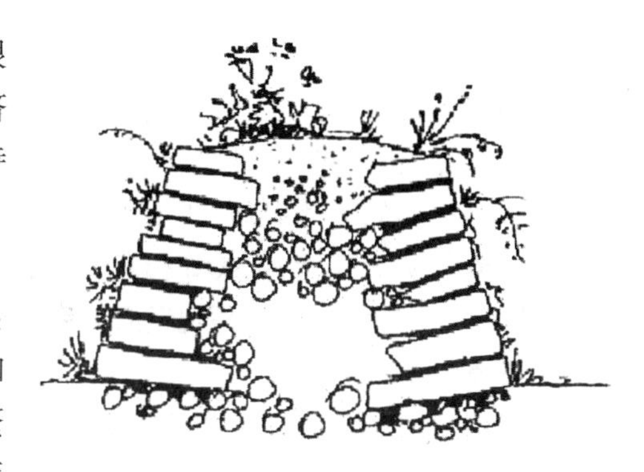

图 5-15　自然式岩石园

2. 岩石园植物种

岩石园植物种类繁多，据说全世界已经应用的有 2000 ~ 3000 种，主要分为以下几大类：

图 5-16　园墙式岩石园

(1) 苔藓类植物

苔藓类植物结构简单、原始，是高海拔地区常见的植被类型。大多阴生和湿生，少数能在极度干旱的环境中生长。能附生于岩石表面，点缀岩石。除此之外，如果环境极其干净，可能还会生长出地衣植物。苔藓类植物还能使岩石表面含蓄水分和养分(逐渐分解岩石),使岩石富有生机。如齿萼苔科的异萼苔属、裂萼苔属、齿萼苔属、白发藓、羊毛藓、短绒青藓、朵朵藓、大灰藓、羊毛藓、朵朵藓、星星藓、小金发藓、大金发藓、曲尾藓、仙鹤藓、曲柄藓、地千羽苔科的羽苔属、细鳞苔科的瓦鳞苔属、地钱科的地钱属、毛地钱属等。苔藓植物颜色丰富,有季相变化,有黄绿色的丛毛藓、白色或绿白色的白锦藓、红色的红叶藓和赤藓,还有灰白色的泥炭藓及棕黑色的黑藓等,可以点缀岩石甚至改变岩石的颜色。

(2)蕨类植物

蕨类植物不生花和果,高度有限,种类多,且叶形株型多变、叶姿清秀、叶色丰富,有季相变化。有水生、土生、石生、附生或缠绕树干等多种形态,岩石园中可以使用各种蕨类。石生的蕨类植物使用较多,它们喜好生长在阴湿的岩石缝隙或石面上,虽然土层较薄,但并无影响,如果有较多的苔藓植物覆盖,更增益其生态效果。常用的蕨类植物,如过山蕨、匍匐卷柏、铁线蕨属、石韦属、铁角蕨、卷柏、粉背蕨属、岩蕨属、铁线蕨属、粉背蕨属、岩蕨属、凤尾蕨属等。

(3)裸子植物

岩石园主要使用的乔木是裸子植物,一般是矮生的松柏类植物,如铺地柏、铺地龙柏等,这种植物无直立主干,枝匍匐平伸生长,爬卧于岩石上;又如球柏、圆球柳杉等,丛生球形,也较为适合布置在岩石之间。

(4)被子植物

主要是高山岩生植物,如百合科、马兜铃科的细辛属、野牡丹科、石蒜科、酢浆草科、花葱科、兰科、虎耳草科、堇菜科、忍冬科的六道木属、天南星科、鸢尾科、报春花科的报春花属、菊科部分属、凤仙花科、龙胆科的龙胆属、石竹、十字花科的屈曲花属、秋海棠科桔梗科、毛茛科、荚蒾属、杜鹃花科、苦苣苔科、小檗、黄杨科、景天科、紫金牛科的紫金牛属、金丝桃科中的金丝桃属、蔷薇科的部分属等。

3. 岩石园配置补充

岩石园植物在配置时首先应注意山石的走势和布置形态,岩石布置本来就有主有次,有立有卧、有疏有密。对于较大的岩石旁侧,可种植较石矮的小乔木、灌木或其他观赏灌植,如球柏、小叶黄杨、岩生杜鹃、荚莲、铺地柏、云南黄馨、大花六道木、箬竹、瑞香、十大功劳、粗榧、火棘、南天竹等;在其石缝与岩穴处可种植石韦、铁线蕨、虎耳草、凤尾蕨、书带蕨等;在其阴湿面可植各种苔藓、沿阶草、紫堇、苦苣苔、绿色丝兰、斑叶兰、花叶丝兰、卷柏等;在岩石阳面可植吊垂盆草、红景天、吊竹梅、紫色吊竹梅、石苣苔、冷水花等。对于较小的岩石,在其石块间隙的阳面,可植石蒜、桔梗、红花酢浆草、水仙及各种石竹等;在较阴面可种植玉竹、八角莲、荷包牡丹、铃兰、蕨类植物等。在较大的岩石缝隙间可种植匍地植物或藤本植物,如铺地柏、洒金铺地柏、扶芳藤、花叶络石、平枝栒子、海金沙、薜荔、常春藤、石松等,使其攀附于岩石之上。在高处冷凉的石隙间可植龙胆、细辛、报春花、四季海棠、秋海棠等。在低湿的溪涧岩石边或缝隙中可种植矮生鸢尾、通泉草、落新妇、唐松草、半边莲、石菖蒲等。除此之外,一般以下植物可以常用:石松、岩蕨、鸭葱、葱兰、韭蓝、龙胆、黄报春、紫花地、二月兰、紫花地丁、桔梗、射干、比利时杜鹃、狭叶杜鹃、金老梅、光棍树、花毛茛、瓦颂、垂盆草、白头翁、矮鸢尾、矮牵牛、矮鸡冠花、玉树、矮万年青、葱属、蔷薇属灌木、绣线菊属灌木、金老梅灌木、银老梅灌木、景天科多肉植物。必须严格控制植物的高度和规模,尤其是栽植藤本植物更需如此。

道旁的岩石园边坡绿化需要根据岩石边坡的坡度、岩石和土壤的状况等土建条件综合考虑,合理选择适宜的岩生园植物及其配植方法。岩石园边坡植物不但固土,而且还能减少司机在通勤时的视觉疲劳。植物配置时需要选择根系发达、易于成活、易管理、兼顾景观效果的植物种类。如在坡脚处可栽植一些藤本植物,如常春藤(弱攀爬)、爬山虎、花叶络石、络石、扶芳藤、花叶蔓长春、葛藤等进行垂直绿化;或采用灌木、草(2 层),乔木、灌木、草(3 层)相结合的配植形式。

小型岩石园以岩石为主,如果规模较大,且居于闹市的岩石园还应修筑叠水、小桥、亭廊等人工设施,可使园林效果更好。

日本茶亭,由数块大石做岛屿,用细沙做海洋,大石之上有青苔,被当作树木森林,或者有其他绿色细小植物。但是这种园林形式并不是岩石园(图 5-17)。

图 5-17　日本枯山水并不是岩石园

三、立体绿化植物配置

立体绿化和建筑息息相关,包括墙面绿化和屋顶花园绿化。中庭绿化在建筑之内,但又不同于室内绿化。

立体绿化可以追溯到4000年前古代幼发拉底河下游苏美尔古城——UR城，其中建造了雄伟的亚述古庙塔，公元前604—公元前562年，新巴比伦国王尼布甲尼撒二世为他的王妃建造了“空中花园”，如图5-18所示。

现代社会立体绿化的出现，得益于社会财富积累到了一定程度，同时也为“改善城市生态环境”等一系列功能。城市这种人工塑造物（集群），是人在其中生活时按照群体生活的需要和意愿逐渐对其进行了下垫面密集型的硬化改造。因此，城市内部的环境就较为迥异于城市之外的（自然）环境，为了“改善城市生态环境的途径”，一般常用的方法是增加城市绿地量。但绿地受到城市土地容量的限制而无法过多地增长。同时，园林也受限于土地价格。针对一些地价昂贵的地块，开发者尽可能地增加地面绿化面积，一种策略是在建筑屋顶之上，进行立体绿化建设。

（1）屋顶花园的立体绿化

为了解决停车问题，近几年新建的屋顶花园以广场或公园的形式建造于地下停车场上方，这些园林作品看起来就好像在普通地块上建造的园林。如果专门为了开敞空间建设园林而购买土地，付出的经济代价可能很高，而这种多功能开发显然具有经济价值。这也就是说，屋顶花园的实质就是居于建筑物的屋顶位置，和其所处海拔高度无关。

如果园林管理能够匹配，同时房屋建筑土建物质条件适合，则可实施立体绿化，如果管理因财力、物力、劳动力或技术能力不足匹配，请不要实施立体绿化。另外请注意，立体绿化实施对建筑结构有不可逆的损害，广义的立体绿化包含阳台绿化。

立体绿化需要先在土建方面给予建筑物质保证，如墙面和建筑顶面是否足够坚固，能够承受植物、培养基质、服务于植物的各种管线、盆体以及营养液或灌溉水产生的重力压迫；另外建筑本身还必须能够抗植物根的穿刺以及确保防止灌溉水的渗漏；再有当垂直面上有悬挂整体竖直立面的植物时，墙体本身必须具备抗拉抗力性和防水能力。

较简单的屋顶花园，如在起初并无建设屋顶花园规划的建筑上强加建设，或者仍旧采用阳台养花较为粗放的植物管理模式，虽然简单易行但耗水量较大，同时仍需要安排屋顶花园的排水、物理支撑性、防渗漏、溢流、水循环等问题，这种屋顶花园其实并无营造的必要。

立体绿化必须控制植物绿量，通过修剪等技术手段，达到植物绿量平衡，应避免植物野蛮生长，需注意屋顶绿化的植物树冠，乔木的树冠部分不能超出墙面向空中的延长面之外（图5-19）。同时乔木的整体高度 H，乔木种植点距离建筑女儿墙的垂直距离 h，则 $h/H > 1/2$（强制性条款）；中国东部150km以内地区，则 $h/H > 2/3$（强制性条款），以避免当植物因为不可抗拒力（飓风）等影响发生的倒伏跌落至地面，发生重大砸毁（伤亡）事故。在建筑屋顶实现屋顶花园绿化，需设较高的女儿墙（1.8～2m），需大于或等于整体女儿墙周长的50%。

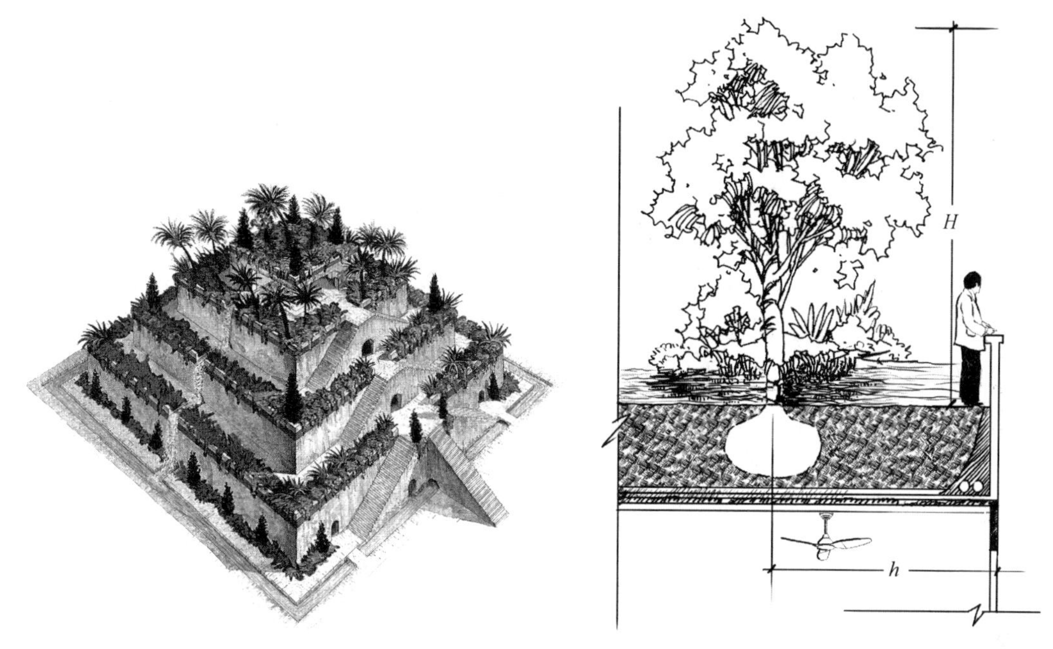

图 5-18　巴比伦空中花园想象图，学界对其是否真正存在仍有争议

图 5-19　屋顶花园种植乔木

屋顶花园或是稍后提到的墙体立面绿化，其本身是一种更强调技术（图 5-20）的园林形式，具体结构性做法此处略。但需要提醒读者，因为乔木逐渐增加的自重，所以配置时不应该过于强调景观构图的随意性，如果目标作品中设计了乔木，则乔木必须种植在建筑的承载柱体之上，屋顶花园楼板也要求承载力至少为 1000km/m^2。

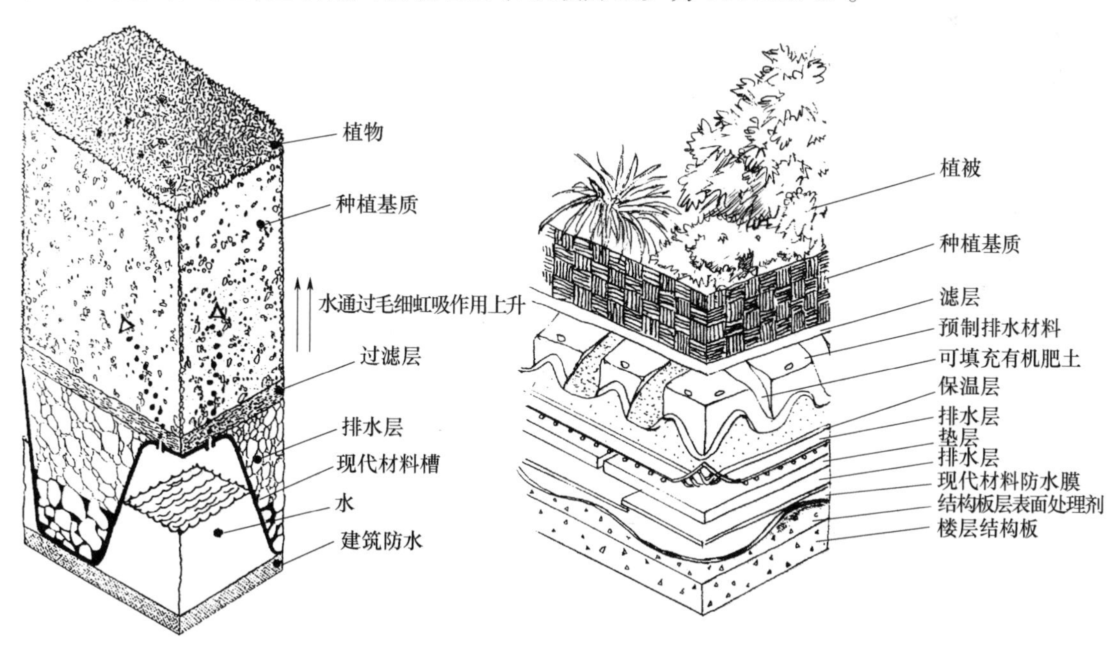

图 5-20　屋顶花园其实也是技术问题，两种屋顶花园楼板结构图

需要注意的原则:①选择耐旱和抗寒性强的植物,由于屋顶花园常常身处城市高空,土壤中的水可能偏少又尚无地下水可用,或者在副热带高压控制的夏季,空气中的水分子又相对较少,空气流中较大风压的干燥焚风现象并不少见。同时冬季则出现极寒又极干的寒风。考虑到屋顶这种特殊环境,适宜选择矮小灌木和草本植物,利于植物运输的初期施工以及后期的绿植管理。②选择耐积水的植物,建筑屋顶通常由脊线向各个方向呈现5%的自然坡度,但难免出现局部积水的问题,这就需要植物本身能够有此方面的特征。③需要选择抗风、不易倒伏的植物。城市中风力和高度呈现正相关,特别是雨季(东部沿海台风季)或大风来临之时,风雨交加对植物的危害很大,加之屋顶种植基层较薄,同时因为多使用轻质基质,则土壤的稳定性、固着性也较差,独干的乔木需要一定的支架固着技术。④选择绿量较少的常绿植物。绿量较少的植物因其树冠较疏朗(稀疏),其需水量相应较少,同时风力较强时也形成较小风阻和较弱的风拔力。⑤选择冬季能够露地越冬的植物。⑥屋顶花园因为地块较小,需要趋向于较精致的外貌,则最好有较优美的叶态,枝条细腻等更具近距离观赏的特征。⑦屋顶花园禁止栽植果树,因为具有固体物理特征的果实如果从高空中掉落(熟落、风落、雨落或病虫害早落),加之建筑自身高度所造成的固体加速度使落果具备过大的下坠力,可能会造成其下行人或财物的重大伤亡或损害。⑧使用乡土植物种。⑨选择阳性、耐瘠薄的植物,屋顶通常阳光条件较好,选择不耐阳光暴晒的植物会造成死亡浪费。因施用肥料会使肥水溶液外溢导致建筑外墙面滋生藻类或苔藓,严重影响建筑外立面的卫生状况,则屋顶花园应尽量减少施肥次数,故需种植耐瘠薄的植物种类。

常见的有棕榈、白玉兰、紫玉兰、黑松、龙爪槐、紫薇、大叶黄杨、腊梅、海棠、珊瑚树、蚊母、丝兰、栀子花、巴茅、紫荆、寿星桃、天竺、杜鹃、牡丹、茶梅、含笑、月季、金橘、茉莉、美人蕉、大丽花、苏铁、百合、百枝莲、鸡冠花、枯叶菊、桃叶珊瑚、海桐、枸骨、常春藤、爬山虎、桂花、菊花、麦冬、葱兰、荷花、佛甲草、竹柏、垂盆草、凹叶景天、金叶景天、垂盆草、凹叶景天、金叶景天、六月雪、锦葵、木槿、小叶扶芳藤、玫瑰、迎春、花石榴、红枫、小檗、南天竹、四季桂、八角金盘、金钟花、栀子、苏铁、酒瓶兰、散尾葵、金丝桃、八仙花、迎春花等。考虑到屋顶花园的使用性,选用在傍晚开花的芬芳品种会收到意想不到的惊艳效果。

一些星级酒店或高档建筑,出于为使用者增加活动环境,提供相对较为私密性空间,如茶室、阳光房、健身房、游泳池等,也会营造屋顶花园,一般而言这种作品设备繁杂、功能多、投资大、档次高,如图5-21所示。

一般屋顶花园对其绿化覆盖率并无具体要求,除非有相对明确的经济目的,否则其覆盖率数据并无实际价值,这应该和设计风格相关。常用的植物造景形式有如下几种:①乔灌木的孤植和丛植;②花坛和花台设计(参考相关章节);③花境及草坪(参考相关章节);④配景植物或器物的选择。

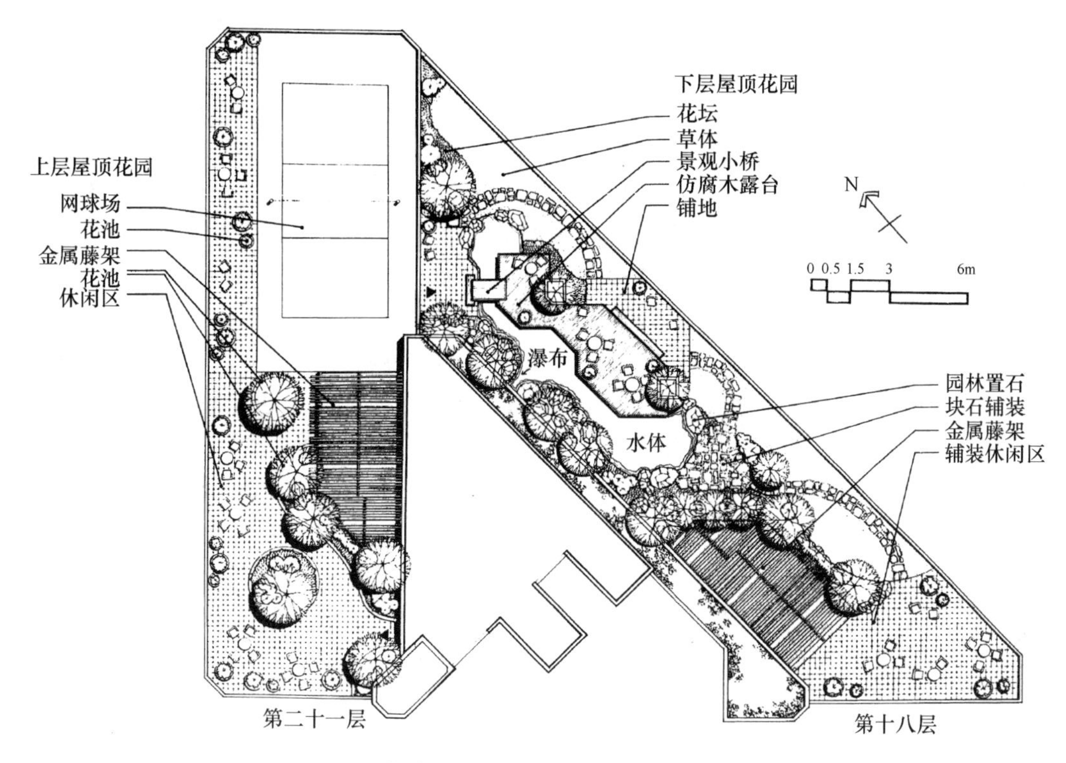

图 5-21　加拿大温哥华的帝国资源大厦屋顶花园

(2)墙面立体绿化

本节讲述的墙面立体绿化,除运用一些可以借助吸盘或根须攀爬建筑立面植物进行的简单立体绿化之外,还包括通过建筑外立面的改造,而进行的较复杂的墙面立体绿化。

墙面立体绿化的长处不言而喻。上海世博会主题馆植物生态墙的案例数据表明,绿植墙面可节能40%,减少空调负荷15%。该墙亦有保温、滞尘、降噪功能,并使人产生愉悦。主题馆植物墙单体长180m,高26.3m,东西两侧布置的植物墙总面积5000m^2,是目前全球最大的生态绿化墙面,几乎为日本爱知世博会绿墙面积的2倍。上海夏季高温时,其屋顶绿化使建筑外表面温度下降至24.6℃,内表面温度下降3～5℃,室内空调节电20%。维持碳氧平衡,有效缓解温室效应、城市热岛效应。与传统的平面绿化相比,立面绿化有更大的空间,让城市“混凝土森林”变成真正的绿色天然森林,是传统观念在绿化概念上从二维空间向三维空间的一种飞跃。

图5-22所示为雅典娜酒店外围的绿色垂直绿化有8层楼高,其中包括260个品种,1.2万棵植物,宛如一座空中森林。

图 5-22　雅典娜酒店外围的绿色垂直绿化

立体绿化的施工技术一部分来自于建筑外立面的“墙饰石材面板干挂技术”，目前，有六种挂饰方法，其具体内容如下：

(1)模块式

即利用模块化构件种植植物实现墙面绿化(图5-23a)。将方块形、菱形、圆形等几何单体盒状构件，通过搭接或绑缚固定在不锈钢或木质等骨架上，形成各种景观图案效果。模块式墙面绿化，可以按模块中的植物和植物图案预先栽植养护数月后再进行安装，模块本身寿命较长，适用于大面积高难度的墙面绿化，具有施工简便和即时性等优点。

(2)铺贴式

即在墙面直接铺贴植物生长基质或模块，形成墙面种植平面系统。可以将植物在墙体上进行自由设计或图案组合，这种形式直接附加在墙面，无须另外做钢架，通过自来水和雨水浇灌，降低营造费用，系统总厚度较薄，同时有防水和阻止根系的作用，有利于保护建筑物。这种方法容易施工，效果较好。缺点是基质模块需要定期更换，造成一定的塑料污染，如图5-23b所示。

(3)攀爬式

攀爬或垂吊式样，是一种以往既有的样式，植物攀爬或垂吊于事先悬挂好的墙面培养盒上，种植络石、花叶络石、常春藤、扶芳藤或绿萝等攀爬力较弱的品种(请慎重在此使用爬山虎、凌霄等攀爬能力较强的品种)。这种绿化形式透光透气性好、简单易行同时造价较低，如图5-23c所示。

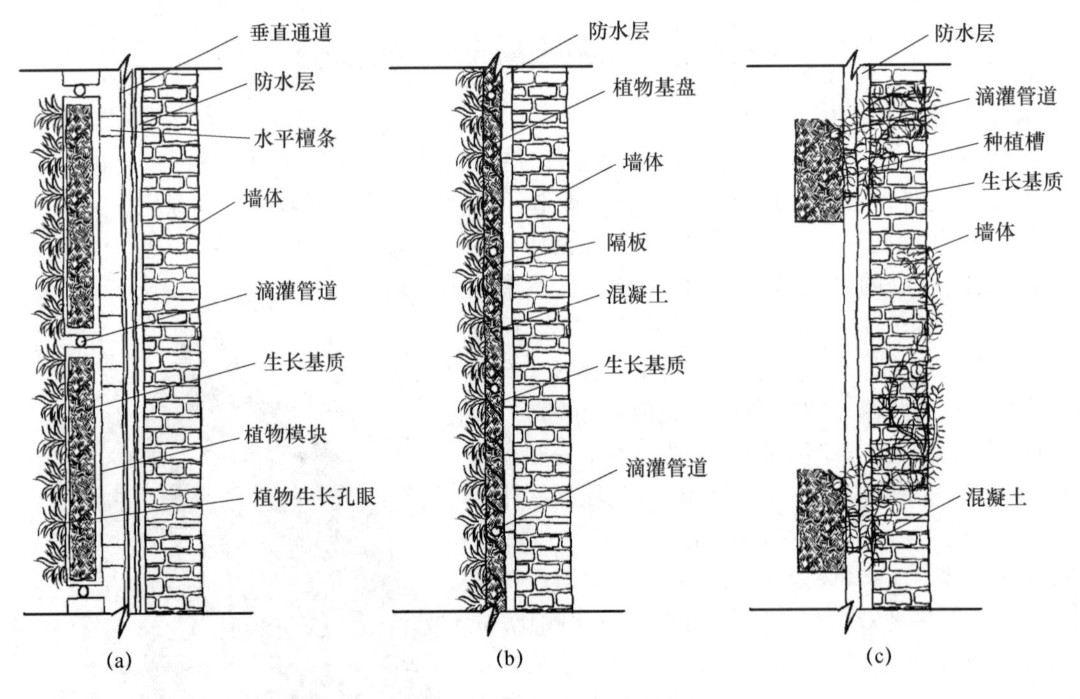

图5-23　墙面绿化施工剖面图

(4)缩微模块

在不锈钢、钢混或其他建筑材料做成的垂直墙面上装置盆花实现垂直绿化，这种形式其实与模块式相似，是一种微缩型的模块版本，使用的植物多是时令花卉，构成图案更方便，适用于临时墙面绿化或竖立型花坛造景，如图5-24a所示。

（5）竖袋型

此种型式是在铺贴式墙面绿化系统基础上发展起来的一种工艺。首先在做好防水的墙面上直接铺设软质植物生长载体，如方毡、无纺布等，然后在载体上装填混合植物种子和基质填料，在灌溉水的帮助下，种子或植物正常生长形成立面绿化，如图 5-24b 所示。

（6）板槽式

在墙面上按照一定的距离设置 V 形板槽，板槽内填装轻质的种植基质，在基质上种植各种植物，如图 5-24c 所示。

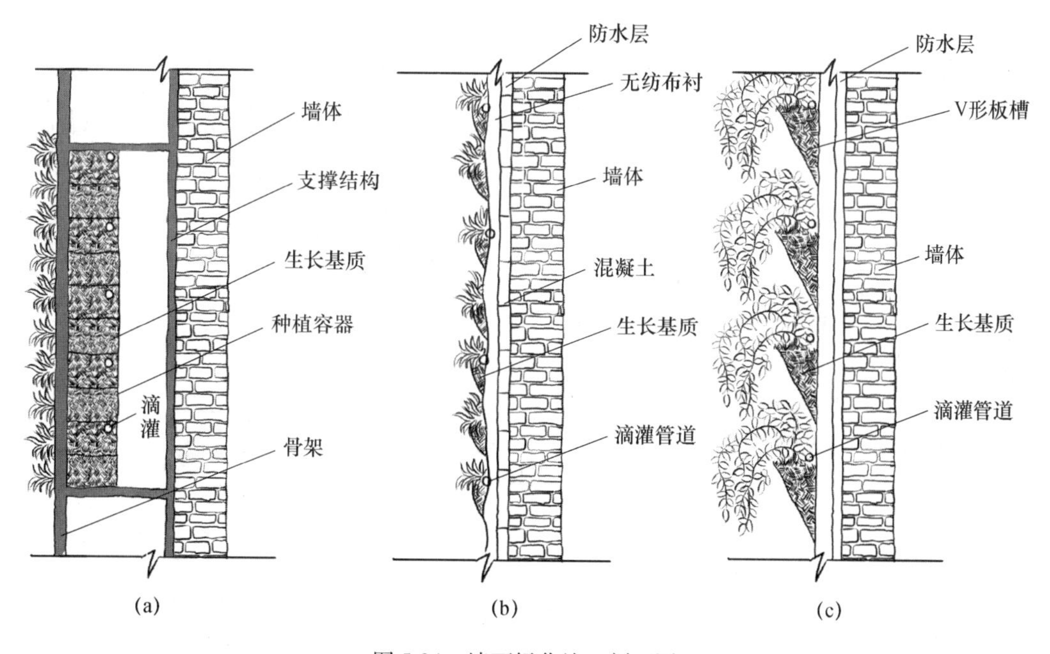

图 5-24　墙面绿化施工剖面图

墙面立体绿化直到现在仍是一种较高层次的园林专业行为，管理上趋向于精细化，实际上，园林行业正逐渐走向精细化和控制化之路。

四、中庭绿化

进深和面阔均较大，同时占地面积较大的建筑通常设置中庭，可以有效地降低容积率。其中庭的意义，如徽派民用组团形民居的天井，建筑业中的中庭增益了其更大的可控空间。如果不设置中庭，看起来建筑面积会更大，但其中部即使是白天也必须给予人工采光，那种黑漆漆的幽暗环境让人产生强烈的窒息感。除首层之外，其他楼层不如在中心处掏空，形成建筑内部的四面型悬崖，以便四周建筑实体的采光，这就是中庭。中庭一般为两种类型，一种是不设置顶部，完全透空，而另外一种则相反。事实上，大型建筑为了采光一般都会安排玻璃顶。但长时间不清扫这些玻璃，其透光度会严重下降。有些不惜工本的建筑会采用顶部玻璃窗可自动开口的结构，这样中庭部分可以有来自外界的自然风，一些全光也可短时间照入中庭。

中庭起源于院子（图 5-25），在院子顶部安装上玻璃及固定玻璃的各种金属架，中庭的建筑语言暗示了建筑所有者的权威性和可信赖性。这也就是为何有巨大中庭的建筑一般是商场、大型会议中心等高附加值的建筑，而即便是大型超市一般也不会采用这种形制。中庭是有高附加值的经济建筑语言，更进一步地，在其内种植花草树木，也需要特别的配置。毕竟，中庭空间具备与自然相近的环境，同时又能摆脱恶劣天气的影响。

1. 中庭中植物的作用

除视觉景观方面的作用，还包括中庭植物形成的空间对人的情感方面的作用等。

(1)改善环境质量

中庭中配置植物能够通过光合作用放出氧气，但其实它们的生存也必须吸入氧气。而笔者认为中庭植物的最大意义在于其蒸腾作用，即植物通过呼吸作用产生蒸发，可以增加建筑内空气湿度。植物可部分固化室内的涂料或人工材料散发出的有害气体。

(2)创造和丰富空间

植物在中庭中的主要作用是在视觉和视觉心理干预方面的作用。植物种类繁多，即便是同种而不同的年龄态在外观上也会有所变化，利用它们的形态可组合出较丰富的空间形态。可以有效地让相对冰冷生硬的建筑柔化，同时植物还能将空间进行分割或分隔，创造出更丰富的空间或空间层次。中庭中由种植池、花墙、盆栽、花台、草坪线等划定界限。有植物的阴影也能够划定界限，尤其是阳光威力较大的夏日，但这种界限的排斥性又不会像硬质构筑物那样强硬。植物是中庭绿化中最具生命力的要素，它通过自身的形体、线条和色彩等需呵护的自然美，给人以活力和娴静安适的感觉。同时植物本身的季相变化，春花、初叶、夏叶、秋果、秋色、冬枝等景观给人的感受极为丰富。

图 5-25　某学校建筑中庭效果图

2. 中庭植物的选择

中庭和屋顶花园有较明显的相似之处。客观地说是其植物都必须由专人呵护，见表 5-3。

表 5-3　城市中不同园林类型在没有人干预下的各种生命必须条件的实际情况

园林作品位置	光线(太阳光)情况	水情况	风(空气)情况	土壤固着力情况	土壤养分情况	温度情况	无人养护结果
屋顶花园	10	2	3	3	3	2	死亡
中庭花园	3	0	10	10	4	3	死亡
悬挂立面绿化	6	2	6	5	0	6	死亡
水体绿化	10	10	8	7	7	7	不良
街道园林	6	5	4	7	3	2	衰亡
城市公园园林	10	5	8	10	4	7	不良

注：表中评价分数为总分 10 分，分值越高则表示越好(越优越)。分值不包含人工给予的情况。

表中园林类型植物需求项若不能达到自给自足，则需要人工给予补充，或者需要对进场植物事先给予筛选。如中庭花园，需要选择耐阴、耐旱、耐瘠薄、耐寒和耐高温的植物。再如，屋顶花园的进场植物需要选择那些耐旱、抗风、根系强壮、耐瘠薄、耐寒和耐高温植物等。

中庭这种悬崖式的垂直空间，其内的乔木在体量方面宜和空间本身匹配（图 5-26 和图 5-27），现代建筑技术已经可以把梁的跨度增加至 140m 左右，这样很多建筑中庭就可以做得极大，当人站在其内，会惊诧于自身的渺小，但如能更进一步突出这种视觉震撼力，在高大空旷的人造空间中使用原本就高大奇伟的植物，并不会减弱这种渺小感，反而会增加这种压力值。特别是，在四面都是玻璃、厚重岩石贴面和表面抛光金属这些看似“现代感”十足的高大中庭空间中，种植身形原本清爽的高大植物，会较大程度地增加建筑秀丽挺拔的效果，如使用大毛竹、大王椰子、酒瓶椰子、散尾葵、海枣等。

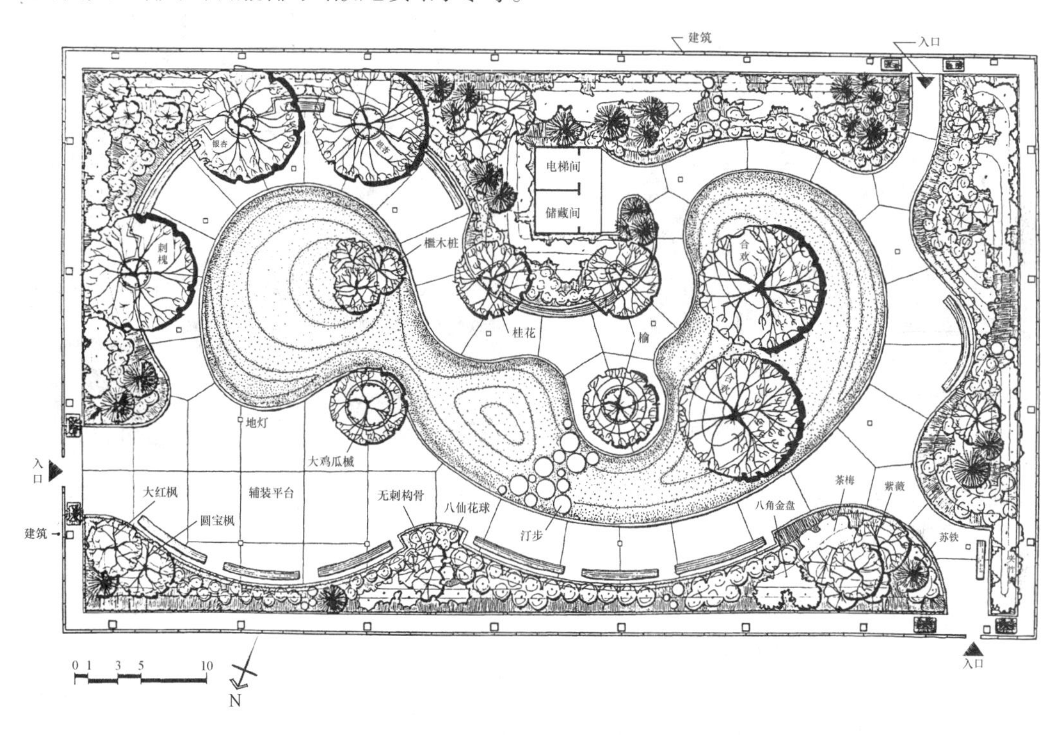

图 5-26　中庭花园（仿美国太平洋贝尔通信公司大楼中庭花园）

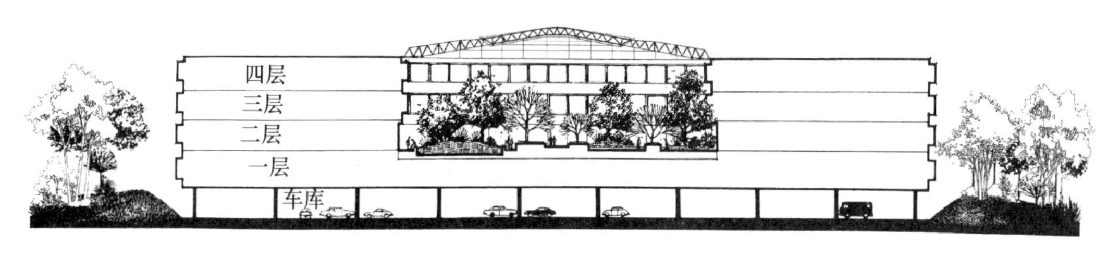

图 5-27　中庭花园剖面，事实上这个中庭同时也是一个屋顶花园

在突出现代感和技术感的中庭空间，植物种类的选择要突出人类自身的有力、高大等；而为了突出人文情怀或商业建筑，比如大型商场、文教建筑等，植物的选择并不强调高大或孔武有力，这样所造成压迫感，所以常常使用体量较小的植物，同时将这些植物频繁地布置在中庭

"悬崖"(图 5-28、图 5-29)的各个楼层的任何可视带(点)。商场等场所的中庭当然也可以巨大,但建筑本身的"大"是暗示消费者此处的物之"丰",商场中庭在植物方面总会安排小于人的尺度,在于增强人的"可控性"。

图 5-28　大型建筑中庭四壁造成的悬崖效果

图 5-29　广州白天鹅宾馆中庭悬崖效果,园林植物、水体、折桥等景观图卷(钢笔绘画)

所谓的"植物配置的多层次性",进一步确切的表达,即将建筑中庭包括地面部分,楼层的回廊、平台等空中部分的绿化全面覆盖,也将中庭空间作为一个完整的体系来考虑,不但考虑在中庭中人的仰视效果,也充分考虑人们在各个楼层的俯视效果。运用植物营造"温暖亲切、灵活通畅、舒适轻松"小(人)尺度空间,强调植物和建筑的自然过渡。如果中庭使用的植物能够营造异国风情或与外界迥异的气候景观,能够有效地吸引人们长时间驻留。

商业建筑中庭或建筑内并不需要配置过于昂贵和珍惜的植物,能够使用比较普通的品种就无须使用特殊品种。如:鸭脚木、散尾葵、袖珍椰子、垂叶榕、绿萝、变叶木、八角金盘、橡皮树、铁线蕨、龟背竹、比利时杜鹃、垂叶吊篮等。方便采购,也方便后期养护。

中庭是现代建筑技术的硕果,其内植物配置增益了景观效果。

五、草坪地被

1. 草坪和草地

草坪是常见的园林样式,事实上管理养护得较好的草坪难得一见,草坪是昂贵的园林构件,一般园林作品即便设计了草坪,在最初几年,也许尚能够叫草坪,以后一旦疏于管理和更新,就退化为草地。草地和草坪不是一个概念,草坪可以是较单一的草植品种,也可以是数个相似草种的大面积种植体,如同农民的水稻田。草地允许任何种类的草体入驻生长,用割草机修整草地，不仔细观察，草坪和草地似乎并无区别。

以往草坪仅有一个草种，则一个极端季节可能并没有绿色。冷季型草体在炎热的夏季会整体变黄，同理，夏季型草体会寒冷的冬季会整体变黄。为了全年草坪景观，特别重要或极具景观意义的草坪通常使用多种草种，即便如此也需要在初秋补撒冷季型草种，以便冬季仍有绿草效果。草地不是草坪，草地也可能从草坪退化而来，草坪只要疏于管理，本地草种和各种杂种均会侵入地块，本地草种常常较草坪草种的生命力顽强，它们土生土长，对水肥等条件适应性更好，如果项目中有这些种存在，当给水给肥之时，它们还会和建设种争抢资源，结果自然是外来的建设种逊色于本地种，草坪会在建设后 2 ~3 年迅速退化为草地。

大面积草坪在初建的时候，比其他种类的苗木便宜，但其后期需要持续不间断地维护和养护。一般来说，夏季需要大量补充水分，如果大型草坪没有建设滴管或浇灌网，每日的浇水工作需要消耗大量的人力，从中春开始至中秋，随气温上升需要定期修剪，也需要大量人工，补充肥力、初秋补种、预防和防治病虫害都需要持续地投资。

草坪不是自然之物，不能没人照料，而欧洲草地，是一种完整的生态系统，存在完整的生态位和食物链，但园林作品中的草坪，并不具备这些生态特征。现在为了减少草坪的病虫害，通常使用化学类农药，以至于走在其上甚至不能带出跳跃的小虫，可见其并不具备完整生态位，这些可作为鸟类或小型野兽食物的昆虫数量很少，不足以支持它们存活。

草坪及草地的分类：①单纯草坪；②混合草坪；③运动草坪；④护坡草地；⑤缀花草地；⑥功能性草地。

草坪本身较忍耐踩踏，一般同位置的草坪允许成年男性日踩踏 25 次左右，次数过多则草体无法恢复。草地较草坪更能耐践踏，但一般而言，同一位置的草坪允许成年男性日踩踏 35 次左右。如果在草坪上踢足球，即便是儿童，对草坪的伤害也是明显的。缀花草地不耐踩踏，同位置仅允许每日踩踏 12 次左右，且不可以连日踩踏。欧洲乡野草地景观之所以美丽壮观，原因在于其人口较少，草类绿地遭受人类的干扰少。在中国的园林作品中设置草坪，需要设计师仔细考量日践踏次数。

草坪铺设的场所并没有限制，只要景观需要，同时条件许可，当然可以使用草坪。一些无条件或不允许种植高大乔木的场所，如高压电线下、飞机场、地下铺设有市政管线等场所，使用草坪可以有效遮蔽泥土，减少扬尘。

2. 草坪案例

20 世纪 90 年代，草坪在我国开始大面积推行。因为这种景观视野开阔、气势宏大，景观效果强烈，所以有一段时间特别受欢迎，大量出现草坪建设，以至于后来的园林工作者称之为“草坪热”，但草坪的上述缺点，也使得人们逐渐开始冷静思考草坪的问题，随即出现了“疏林草地”这个折中的植物配置园林样式，直到现在仍具有现实意义。

在城市中草坪常被作为建设预留土地暂存，所以很多以前的草坪作品现在已经消失不见，历经数十年而未变化的草坪园林作品，如西湖地区的柳浪闻莺大草坪（图 5-30、图 5-31），还具有标本价值。

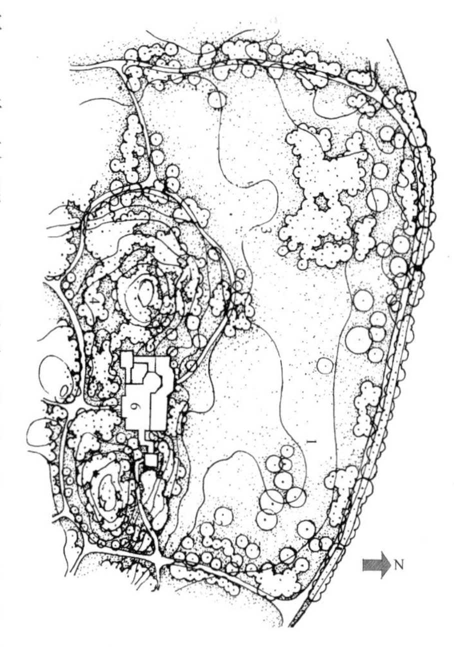

图 5-30　柳浪闻莺大草坪

柳浪闻莺大草坪实际以疏林为主（杭州夏季炎热，所以并不宜采用过大的大草坪），但由于草坪面本身广阔，视野线长，植物体量虚实对比强，树群的立体轮廓高低起伏，富于变化，成为本地居民喜爱的场所。

图 5-31 柳浪闻莺大草坪一角

再有，关于杭州西湖的草坪，也见于西湖区，其常将柳树与香樟相配，两者虽然颜色相近但叶形有较大差异，效果尚佳。有时以柳树和银杏相配，柳枝疏朗而银杏紧密，因而感觉后者体量重，同时在光照下后者阴影多，增加了色感度。另外该景区还常用一种色彩对比的策略，即用不同叶色的绿色度与花色及不同高度的乔灌木逐层配置，形成丰富的层次。如牡丹园西侧的一个树丛，第一层为柏木球，高 1.2m，第二层为鸡爪槭，高 3m，第三层为柏木，高 5m，第四层为枫香，高 10.6m，构成绿、红、紫、黄的错层次树丛。不同花色的乔灌木分层配置更是常用的一种配置方式，通常用在道路对景、草坪的边缘或大树丛前缘等重要位置。

四季的变化，使植物产生了形貌和色彩的变化。花港观鱼的合欢草坪面积 2150m^2，地形呈东南向倾斜，四周以树木围合成封闭空间。主景树对面坡下为 9 株悬铃木，背后是一片柏木林，草坪对面道旁种植樱花。草坪北面由低到高形成密集的隔离树丛，整个空间宁静地体现了季相艺术效果，如图 5-32 所示。

西湖园林草坪植物配置的季相，更多的是突出了每一季特色（图 5-33）。而不是同时表现四季季相。如果每一块草坪都要求做到四季有花，而西湖的草坪不下数百块，在植物的选择与配置上，势必产生雷同的现象。其表现手法就是以足够数量的一种或少数几种花木，成片栽植，给游人的感染力更强。举例如下，体现春景的有：“西泠印社”西向草坪的杏树，植物园的玉兰林；“花港观鱼”草坪的樱花林；孤山后坡的杜鹃花。体现夏景的有“花港观鱼”柳林的浓荫。体现秋景的有：孤山后山的麻栎林；灵隐草坪的“姐妹树”——枫香；植物园分类区路旁的枫香；植物园分类区水池旁的落羽松。体现冬景的有花港观鱼大草坪的雪松群（图 5-34）。单季特色的效果虽然显著，但一年中花期最长不过一两个月，除尽量选用叶形、枝干都美的树种

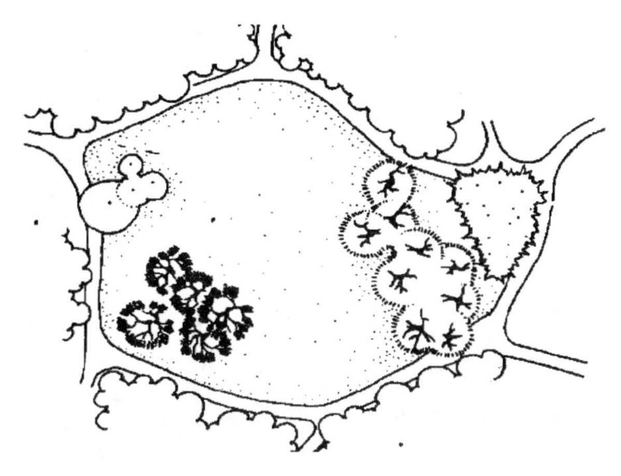

图 5-32　花港观鱼的合欢草坪四季的变化

外,还可采用常见的配置方法弥补枯黄时间过长的缺陷。①以不同花期的花木分层配置使花期延长。如以杜鹃、合欢、紫薇、金丝桃、红叶李、鸡爪槭等配置在一起,就可延长花期达半年之久。配置时注意花期长的厚度宜宽些。或者其中要有 1 ~2 层为全年连续不断开花形成较稳定的花期品种(如月季),或者采用花色相同而花期不同的花木,形成全年同一花色逐层移动的特色。如果花期相同而花色不同,则在一个季节里层次变化丰富,效果突出。②以不同花期的花木自由混栽。花期长的、花色美的,株数可以多些,使一块地方开花,此起彼伏,以便延长花期。如以石榴、紫薇、夹竹桃混栽,延长花期达 5 个月。如"孤山观梅",由于梅花的花期太短,盛花期只有两周左右,则需要将其他花期较长的花木与之混栽,适当延长观赏期。初冬季节以草花(一串红)与宿根花卉(如各色菊花)散植于梅花树下,亦可改善景观。③以草木花卉弥补木本花卉的不足。宿根花卉,品种繁多,花色丰富,花期又不相同,是克服季节偏枯现象、延长观赏期的办法。这是在西湖景区中常用的方法。如"柳浪闻莺"木本绣球附丛前的美人蕉,更显得自然幽致。比如樱花,花朵丰茂、色彩绚丽,盛花时十分诱人,可惜花期仅一个星期左右。但以上面配置的手法,基本上克服了季节偏枯的现象。

图 5-33　西湖景区某草坪的边缘

图 5-34　花港观鱼大草坪的雪松群

3. 草坪植物种

草坪通常使用的草体植物种，大致如下：狗牙根草、马尼拉草、天堂草、地毯草、高羊茅、黑麦草、铺地狼、早熟禾、格兰马草、野牛草、结缕草、沟叶结缕草、半细叶结缕、日本结缕草、矮生百慕大、细叶结缕草、钝叶草、美洲雀稗、剪股颖等。另外，还有其他并非带状叶的草坪用草，如马蹄金等。

4. 草坪和林缘线

树丛、花丛等园林植物在草坪上或地面上的垂直投影轮廓即林缘线（图 5-35）。林缘线是虚、实空间（树丛为实，草坪为虚）的分界线，是绿地中明、暗空间的分界线，是允许进入和不允许进入的界限，也是神秘危险与公开安全的分界线。林缘线直接影响空间、视线及景深，对于自然式植物组团林缘线可以起到曲折流畅的效果，在林缘线外侧开敞空间中，人们感觉自然、悠闲和安全，但蜿蜒的林冠线可以塑造出数个港湾，以高大植物作为背景，也可以形成半私密空间。曲折的林缘线还可形成丰富的层次和变化的景深，流畅的林缘线给人开阔大气的感觉。

自然式植物景观的林缘线有半封闭和全封闭两种，图 5-36a 所示为半封闭林缘线，也就是说林缘线并不封闭成闭合形状，其树丛在面向道路一侧开敞，可以从道路的这一侧的任何地方进入草坪。这片草坪也可以作为展示舞台，因为后面植物的环抱，天然形成聚焦的态势。半封闭空间可以允许人们开展较为私密性的活动，又因为不完全封闭，人们可以及早发现险情以便有时间逃脱，所以这种空间受到人们的欢迎。图 5-36b 所示为树丛围合出的封闭空间，如果栽植的是分枝点较低的常绿植物或高灌木，其空间封闭性强，但对于现代社会而言，这种空间反而并不受到大众欢迎。为了避免发生在公共空间中的犯罪行为，可以极大提升林缘线四周乔木的分支点高度，如所有分支点均控制在 3.5 ~ 4m，其林下同时也控制灌木的高度（0.6m 以下），或不种植灌木（色块），这时即便乔木植物栽植较密集，空间仍呈现通透态势，空间安全感会大幅度提升。这会产生较好的光影效果，也可以保证一定的通达性。

另外，在设计中其实还使用另外一个名词——林冠线。在城乡规划学和建筑学中，这个名词也叫“天际线”。即植物组群形成主要观赏面时，其群体树冠和天空形成的交接线。林冠线

图 5-35 居住区中小片绿地的林缘线(白色虚线)

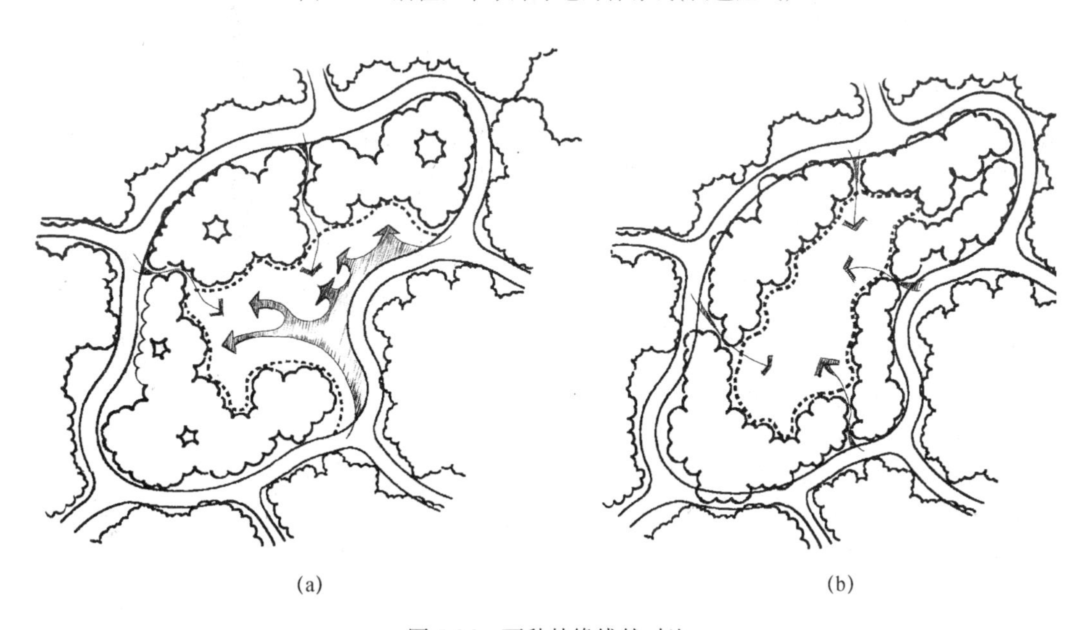

图 5-36 两种林缘线的对比

(a)半封闭林缘线;(b)全封闭林缘线

在视野极其宽广的情况下,产生壮美的感觉,如图 5-37 所示。但如果在庭院中,并非不能形成优美、轻巧的林冠线,只是趣味和前述的壮美迥异而已。林冠线的维护需要极好的园林养护工作，一般高端的园林植物配置才提供林冠线养护图纸，否则放任植物自由生长，在很短的时间内预设的林冠线就会被破坏。

图 5-37　树林前方是一宽广的水体，后面群山被雾气遮挡，得以产生壮丽的林冠线

5. 草地的其他地被植物

草坪因为昂贵，所以人们能看到的几乎都是草地，有时设计师自设计的开端就设计地被植物的草地。只是，生长普通地被植物的草地仍并不耐踩踏。所以如果人流量较大的园林绿地块，需要特别注意这个问题。

但有些地块很少受到人类的干扰，这样的地块如果种植高大乔木，则又不具备相应的条件，它们是：

(1)需要保持视野开阔的非活动场地，如湿地地块。

(2)借助地被植物的生态效应，防止水土流失，或者是很少有人使用的坡面，如高速公路边坡等。

(3)需要阻止游人进入的场地，如交通性带状绿地，因为需要保障机动车通勤，所以并不欢迎人们进入这种绿地块。

(4)园林后期养护管理不方便，如水源不足、坡面过于复杂导致剪草机难以进入或者大树分枝点低的角落地块，这种地块园林植物几乎需要“靠天吃饭”，人们的管理工作极少。

(5)园林植物环境条件较差的绿地块，在必须进行绿化的情况下，种植较为顽强的地被植物，如沙石地、戈壁滩涂、林下阴郁地块、城市巷道风口、建筑北侧(极寒)等地块。

(6)需要绿色基底衬托，又企图获得自然野化的图景效果的地块，如郊野公园、湿地公园、风景区自然保护区等。

(7)在顽固性杂草地块，本地杂草的生命力远大于设计草体，或周围总有本地草种发生源，无法正常生长草坪的园林地块。

对地被植物进行选择，可以参照以下原则：

(1)根据环境条件

地被植物因为总处于条件较为不利的环境中(阴暗、潮湿等)，它们被园林工作者严格控制体量，即便有些园林植物可以攀爬，为了景观的整洁度，也会进行严格的控制。所以在应用它们造景时，需了解目标地的环境因素，如光照、温度、温度、土壤酸碱度等，随后选择能够与之相适应的地被植物，同时需注意与乔、灌、草的合理搭配，构成互利并稳定的植物群落。如在岸边、林下等阴湿处不宜选用草花或者强阳性、阳性地被植物，而能够适应阴湿环境的观叶植物较为适宜，如八角金盘、十大功劳、肾藏、巢蕨、槲蕨、葱兰、韭兰、酒金珊瑚、石蒜、玉簪、突地笑等。

(2)根据使用功能

根据该地块的使用功能选择地被植物，假如该地块人们使用频率高，植物常被踩踏，就需考虑选择耐践踏的种类，而事实上除了禾本科的草体之外，能够耐受践踏的植物几乎没有，所以如果踩踏很多，则建议将绿地块改为铺装或半铺装。如果该地块仅用于观赏，为形成开阔视野，则应选择叶大、密集、有花或果实且观赏价值高的地被植物。如果有阻止人进入的需要，则应选择带刺的植物，比如铺地柏、枸橘、火棘等。

(3)根据景观效果

如果地块仅用作背景衬托，则最好选择绿色、墨绿、深绿，枝叶细小、密集、繁茂的地被植物，如白三叶、马蹄金、铺地柏等；但如果作为观赏主体，则应该选择花叶美丽、观赏价值高的地被植物，如玉簪、四季秋海棠、冷水花、花叶络石、花叶蔓长春等，以突出色彩的变化。另外，还应考虑地被植物与空间尺度或其他造景元素的体量关系，如小尺度空间应尽量使用质地细腻的地被植物。小植物对应小空间，可以增益空间的亲切程度，使得空间在视觉上扩大。但大空间则可以选用质地粗糙、色彩较深的地被植物。

地被植物虽然总表现为不耐踩踏的特性，但只要在耐受限度内，很多地被植物实际上并不排斥人的干扰，甚至适当的干扰可以有效地控制地被植物的高度，防止它们野化。在允许干扰次数之内，人们完全可以享受地被植物的恩泽。身处某些细腻的地被植物之中，如酢浆草、马蹄金等，被它们怀抱，人的身心得到最大化的放松(图5-38)。

图5-38　躺在地被植物之中，身心得到放松

第二节 植物密度和园林植物配置的关系

植物密度实际上是一种严格的科学。植物在自然界中会形成一个常数学形态的密度量，在到达这个常量之前，它们会尽量密集生长以接近这个常量。如果超过这个常量，则会发生因竞争而导致的弱体质个体逐渐死亡以造成空间空位，以便再次接近这个常量。比如成年植物虽然掉落很多种子在其身下，但并不是只要掉落就会健康成长为大株体；或者即便是在空地之上撒播较多数量的种子，尽管很多新苗生长，在逐渐成长过程中会逐渐发生竞争而出现死亡。因此园林植物的配置设计一味地增加密度，则植物之间的竞争格局就不可避免，实质上这是一种严重的浪费。

因苗木被人为地密植，可能会引发植物之间因生长而产生互相挤压、相互争夺阳光雨露的现象进而引起植物生长不良，枝头枯死、枯歇。严重时会使整株死亡。苗木群中如果发生死亡，还会因为腐烂而污染周边土壤。

绿地块建立初期，新栽植的植物并非全冠而基本都被苗圃进行了疏冠处理，这样做一方面可以减少水分逃逸（减少蒸发量），另一方面也可以降低植物的需求量。随着时间推移，区域内植物总生产力和纯净生产力都以指数形式增长。随着个体的增大，每种植物对环境资源的需要量逐渐增加，此时植物群冠如果刚刚郁闭，此刻这个区域内的植物生产结构达到合理结构。此时如能进行拍照描述或进行测量，以后的植物管理修剪等工作可以依据这个原始资料来进行。这时，该区域个体间枝、叶交叠还并不严重，随着个体继续不断增大，植物的枝条、叶片逐渐交叉重叠，每个个体之间的生产结构受到竞争的影响，植物冠群增厚，郁密度增强导致光线减弱，植物的生产力总量呈现下降趋势，表现在下层的枝叶逐渐枯死，植物冠群减小，郁密度减弱和透光度增加，此时总生产力也会随之增加，如此这样不断的升降变化而呈现一定的稳定性。

地域块的植物生产结构调节必然通过密度，这是个体对环境适应的有限性。尽管许多植物的宏观结构形态可随光环境的变化发生有限的变化，但枝干比、分支角、叶基本形等几乎不变。植物生长必须有自然光，一些较小个体由于位置原因得不到足量的光能，则必然枯死，所以许多园林植物个体宏观结构的有限性，决定了自然稀疏的必然性。园林植物并非不参与个体竞争，城市下垫面可能较之自然野外更加贫瘠或过度肥沃，这两种情况都是难免的，事实上，园林作品区域地块上的植物竞争更加激烈。

有些植物，如广玉兰、桂花等，因为其树冠过于郁密，则其下不容易生长任何喜阳植物。另外有些植物虽然植冠并不郁密，但其特别的生理现象也导致其下不适合生长别种植物，如各种竹类。前者于冠下投入浓厚树荫，一方面不便设置较厚重或颜色深重的设施，另一方面需要配置较耐阴植物。而后者是比较"独"或"排他"的植物，其冠下也不适宜再安排其他园林植物。园林植物的稀疏化管理，其实是园林植物修剪的必要性劳动，事实上，江南地区古典私园园丁夏季的主要工作就是使用长工具对植物进行疏枝。

自然稀疏是竞争的结果，但竞争是需要有能量消耗的，这与动物为争夺食物的奔跑、打斗等能量消耗不同，植物竞争的能量消耗表现在个体之间物理性挤压、化学干扰物质排放、生理结构的相互干扰等，目的是使其他植物不能对环境资源更好地利用。但园林植物的消耗其实是经济损耗。

一、两种配置密度方法

园林一定片区内植物群落存在一定合理的生产结构和合理密度，而且维持群落合理的生产结构可以在同样的环境条件下，也就是不增加资源投入的前提下，可以稍加提升净生产（园林植物增值），这是一种经济有效的增益途径。这一部分已经被学界认可，即以上层叶光合作用的速率为基础前提标定生产机构的合理性指标。

一定片区内植物群落各层叶单位叶面积一天内的光合量（P_{Gi}）与该区域植物上层成熟叶片的最大光合速率定义为相对光合时间数（T_{Li}），也就是 $T_{Li} = P_{Gi}/P_{gmax}$，I 为光照强度，a、b 为系数，a、b 的值通过测定目标测试区植物叶片在不同光照强度下对 CO_2 的吸收量而求得，如果设定 $t=0$ 为太阳始升，t 为太阳落的时间。则：

$$P_{gmax} = \lim_{1 \to \infty}\left[\frac{bI}{(1+aI)}\right] \tag{5-1}$$

$$P_{Gi} = \int_{t=0}^{t} P_g \mathrm{d}t = \int_{t=0}^{t} bI(1 + aI) \times \mathrm{d}t \tag{5-2}$$

综上计算结果：

$$T_{Li} = P_{Gi}/P_{gmax} \tag{5-3}$$

可算出一定片区内植物群落任意层次内叶的光合时间数，其中 P_{Gi}单位是 $mgCO_2$，P_{gmax}的单位是 $mgCO_2/dm^2 \times t$，T_{Li}的单位是小时（h）。把各层叶的相对光合作用时间数 T_{Li}乘叶面积 F_i，即为：

$$T_{fi} = T_{Li} \times F_i \tag{5-4}$$

式中，F_i是某一层的叶面积，其单位是 dm^2。其中各层叶片的相对光合数为 $T_L = \sum_{i=1}^{n} T_{Li}$。$T_{fi}$表示各层叶片对单位土地面积产生的作用。$T_t = \sum_{i=1}^{n} T_{fi}$ 大，则代表一定片区内植物群落生产结构合理性高，后期经济投入少，植物增值和不动产增值率较好。

一定片区内植物群落内植物最初状态和植物种密度无关，平均个体密度都在增加，单位面积上生物量伴随密度的增加而增量，到达一定时间后，竞争从高密度个体和植物组合开始，并逐渐向低密度植物种和向地面高度扩展。竞争产生的抑制作用使得景观形态日臻完善，植物生产变慢，低密度平均个体生长逐渐超过高密度的个体，各个层次植物都可获得增值机会。如果不及时修剪疏枝，该片区中植物的增值量减少甚至停止，不但增加植物的消耗量，叶片徒长，开花量也随之减少。合理密度范围不断由高密度向低密度变化，在双对数倾向上呈 S 形曲线，不难发现这种曲线遵循 Logistic 分布：

$$\ln W = k(1 + e^{(b \times \ln N - a)}) \tag{5-5}$$

其中，W 为平均个体体重；N 为密度；k 为与生长相对应的平均个体的上限值；b、a 为回归系数；e 为自然对数的底。由于植物宏观生产结构和微观生产结构等在物质调节情况下产生一定的适应性，把这种缓和竞争带来的损失和维持合理密度范围的适应性作为一种缓冲作用，即 $B = N_u/N_1$，N_1 是合理密度，N_u是过程值，它们的比值就是缓冲系数 B。当密度到达上限密度时，则 $W = KN^{-\frac{3}{2}}$，合理密度直线式与$\frac{3}{2}$幂乘法则，代表对自然稀疏做出的严格数量限制，实际上，少量自然稀疏产量就可以达到合理密度增值。

通常，园林植物配置并不考虑植物配置组群植物的密度问题，而只是从图景上考虑配置，考虑到园林作品内并不是由单一植物构成的,同时园林作品也并不主要以收获植物某种器官为主要目的,所以通常配置设计成植物组群。这样,以上公式的计算就变得非常复杂。所以本书也并不推荐读者进行复杂运算。一方面因为自然界的耦合性质,可变因素和变量过多,公式只能给出一种理想状态;另一方面,可以使用相对较为简单的方法,见表5-4,图5-39。

表5-4　植物配置组群植物中最高大植物单株树下各个高度的透光率情况

距离地面高度(m)	10	9	8	7	6	5	4	3	2	1.5	1	0.5	0*
天空透光率(浓冠)(%)	95	90	85	80	70	65	50	40	30	25	20	20	16
天空透光率(中度)(%)	98	95	90	85	80	73	60	52	45	40	36	34	32
天空透光率(稀冠)(%)	99	96	94	91	87	84	80	73	68	61	58	52	48

注:*0m即地面;表格中填充灰色的数据代表人感觉舒适的得光程度。

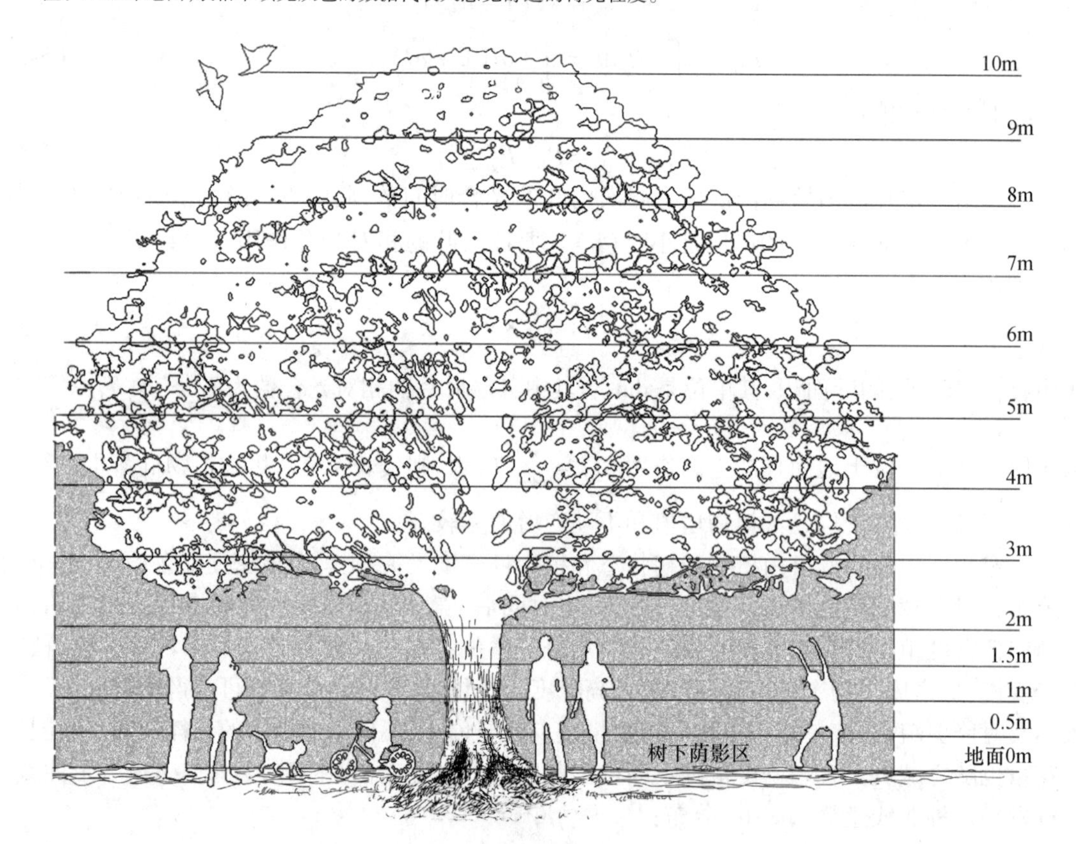

图5-39　大乔木透光率计算平行切面示意图

表中的数据是根据大量植物实地测算而来,所有数据均采用中位数而非平均数,每行均选用数十种植物进行计算。本书所指的透光率,即植物全冠情况下,不同高度横截面树冠阴影投影中阳光能够无遮蔽的射入面积比率。概念句中"树冠阴影投影"为树冠最外轮廓的投影范围,表中灰色部分是人感觉光强的舒适范围,但也有前提条件,即当35℃≥人的体感温度≥27℃时,20%≤植物透光率≤40%才感觉舒适;8℃≤当人的体感温度≤15℃时,48%≥植物透光率≥40%感觉舒适;当人的体感温度≥35.01℃时,植物透光率≤20%感觉舒适;当人的体感温度≤7.99℃时,植物透光率≥50%才感觉舒适。落叶植物在秋季落叶,于冬季呈现无叶态,但其枝丫也会对光产生遮蔽作用,但透光率几乎仍在80%以上,所以特别是在我国黄河以北地区,冬季人们在落叶植物株体下部也会感觉舒适。

但植物配置设计多数时候并不是只布置某一种植物,表5-5是两种高度植物(其一为表5-4中强势高度植物,加入一种中等高度的植物,和强势植物的植物种不同)的透光率情况。

表5-5　植物配置组群植物中最高大植物单株与中等高度植物单株 **,两种树下各个高度的透光率情况

距离地面高度(m)	10	9	8	7	6	5	4	3	2	1.5	1	0.5	0*
天空透光率(浓冠)(%)	95	90	85	80	65	60	44	38	30	20	15	11	10
天空透光率(中+中)(%)	98	95	90	85	74	67	53	44	37	29	24	22	21
天空透光率(稀+稀)(%)	99	96	94	91	81	74	70	63	56	47	42	37	36

注:*0m即地面;**表中的中等高度植物是指和同行植物种雷同密度的植物种,表格中填充灰色的数据代表人感觉舒适的得光程度,黑色块代表人们感觉畏惧的阴影。

除了体感温度因素之外,若谈到人的舒适感,还需考虑树冠阴影对人心理产生的影响。人天然有对黑暗畏惧和逃避的本能。根据调查我们发现,即便是在盛夏,单个游客也自觉地避开或回避植物透光率≤15%的区域。当植物透光率≤10%时,这样的区域事实上成为无人光顾的园林作品灰空间。

但同时人们也能直观地认识到,当植物的树冠荫影过于阴郁,则其株体之下其他植物也难以正常生长,这种情况在我国的大部分地区常见,即一些亚热带地区的植物虽然耐阴,但它们几乎不能在冬季地表温度低于8℃的地区露地过冬,有时甚至其根部也会冻死。这样,一些园林植物株下就难以再种植其他植物。比如长江流域地区常使用的广玉兰,亚热带地区的榕树等植物。

配置植物组群如果达到高—中—低3个层次,则通常需要考虑是否允许游客进入植物组群,倘若仅从三角形构图法的图卷考虑,也就是不允许游客进入,则需考虑最底层植物是否有足够的耐阴性。

各个高度的透光率表5-5只给出了当两种植物树冠疏密程度较为一致,且两层植物高度的植物配置组群允许游客进入时,表6-6给出了中等高度的植物比其上高大植物更郁密的透光率情况,例如樟树下方配置桂花、合欢下方配置樟树等。具体见表5-6。

表5-6　植物配置组群植物中最高大植物单株与中等高度植物单株 **,两种树下各个高度的透光率情况

距离地面高度(m)	10	9	8	7	6	5	4	3	2	1.5	1	0.5	0*
天空透光率(浓+浓)(%)	95	90	85	80	60	55	41	32	20	12	5	2	2
天空透光率(中+浓)(%)	98	95	90	85	69	62	49	35	25	16	12	10	8
天空透光率(稀+浓)(%)	99	96	94	91	75	69	60	50	35	26	22	21	18
天空透光率(稀+中)(%)	99	96	94	91	71	65	56	46	31	21	18	16	15

注:*0m即地面,**表中的中等高度植物是指较其上高大植物种更高密度的植物种,表格中填充灰色的数据代表人感觉舒适的得光程度,黑色块代表人们感觉畏惧的阴影。

在自然界中能够耐受≤8%的透光度的植物种,如八角金盘、吊竹梅、虎耳草、一叶兰、蕨类、翠云草、绿萝、金栗兰、非洲堇等。这些植物有些不能耐受过低温度,有些又会生长得过大,所以配置时需要进行具体问题具体分析。

有时候,配置的植物组群从高度方面分并不止 2 个或 3 个层次,可能会有 5 ~ 7 层。但情况终归呈现两种情况,即允许游客进入植物组群或不允许进入植物组群。当允许进入时,应选择其上空 3 个层次的植物种树荫,见表 5-7。

表 5-7　超过 5 个层次的植物配置组群植物中最高大植物单株、中等高度植物单株及低植物单株,3 种树下各个高度的透光率情况**

距离地面高度(m)	15	14	13	12	11	10	9	8	7	6	5	4	3	2	1.5	1	0.5	0*
天空透光率(浓冠)(%)	95	93	91	88	86	82	80	75	70	60	52	39	31	18	14	7	3	2
天空透光率(中度)(%)	99	97	94	90	87	83	81	77	71	64	57	49	35	25	16	13	11	8
天空透光率(稀冠)(%)	99	97	94	90	88	86	82	80	70	65	60	55	49	32	22	20	19	18

注:*0m 即地面,**表中的 3 个植物层次,设定为同种稀疏植物种,表格中填充灰色的数据代表人感觉舒适的得光程度,黑色块代表人们感觉畏惧的阴影。

以上两种方法,核心在于配置安排植物组群从上至下的阳光透光率,无论是密度探讨,还是横切面阳光透过率,其实质都是透光率,较高植物树冠稀疏,透光率高就可以保障其下较低的植物获得更多光能。多层次植物组群配置,使上层能够保障下层的得光,植物层越低则应越耐阴,直至所有植物都能够良好的生长。

关于园林植物的种植密度,因为园林植物的种类极多,也就不能一一列举合适的密度。《造林技术规程》(GB/T 15776—2016)国家标准中,已经有一些单品种园林植物的合适种植密度举例,抄写数个如下:沙地柏 2.3 株/m²、月季 11.8 株/m²、榆叶梅 2.4 株/m²、南天竹 4.5 株/m²、贴梗海棠 2.6 株/m²、迎春 4.2 株/m²、金叶女贞 30.4 株/m²、丛生紫薇 3.1 株/m²、腊梅 2.4 株/m²、木槿 4.2 株/m²、洒金柏 3.7 株/m²、龙柏 6.6 株/m²、落叶松 0.11 株/m²、越桔 0.25 株/m²、旱柳 0.17 株/m²、银杏 0.08 株/m²、雪松 0.1 株/m²、七叶树 0.11 株/m²、无患子 0.06 株/m²等。国标上的单位面积种植的株体数量,是该种植物的成年态体量。但问题是,以景观图景为主要目的的园林,其在营造初期预备种植的苗木常常是幼苗或某些植物种的年轻态,如果按照国标来种植就会显得较为稀疏。尤其是一些需要立竿见影的园林作品,如国际会议场馆、体育赛事或新建楼盘销售部等,在这些情况下园林植物长时间的养成并不现实,但将较多数量的苗态植物配置不失为一种景观速成的办法。

二、确定植物密度的因素

园林植物种密度应根据树种特性而具体确定:①生长缓慢、耐阴程度高、树冠横截面直径较纵向直径小、横向生长根的能力较弱、耐干旱瘠薄的园林植物种可适当密植。②生长快速、强阳性或阳性、树冠伸展而开阔、白昼时需水量较大的园林植物种应适当稀植。

一些以植物功能为目的的园林作品,其主要功能为某种类型的防护,如道路防护林带、高压电塔防护林带、堤坝防护林带、沙漠边缘防护林带等。这些园林作品应按照种植植物的培育目的来安排植物密度,其主要以点阵状态的植物种植方式为主,这种园林作品的图景会相对单调。①防护林可适当稀植,而行道树或行道树林可以等待植物完全舒展,直至其最大树冠全面覆盖并闭合。②一些用材林如果培育大直径木材,同时不安排间伐,这种树林在种植之初应适当稀植。③另外一些以培育中小径材为目的的用材林,因为植物只要生长成预定尺度,就会被间伐,所以在最初应该适当密植。④以乔木为主的经济林可适当稀植,而以灌木或人为矮化的经济林可以适当密植。⑤以木质作为能源的经济林可适当密植，而以榨取油料作为能源经济林的可适当稀植。⑥有一些经济林有特种用途，如割取橡胶的橡胶林、取大漆的漆树林等，应该按照它们的特殊要求确定植物密度，而以观赏植物景观为目的的风景林，可按林木植物种成年树完全舒展的最大树冠为间距种植。只是将这种林木景观塑造成型需要假以时日。

一些园林作品一旦实现，在肥水管理方面就不太尽如人意，如路旁边坡绿地、郊野公共性质的零散绿地、模糊管理地区的公共性质绿地等，所以在这样的园林作品中配置园林植物，就需要根据立地条件来确定园林植物密度。①立地条件良好，土壤肥力高或肥水循环条件佳的绿地块，可适当稀植。②立地条件良好，土壤肥力高但水条件较差的绿地块适宜稀植。③立地条件差，但灌溉条件好的绿地块（土壤肥力并不关键），可适当密植。④立地条件差，没有灌溉条件的绿地块，应适当稀植。⑤由于无人管理或少管理，植物林下容易生杂草和杂灌的绿地块，可适当密植，尤其是可以进行多层植物组群密集种植。

园林作品经营水平的优劣，也是园林作品中植物配置密度的关键。这一部分尤其和设计阶段相关，设计单位在掌握园林作品的物权者情况之后，可以量身定制设计园林植物的密度情况。①园林作品中可供作业的道路密度高、供作业用机动车交通便利、园内劳动力及专业人员数量较多、管理方经营水平较高、园区收支平衡资金链正常等条件下，可适当密植。②园林作品拥有方不符合①中的各项条件，但仍然具备一定的管理机构形态或体块，只要资金链正常，这种情况应该适度稀植。③功能性经济林采伐年龄已经较长同时与采伐年龄期较短的植物种混交时，可以采用适当密植。④在一些防护性质的园林作品中植物林冠闭合前有时可以进行农林间作，以获得最大化的经济效益，此时可适当稀植。

园林植物配置工作开展时需要考虑的密度问题，有时应该用较小尺度的比例尺来综合设计构思，除了美学因素以外，仍需要综合考虑其立地条件（在园林作品设计前现场踏勘时确定）、植物种特性、园林作品的主要目的、园林所有人的经营水平等因素。最后，仍需要考虑的特殊因素有：①某些园林作品在石质山地、岩石裸露、人工不透水下垫面地区建造，如矿山遗址、岩石山地园林、屋顶花园等，则应按实际情况扣除不能种植植物的面积后确定植物密度（有时大面积种植并不经济或消耗过大）。②目标地块上如果已存在有价值的珍惜树种或可保留树种，可视其具体数量、分布特征以及新设计植物配合造景的特点，部分或全部纳入密度累计（计算）。③园林作品目标地块在营造景观时，目标地上已有的原有植物，应该纳入统一的植物管理体系中，计入植物配置工作成活率和保存率的计算。

第三节　植物配置的经济性

植物只要活着，就需要不断地资金投入（水、肥、管理费用等）。所以从长期来看，如果总消耗费用大于存在的价值，一般而言，这种在城市中的非自然物就没有存在的价值。所以说，植物配置造景必须在遵循科学性和艺术性等特性的基础上，注重其经济性。这也就是为设计提供一定的可依据和可执行的标准。当然，经济性也指代较为肤浅的意义，如指导施工时的有效性和节约成本等。植物配置设计工作要求植物本身具备经济性，同时也是评价植物造景可行性的一种标准，即有效地指导施工，按部就班履行成本。营造园林总地来说也为整个经济社会带来了一定的经济效益，推动了一部分社会经济的发展。

狭义上，植物配置的经济性主要是指园林绿化的投资、造价、养护管理费用等方面的经济核算，在美景度达标的基础上力求尽可能地依照计划花钱，同时还需在施工养护管理等具体问题上带来方便，通俗地讲，就是使用非专业人员的简单操作也能达到专业化程度。广义上，经济性指以最适当的投入，综合考虑植物景观可持续发展所带来的景观效应、社会效应、生态效益等，从而取得最佳的效益值。

一、基本表述

植物配置的经济性强调植物群落的自然适宜性（密度适中，或植物和植物之间的竞争关系较小，最好是协调共生的关系），争取植物及植物群在施工养护管理上的经济性和简便性，尽量避免养护管理费时费工、费水费肥、消耗过高、人工性过强的植物配置设计手法。

一般来说，适地适树，一方面尽量使用乡土树种，另一方面应根据当地气候、土壤等各生存环境条件来选择能够正常健康生长的树种。此外，为了丰富植物种，当然可以选择一些外来引用树种。这些外来的植物只要经受住长期的考验，可以逐渐适应该地的环境条件，在造景效果上可弥补本地树种无法营造的景观图案感，如悬铃木、雪松等。

植物本身的“根、茎、叶、花、果实、种子”六大器官总是有各种经济意义，这其实是一种生产方面的功能，完全可以被人们利用。园林植物在美化环境的同时，也可带来一定的经济收益，如各种果树、药用植物等。但设计者需注意的是，园林植物结合生产只能将生产放于次要位置，避免贪市民取果造成景观植物被伤害，更多时候需要在果实成熟之前进行下果管理，且仍需以视觉观赏为主要目标。

园林植物按其产品的经济用途可分以下几类：果品类，如苹果、海棠、嘎嘎果、梨、杏、桃子、樱桃、李子、柿子、山楂、海棠果、榛子、板栗、山核桃、松子、枇杷、桑葚、无花果、拐枣、枣、葡萄、猕猴桃等；许多园林树木的果实、种子含有淀粉，如栎类、栗属、苦储、榆、银杏等；有些树木的叶、花、果可做菜蔬使用，如榆、刺槐、香椿、鱼腥草、龙芽葱木等；又有一些园林树木的果实或种子富含可为人吸收的油脂，如榛属、松属、山核属、核桃属、无患子、山杏、山桃等；药用类，如银杏、罗汉松、侧柏、金盏菊、杜仲、牡丹、枸杞、万寿菊、金银花、构树、迎春花、接骨木、五味子、连翘、杜仲等；芳香类及用材类，因为数量太多而不胜枚举。园林作品中的植物应禁止发生以上牟利行为，至少应该在不影响其观赏性的基础上禁止暴力采摘行为。

在进行植物配置时，有时为了满足甲方短期达到一定规模的景观效果，常常会配置一些大规格的苗木。这种配置方式和是否缺乏科学性无关，资金问题才是这一类设计的关键。大规格的苗木一般价格较高，其起苗、运输、入坑等施工工程费用和难度增加，而且栽植后养护成本也较高。倘若种植中小规格的苗木，既降低了单位面积的园林造价，又能在一段时间内节约养护成本，但需要牺牲一定时间的景观效果。园林作品的不同性质，决定了是否可以进行这种时间方面的等待。比如校园绿地建设，就不那么急迫要求立即见到景观效果。一种折中的办法是在植物配置设计时以中小规格苗木为主，在重要节点上适当点缀一定数量的大规格苗木，不仅能在短期内形成可圈可点的图景，又能兼顾到长短期视觉效果的衔接，还可节约投资。

植物配置设计工作以适度为根本原则。设计阶段说到底仍旧是“纸上谈兵”，多方面、多角度和多层次论证是必要的，待采购、选苗、起苗等工作逐渐开展之后，如果再行变更，则会增加成本。

二、基本内容

1. 投资

一个园林作品，如果投资超过投资人实际支付能力，或是后期养护管理费用超过预期，则该园林作品往往会陷入运营困顿。园林行为是在把事情办好的前提下较少开支，这就需要园林工作者在科学植物配置、生态适用等方面，在具有科学性、确定性和把握性的基础上进行园林植物配置设计工作。

目前很多城市在进行植物造景和绿地建设中，采用综合开发的形式，统一规划和部署，全面计划和安排，采用政府限价、公开招投标的形式，集中投资并统一建设。具备私人投资和私人归属性质（小范围人员使用）的小型园林作品，如私园，或者半公共园林作品，如学校、医院、厂区等，及旅游区、疗养区、宾馆、饭店等的景观建设，如果绿化量较大，也可以采用类似的方式，以在工期时间方面严格按照规划进行建设。

2. 造价

造价应该包括至少 3 个部分：设计费用给付、施工过程各项费用和后期养护费用。但实际上，造价分为直接费用和间接费用。造价即园林工程在设计施工过程中发生的所有直接和间接的成本费用和支出，也就是在建造园林工程时形成的价格。直接费用包括人员支出、材料成本和机械设备支出等 3 方面。人员支出指实际劳动，如搬卸、掘坑、换土、浇灌、种植、施肥等前期种植和成长完成等所有实际劳动环节的费用支出。材料成本包含所有绿化植物购买、灌溉水、养护材料等各种支出。机械设备支出是在运输、起吊、栽植植物的时候使用机械设备所需要耗费的费用支出。间接费用是根据园林工程的具体规模，按照定额来进行测算，以便得出实际支出的数额。

利用园林工程施工设计图纸编制的工程概预算以及在建造过程中发生的各种费用支出，能够在事前计算出实际造价大致全貌。绿化造价直接决定园林工程的经济效益，所以受到业主与施工建造方的重视。在园林工程施工过程阶段常会出现通过降低人员、材料和机械等成本费用支出，以减少绿化造价。有时应标的施工单位为了最大化地收入而人为地减少人员、材料和机械等成本投入。这一方面是为了减少浪费，另一方面也容易造成施工困难等情况。

（1）设计费用

需按照国家标准或事先约定的合同价给付，如甲方如果有专业人员，也可以不雇佣设计师进行设计，自行安排施工。则这一部分可以省略。设计师的职责并不只在设计，而是帮助甲方深入挖掘和寻找最优方案。

（2）施工过程费用

包括苗木划价（购入费）、苗木包扎费、圃内搬运费、圃外运输费、市政卫生费、植物检疫过关费、抵达卸苗费、入地前养活费、挖坑施工费、苗木固定支架费等。在绿化种植工程中，苗木购入费用是整个工程费用中的主体部分，在完整预算造价中占有较大比重。苗木的名称、品种、规格、数量需依据施工设计图确定（施工图纸需要有设计方、甲方、监理方三方签字和各个归属单位资质盖章）。

苗木单价取定顺序如下：①指导价中有相应单价的植物种，依据《某某工程造价信息》资料单价取定苗木单价。②指导价中如果没有相应单价的植物种，依据上一年度的《工程苗木材料预算调整价格》资料单价取定苗木单价。③指导价和《工程苗木材料预算调整价格》中均没有相应苗木单价时，新品种不断增加，工程苗木市场价格资料收集单位，没能及时更新和发布新版本指导价表。

园林植物因为其活体特征，具备一定的生命周期，即幼年期、青年期、壮年期和老年期，除了老年期以外，一般前三个时期都可以移植，一般情况下青年期为最佳苗龄移植期。年龄期越好，保护措施也越简单，土球也可以越小，意味着一个单位的运输可以容纳更多的苗木株数。但如果项目工程需要的苗木规格偏大，也就意味着土球及防护措施必须都大和到位，即单位运输所能容纳的苗木株数较少，一般对大规格的工程苗木移植应慎重对待，如提前切根、土球包装、大吨位汽车吊运等，其耗用的费用也较大。

当没有办法找到相应的苗木价格信息时，一般可采取甲、乙双方预先协商的单价，按合同如实结算的方法解决。这种情况有时也包括特殊情况：植物配置设计出特殊形态的植物，如盆景类或造型类植物。这种植物在形态塑造方面已经投入了大量的人工养护成本，但就其植物种本身而言又可能并非珍惜种类，这就很难用一种"指导价"进行价格约束。

在植物配置施工中控制造价常采用的几种方法：①加强苗木科学化管理，保证苗木的成活率，减少损失；甲方代表和监理方应在苗木起运前和过程中根据施工设计苗木表（已经具备法律效益的）中的植物验收入场苗木，保证苗木的种类、质量和规格是否正确，因为规格稍有差别则苗木在价格方面差距较大，从而减少甲方的经济损失，相关责任人应该在书面文件上签字并报备。②及时调整现实问题，在真正施工时，这种情况是可能发生的，即因为比例尺问题而原本很多不可能在"现状图"上体现的微小地形导致的"图与现实不符"，又如开挖种植穴时才发现地下土壤并不具备种植条件（地下水位过高、地下存在大量岩石、下方出现溶洞等空洞等），再或者种植时发生图纸设计植物密度并不能实现等现实问题，此时应当及时和设计方联系，设计方应即刻到场处理，可以根据事实条件立刻进行调整，以免大型机械发生空置浪费，可在具体问题调整好后再发出调整设计书面意见，调整种植，保证施工与实际情况的种植合理性。③在施工时，需保留图纸上要求保留的原有植物株体，对图纸上并无规定要求保留但现实中又具备保留价值的原本植物，甲方有权在现场发出保留指令，施工后应该及时通知设计方，方便设计方据此制作竣工图报备；④采买苗木，应尽量选用近郊苗圃的苗木，以此可有效地减少运输成本；⑤回填土如不能达到预定效果，需要额外购买种植土，应按照植物生理需求进行肥水调配，增加植物的存活率。

3. 养护费用

园林作品的植物珍惜程度越高，地形（硬件条件、园林构筑物或园林要素）越复杂，园林作品越受人欢迎等，则投入的养护成本越高。

养护成本包括养护人的薪金支付成本、养护器械成本、养护物料和养护工作条件成本。养护器械成本包括器械购买成本和器械安装、维护、维修、保养、报废成本等；养护物料成本包括灌溉水、肥料、病虫害药品、电力、煤气热力等；养护工作条件包括养护工人休息用房、养护器械和物料存放用房、调制药品用房等。

三、实际应用

(1) 花海景观

一些地区近年来兴起的"花海"景观，同地块如果种植一般农业作物所能产生的经济量可能小于种植花海。但同质化竞争的问题是，市场一旦饱和或趋于饱和，实际进入门槛就会增加，这一类投资行为和投资额就会放缓，就 2018 年全年来看，各地增加的花海景观点逐渐出现放缓趋势（图 5-40），如此看来，这种投资类型市场逐渐趋向于饱和（同质化）并因竞争发生个体淘汰。

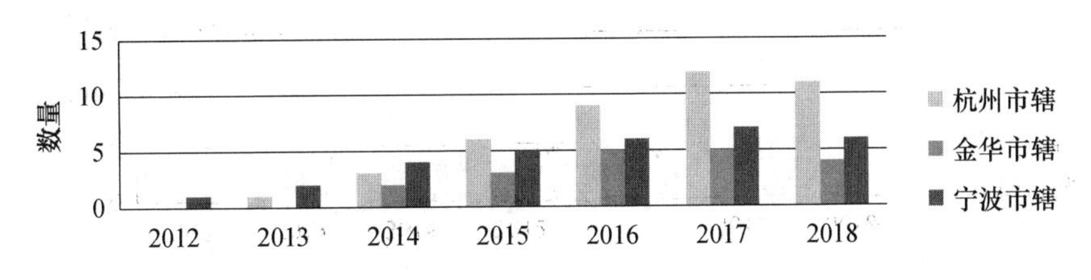

图 5-40　浙江各个城市辖区非农作物花海景观营造数量逐年变化

花海的灵感来自于欧洲，那里有整齐划一巨大片区的花田，荷兰的鲜花通过现代化物流通运全球，鲜花的各部分被假以利用，鲜花的成本由于强健的园艺技术和综合价值利用下降到最低，如果没有在技术上形成对花卉植物利用方面的系统性多头突破，贸然参与国际竞争，势必遭到强力狙击。中国城市间的这些花海目前只能吸引城市附近的观光流，的确能够产生相应的经济效应。有专家提出要加强产业链建设，如“要在原有看花的基础上形成赏花、住宿、购物、文化消费一条龙产业链条，让游客有花赏、有美食尝、有产品购、有活动参与……再比如发展民宿、出售花卉制品、打造写生基地、作为影视剧拍摄基地等”。但这些商业动作仍旧是简单的产业模式，可以姑且定为“花海经济 1.0”，如果不能跳出这种开发旅游的模式和思路，不能让花卉衍生物尽快参与国内竞争，就无从谈到综合产业链发展。

整齐划一的宿根花卉植物或者草花植物都可以作为花海植物，另外，整齐划一的农田也可以看作一种花海景观。常见的花海景观植物大致如下：柳叶马鞭草（春季和秋季）、桃花、樱花、油菜花、石竹、一串红、波斯菊、郁金香、万寿菊、二月兰、矮牵牛、八宝景天、雏菊、佛甲草、孔雀草、千屈菜、三色堇、鼠尾草、丽格海棠、三色堇、金盏菊、羽扇豆、金光菊、月见草、虞美人、紫花地丁、荷兰菊、金娃娃萱草、红景天、八宝景天、福禄考（芝樱）、玉簪等，不胜枚举。

（2）城市园林植物价值开发

划定可利用植物的区域，一般可以划分为 3 类区域。①缺陷土地区，该区域土壤已经存在因工业生产而产生的污染问题，或者此区域原本即存在盐碱或泛洪问题而并非特别适宜植物生长。这地块上的植物不适宜为人利用，其落叶、落枝等不但不能作为绿肥就地掩埋，同时禁止作为薪柴材料使用。②一般无人管理土地区，这部分土地上生长的植物通常无人照顾，植物所需的灌溉水依赖自然降水，肥大部分来自地块小型动物排泄物或落叶循环。最初这一类地块上的绿植也有可能是人工绿化而成，只是后期不再进行管理，或者它们是由种子自行萌发，直至生长成较大株体的植物，这一类植物有完整根系，已具备该地较高层次的适应性。这一类植物高度适应了生长地条件，常常较为美观。③优良土地环境区，这种地块通常为城市公园、湿地公园、校园、居住区等，特别适合植物生长，且长期有固定的园林管理人员照料，植物种类多，种植范围大。此类植物最有利用价值，质量和数量方面均可得到保证。

由于不同植物的利用部位不同，利用的策略也各不相同，且利用过程需注意不得影响其绿化及景观效果，所以需要详细编制利用工作步骤。但需要进行经济核算，如果入不敷出，就不必施行。园林作品内的果蔬因为成熟期集中，又因为其主业常并非具体物的销售，同时也常并无切实和详细的营销策略，不如将此进行外包（转包），以获得相应的经济利益。事实上，园林内适度降低植物密度，对保留植物较有益处。否则，植物自然会发生自我淘汰的过程。另外，每年对一些园林植物进行相对固定的修剪工作，也可以产生一些剪枝，可能也会产生一定的经济效益。

第六章　园林植物配置过程

第一节　项目地植物调查

园林植物配置工作,是科学性和艺术性的结合,两者缺一不可。

开展植物配置设计工作前,本着具体问题具体分析的态度,对项目地进行园林植物种调查。因为具体到实际项目,其所处的地理位置总是会或多或少地有些独特小气候特征,可以称之为项目地微气候特征。可能允许一些本来不适合大环境生存的植物种入驻。只有细致地进行场地调查,才有可能比较精准地掌握这些额外的信息使其为设计所用。园林植物种是科学的精准选择,设计者只是“搬运工”。

项目目标地的园林植物调查,一方面可以帮助设计者掌握项目地的自然气候特征,也可以获得本土植物种类的名录,同时也调查本地经济与社会发展情况,对设计都是最直接的一手资料。其中植物调查是对项目地植物资源进行全面的本底资源摸底,甚至可以根据业主的设计倾向,进行专项的调查。园林设计单位有时候在项目的空挡或者在培训新进员工时,也可以组织相对应的员工开展本城市园林植物的现状的调查工作,记录相关历史资料与分析总结资料。这种调查能够为园林设计工作提供基本的科学依据,这种数据及报告书,可以为城市绿地系统规划提供依据,其商业价值还可以为地区苗木产业提供经济技术服务。

一、项目地园林植物调查

对项目地的园林植物种类、生存环境、生长状况、取得效果、养护成本评价进行调查。另外,调查应加入项目地的经济技术条件、四周环境及交通条件、已有的绿地情况及文化历史条件等内容。

同时应该注意调查内容不宜超出调查者的能力范围,有些数据如果甲方不能够提供,或者需要支付昂贵费用才能采集,则应该使用较为便宜的方法取而代之。也可以通过数据相互的佐证功能,避免过大的经济损耗。我们要清楚一个事实,就商业而言,此时设计方(乙方)并未收到任何的设计费用,采用比较折中的低成本方法是可以理解的。

二、项目地自然条件调查

调查项目地的自然地理位置、地形、土壤、地貌、水文、全年风、阳光条件等条件,另外还需要调查可能导致园林植物发生灾难性死亡的因素,如台风、焚风、通道风、城市热岛效应、有害气体、毒性液体、固体废物、强光、强遮阴、土壤深度极低、酸碱度过高、温度要过高、土壤肥力极低、干旱时间过长、长时间阴雨、长时间浓雾、超级低温等。设计前应该必须掌握这些极端的不利条件因素,对确定具体植物种起到关键的作用。

对项目地现有植被情况进行观察,通过它们的长势可以观察到各种信息,这些信息能够反映项目地的自然条件情况。如某绿化提升项目中一些建成树池中的行道树产生明显的病态,而相隔不远的其他行道树却生长正常。既然需要对该地块进行绿化提升,则需要对生长弱态的植物进行更换。在项目考察中,就需要彻底探寻其生长弱化的真正原因,否则自然条件没有得到根本改善,病灶仍旧客观存在,则新栽植的植物仍旧会出现和前株植物相同的植株弱化情况。

三、项目地城市绿化情况调查

对项目地周边已经有的城市绿地进行摸底调查,记录其植物种类、抗性、生长表现等,绘制简单的平面图(可以使用步测法),使用科学的符号进行标记,统计各种植物的数量、常绿和落叶比率、乔木和灌木比率、草体面积占整个园林作品的比例等。通过观察项目目标地周边园林作品水平的情况,还可以借此推测当地的园林后期管理水平程度。

四、调查表

各调查表的样式见表 6-1、表 6-2、表 6-3。

表 6-1 ____________项目园林植物调查表

编号:	电子文档检索名:		
栽植地点:	栽植地点平面图电子检索名:		
植物种名:	学名:		科:
类别:落叶、常绿、针叶、阔叶、乔木、灌木、草本、藤本、水生,其他			
冠形:圆形、三角锥形、伞形、卵形,其他	干形:通直、弯曲		生长势:强、中、弱
植株高:	冠幅:东西　南北	特殊角度	胸径或地径
主要观赏形状:			
其他重要特征:			
园林用途:行道树、防护、庭荫树、垂直绿化、坡体植物、孤植,其他			
配置特点:	栽植立面图电子检索名:		
生境:			
土壤条件:	质地:		pH 值:
	肥力:好、中、差		水分:水湿、湿润、干旱
病虫害程度:严重、较重、一般、较轻、无	虫害种类:	照片电子检索名:	
主要空气污染物:		抗性情况:	
伴生物种:			
是否有特殊的环境干扰:			
适应性综合评价:			
植株照片文档检索名:	存档硬盘名称:	路径:	
	调查人:	调查日期:	

注明:有图纸的项目需要附图纸。

表 6-2 ____________现状调查表(自然条件部分)

编号:　　　　　　　　　　　　　　　　　　　电子文档检索名:

<table>
<tr><td rowspan="4">地形</td><td>地形坡度</td><td colspan="3">坡面朝向　　　　制高点　　　　标高</td></tr>
<tr><td>山地面积</td><td colspan="3">用地比例　　　　最低点　　　　标高</td></tr>
<tr><td>一般描述</td><td colspan="3">□平坦 □稍有起伏 □起伏 □起伏较大 □单向坡面 □凹凸不平</td></tr>
<tr><td>其他</td><td colspan="3"></td></tr>
<tr><td rowspan="10">水体</td><td>水系分布</td><td colspan="3">水面面积　　　　用地比例</td></tr>
<tr><td>水源情况</td><td colspan="3">□人工 □天然 □其他__________　　供水情况</td></tr>
<tr><td>水质情况</td><td colspan="3">□优秀(流动、清澈、无异味、无漂浮物、无污染)
□良好(较为清澈、无异味、无污染、有少量漂浮物、四周景观环境好)
□一般(不流动、污浊、有异味、有轻度污染、有漂浮物)
□较差(不流动、污秽、有重度污染、有污染源、富养化严重)</td></tr>
<tr><td>有否污染</td><td colspan="3">污染源</td></tr>
<tr><td>水体形式</td><td colspan="3">□规则样式 □自然样式 □混合样式 □其他__________
□静态水 □动态水　　　　□其他__________
□水渠 □水塘 □湖泊 □瀑布 □溪流 □跌水 □喷泉 □其他__________</td></tr>
<tr><td>水体功能</td><td colspan="3">□水上活动 □浴场 □观赏型 □饮用水源 □其他__________</td></tr>
<tr><td>水深</td><td colspan="3">常水位　　　　最低　　　　最高</td></tr>
<tr><td>驳岸形式</td><td colspan="3">□自然置石 □植物接水布置 □混凝土塑形 □其他__________</td></tr>
<tr><td>其他</td><td colspan="3"></td></tr>
<tr><td rowspan="3">地下水</td><td>地下水位</td><td colspan="3">水位波动情况　　　　水质情况</td></tr>
<tr><td>有否污染</td><td colspan="3">污染源　　　　污染物成分</td></tr>
<tr><td>使用情况</td><td colspan="3">其他</td></tr>
<tr><td rowspan="4">土壤</td><td>土壤类型</td><td colspan="3">pH 值　　　　有机质含量　　　　含水量</td></tr>
<tr><td>冻土层情况</td><td colspan="3">始冻时间</td></tr>
<tr><td>污染物情况</td><td colspan="3"></td></tr>
<tr><td>水土流失</td><td colspan="3"></td></tr>
<tr><td rowspan="3">温度</td><td>变温情况</td><td colspan="3"></td></tr>
<tr><td>最高温</td><td colspan="3">时间</td></tr>
<tr><td>最低温</td><td colspan="3">时间</td></tr>
<tr><td rowspan="3">降水量</td><td>降水规律</td><td colspan="3"></td></tr>
<tr><td>最大降水量</td><td colspan="3">时间</td></tr>
<tr><td>最小降水量</td><td colspan="3">时间</td></tr>
<tr><td rowspan="2">光照</td><td>最长日照时间</td><td colspan="3">日照强度　　　　最短日照时间</td></tr>
<tr><td>基地日照情况</td><td colspan="3">附 CAD 光照分析图</td></tr>
<tr><td rowspan="3">风</td><td>冬季主导风</td><td colspan="3">夏季主导风</td></tr>
<tr><td>最大风速</td><td colspan="3">出现时间</td></tr>
<tr><td>项目地特殊风</td><td colspan="3">出现时间</td></tr>
</table>

注明:有图纸的项目需要附图纸。

表 6-3 ____________________现状调查表(自然条件部分)

编号：　　　　　　　　　　　　　　　　　　　　电子文档检索名：

可选择的乡土植物种						
乔木	灌木	草本	地被	花卉	藤本	植物组(人的好恶)

可进入项目的外来引种植物种						
乔木	灌木	草本	地被	花卉	藤本	植物组(人的好恶)

项目地现状植物种							
序号	植物名称	规格	单位	数量	长势	位置	处理决定
1							
2							
3							
……							

名木古树调查							
序号	植物名称	规格	单位	数量	长势	位置	处理决定
1							
2							
3							
……							

小计	类型	数量	保留	移栽	清除	备注
	乔木(株)					
	名木古树(株)					
	灌木(平方米)					
	草体(平方米)					
	地被(平方米)					
	花卉(平方米)					
	藤本(平方米)					

注明：需绘制准确的 CAD 图纸，明确表明保留的植物位置及规格。

前期资料如果能用图来表示就需要给出图纸，表格如果数量过多就不如图纸来得简单明了，调查表格的目的是强化前期对项目的认识，在园林植物配置设计造景过程中，这种表格和图纸（图 6-1）应该时不时地拿出来进行复习。

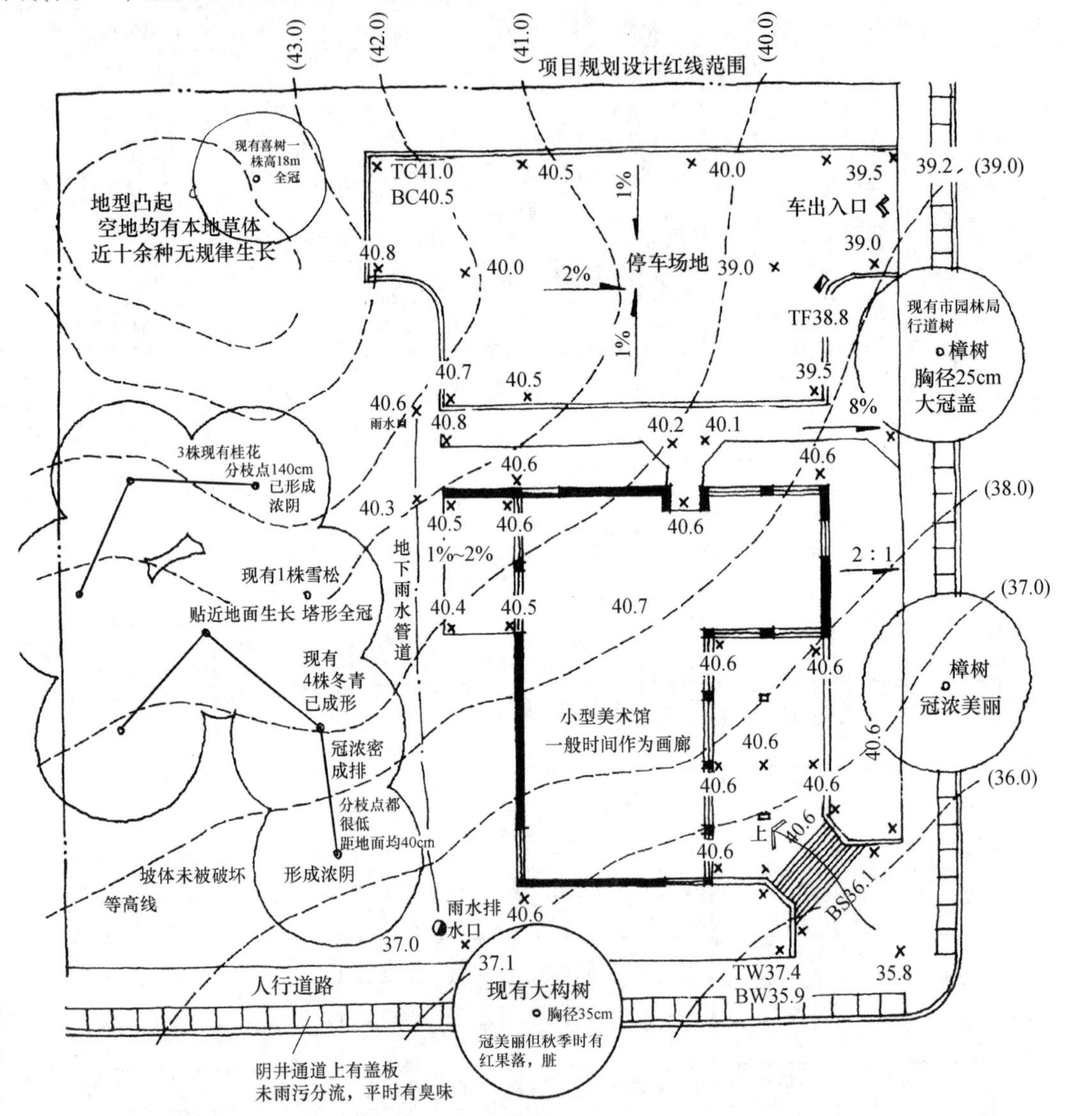

图 6-1　一个虚拟地块植物配置设计造景项目的现状植被调查图

五、考察后的调查报告

在考察中，需填写各种表格。外出考察归来，为了避免遗忘，应该及时写调查报告。调查报告不是文学作品，无须形容或修饰，仅客观表达即可。调查报告应该包括：①项目名称，调查时间、地点、人物、甲方代表姓名、工作流程；②甲方表述要点或提出的要求要点；③项目自然地理情况，地形地貌、海拔、气象、水文、土壤情况、污染情况、周边园林作品植物调查情况，附调查文件夹存盘路径；④项目地社会经济发展判断；⑤树种调查中的特殊情况；⑥经验与教训；⑦周边群众意见；⑧调查小组在调查中相互交流的设计前期要点、闪念或灵感；⑨可以借鉴的园林设计项目名称及资料；⑩附件等。

调查报告是项目开始阶段的精炼初评（备忘录），不是项目在收尾阶段的总结报告，所以无须长篇大论，说到底这是给设计者自己阅读的内部资料，应该控制字数。

不仅在调查阶段，甚至可以是配置完成以后对设计植物的评价，都可以依据以下条款：来源、苗龄、苗高、胸径或地径、平均冠幅、生长势、耐阴能力、耐寒能力、耐旱能力、耐水能力、耐盐碱能力、耐瘠薄能力、耐风沙能力、病虫害情况、抗污染能力、种植方式、冠色、树冠质感、观赏特色、亲和性、花特征、果特征、其他增加项等。

六、调查报告范例

范例一

（一）项目名称：某僧院建筑群庭院植物配置造景设计（档案号……）

调查时间：某年 6 月 12 日

地点：某省某市某区某僧院

人物：乙方某某、某某、某某，甲方某某、某某，监理方某某……

工作流程：踏勘场地，拍照（见档案号……），各种资料采集（见档案号……），会谈（会议纪要档案号……，合法录音档案号……）

（二）甲方表述要点或提出的要求要点

1. 购买苗木即后期养护资金不是问题；

2. 园林植物规格要大、要有历史感；

3. 必须紧密配合建筑，突出建筑的恢弘气势；

4. 地下管线已经布置好，需要园林植物进行避让；

5. 需要大量花卉和果实。

（三）项目自然地理情况

1. 项目地地下布满岩石，土层极薄；

2. 供水情况不佳，7—9 月产生极旱情况（需给水部门设计滴管保障系统）；

3. 冬季 12 月至次年 2 月有极寒情况（甲方说可提供地暖保障，请市政设计部门辅助设计）；

4. 1. 2km 外制药厂产生 SO_2；

5. 周边均为自然景观，植被良好；

6. 项目地有雷击的可能性（需要电部门辅助设计避雷）。

（四）项目地社会经济发展判断

1. 该城市属于 2 级城市，经济情况良好；

2. 寺庙每年中元节等佛教盛会时，需容纳瞬间游客达 3 万人左右，需做绿地防护。

（五）当地树种调查中的特殊情况

1. 需在关键位置种植佛家喜见植物；

2. 周边山林有松毛虫侵害迹象，需预防大爆发情况。

（六）经验与教训

1. 需向下深挖，重新覆土（极其重要，需预算部门给出这部分概算）；

2. 需布置林冠线以预防雷击；

3. 见本调查前面大项。

（七）周边群众意见

无有价值意见。

（八）调查小组在调查中相互交流的设计前期要点、闪念或灵感

1. 日式植物配置风格；

2. 以下涉及商业秘密，给予省略。

（九）可以借鉴的园林设计项目名称及资料

安排某年某月某日，某某带队，组员某某、某某、某某等到五台山考察（请财务做各种票务等工作）；

略。

（十）附件

各种图纸略。

范例二（即本书的范例）

（一）项目名称：某别墅植物配置造景设计（档案号……）

调查时间：某年11月17日

地点：某省某市某街道某小区某住户

人物：乙方某某、某某、某某，甲方某某、某某

工作流程：踏勘场地，拍照（见档案号……），各种资料采集（见档案号……），会谈（会议纪要档案号……，合法录音档案号……）

（二）甲方表述要点或提出的要求要点

1. 适度购买较昂贵植物；

2. 园林植物规格不需要太大，但分支点需要高一些，地下游乐空间需要大；

3. 需要种植果树，有果实采摘最好，果实最好集中在秋季；

4. 地下管线已经布置好，需要园林植物进行避让；

5. 不可以种植蔷薇科植物，家中成员对此过敏；

6. 不用担心养护问题，家中老人退休有大量时间。

（三）项目自然地理情况

1. 项目地地下有穿越管线，需要密切注意；

2. 场地内有低洼地；

3. 冬季12日至次年2月有极寒情况；

4. 场地外有干扰视线；

5. 小区内植被条件较好；

6. 项目地北侧有噪声污染。

（四）项目地社会经济发展判断

1. 该项目小区属于高档居住区，所有业主经济情况良好；

2. 业主的经济情况极好。

（五）当地树种调查中的特殊情况

1. 需在关键位置种植业主喜见植物；

2. 户外环境很好，物业部门的园林服务优良。

（六）经验与教训

1. 需对低洼地进行覆土改良；

2. 需注意北侧布置植物以防止噪声干扰；

3. 选定植物必须特别优美。

（七）周边群众意见

无有价值意见。

（八）调查小组在调查中相互交流的设计前期要点、闪念或灵感

1. 疏林草地现代式样植物配置风格；

2. 密切和硬质景观配合。

（九）可以借鉴的园林设计项目名称及资料

请业主参观本部门已经设计的别墅绿地植物配置项目，并得到他的进一步想法和需求；略。

（十）附件

各种图纸见本章第三节。

第二节　植物配置图纸表现

园林植物在图纸上的平面表示时，请遵守如下原则：

图 6-2a，如果仅仅绘制一个圆在图纸上，没人会认为它是个植物，因为其他的任何构筑物或圆形小绿地、花池都可以这样表示。

植物必须是一个代表树冠尺度的大圆，内部有一个代表主干的小圆或圆点，如图 6-2b 和图 6-2c。同时这两个图标旁边的黑色月牙代表平面植物的在地面上的投影（可以不绘制投影）。

如果大圆不是标准圆形并无不可，手绘线更有画面感，如图 6-2d 通常也表示丰满的有叶树冠。有投影感觉会更加立体。

图 6-2e 绘制出树干、树枝等植物的骨架部分，这种平面树的绘画感很强，但请注意一般而言这种平面表示落叶乔木。

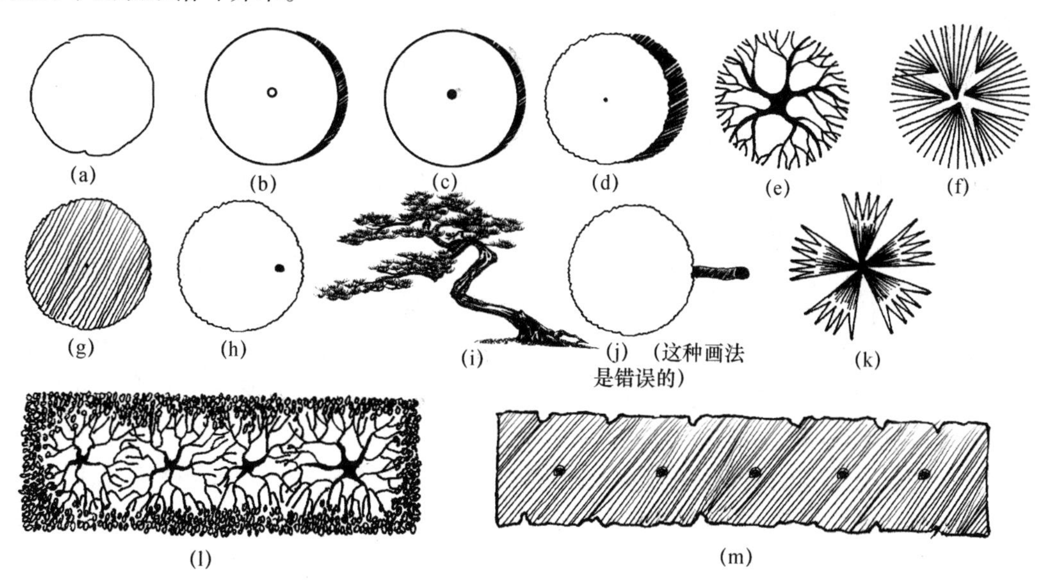

图 6-2　植物在平面图上的表达

图 6-2f 这种绘制平面植物的方法，一般表示某种针叶常绿植物。

图 6-2g 是将图 6-2d 中间填满斜实线，表示常绿阔叶乔木。

图 6-2h 的意思，是代表树干位置的小圆可以在代表树冠的大圆内任意地方，也就是允许种植并不对称的园林植物，如图 6-2i 所示。但即便其树干出土时生长点在树冠外，也不允许如 6-2j 那样的画法（需使用图 6-2h 的画法），同时也不允许将代表树干位置的小圆与代表树冠的大圆重合。如果违反将严重影响图纸的判读。

图 6-2k 代表棕榈类植物。

图 6-2i 代表落叶灌木。

图 6-2m 代表常绿灌木，常绿灌木最好也给出单株的主干出土点位置。

平面植物如果不绘制月牙形阴影，只是不那么有立体感而已，并不影响信息传达。

一、图纸类型

园林植物配置工作包括 3 个方面：一方面是各种植物相互之间的配置，考虑植物种类的选择，树丛的组合，乔、灌、草三级、五级或七级高度地配合，平面和立面的构图、色彩、季相以及园林意境；第二方面是园林植物与其他园林要素，如山石、水体、建筑、园路等相互之间的配置；第三方面是园林植物与动物多样性营造的预期，并不是仅有人类使用园林植物，城市动物和迁徙动物都有可能从园林植物本身受益。良好的植物配置不仅营造漂亮的景观，而且也因为植物多样性程度高而能减少病虫害的发生，更容易形成良好的小型生态群落，接纳更多的动物和动物种。

行业专家多认为植物造景是植物配置的结果，植物配置和植物造景应该呈现先后的关系。加入园林设计者这一因素以后，植物配置的结果也呈现多样化的结果。合理性程度高的园林配置自然显现出园林植物造景美景度高的结果。为了简化问题的论述，本书把园林植物配置以后的时段理想化，因为各种环境因素都有可能对植物成长产生影响。如果引入管理者因素，运用非自然手段，通过修剪可以把园林植物塑造成各种立体形状，是为园林植物造景，更确切地说是园林植物造型。模纹花坛、大面积修剪矮绿篱和整形乔木等均是植物造型的重要手法，仍然在园林设计中很有市场，可是中国原本崇尚自然美，在审美选择方面天然排斥修剪整形。所以植物造型只能是植物造景中的一个较小部分。出于成本控制因素，很多园林类型常舍弃使用这种后期仍需要不断投入人工成本的造景方式。

一般而言，园林植物配置图常作为一种保密性文件，很多图纸于设计单位和委托单位而言，均被一定年限的保密协定限制，况且，很多单位有意识地对其设计及设计手法进行技术保密，所以园林从业者在评审中可以看到很多单位（机构）的植物配置平面图纸在表现手法各有不同、各具特色。方案阶段的园林植物配置可能较为概括，设计者提供园林植物的大概形象，有时并不计较形体和植物公知特征的对应性，如图 6-3、图 6-4、图 6-5 所示。

图 6-4 中使用很多种图块表示不同植物，因为图纸并没有标注植物的名称，所以只能通过图块形态来推测植物大致的种类、树冠大小等植物特征。园林方案主要的任务是通过图纸表达园林软质景观和园林硬质景观的形态，在方案中不必详细地记述植物的具体种类，只是大致表达即可。图 6-3 和图 6-5 仅使用圆圈来表示植株冠宽及用中心点来表示植物的种植点。这种图纸看似传达的信息较前一种少，可是其实传达的视觉信息重点在于设计者提供了园林植物的阴影形态，这种图纸也突出强调植物和建筑之间的关系。在出现电脑制图之前，园林植物配置大致使用这种制图方法，只是等到下一步确定具体植物种的时候，将比例尺进一步扩大，在植物图块上标注植物名称即可。

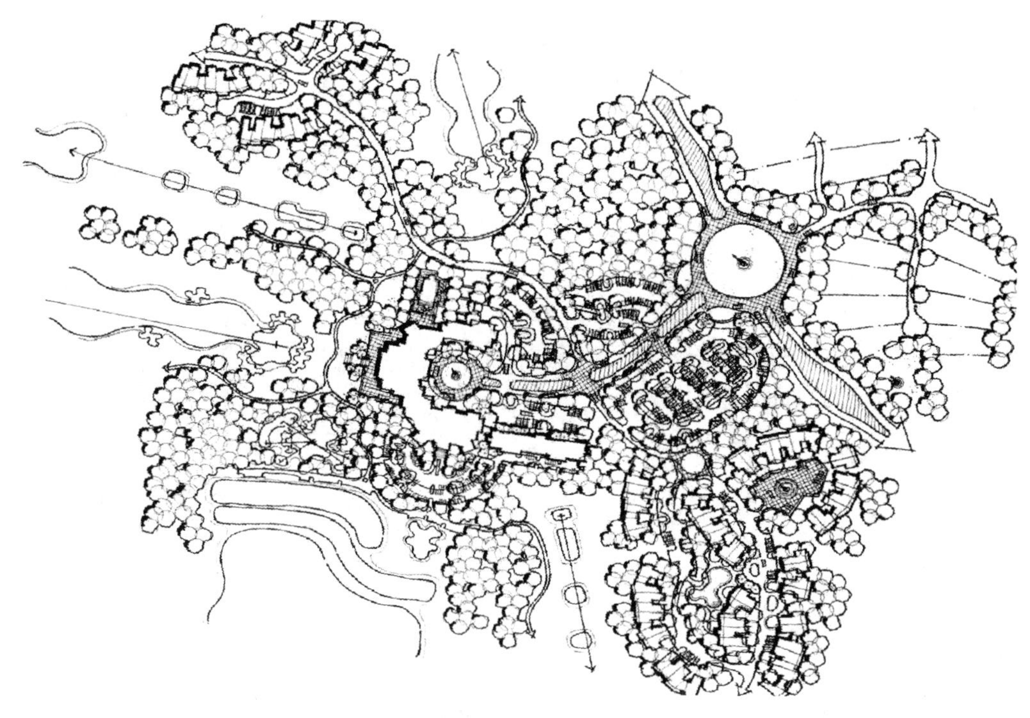

图 6-3　植物在平面图上的表达

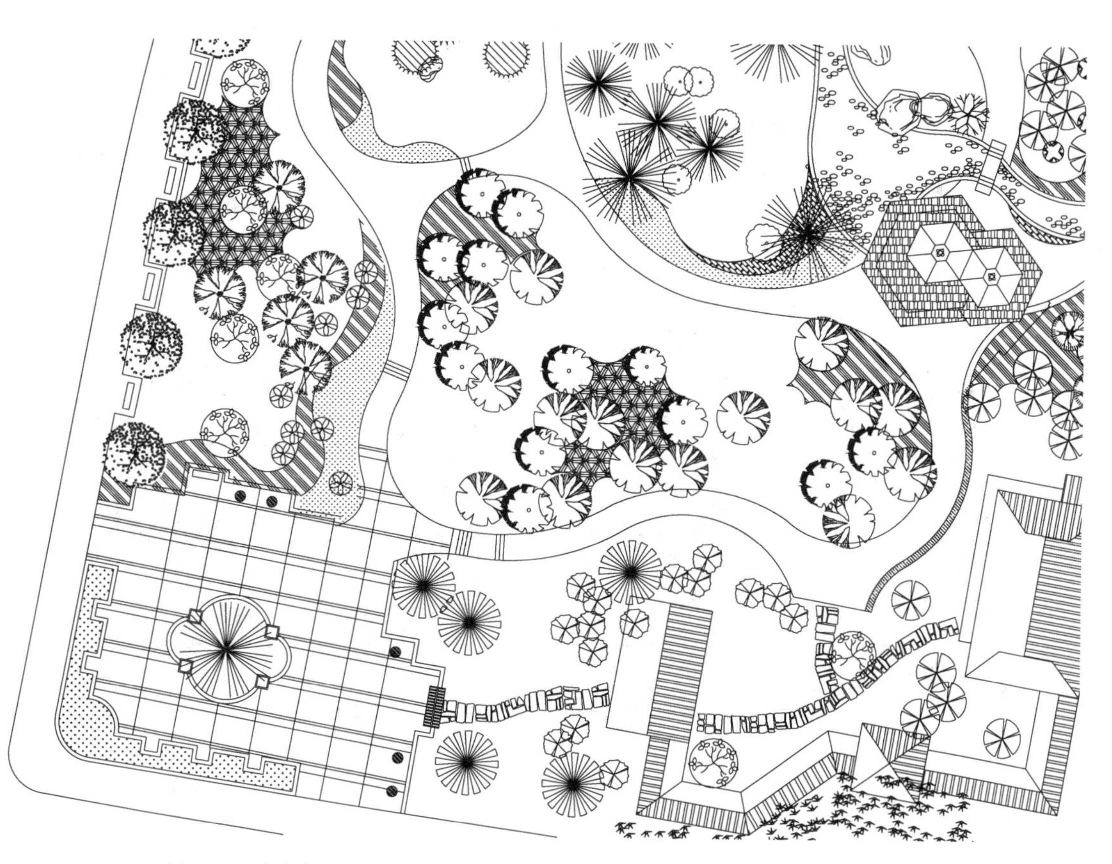

图 6-4　某城市街区小游园方案阶段植物配置局部，使用 AutoCAD 软件绘制

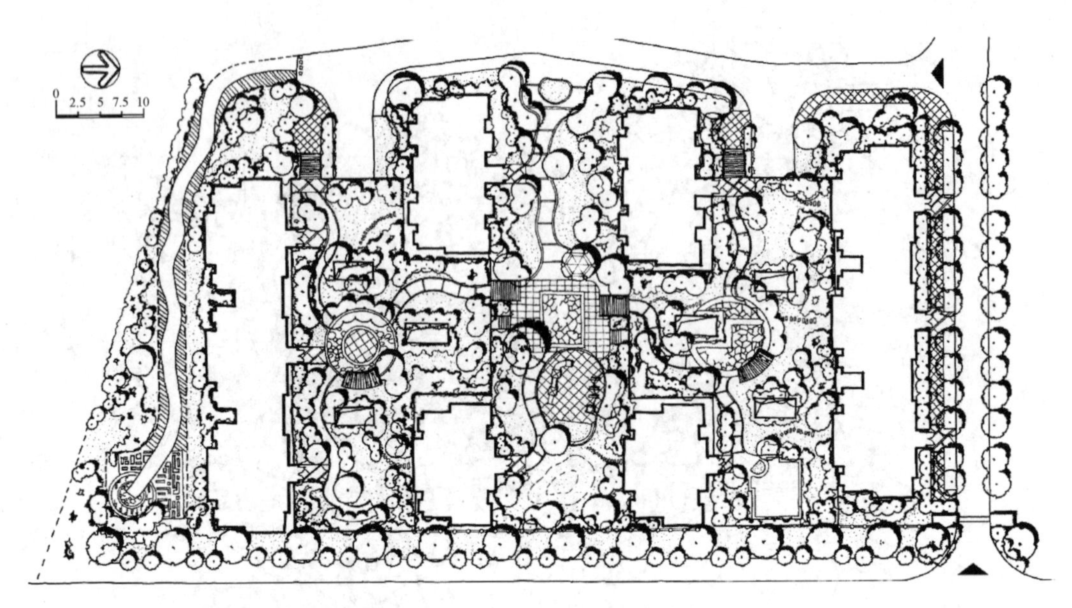

图 6-5 某城市小区景观方案阶段植物配置局部,AutoCAD 软件绘制建筑出图后,使用徒手勾线与设计绘制

不得不提到的是,对于现在而言,上述的两种园林植物配置图纸均未能充分表达植物覆盖下方的设计情况,而只能通过阅图人以往的经验,根据图像内容“形断意联”进行相应的猜测。图 6-6因为塑造了每一种植物树冠的质感形态,在 AutoCAD 繁复的线条下,如果再详细交代铺装等硬质景观,势必会影响打印出图后的可视性,事实上,当采用这种方法处理较大地块时,打印出图的结果是线条全部粘连在一起,每棵植物都成为一个小圆团块而不分彼此;图 6-7 是面积较大项目制作的通用办法,一般会绘制在较大的(A0 及以上)图纸上,线稿绘制好以后,会在其上使用马克笔添加色彩效果,视觉冲击力会非常强烈。可是如果是小型项目,比如庭院设计或小游园设计,使用这两种设计平面图,就会显得图纸传达的设计信息不够全面,如图 6-6 所示。

图 6-6 和图 6-7 放在一起,从视觉效果上客观评价,后者较前者相对难看一些。

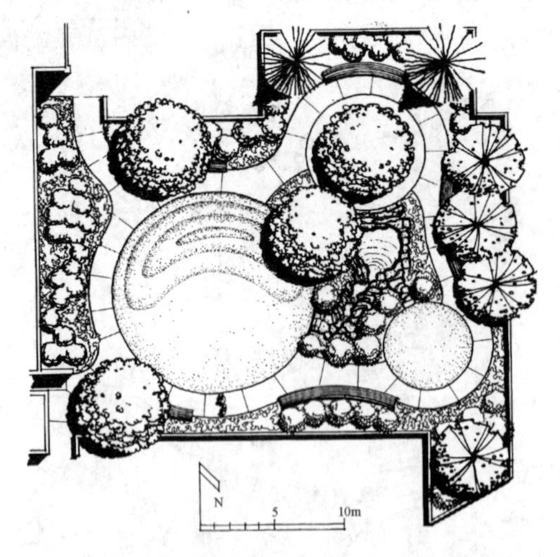

图 6-6 某小游园平面,植物遮盖住了下部的设计内容

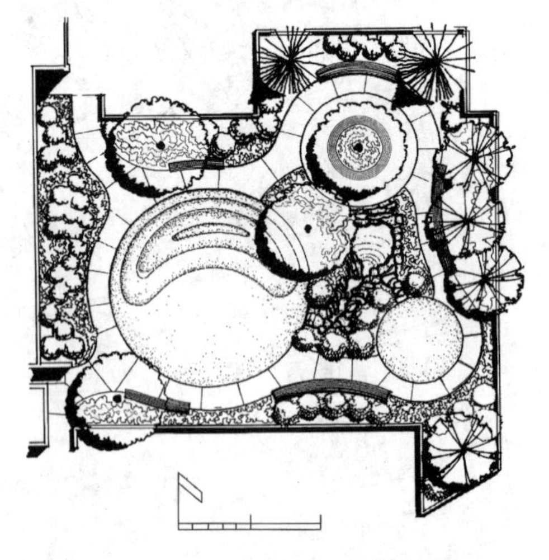
图 6-7 某小游园平面,使用透明的植物可以使下面的设计露出来

园林项目的扩初阶段大多会在硬质景观上进行针对前次设计的纰漏、错误和迎合(配合)甲方各种要求进行深入的修改与完善。很多园林设计单位在甲方并无特别要求的情况下通常并不对原来的植物配置进行较大的修改,事实上,在这个阶段很多甲方会要求设计方提供较为具体的苗木规格和基本的苗木采购造价预算书,所以这也客观地限制了设计方对前次设计进行较大修改。不过,在这个阶段设计方会提供园林项目未来 5 ~ 10 年期的未来冠径增长图,如图 6-8a 和图 6-8b 所示。

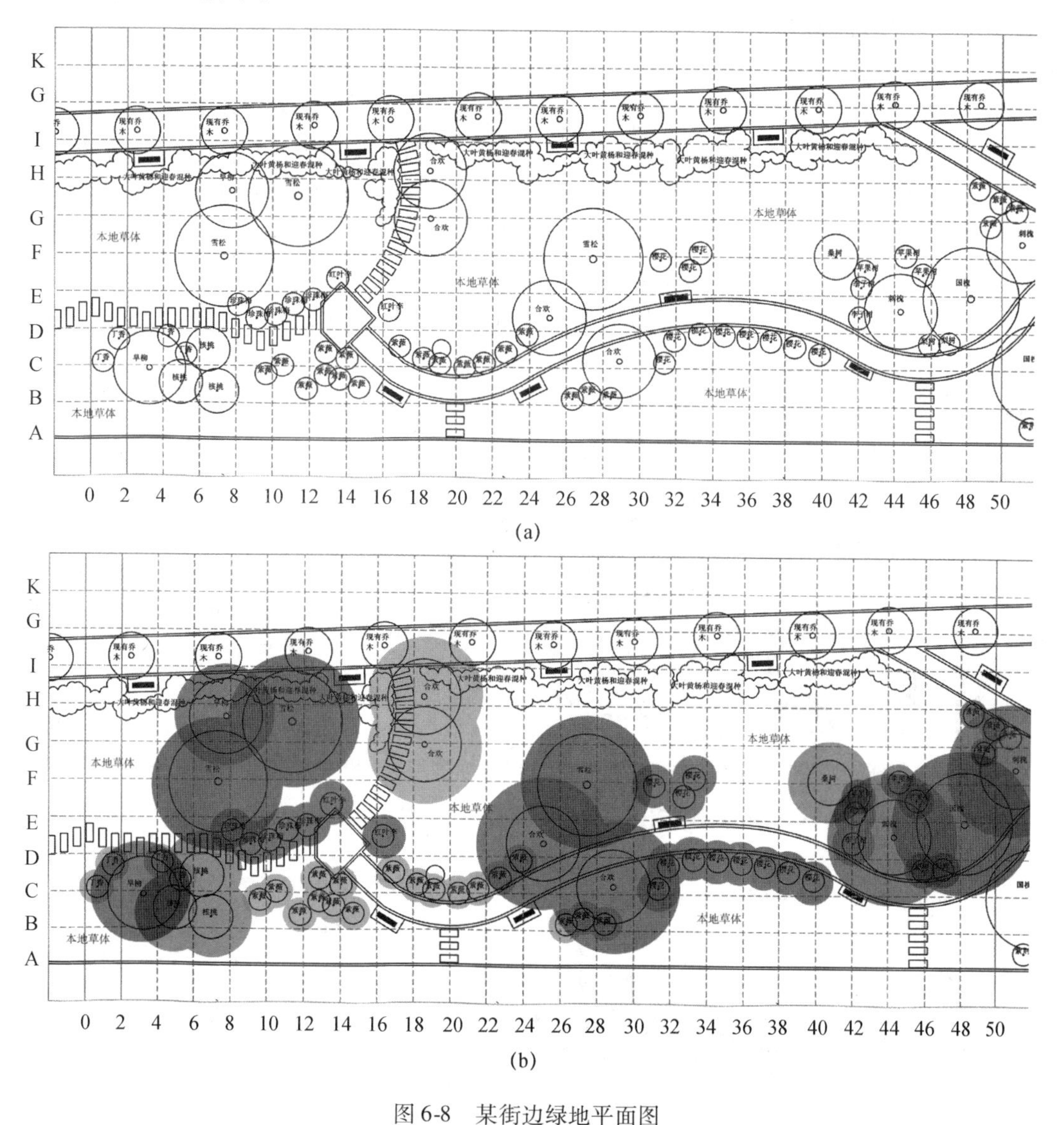

(a)

(b)

图 6-8　某街边绿地平面图

(a)和(b)为同一设计局部区域,都给出了相同尺度的施工放线

(b)图即为该地块未来 10 年后规划植物冠幅增长的大致状态,方格网间距为 2m × 2m

某些园林设计单位可能在方案阶段就提供了园林植物配置立面图和剖面图,笔者赞成这种做法,方案阶段也应尽可能多地提供鸟瞰效果、局部鸟瞰效果或者局部透视图,因为方案阶段仍然有较多需要进一步推敲的部分,效果图并不是仅给甲方带来视觉愉悦,反而是设计方的

思维意识流的反映或对美的探索，本应该不断修改才对，但需要注意的是，方案阶段并无需要过分细致敲定过细的细节，因为这样会导致任何一次细微的修改，则前期超前细致的工作变得失去意义，既浪费设计单位的人力资源，也造成出图的社会资源消耗。

立面图的绘制方法本书不再讨论，只给出较为详细的立面图绘制样例，如图 6-9 所示。某些单位为了突出自己单位的绘图实力，会在 AutoCAD 软件绘制后进行打印出图，然后覆盖硫酸纸重新绘制一遍，最后再施以颜色和补齐各种建筑材料名称的标注，如图 6-10 所示，甚至有些外企或合资单位会附加中英文两种文字以增加图面的信息丰富度，如图 6-15 所示。

扩初图纸形成的阶段通常是已经给园林设计进行了定案，也意味着方案设计过程已经结束，包括植物配置部分。扩初阶段是施工图阶段的前段，目地是给施工图做出系统的目录及大纲，扩初阶段也可以给图纸上色。更多的时候施工放线已经在扩初阶段就已经给出了，在施工图阶段需要对前面的图纸进行更进一步的细化，在大体不做修改的情况下，物种也有可能进一步增加或更换（种植位置一般不变），施工图阶段也需要放线，放线基准点可以参照前面扩初图纸，也可以参照已经明确确定的硬质景观坐标点。植物配置施工图是真正意义上的园林植物配置图，这种图纸不带有任何的装饰，强调信息的严谨性和各种定位点的准确性，有些单位会像道路中心线交点一样给出每株植物树干的大地坐标点以确保施工的准确性，如图 6-8 所示，该图的横竖虚线网是放线，目的是明确标出植物的位置。

图 6-9　某会所中庭园林扩初设计两侧建筑有剖切效果，中庭植物与置石设计没有剖切，给出立面状态

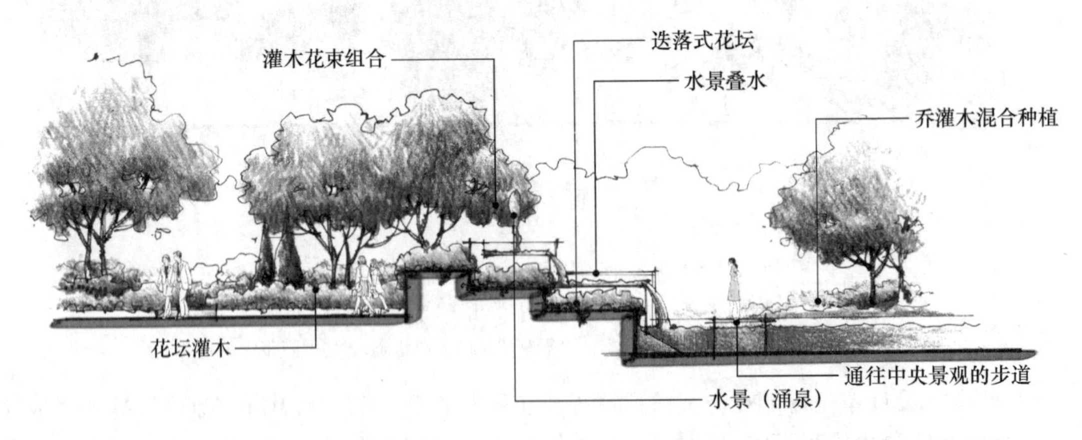

图 6-10　一个较为简单园林地块局部的立面，因为整个立面较狭长，所以只截取其中一小部分

图 6-13 传达的信息异常丰富，园林硬质景观也详尽地给出了，包括各种铺装样式、园林建筑设施和小品、铺装与铺装之间的过渡和联系、各个小型种植块的限界，图中植物种植点不仅给出树干基点，还在实心圆中给出十字线；树冠圆内的大写字母和数字分别代表植物的拉丁名缩写和在苗木中的具体苗木要求项；邻近的同种和相同规格的植物中心用线连接，并用引线旁引出来，在引线尽端记录植物名称和种植数量；各个种的种植块在限界内用引线引出，并在引线尽端注明该种植物名称和数量要求，括弧内的数字表示。图 6-13 是一整张园林植物配置施工图中的一个小部分，像这样的切割，整张大图可以分为近 40 张。

图 6-11 是为了方便地在 AutoCAD 绘图软件中统计每种植物的设计种植数量，每个植物种都使用一个特定的图块，这种方法也被用来在方案设计中使用，但这种图块会使得文件变得很大，产生很多视窗系统的大文件问题。

橡胶榕	细叶榕	高山榕	黄槿	假苹婆	马占相思	大叶相思	重阳木 秋枫	海南红豆	海南蒲桃	水蒲桃	仁面	蝴蝶果	芒果	扁桃果	海南菜豆	猫尾木
红花紫荆	尖叶杜英	伊朗紫硬胶	复羽叶栾	水石榕	罗汉松	垂柳	大叶榕	树菠萝	法国枇杷 大叶榄仁	银桦	石栗	鱼木	鸡蛋花	吊瓜	荔枝	凤凰木
佛肚竹	血桐	黄兰	火力楠	紫檀	木棉	蓝花楹	宫粉紫荆	刺桐	大叶紫薇	南洋杉	圆柏	落羽杉	串钱柳	莫氏榄仁	菩提榕	垂叶榕

图 6-11　植物配置图块集，实际项目需要使用约 500 种植物，这里只列举 51 种

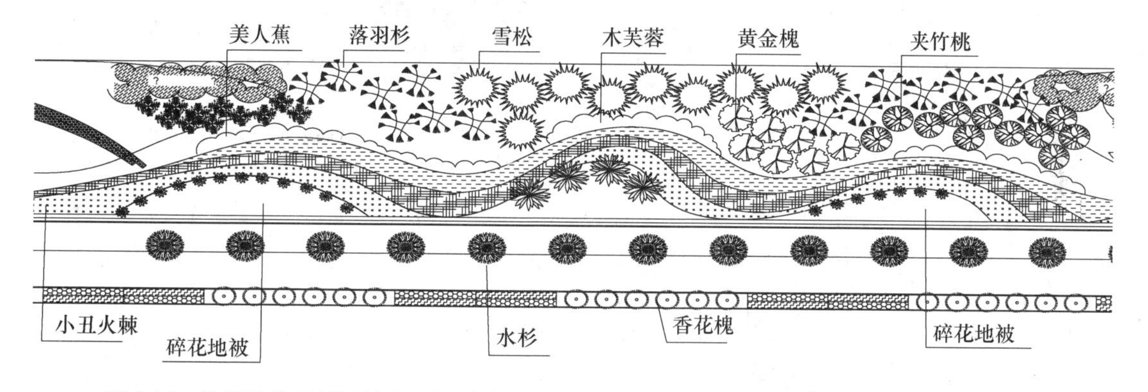

图 6-12　使用植物配置图块配置的道路绿带，虽然给人以直观的感觉，可是文件也相应地增大

图纸的根本性作用是为了读图的人清楚明白地领会图纸绘制者的意图，所以施工阶段的植物配置图纸要清楚地表达各种植物的规格、冠幅、数量和界限，所以需要把文字安排得疏密、错落、清楚美观，文字之间相互交错分开，不容易被人误读。文字大小和图幅匹配，务必容易辨认。

在全书的开篇，我们给出图纸的绘制内容，意义在于期望读者规范地绘制植物配置图。

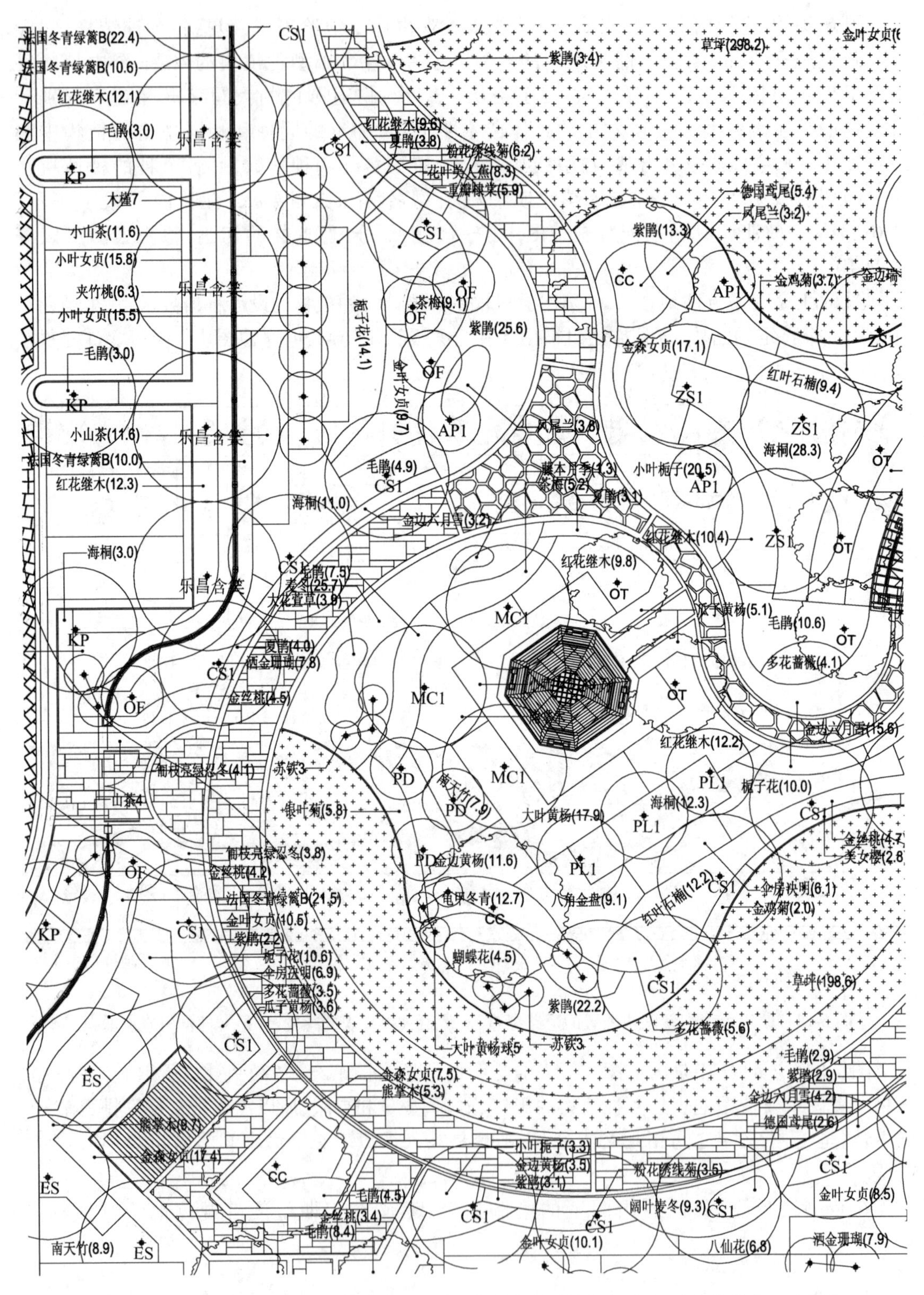

图 6-13　某高档居住区庭院园林植物配置施工图，因为图纸内容过多，只截取其中一小部分

图6-12是某条道路一个人行道侧边的带状绿地设计，使用了植物图块来表现，并且也直接给出了植物的名称，这种做法是可以的，缺点是容易将文件变得很大。其实图纸的根本意义就在于实现而非图面上的美观，如果不能实现或实现后并不如意，则配置图的美观并无意义。

图6-11的平面植物图标非常丰富，但前文已经提到这种方式的问题，鉴于此，则应仅在概念性方案阶段或随后的方案阶段出现。同时每个单位使用的图标各成体系，所以不是相似的图标就代表同一种植物，在阅读施工图时，施工员需要消耗大量时间按图块目录以确定植物名称，同时可能因为相似或识别疏忽，导致植物种植发生错误。尽管没有国家或其他法定标准禁止在施工图中使用图标，但在施工图中这种图标使得图纸的识别性大大降低，所以读者应阅读本书后知悉其缺陷。在施工图中应使用如图6-14中所示的植物平面表示方法。

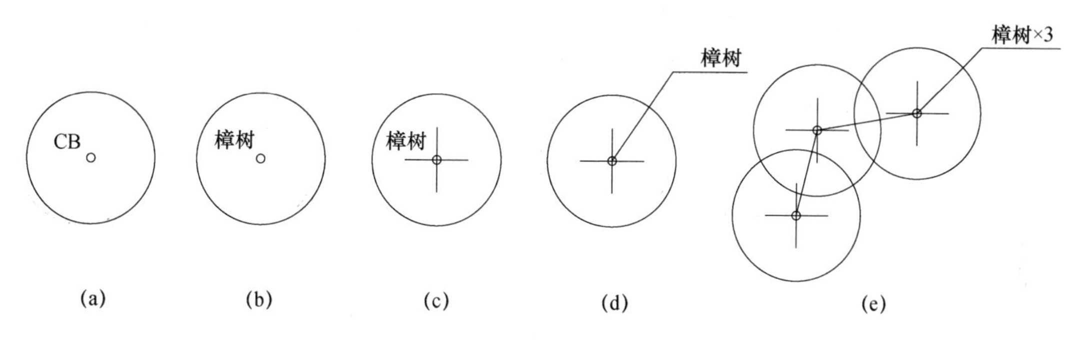

图6-14 标准施工图使用的植物平面表示方法

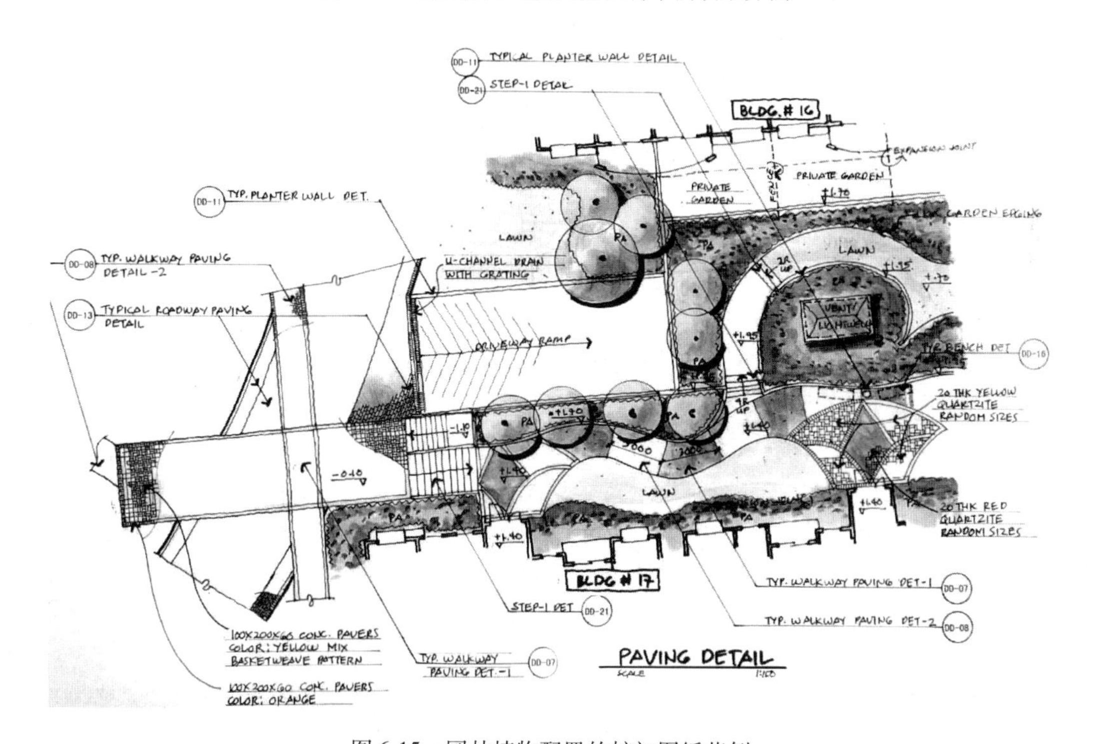

图6-15 园林植物配置的扩初图纸范例

图6-14a中CB代表樟树的拉丁学名单词两个首字母，代表樟树。图6-14b容易理解，图6-14c中间有十字星，代表确切的种植施工点。图6-14d可以将植物名称引出，更加确切。

当成片相同植物种植时，可以采用图 6-14e 的表示方法，“ ＊3”代表 3 株植物（乘以 3），可以不使用标准数学乘号（ × ）。但同种植物的串联线和引线不允许和其他串联线即引线相交叉，如果万不得已需要交叉，则可能图纸的比例尺过小，必须将图纸分拆为 2 张及更多图纸。如果两种植物的拉丁文缩写相同，则应该在拉丁文缩写后面紧跟一个数字（如图 6-13 中 MC1、CS1 和 AP1）。使用拉丁文缩写代表的植物种名能够传递信息的效率不如直接使用中文植物名高，所以如果条件允许，请直接使用中文名。

二、各阶段要求

1. 概念设计阶段

在这个阶段，园林硬质景观尚需要进一步定夺，所以无须对植物部分过分要求，如需要明确植物种类等。在此阶段，植物配置工作主要是设计师透彻理解甲方意图，全面掌握基地条件，并做出初步设计判断，把握整体方向的阶段。一般来说在这个阶段需要给出较模糊的匡算，可以用平方米计算法，即所有植物产生的费用平均摊到整个项目面积，产生的匡算价格，此价格需要在初次汇报（概念性方案汇报）前征得甲方同意，以避免造价过高或过低。如匡算价位￥200 元/m^2。

在图纸上只要给出植物组团的轮廓线，可以参考《风景园林植物标准》（CJJ/T 67—2015），仅用图例或者符号区分常绿针叶植物、阔叶植物、花卉、草坪、地被等植物类型，一般无须标注出每一株植物的规格和具体种植点的位置。这一阶段凡涉及植物配置工作则图纸包括：

（1）所有图纸必须包括图名、指北针、比例、比例尺。

（2）图例表：包括序号、图例、图例名称（常绿针叶植物、阔叶植物、花卉、地被等）备注。

（3）本阶段设计说明，包括植物配置的依据、方法、形式等，需要说明配置是如何配合各种限制条件的。

（4）概念性植物配置平面图，需绘制植物组团的平面投影，并区分植物的大致类型，如常绿及落叶。

（5）出于商业需要，可以绘制旨在给甲方看的效果图，在配置过程中发生的剖面图、轴侧分析效果图、各切面立面图，可以不给出较大格式或仅在汇报时展示，如果过于潦草也可以不给出。

（6）植物配置安排的各种分析图。

这个阶段，甲方可能并未为设计付费，所以各种工作均应该强调方向性而非确定性，设计方前期工作是纯消耗行动。如果存在投标过程，则设计方应自觉地保护自己的知识产权。假如投标过程出现不公正情况，败北的设计方的劳动可能被其他单位获取。

2. 植物配置设计图

这个阶段设计单位已经和甲方正式确定了具备法律效力的书面文件保障，双方均受到法律约束和行为限制，在本阶段园林植物配置工作和其他园林工种紧密配合，同甲方共同完成项目设计阶段的各项工作，图纸力求清楚、明白，双方通过多次沟通，甲方明确自己的需求和要求，设计方提供设计服务，双方共同确定美丽蓝图。

另外，设计方有教育义务，并不是所有甲方的要求都是合理要求，负责人的设计方必须纠正甲方的不合理或错误要求。一种方法如图 6-1 所示，植物种植设计图需要利用图例区分各种不同植物，并绘制出植物种植点的位置、植物规格等。另外还有其他明确标注植物的方法，设计者需要明确的是，需要最大化地传递有效信息而非模糊信息，甲方可能并非行内人士，所以标注等尽可能明确清楚，尽可能减少他寻找信息的浪费。此阶段植物种植设计图绘制应包含以下内容：

（1）所有图纸均必须有图名、指北针、比例、比例尺、图例表。

（2）详细设计说明，设计说明可以分散在每张图纸上，包括本页植物配置的依据、方法、形式等。需设置整体的设计说明，说明项目整体配置情况、各种植物比率等。如常绿植物占比、本土植物占比等。

（3）植物列表：包括序号、中文名称、拉丁学名、图例（如果有）、规格（冠幅、胸径、高度）、单位、数量（或种植面积）、备注（如观赏特性、树形要求等）等。

（4）植物种植设计平面图。

（5）植物各种景观面立面、剖面图或者断面图，各种关键节点植物立面图、剖面图或者断面图。

（6）植物配置节点或关键节点效果图，表现群落植物的形态特征，以及植物群落的景观效果。

（7）需要提供苗木植物 10 年后长势预测平面图，给出预计可能冠态，如果项目本来是为满足即刻生效的临时景观，需要给出苗木疏减计划。

有所余力的设计团队在本阶段完全可以将各种图纸绘制得极其漂亮，使用的技巧和方法并不设限制。

本阶段需要按照植物列表提供植物配置概算书，以明确告知甲方需要在植物苗木方面的较具体投资金额，但这部分仍不包括起苗、运输等具体的苗木施工费用。

3. 植物种植施工图

园林植物施工图已经不是设计阶段，标识植物不需要使用复杂图例，这是因为图例图案过于复杂造成中心种植点不够明确，造成施工困难。专业画法只需要用圆形表示树冠大小，用小圆圈表示种植点，如果仍嫌不够明确则在小圆圈上画十字星即可。植物名称使用缩写或中文名称在大圈内直接标出。施工图需要的是准确和方便阅读，无须华丽或漂亮，请勿做多此一举的事情。

植物种植施工图是园林绿化施工、工程预（决）算编制、工程施工监理和验收的依据，并且对于施工组织、管理以及后期的养护都起着重要的指导作用。植物种植施工图绘制应包含以下内容：

（1）所有图纸必须包括图名、比例尺、指北针。

（2）植物列表：包括序号、中文名称、拉丁学名、植物缩写或植物名称，规格（冠幅、胸径或地径、高度）、单位、数量（或种植面积）、植物栽植及养护管理的具体要求、备注。

每张图纸均有图纸植物列表，在总图之后需有所有植物总表，逐项和上段内容相同。

（3）施工说明：对于选苗、定点放线、栽植和养护管理等方面的要求进行详细说明。

（4）植物种植施工平面图和小比例尺若干分图，利用尺寸标注或者施工放线网格确定植物种植点的位置。本部分包括植物种植施工详图：根据需要，将总平面图划分为若干区段，使用放大的比例尺分别绘制每一区段的种植平面图，绘制要求同施工总平面图。为了施工方读图方便，应该同时提供一张索引图，说明总图到详图的页面及图号情况。

（5）特殊植物或有种植非常规要求的植物，需提供种植剖面图或断面图。此外，对于种植层次较为复杂的地块，应该绘制分层种植施工图，即分别绘制上层乔木的种植施工图和中下层灌木地被等的种植施工图（施工剖面图），其绘制要求同上。

另外，有些园林设计单位会提供一个介乎于方案阶段和施工图阶段的“扩初阶段”，如图 6-15所示，即扩大性方案设计阶段，这一部分的图纸几乎已经是施工图阶段的图纸了，但也为了追求美观,给图纸上色或使用植物复杂平面图例,这一部分常常作为施工图前的矫正,要求可以参见施工图要求。施工图之所以不需要上色,是因为其需要打印在硫酸纸上,可以实现多次晒图并永久保存,在没有 CAD 等绘图软件的时代非常方便,但现在图纸的设计过程几乎已经数字化,所以只要不考虑出图成本,均采用彩色打印并无不可。存档形式的档案,常以实物(经过盖章具备了法律效力的印刷蓝图)形态由权威部门(第三方)存留,如果施工出现重大问题或后期出现质量问题,需要回溯该项目的档案,数字化数据可能被利益方进行非法修改。而实物的修改较为困难,则更具有公信力。这也就是施工图不采用彩色出图,直到现在仍保留蓝图晒印出图的主要原因。

另外还有很多植物配置平面图的绘制方法,这与个人技术和美感相关,如图 6-16 所示。将平面图按照钢笔画式样绘画,很像《风景园林设计》中王晓俊先生的画风。对于风格,总不能满足所有人的喜好,在方案阶段不妨各尽所能,百花齐放。

图 6-16　钢笔画风格的植物平面配置方案阶段图纸

第三节　配置程序和方法

本项目是实际项目,但和诺曼 K · 布思先生的《风景园林设计要素》最后一章的图集有较大程度相似,当然也顺势参考了前辈的设计手法。和前辈最大的不同,是设计思路和步骤,同时前辈的植物部分并非主要内容,他主要强调的是土建部分。布思先生的思路是从平面到立面,而本人的设计过程是从立面到平面,然后再由轴测图检验平面,最后再由平面进入具体工作的设计过程。

园林植物配置设计最终目的是要解决如下几个问题:

1. 选什么样的植物单种;

2. 所选择植物的体量如何；

3. 选择多少种类的植物；

4. 如何搭配并布置到地面上；

5. 构成什么样的植物景观。

上面问题 1 至问题 4 涉及以植物个体为元素来进行选择与布置的问题；而问题 5 则涉及以植物配置后的群体为元素来进行选择与布置的问题。植物配置设计操作的基本流程，按道理说是按照以上 1 ~5 的进度来实施，也就是有序地解决上述问题。但从专业设计的较高效率和实效性来说，实施过程却是反过来，即先解决第 5 个问题，然后逐渐解决 4、3、2、1 这些问题。请读者注意后面的次序才是正确的设计步骤。

笔者的实际设计项目，如图 6-17 所示，某浙江中部地区城市某别墅院落需进行植物配置工作，使用别墅作为案例举例是因为项目本身较小型化，所有图纸适于成书印刷，同时也能够让学生们看到细节。该项目院落红线范围和底层平面图已经给出，如图 6-18 所示，建筑西侧原有一棵较大的枫香树，基地北侧、西侧和东侧均为实体墙，而南侧为金属栅栏。读图得知，项目给设计者的第一印象是：①内院（北侧院落）空间大而外院（南侧院落）空间小；②建筑两侧（西侧及东侧）空地均狭窄，只能有一条沟通道路而无须环状沟通；③为了家庭儿童安全，务必使其在内院玩耍，而不应该使其在外院与家庭机动车交会；④三面围墙均为石墙，则满足私密需求，而南侧为金属栅栏，则允许外部视线进入到院内，实际上需要满足一定的公共属性，或者说需要满足业主一定的虚荣属性，同时也需要有一定的隐私性保护，比如有实体构筑物或由植物充当遮掩物；⑤车道宽4.5m，不能满足私家车掉头的需要，如果两侧各增加一定宽度的人行道，可允许除车轮外的车体一部分进入人行道，以完成院内掉头的目的。这样就要求其两侧种植较为合适的植物；⑥结合窗体的位置，需要满足从室内向室外观赏景观的需求。以上为直观感受，需要进一步分析及落实。

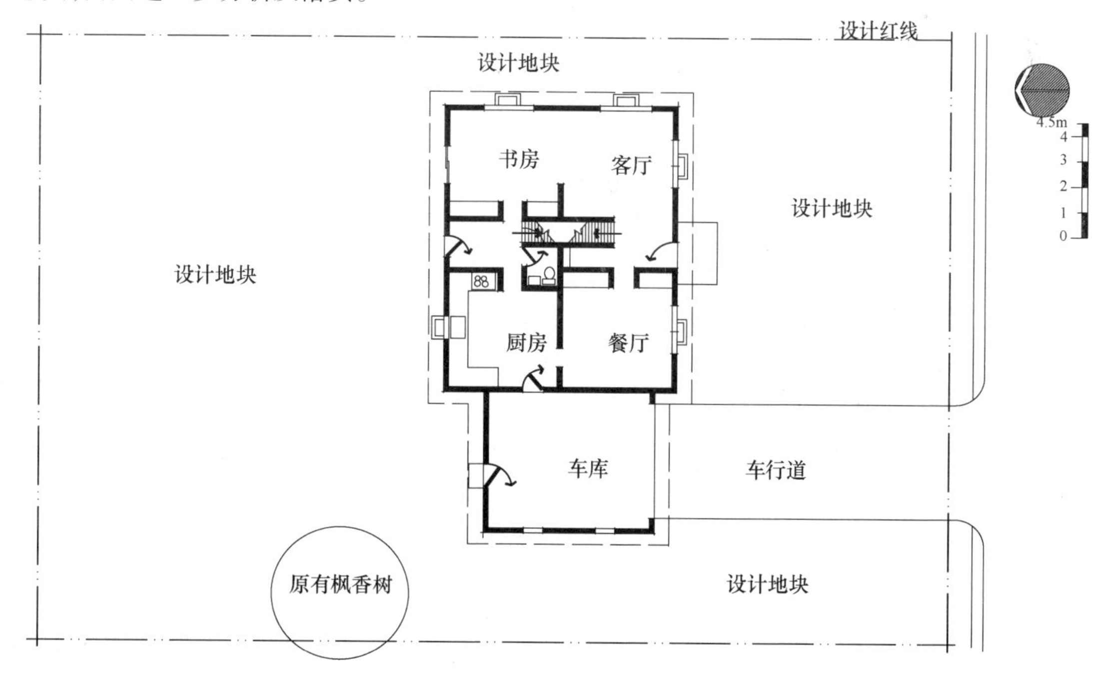

图 6-17　项目基本情况

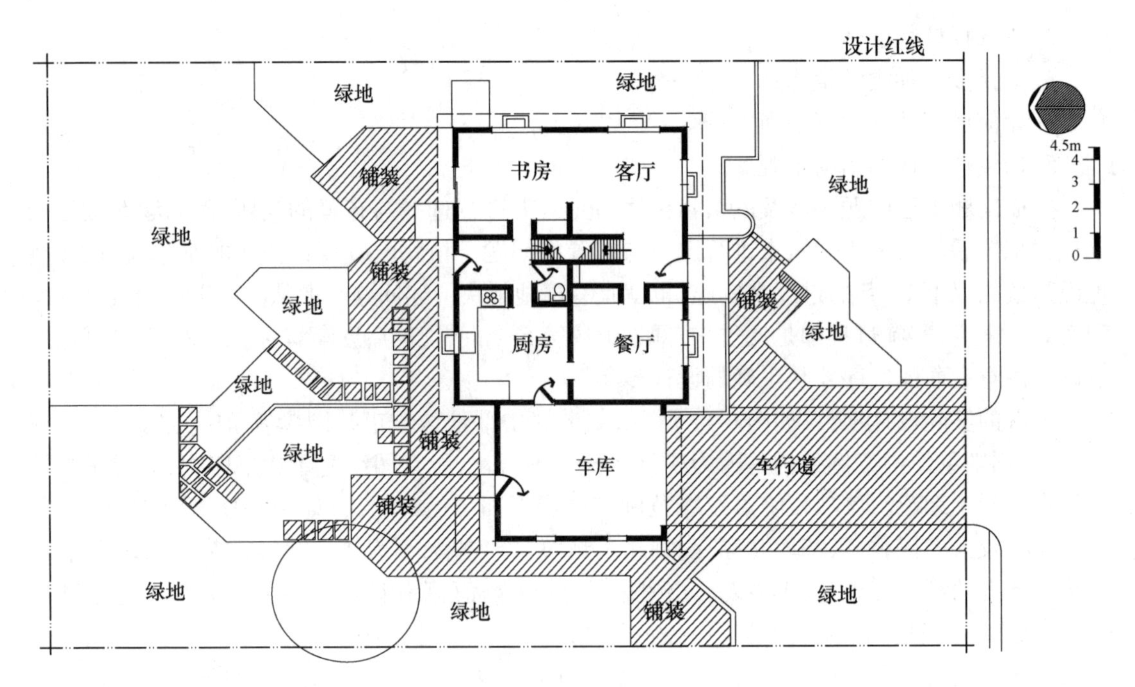

图6-18　建筑以外及红线范围内的园林硬质景观已经由设计人员设计完毕，前期分析及硬质景观设计由于植物配置人员也参与或知会，所以可以进一步进行植物配置工作（图中画斜线部分为硬质景观）

一、取得项目信息

本书第六章第一节，已经介绍了项目地植物调查。除去这个内容，项目信息的内容还很多且杂。该项目的调查报告请读者参阅本章第一节调查报告范例二。

1. 取得和植物配置相关的资料

① 确定绿地性质，是公共绿地还是权属庭院；

② 使用者情况，使用者年龄层次、职业等模糊信息，以及他们可能会在园林内开展的活动，如跳广场舞、健身等活动，或者还需要解决停车或部分通勤问题，周围住居情况等；

③ 工程期限及投资造价；

④ 甲方对目标绿地的实际需求及期望；

⑤ 场地第三方限制条件，如被高压走廊、城市道路、人防工程、国防光缆、地下管线切断或穿过等，这些管线不可能被挖断或被根穿刺后才发现（可能需要承担相关法律后果），必须在调查阶段就弄清楚，并在设计阶段就作为一个因素进行考虑；

⑥ 和甲方一起确定主要经济技术指标：绿地率、植物意向规格、大致数量等；

⑦ 特殊要求和地方植物特殊植物观念。

如果项目具有私人性质，则需要更细化的调查内容：

① 使用者年龄及闲暇时间分布；

② 甲方使用园林的具体情况；

③ 个人化要求。

2. 取得项目基础资料

① 乙方可以要求提供标准大地坐标测绘图纸，电子文件或图纸文件。上位规划，如控制性详细规划、城市总体规划或分区规划（计划设计大型园林项目）、地下管线、地上线路、周围

工矿企业情况等；

② 与甲方协商设计范围红线。

3. 获取项目地块的其他重要信息

① 本书第六章第一节内容；

② 人文历史信息；

③ 项目地自然情况，水文、地下水高度、地质、地形、土壤情况、极端天气、主导风向、冻土层深度等。

本案例的园林硬质景观部分假定园林硬件设计部门或分工者已经设计完毕，成图交付到园林植物配置设计师手中。而植物配置工作虽然在之前并未开始，但也已经与硬质景观设计师同样经过情况调查等工作。待设计工作正式开始时，园林硬质景观设计人员虽然先行设计，但植物配置设计人员也参与头脑风暴和层层讨论，并且参与硬质景观与甲方技术沟通过程，对场地也逐渐形成比较深刻的认识，熟悉了甲方的各项要求，也熟悉了场地的各种个性化条件。图 6-12 是已经设计好的硬质部分，交由园林植物配置工作设计人员。

二、现场踏勘

希望一次就解决设计的所有问题，是不可能的，植物配置设计师也请多去几次。

接受邀请来现场踏勘时，甲方甚至常常也不知道自己要什么，所以他自然是没有什么准备，设计方的前期工作，其实是和甲方一起对地块进行研究，相互启发，一起来达到土地营造的目的。所以在最初的现场调查时，乙方需要自行进行相关测量工作，记录现场一切可以记录的现实物，建筑、构筑物、外立面语言、道路、已有铺装、植物(冠幅、胸径、植物种名称)等信息。现在可以使用无人飞机进行记录和拍照，为后期的鸟瞰提供更真实的数据背景。

在取得了硬质景观设计部分之后，植物配置工作人员仍应该与硬质设计人员到现场进行现场复勘，中、大型设计最好在现场生活一段时间，反复体会和想象未来植物的状态。现场生活可以有效地观察到“蜻蜓点水”式踏勘所不能得到的环境信息。如季风、小型野兽、环境声响、过往车辆、邻居情况等。

三、现状分析

现状分析的关键，是问题的预设和探求解决问题的过程(图 6-19)。

① 业主要什么？怎么样给？业主的期望有些是不合理的，怎么做是有说服力的。

② 还可能有一些什么样的使用者，他们要什么？怎么样给？

③ 现有的条件是什么？有些什么条件已经有了可以利用，有些什么没有需要补充。

④ 空间营造分析，附所有的环境影响因素。

⑤ 初步分析可能的主要视角。

以上形成并绘制泡泡图，如图 6-20 所示。

本项目的现状分析：①地下有三条管线与建筑关联，地下电缆在地下 5m 处，虽然问题不大，但设计植物的根部尽量不要接触到它，上水管和下水管距离地面浅，在其上禁止种植大乔木；②受到两个方向的季风影响，应该阻挡冬季季风和让夏季季风畅通；③东侧有机动车噪声，需要进行格挡；④南部有外来视线，建筑南侧及植物立面需要满足业主虚荣的需要(要求南面以铸铁栅栏作为防护围墙，其他三面均为砖质围墙)；⑤院落北侧围墙处低洼，在暴雨时积水，或者补充土壤或者种植耐水湿植物，建议补土；⑥现存植物枫香长势优良，树形优美，给予保留；⑦业主有植物种植的兴趣，需在空间上给予安排；⑧北侧墙外有电线杆，需要有植物进行遮

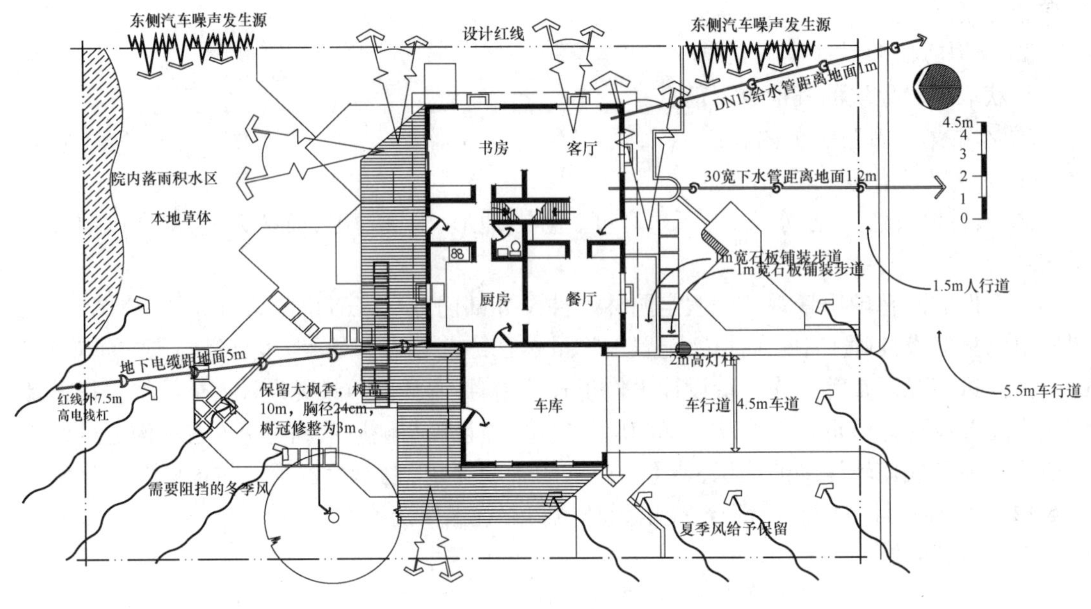

图 6-19　项目分析

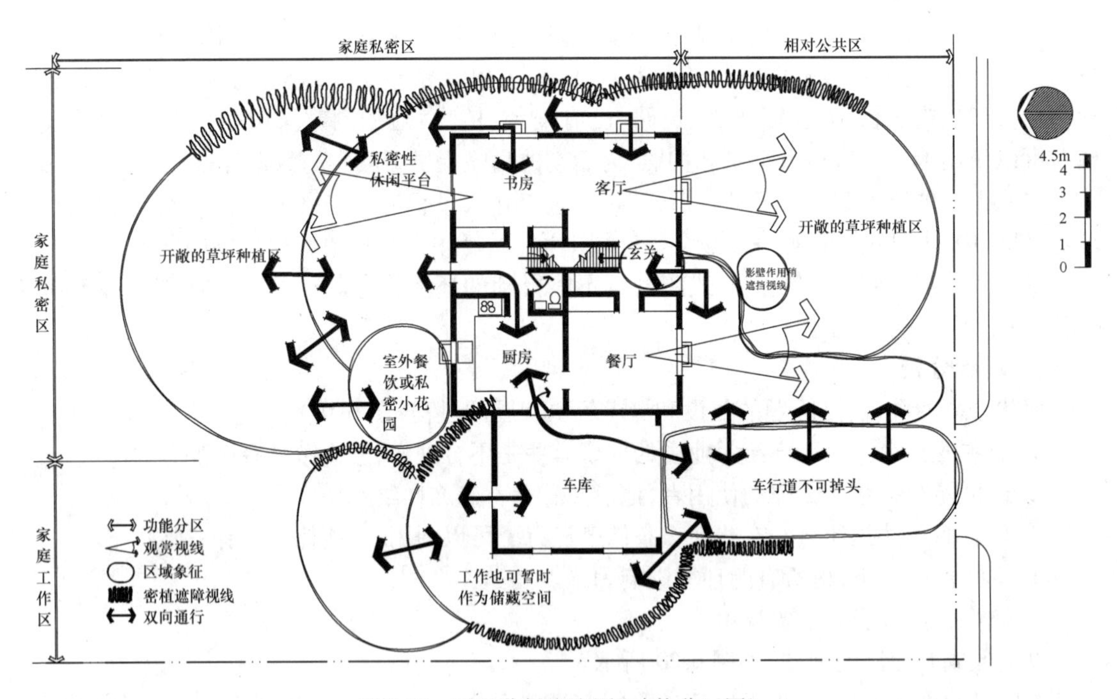

图 6-20　项目分析泡泡图(功能分区图)

蔽;⑨初步拟定出本设计的黄金观赏视角。

对项目地进行泡泡图分析,泡泡图实际上是功能分区图,如图 6-21 所示,围绕建筑做出业主的行为安排,拟定出公共空间区域、私密休闲区域和工作区域三个主要部分。图 6-21 是将上一个不那么讲究尺度的泡泡分区图具体落实在具体尺度范围内,这个过程是个多草图过程,需要反复对场地的份额进行比较和增减,最后大致确定下来。

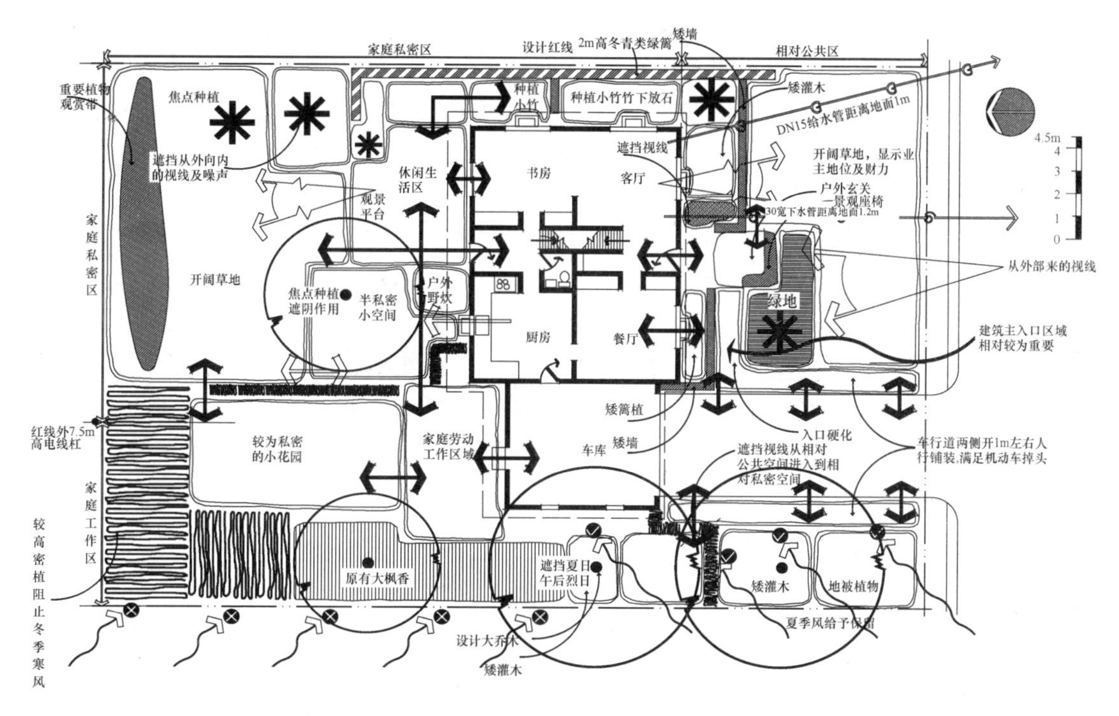

图6-21　初步构想,即将前一步分区落实后的进一步细化

将上一步的工作再进行细分,同时仍然需要不断地进行空间大小的分配。此时可以再次确定业主在项目内的行为,主动采用换位思考考虑他的所见所感,在这个阶段需要和业主进行沟通,得到他的行为确认,和他一起设计行为愿景,并且得到交通行为细部,同时也得到具体的空间落实(图6-22),每个双向箭头都是向内和向外的两个观赏面或者内外交通路线。

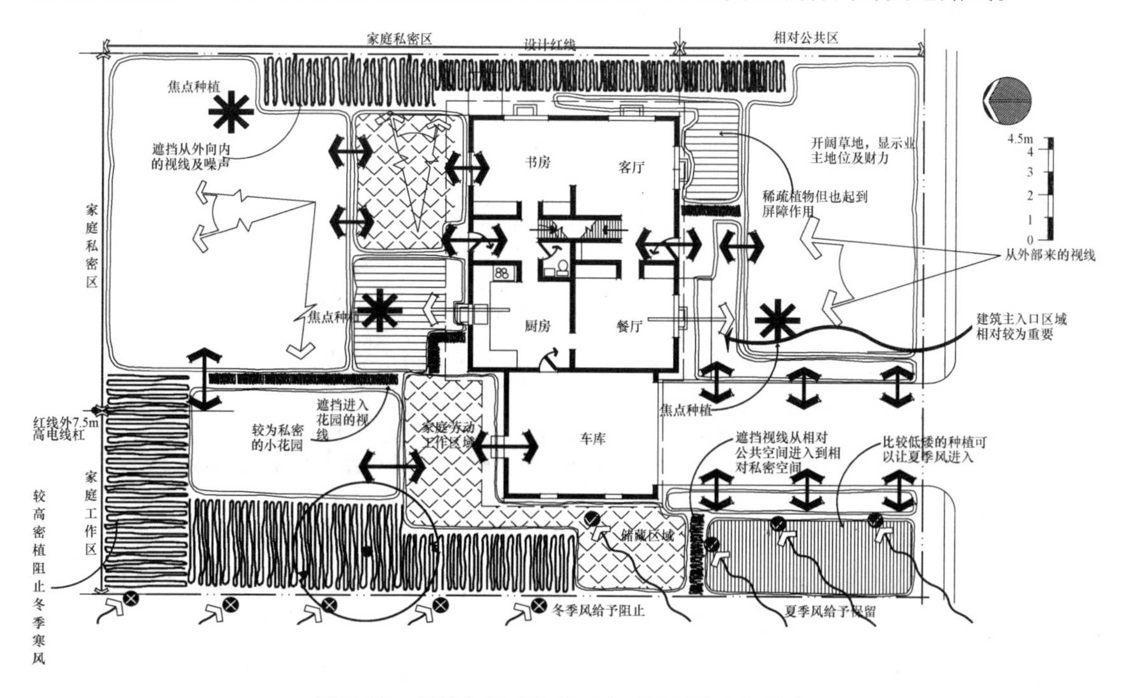

图6-22　项目分析功能分区之后的具体空间落实

确定主要观赏面(图6-23),这些观赏面需要进一步在立面图上进行植物安排,在立面上对植物种进行初步设计,在这个过程中需要和业主进行沟通,他可能对具体植物有避讳或偏好,充分考虑他的意见,如果他的意见确实不合理,也应该从客观角度对其多方面论证其合理性并且矫正业主的不合理认识。

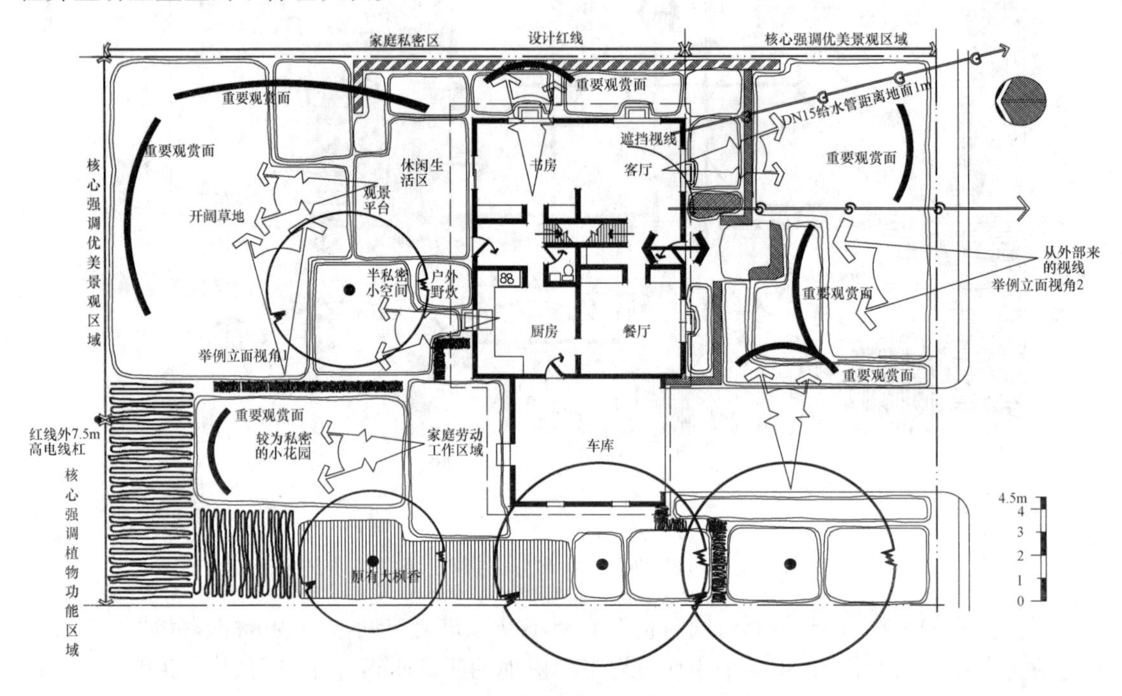

图6-23　整理思路,对主要观赏面进行确定

四、立面图推敲

对主要观赏面进行立面推敲如图6-24所示。

图6-24　举例立面推敲视角1,按照立面三角形法则,建立观赏面基本形体体块及关系

立面推敲是一系列图纸,限于篇幅仅举例两个视角,在这个阶段需要植物配置设计者对植物进行初步植物种的安排,所以在绘制这些图纸的过程中并不是仅仅因为美而画,当然也不是为了画得美,对植物高度、体块、质感等都进行一定的安排。如果制作大型项目,视角可能非常

多，则不必将植物绘制得过细，给出相应的体块，研究这些体块的组合即可。小型项目可以在这个阶段随时和业主进行沟通，立面图是平常人能够看得懂的可视化图纸。如图 6-24 至图 6-37所示。

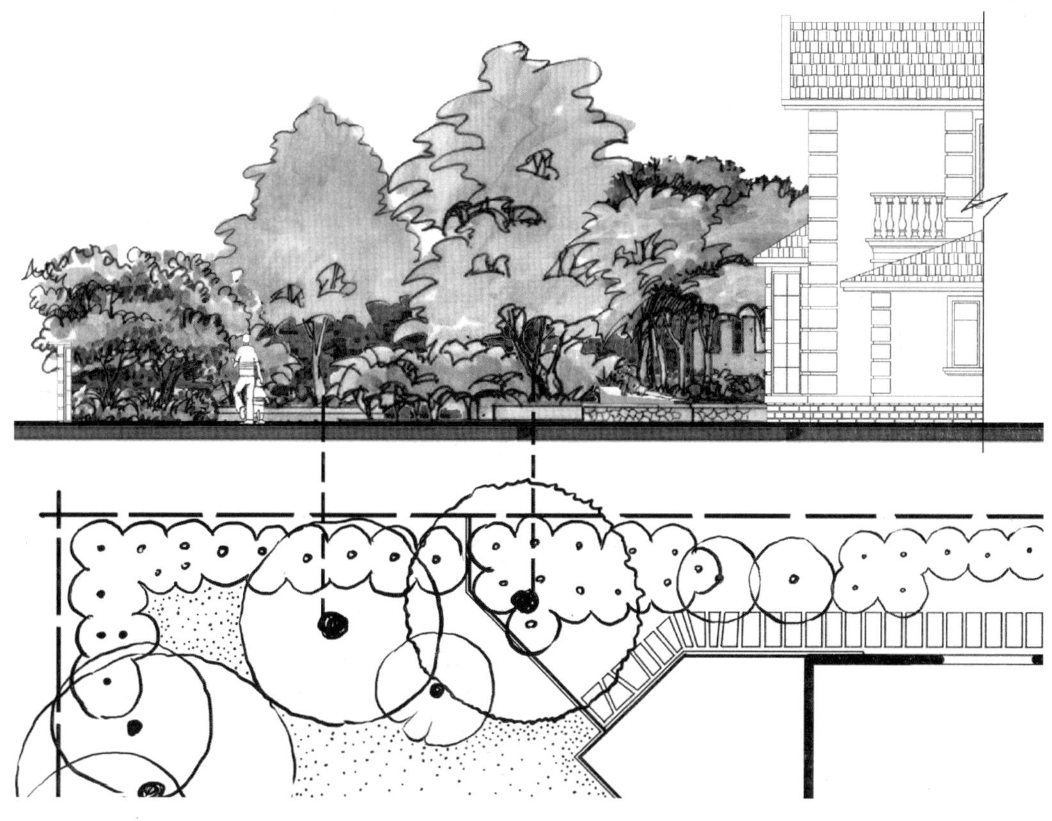

图 6-25　举例立面推敲视角 1，此时设计小组仅从美丽角度来进行植物构图的探讨，本图小组成员认为左侧靠近围墙植物过于密集，应该改得稀疏一些

图 6-26　按照项目组设计小组的建议进行了修改，定出的植物立面

其中,图6-24是视角的最初安排状态,图6-25是中间的讨论稿,因为不够理想在谈论后进行了修改,图6-26是修改稿,获得了设计小组的认可。图6-27是另外一个视角的认可稿。另外还有近20个可行的视角立面稿,恕不一一列举。植物种的最初确定也是在此时开始的,在立面绘制过程中,就可以顺便将植物名称写在图纸上,如图6-28所示。

图6-27　举例立面推敲视角2

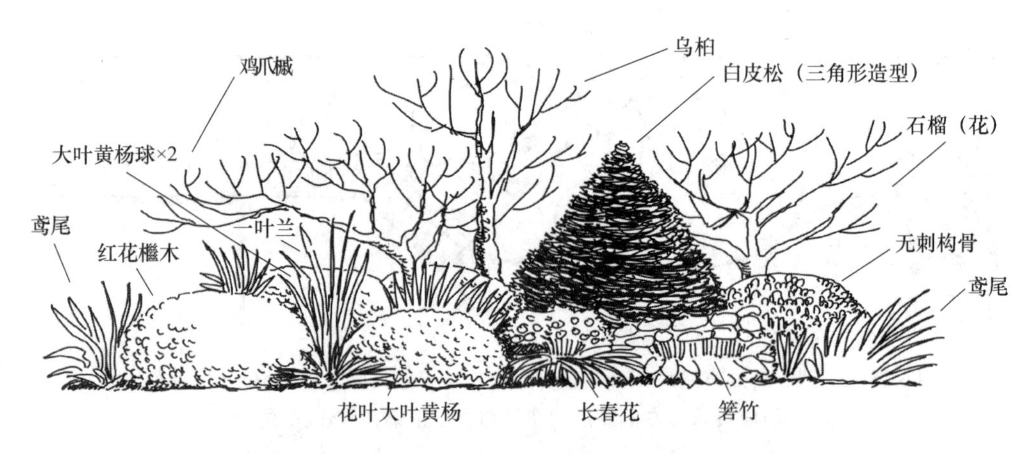

图6-28　其他项目中带苗木名称的立面草图之一举例

当所有的立面视角都安排妥当,形成图6-29平面图。此时,总平面图看似已经形成,但其实设计并未结束,因为植物空间仍需要推敲。根据各个立面视角,借用SU软件,形成图6-30及图6-31,和业主进行交流推敲,此时并不建议绘制较为正式的效果图。

图6-30,是植物在空间中的冠球状态,因为采用半透明状态,感觉并无不妥,但当渲染成图6-31时,问题就出现了,植物拥挤情况还是较为严重的。小型别墅的业主通常并无过多的园林养护能力,所以为了后期的实际问题,不能将植物安排得过于密集。在电脑中为业主展示所有视角,特别是使用人眼高度的视角,虽然较小的电脑屏幕相当限制视觉效果,但与业主长时间共同推敲,一起决定哪些植物是需要删减的,又有哪些地区是需要增添的。在本设计中,业主也出自实际情况,只确定了删减的情况,并未提出增加的要求,如图6-32所示,具体的删减情况,在种植中心点处绘制叉字符号的植物需要被删减。理由如下:①后院大体块草坪需要留出充足的活动空间;②这里种植会导致林下空间过暗,导致拥挤感;③这里有隔壁院落的优美植物,可以借景;④业主特别要求需要留出入口处草体;⑤虽然没问题,但考虑到地下管线,给予删除。

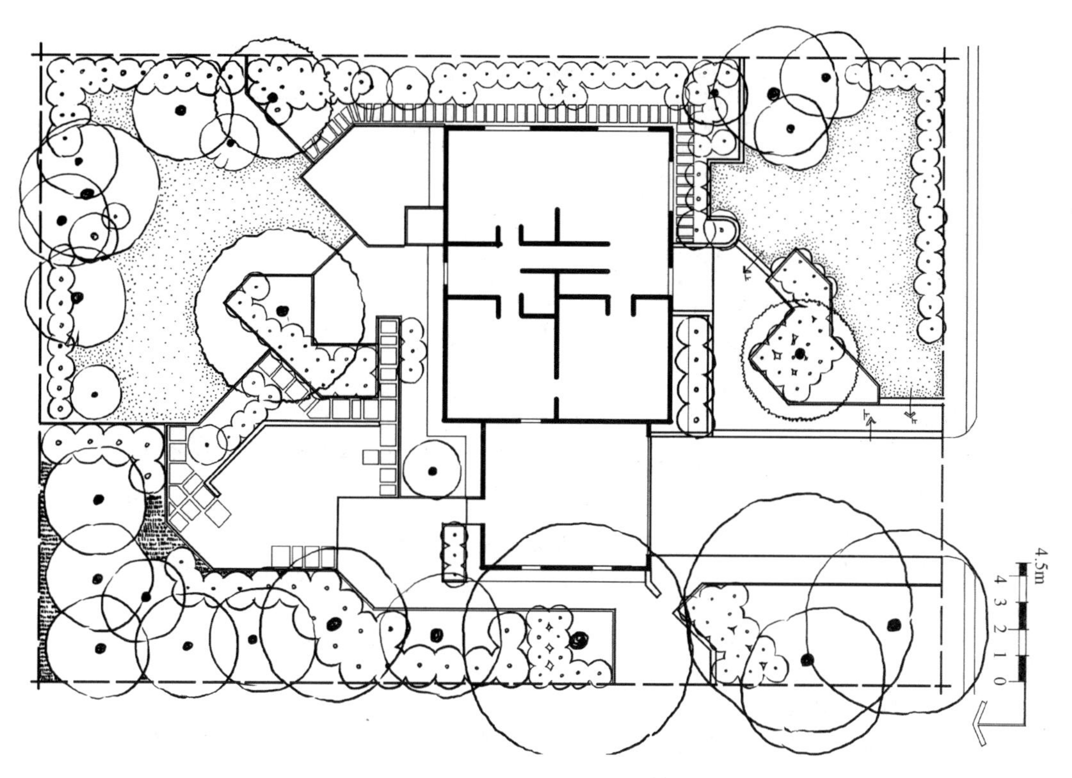

图 6-29　本页图纸在绘图中，先将图框放在此处

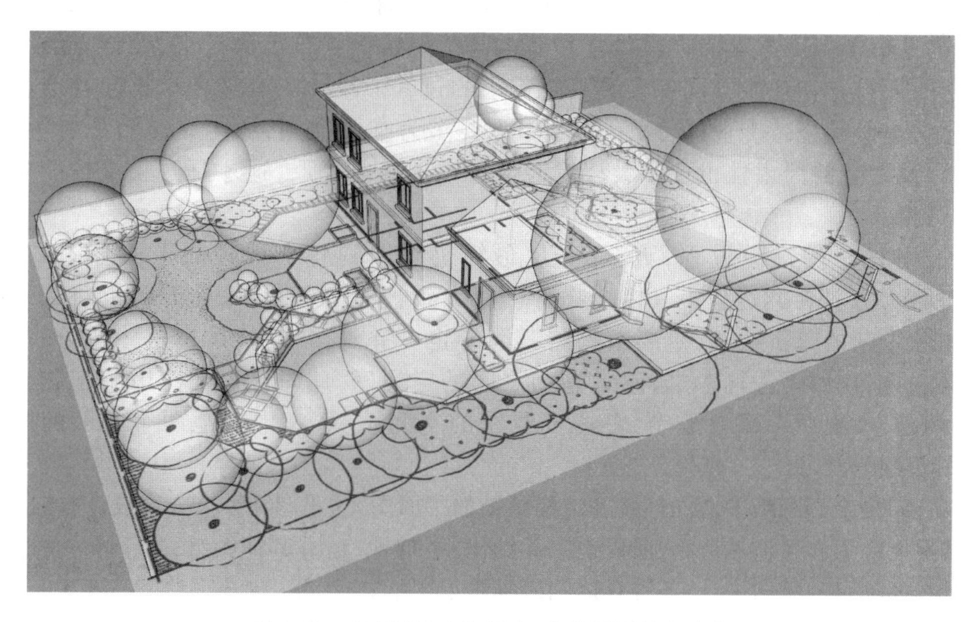

图 6-30　本页图纸在绘图中，先将图框放在此处

图6-31　本页图纸在绘图中，先将图框放在此处

五、回到平面配置图

图6-32，本应该进入下一步工作，即进入正式图纸的绘制工作，但甲方在此阶段中经常来电，在电话中反复针对细小问题进行即刻性质的各种更改，同时多次要求设计方现场做协商工作，所以形成图6-33的第6次草案平面，此时具体的植物种，双方已经均有比较相似的见解了。甲方其实在设计之初并未清楚地认识到自己的需求，设计方的工作不但是设计，而且是和业主共同探索其真正需求的过程。设计方有义务承担起社会教育的重任，同时也必须坚持专业操守，不能以甲方要求为唯一准则，业主是被服务者不假，但专业知识及专业的严肃性也要求设计者有义务维护专业尊严，这才是真正维护业主利益的职业道德。

每一组视角的推敲过程，直至确定，最终仍要回到各个视角的平面总图之上，如图6-33所示，只是在此过程中具体植物种已经大致被确定下来了，此时可以将图纸清誊一遍，去除纷杂的分析线条，重要植物将其阴影也一并画出，这样可以进一步分析光影，注意细微的植物也要进行考虑，感觉它们之间的空间感，此时应该还考虑到植物的落叶与常绿问题，考虑两个重要季节，冬季和夏季的空间感觉，考虑其他两个季节的叶色问题，如图6-34所示。

图6-35，是全套图纸中地面铺装和地面植被的平面图，这张图和整个方案设计看似没有关系，但实际上因为涉及地被植物，所以也一并给出，类似地，还有其他图纸，限于本书的篇幅未一一给出，如项目的竖向设计、各种具体的园林施工图纸。

就在方案准备进入绘制施工图阶段时，业主突然要求，如图6-36所示，恢复其后院一株鸡爪槭，和前院大银杏及花叶大叶黄杨，经过设计方推定，认为甲方修改并无问题，最后一次和甲方确认后，最终形成图6-37。以后，由此图进入到施工图绘制阶段。

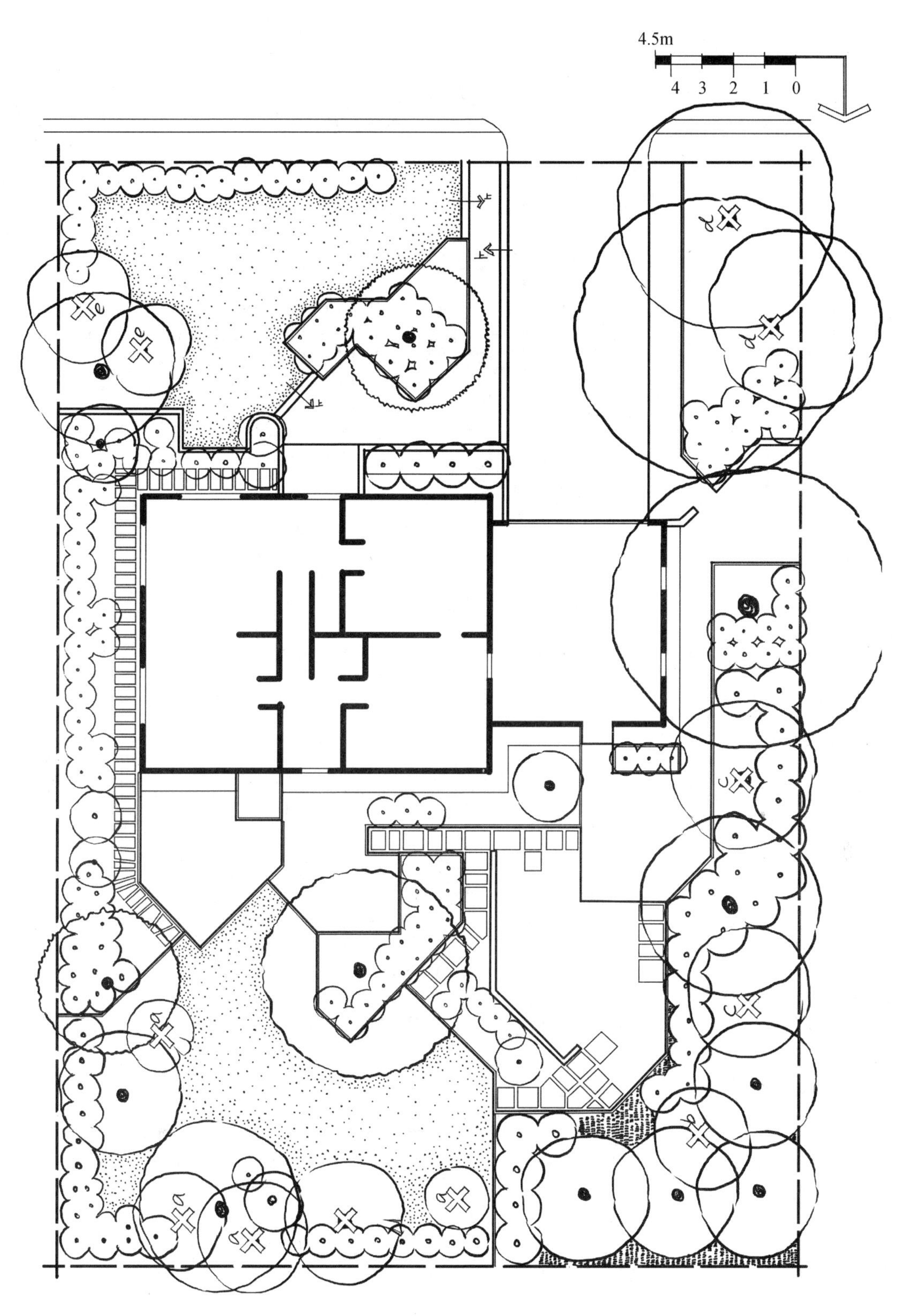

图 6-32　已经表明植物种的最终成图

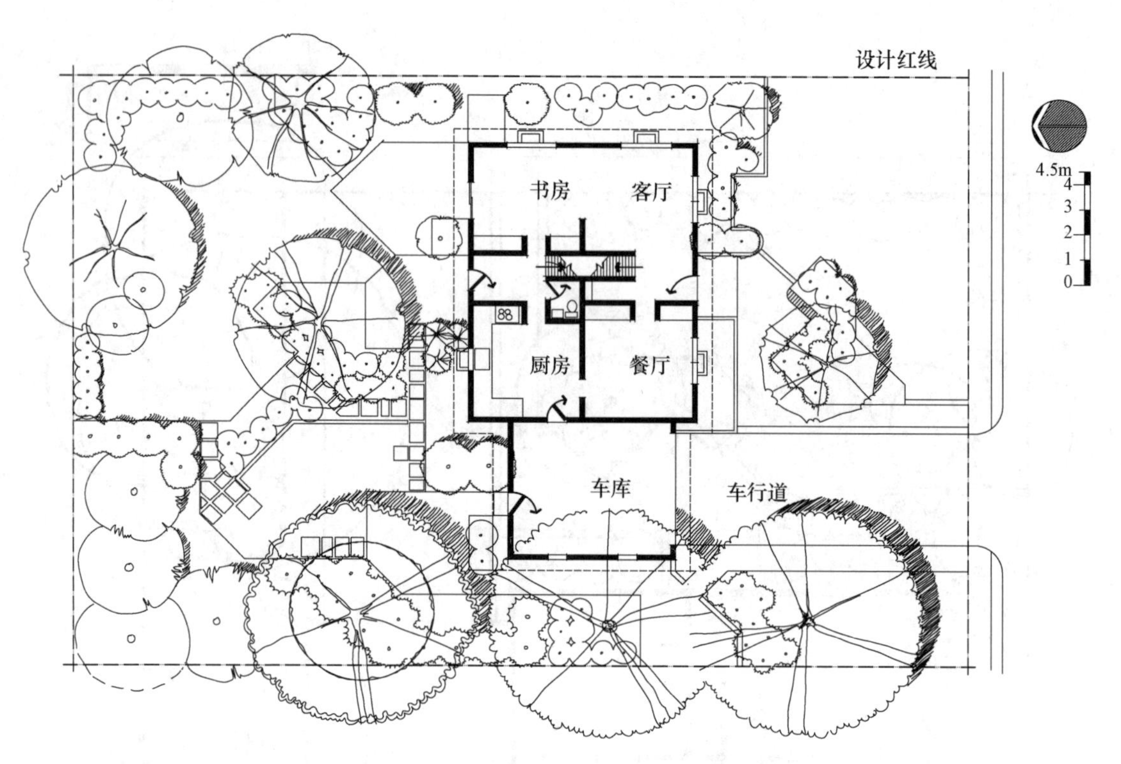

图 6-33　第 6 次草案确定的植物关系，再次与甲方进行沟通，初步确定植物种

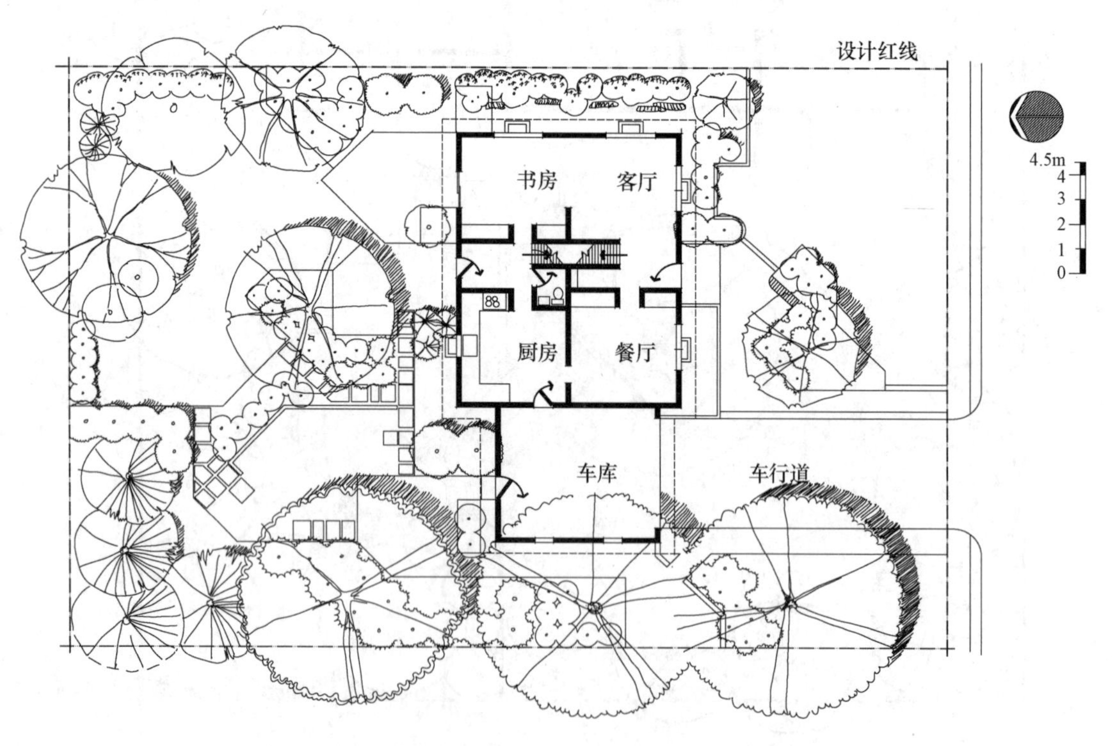

图 6-34　进一步推敲和小组讨论，方案定稿，同时确定植物种

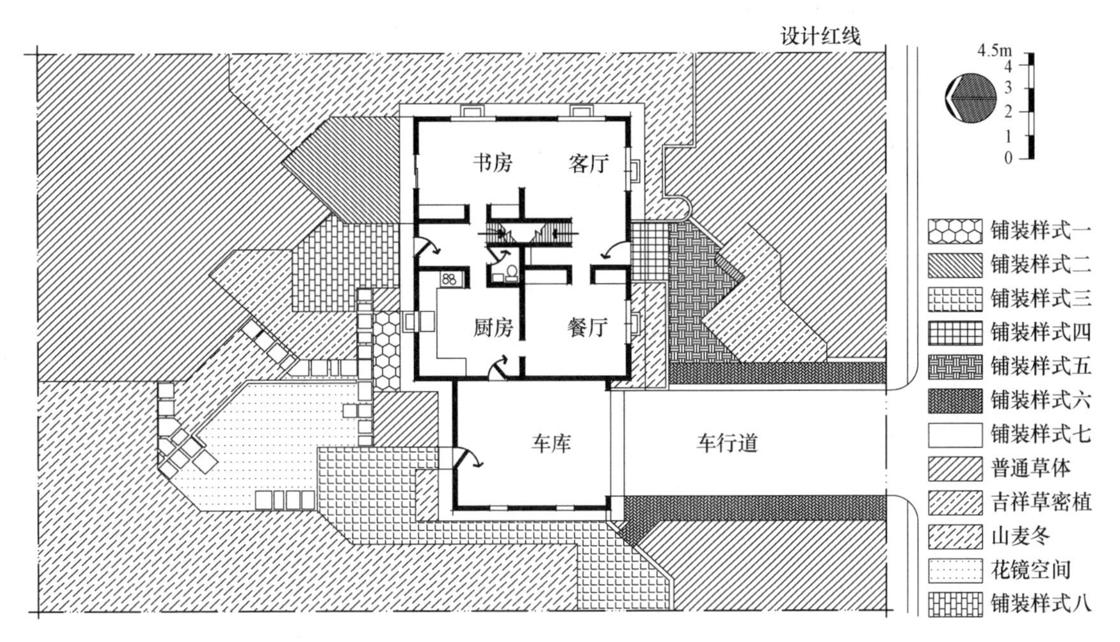

图 6-35　CAD 绘制的最终的成图之一,铺装样式及地被植物

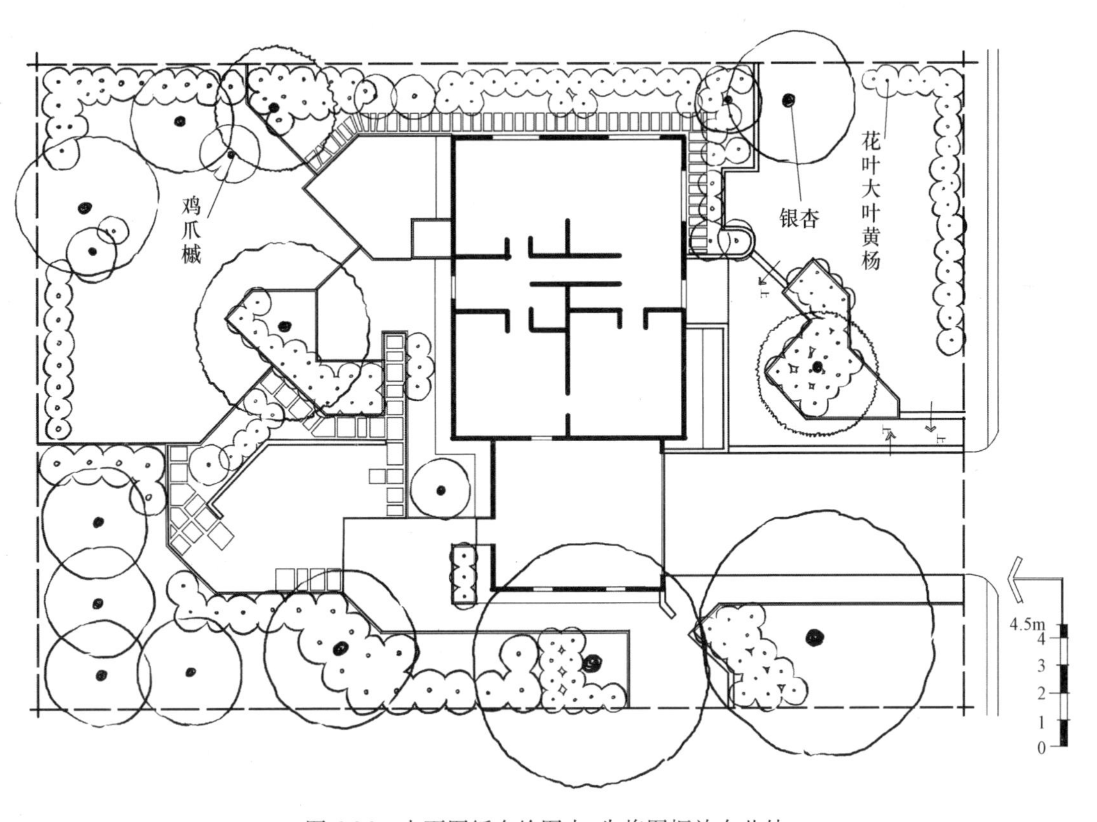

图 6-36　本页图纸在绘图中,先将图框放在此处

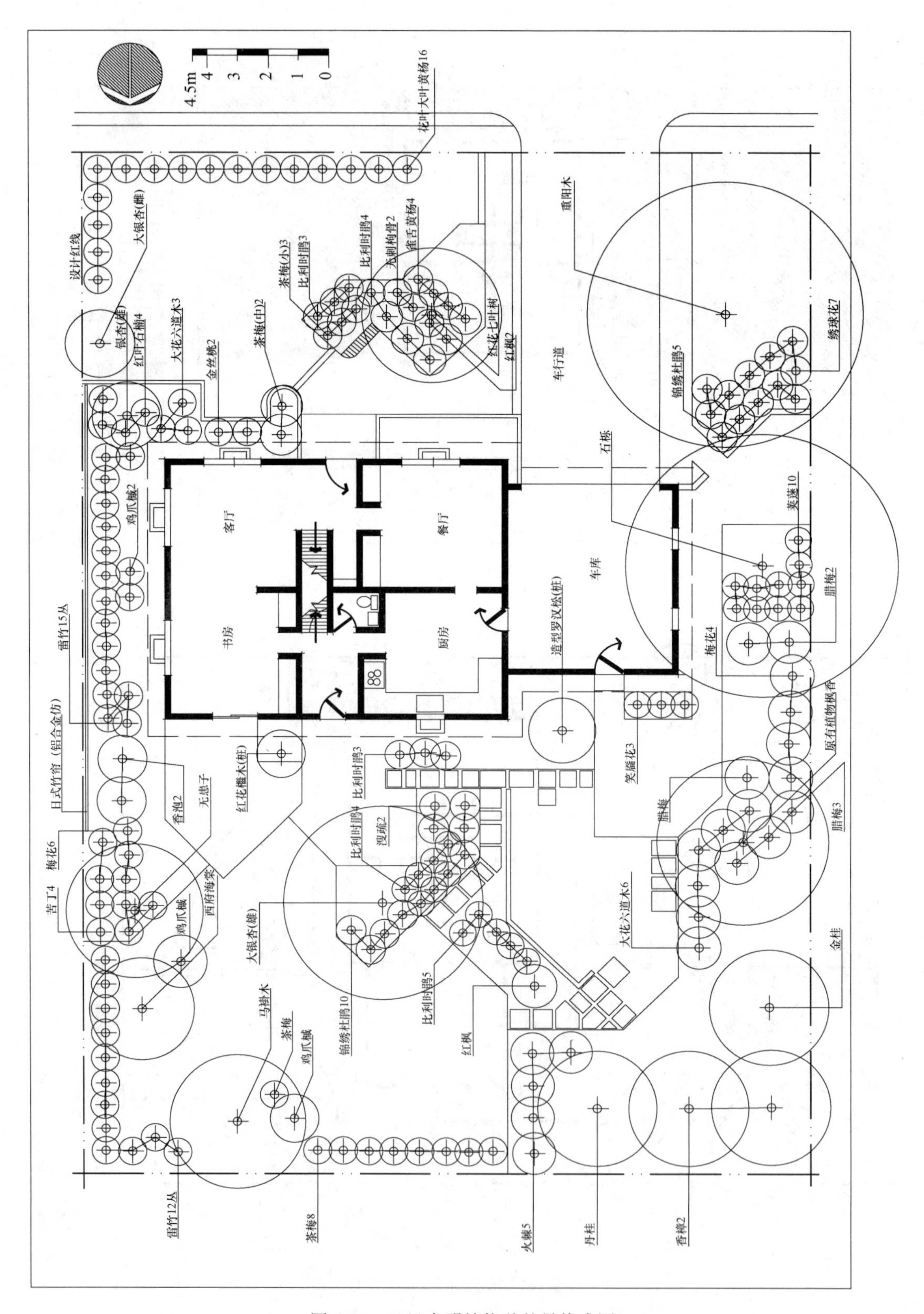

图 6-37　已经表明植物种的最终成图

最后,绘制标准平面图(图 6-37),CAD 的标准平面图平心而论并不美观,单纯从图面来看甚至不如前面的方案阶段的图纸,但实际上美丽应该落实在现实中,图纸无论多漂亮,若无法落地也是不行的。植物种的标注需要注意,标注线与标注线之间不得相互交叉,尽量不增加图纸的识别难度,这张图在很多时候其实可以作为施工图来使用,所以务必绘制得清晰、简单、明确和准确,原则上不允许使用植物繁复的图标,如图 6-37 所示。植物种植点应该十分明确,所有的植物名称均从种植心点出发,相邻的同种植物用线相连,"苦丁 4"代表 4 株苦丁。本项目还提供给大家看采购植物列表,见表 6-4。

表 6-4　本项目苗木采购表(部分)

项目	名称	标准名称	粗度(cm)	冠幅(m)	植高(m)	数量	备注
1	石栎	*Lithocarpus glaber(Thunb.)Nakai*	H40	6	9	1 株	全冠苗
2	马褂木	*Liriodendronchinense(Hemsl.)Sarg*	H24	4.5	6	1 株	全冠苗
3	火棘	*Pyracantha fortuneana (Maxim.)Li*	D6	0.8	1	5 株	实生苗
4	雷竹	*Phyllostachys praecox C. D. Chu et C. S. Chao 'Prevernalis'*	D3.5	0.5	2	27 丛	容器苗
5	锦绣杜鹃	*Rhododendronpulchrum Sweet*	—	0.2	0.5	15 丛	5 株/丛 实生苗
6	茶梅(小)	*Camelliasasanqua Thunb.*	—	0.5	0.5	11 丛	3 株/丛 实生苗
7	茶梅(中)	*Camelliasasanqua Thunb.*	D6	1	1	2 株	实生苗
8	银杏(雄)	*Ginkgobiloba L.*	H18	4	6	1 株	全冠苗
9	银杏(雌)	*Ginkgobiloba L.*	H24	5	7	1 株	全冠苗
10	山麦冬	*Liriope spicata (Thunb.)Lour.*	—	—	0.15	135m2	容器苗
11	花叶大叶黄杨	*Buxus megistophylla Levl.*	D6	球 1	1	14 株	实生苗
12	鸡爪槭	*Acerpalmatum Thunb.*	H14	2.5	2.5	1 株	全冠苗
13	…	…	…	…	…	…	…

本表说明:表中 H 代表胸径(距离地面约 1~1.2m 处量取植物横切面直径);D 代表地径(距离地面约 0.3m 处量取植物横切面直径);"全冠苗"代表树冠未经过强修剪,保留有原来树冠;"容器苗"代表有直根系;"实生苗"代表在苗圃中养育而非从外部移植;"丛"代表不是单株种植而是多株一穴或穴位较近种植;"m2"在施工时为了避免施工人员看不清平方米的上标,故意将上标"2"不缩小并平放在 m 旁边;相同植物可以有不同规格,所以有"茶梅(小)"和"茶梅(中)"的区别。

图面设计之后,需要对植物进行统计,以便业主可以按照图纸对苗木进行采购,见表 6-4。

在整个设计过程中,业主的要求几乎已经全部满足了,特别是外来的地下水管等市政管线已经得到了充分的保护,在其上并未设计乔木;几乎所有的需求性视线都得到景观视觉方面的实现,项目南侧有外来的视线也格外得到立面的推敲,有主观赏面,同时也照顾到居住者回家开门的隐私性,植物配置设计基本解决了到季风及噪声的问题,通过植物种植工程,对业主也减弱了院落北侧角落土地积水的问题,虽然这个问题并未在图纸上表现。也考虑到功能分割的问题,设计出几个空间的分隔。设计基本实现了各方面的要求,本设计过程的详细阐述应该对读者的学习有一定的帮助。

第四节　园林植物配置美学评价

植物配置设计的评价作为一种对“美”的评价，客观地说，是比较困难的。如果按时间节点来讨论，应该分为：设计时评价（作品未实现）和设计后评价（作品已经实现）。两者实质上差别甚大。设计时评价，当事人是设计者和甲方，人员仍相对简单，评价目标是图纸或虚拟现实。但设计后评价，中间则加入了形形色色的当事人，比如苗木经销商、出苗前修剪工作人员、起运工程人员、运输过程人员、下苗施工人员、园林养护工作者等。此时的评价目标是真实的园林作品，每一个环节其实都是一种变量，好的设计并不一定能够收到好的结果。这样看来，对园林作品美的评价，并不是单纯一次就可以结束的，至少应该在事前和事后，进行两次相互佐证的美的评价。

现在，业内针对园林美的评价研究，学界已经大致开展了近十余年，但一直因为需要数学运算，并且采样过程较为繁琐，所以方法虽然有几种，却都难以实际进行推广。为了本书基本的完整性，本人也把常用的一种方法列于其下。针对美，学者们提出“美度”的概念，所以对园林的美，他们早先提出“美景度”这个名词，企图对园林美进行量化。本人在本节的前段已经说过，美是个相当主观的主观印象，本身就复杂无比，人类只能进行简单化处理。

一、植物配置美景度指标

植物配置状况评价指标体系见表6-5。

表6-5　植物配置状况评价指标体系

综合指标	一级指标	二级指标	计算方法
植物配置美景度综合评价	植物个体生长状况	个体年生长量（A_1）	直接测量，乔木使用胸径或地径的年增长量数值，灌木用冠径的年增长量数值，草体植物无须测量
		个体开花情况（A_2）	目测估算，项目地块成年乔灌木的开花与结果数量与常规正常成年植株开花和结果数量之比
		个体结果情况（A_3）	如上
	植物群落情况	群落层次（A_4）	目测
		群落地面上生物量（A_5）	对于乔木和灌木采用平均标准木法①，对于小灌木和草本植物采用样地收获称重法②
		群落地面下生长情况（A_6）	早先可以通过洛阳铲，评价项目地块植物根的生长情况；现在可以使用遥感技术来评价项目地块植物根系生长情况

① 平均标准木法，是采用典型取样的方法，按一定要求选取标准木，伐倒区分求积，用标准木材积推算林分蓄积量的方法。平局标准木法为①设置标准地，并进行标准地调查。根据标准地每木检尺结果，计算出林分平均直径（Dg）；②测树高（15～30株），用数式法或图解法建立树高曲线，并求出林分平均高（HD）；③在林分内按 $Dg(1\pm5\%)$ 和 $HD(1\pm5\%)$，且干形中等的标准，选1～3株标准木，伐倒并用区分求积法测算其材积；④计算标准地的蓄积量，并按标准地面积换算成单位面积蓄积（m^3/hm^2）。

② 也是采用典型取样的方法，按一定要求选取标准灌木，伐倒区称重量，用标准木材积推算林分蓄积量的方法。

续表

<table>
<tr><th>综合指标</th><th>一级指标</th><th>二级指标</th><th>计算方法</th></tr>
<tr><td rowspan="24">植物配置美景度综合评价</td><td rowspan="4">植物群落情况</td><td>乔灌木绿量(A_7)</td><td>采用样地总的叶片收获称重法</td></tr>
<tr><td>植物多样性(A_8)</td><td>利用 Shannon – Wiener 多样性指数进行计算①</td></tr>
<tr><td>病虫害情况(A_9)</td><td>1 天内发生的,能够用肉眼辨别出影响群落外貌特征和景观效果的病虫害发生的次数与强度</td></tr>
<tr><td>常绿植物与落叶植物比率(A_{10})</td><td>落叶乔灌木个体数量与常绿乔灌木个体数量的比值</td></tr>
<tr><td rowspan="8">植物群落的美感度</td><td>鸟类出现的频度(A_{11})</td><td>鸟类出现的次数/观测次数</td></tr>
<tr><td>鸟类出现的种类(A_{12})</td><td>鸟类种类的记录</td></tr>
<tr><td>非攻击性兽类出现的频度(A_{13})</td><td>非攻击性兽类出现的次数/观测次数</td></tr>
<tr><td>植物丛空间塑造感觉(A_{14})</td><td>问卷调查</td></tr>
<tr><td>植物嗅味的愉悦效应(A_{15})</td><td>问卷调查</td></tr>
<tr><td>视觉美感(A_{16})</td><td>问卷调查</td></tr>
<tr><td>生态美感(A_{17})</td><td>问卷调查</td></tr>
<tr><td>联想、文化或诗性美感(A_{18})</td><td>问卷调查</td></tr>
<tr><td rowspan="6">植物群落的服务性</td><td>夏季遮阴效应(A_{19})</td><td>乔灌正投影面积,等同于植物覆盖率测定方法</td></tr>
<tr><td>夏季植冠阴影深度(A_{20})</td><td>影灰度,从白到黑分为 10 度,制作色表看具体情况</td></tr>
<tr><td>冬季透光效应(A_{21})</td><td>即冬季时植丛叶密度</td></tr>
<tr><td>冬季植冠阴影深度(A_{22})</td><td>影灰度,从白到黑分为 10 度,制作色表看具体情况</td></tr>
<tr><td>夏季降温效应(A_{23})</td><td>使用温度计测定群落内部的温度与无植物时对照同等高度环境温度的差值</td></tr>
<tr><td>对人的吸引力(A_{24})</td><td>不同季节 1 天内不同时间,所观测到绿地项目中在群落内部的人数平均值/适合人活动的面积</td></tr>
<tr><td rowspan="3">植物配置经济消耗</td><td>建设费用(A_{25})</td><td>建设园林项目地块植物群落所消耗的资金,或用群落建设年限和现有植物大小来推断当时建设费用,可以全部折算为当前价格</td></tr>
<tr><td>后期维护费用(A_{26})</td><td>1 个周期内项目地块全部维护消耗的全部费用</td></tr>
<tr><td>植物经济效益增加值(A_{27})</td><td>观察时间点项目地块所有植物一次性全部销售所获资金,和之前某个时间点所有植物一次性全部销售所获资金的差值</td></tr>
<tr><td rowspan="3">本地种及外来种</td><td>乔木本地及外来比率(A_{28})</td><td>直接计数</td></tr>
<tr><td>灌木本地及外来比率(A_{29})</td><td>直接计数</td></tr>
<tr><td>草本本地及外来比率(A_{30})</td><td>直接计算占地面积</td></tr>
</table>

注:表格中灰色部分是设计阶段就应该进行评价的指标,整个表格都可以用作建成后的评价指标。

① 多样性指数是指物种多样性测定,主要有三个空间尺度:α 多样性,β 多样性,γ 多样性。每个空间尺度的环境不同测定的数据也不相同。具体计算方法请自行查阅相关学术论文。

当评价赋予了各项指标，笔者将问题进行了简单化，但长达近30个评价项目，需要一个相对简单的数据处理方法，在统计学中一般采用极差法，这是针对众多数据项进行数理统计的一种通用方法。公式如下：

$$F(A_i) = (A_{i\max} - A_i)/(A_{i\max} - A_{i\min}) \tag{6-1}$$

以上公式是植物配置质量降低指标值增大的标准化方法，另外还有随着植物配置质量降低指标值减小的标准化方法：

$$F(A_i) = (A_i - A_{i\min})/(A_{i\max} - A_{i\min}) \tag{6-2}$$

两个公式中 $F(A_i)$ 表示二级指标中各个因子的标准化数值，$i=1,2,\cdots$，A_i 表示评价指标体系中的各二级指标因子的实际测算值，$A_{i\max}$ 和 $A_{i\min}$ 分别表示第 i 项评价指标因子在所有植物配置目标植物评价中的最大值和最小值。某些项目指标的数值，并不是与其他地区植物数值成直线关系，而可能是较好的或最佳数值，可能当超过这一数值时，配置植物的性质会向与理想值（期望值）相反的方向变化。比如落叶乔灌木与常绿乔灌木的比例、夏季植物的覆盖率、冬季植物的透光性等项目，应用上述公式前适宜首先掌握或确定最佳数值，再据实测数值偏离最佳值的量，进行评价，以指导后面的养护工作。但最佳数值也要根据绿地块所在地区、绿地使用性质和实际用途等来确定，具体问题具体分析。

二、问卷调查项的评价数值确定

表6-6中需要用问卷调查才能采集数据的指标，所采集到的数据，均为观赏者的主观判断，这是对美或愉悦的一种主观意向，所以为了保证最大化的客观性或准确性，不但需对采集对象方面有尽可能多的多样性要求，也对采集对象的数量尽量有较多的要求。

在园林作品的设计阶段，针对阶段性成果进行评价，是必要并及时的，甚至这种评价其实比园林作品落成后再评价更有意义，马后炮只会让缺憾更加成为面上问题。

现在的评价方法已经很多，本文只列举较为成熟的一种——心理物理学法中的SBE法（Scenic Beauty Estimation），选择这个方法进行表述，主要原因在于其评价的媒介物为照片或纸质媒体，和设计未实施阶段的设计图纸是相似的。其表述如下：

设计媒介物，是植物配置设计的各种图纸，为了让评判者能够尽快地明白和了解图纸信息，设计图纸应该尽可能的通俗化，这是设计本来应该做的工作。为评价而专设的图纸中专有名词应该尽可能少，图纸也应该多设置评判民众更易接受的表现样式，表现图应该更接近现实的某个时间状态，而不出现明显的季相、质感、品种、体量等错误。

有一种焦虑是被评价者担心评价人的非专业性影响评价结果，事实上这并不存在。一般而言，专业设计如果通过非专业人士的认可，才是真正专业的事情。以前我们在公共场合派发的问卷调查，苦恼在于有效问卷数量很少，小数据不足以形成能够说明问题的共性面，现在有了网络智能手机，这种问题就迎刃而解了，当尽可能多的大数据可以低成本的实现，评价结果也就更加真实可靠了。为了比较简单的在本书中说明问题，笔者设计了如下实验途径：

评判者，一般分为三组以上，构成见表6-6。

表 6-6　SBE 法评判人员组成

组名	评判人员属性	人数
园林专业组(E)	园林专业从业者	J1※※
环境科学专业组(L)※	具备基本植物学知识的从业者	J2
公众组(N)	普通公众	J_3
合计		J

注:※ 安排这三个组的目的是,环境科学专业组对植物认识介乎于园林专业组和公众组之间,形成了比较典型的三个层次,在技术认知中形成比较均匀的过渡

※※ 各组人数均不得小于 100 人,采样人数过少,则数据失去普遍性意义

数据采集样本越多,取得的评价结果也更较为真实,但 SBE 法比较好的地方,即受试人数较少的时候也能使得评价较为可靠。在数年之前,是因为受到受试人数限制而有意为之,这可能还是不得已的办法。现在,此法在大数据时代应该能发挥更有力的作用。

数据采集阶段,设计问卷样式见表 6-7。

表 6-7　园林植物配置评价问卷调查表样式举例

评判者基本资料	男/女	年龄	专业
以下是评分参考原则: 1. 具有地区性特色 2. 种类多 3. 色彩丰富 4. 感觉舒适 5. 高、中、低层次丰富 6. 和建筑与道路等协调 7. 阴影凉快 8. 感觉漂亮 9. 有花有果 10. 感觉安全	平面图	效果图	立面图
	平面图 P1	效果图 X1	立面图 L1
	平面图 P2	效果图 X2	立面图 L2
	平面图 P3	效果图 X3	立面图 L3
	平面图 P4	效果图 X4	立面图 L4
	平面图 P5	效果图 X5	立面图 L5
	平面图 P6	效果图 X6	立面图 L6
	平面图 P7	效果图 X7	立面图 L7
	平面图 P8	效果图 X8	立面图 L8
	平面图 P9	效果图 X9	立面图 L9
	平面图 P10	效果图 X10	立面图 L10
根据上述参考原则给照片打分,每张图纸 10 分制,每项最多 1 分,可以给小于 1 的小数。分数越高则代表该设计图纸的植物配置越好。非园林专业组如果看不懂平面图及立面图,可以不进行评价			

考虑到主观评价因人而异,采用 10 分制打分的方法(1 为最低分,10 为最高分)对配置美景度进行评测,不同的人对其自身的评价标准趋向于拓扑模糊。是因为,对于评价标准低的人(较为宽容性格的受试者),8 分不能算高评分;而对于严苛或刻板的评价标准高的人(严格苛刻人格的受试者),5 ~ 6 分不能算是低的配置美度评价。但同一个人对不同图纸的评价标准应该是较为一致的,此点成为 SBE 评价法可信的基础条件。

数据处理方法,将采集到的问卷调查表数据输入数据库软件中,如 SPSS 或 Excel,利用软件求出每组评判者对各景观样本的 SBE 值(数学期望)和变异系数(方差)并得到数据分析图表,方法一:

$$平面图组\ Z_{pj} = (R_{pj} - \bar{R}_j)/S_j \qquad Z_i = \sum_j Z_{pj}/N_j \tag{6-3}$$

$$效果图组\ Z_{xj} = (R_{xj} - \bar{R}_j)/S_j \qquad Z_i = \sum_j Z_{xj}/N_j \tag{6-4}$$

$$立面图组\ Z_{lj} = (R_{lj} - \bar{R}_j)/S_j \qquad Z_i = \sum_j Z_{lj}/N_j \tag{6-5}$$

以效果图组为例,其中,Z_{xj}为j个评判者对第x个效果图的评价分数值;R_{xj}为第j个评判者对第x个效果图的评价等级数值;$\bar{R}_j$为第j个评判者对同一类效果图的所有评价值的平均值;S_j为第j个评判者对同一类效果图的评价值的标准差;Z_i为第i个效果图的得分值。

方法二,计算公式如下:

$$MZ_i = \frac{1}{m-1}\sum_{k=2}^{m} u_{\varphi ik} \tag{6-6}$$

$$SBE_i = (MZ_i - BMMZ) \times 100 \tag{6-7}$$

按照公式,随机抽取一张设计图纸人为设定为 *SBE* 的"基准线"其 *SBE* 值为 0.0000。式中,MZ_i为受评判图纸i的平均Z值;φ_{ik}为评判者给予评判图纸i的评分值为k或大于k的频率;$u_{\varphi ik}$为正态分布单侧分位数值;m为评分等级数;SBE_i为受评判图纸i的 *SBE* 值;*BMMZ* 为基准线的平均Z值。

用 SPSS 对采集数据进行处理,得到受评价图纸的各组参评人的 *SBE* 值,形成表 6-8。

表 6-8　某评价组的受评价图纸的 *SBE* 值

图纸序号	E 组 *SBE* 值	图纸序号	L 组 *SBE* 值	图纸序号	N 组 *SBE* 值
效果图 X3	64.554※	效果图 X3	-22.278	效果图 X3	3.851
效果图 X9	50.428	效果图 X9	18.475	效果图 X9	55.627
效果图 X30	9.554	效果图 X30	47.256	效果图 X30	-54.239

注:※表内数值并无意义,是某次进行评价的一组数据,举例仅为示意。另外全表过长,仅取两行实例

如果不考虑其他评价组,仅从一个评价组中的数据来看,或者将所有评价组(三组)的成员打乱编制成一个大组,*SBE* 方法仍然是有效的,这相当于现在网络社会调研的数据状态。事实上,笔者认为这种非划分人群的办法得到的数据更为真实,从表 6-8 仅列举的三组数据而言,可以看出专家组对效果图 X3、X9 的评价较高;环境科学专业组对效果图 X3 评价差,他们喜欢效果图 X30;公众组认为效果图 X9 美丽,而效果图 X30 很糟糕。就设计图纸改进而言,到这里分析就可以即行结束,我们可以人为地将数据进行简单的划分,即如表 6-9 这样的规则策略。

表 6-9　规则策略

图纸序号	三组评价者成绩均过 50 分	两组评价者成绩给过 50 分		一组评价者给过 50 分			均未给 50 分			
		第三组给正分	第三组给负分	其余两组均给正分	一组给正一组给负	两组皆负	三组皆正分	两组正分一组负分	一组正分两组负分	三组均为负分
效果图 X9※		√								
结论	无须调整	适度调整	适度修改	适度修改	修改	深度修改	适度修改	修改	深度修改	重新设计

注:※可用计算机程序自动生成,也可人工识别,按照结论栏在表中的相应列中标注对勾即可

以 SBE 值为因变量，如果深入地探查各个给分要素的具体情况，设各个要素为自变量，可以通过 SPSS 软件多元线性回归程序 Backward 方法建立评价模型。其表达公式为：

$$SBE_i = a_0 + \sum_{\mu=1}^{k} a_\mu x_i(\mu) + \sum_{j=1}^{m} \sum_{k=2}^{rj} \delta_i(j,k) a_{jk} + \varepsilon_i \tag{6-8}$$

$$i = 1,2,\cdots,n.$$

式中，SBE_i 为第 i 个设计图纸的 SBE 值；$x_i(\mu)$ 表示第 i 个设计图第 μ 个定量因子的给分值；$\delta_i(j,k)$ 表示第 i 个设计图纸第 j 个定量因子第 i 等级的反映，1 或者 0；a_0 为常系数；a_μ 为第 μ 个定量因子的回归系数；a_{jk} 为第 j 个定性因子第 i 等级的回归系数。

将标准化处理后的 SBE 值与表 6-9 中评分参考原则要素在 SPSS 中的 Backward 方法分析，分析过程最终可以看到 10 个要素在某一张设计图纸中的权重。比如：

$$SBE_{x_5} = 0.275 - 0.544 x_1 + 0.827 x_2 + 0.732 x_3 + 0.434 x_4 + 0.854 x_5 + 0.633 x_6 + 0.614 x_7 + 0.727 x_8 + 0.213 x_9 + 0.142 x_{10}$$

其中，x_1 为具有地区性特色；x_2 为种类多样；x_3 为色彩丰富；x_4 为感觉舒适；x_5 为高、中、低层次丰富；x_6 为和建筑与道路等协调；x_7 为阴影舒适感；x_8 为感觉漂亮；x_9 为有花有果；x_{10} 为感觉安全。这样，每个分项的得分值权重也表示得相当清楚，作为设计者就很容易看到应该改进的项目。

如果读者不嫌麻烦，可以继续下面的计算。计算每个组对各种设计图纸的平均值，然后对这些数据进行相关性分析和方差分析，得到各个组别评价的相关性，最后得到各个图纸的评判结果。一般软件都会自动生成统计结果，见表 6-10。

表 6-10　不同组别就表 6-9 评分参考原则的给出相关总分结果分析

图纸名称	组-组	显著性系数	相关性系数	回归方程
效果图 X1	L-N	0.00298※	0.825632	N = 1.4965 + 0.638576L
效果图 X1	E-L	0.036019	0.834929	L = 0.148226 + 1.0517E
效果图 X1	E-N	0.01662	0.686753	N = 1.3428 + 0.823917E

注：※表内数值并无意义，是某次进行评价的一组数据，举例仅为示意。另外全表过长，仅取两行实例

所有评判者对设计图纸的结果进一步进行方差分析，见表 6-11。

表 6-11　对图纸的方差分析

图纸名称	调查组	概率值 P	F 值	相关系数
效果图 X1	N	0.00122※	145.1245587	0.988856412
效果图 X9	N	0.04256	5.41552555	0.652115452

注：※表内数值并无意义，是某次进行评价的一组数据，举例仅为示意。另外全表过长，仅取两行实例

概率值 P 反映评判组之间的评价是否具备相关性，一般的，概率值 P = 某个范围 > 0.05 时，则代表 3 个组对某一张设计图的意见显示出比较离散的性质，简单地说就是意见很不统一，这可能需要进一步修改，如果有一组可能很喜欢，别的组可能表示很不喜欢，这需要进一步找寻原因；反之，概率值 P = 某个范围 < 0.05 时，则代表各个评判组对某一设计图纸表现出亲密的相关性，说白了就是大家的意见都比较一致，但也分为两种情况，就是都给分很高或都给分很低，高的不需要进一步修改；反之，如果都给分低则需要修改。其实这一部分的运算，主要

探讨评价组的可靠性,概率值 P 虽然能够反映图纸的问题,但是仍不如前面叙述的简单。

现在的统计软件已经特别简单易用,可以说,收集来的数据可以像绘图软件一样任人摆弄。方差等数学指标相当能说明设计的优劣。

为了说明问题,我们还组织了更多专业性质的评价组,必须说明三组不同人群评价的一般规律。对于园林设计图纸,宽容度最高的是社会组和本文举例的环境科学组学生,其次是专家组,最苛刻的是景观类专业学生组。这是因为,答案是评价自身带有的附加倾向的数量不同。社会组的评价只是基于"美"或"不够美",形成数据比较单纯而比较不被其他附加参数纠缠;专家组成员都经历了项目实践,所以相当多的时候一方面会体谅设计者之苦,另一方面也体察或体会项目更多地被实际条件所限——"基于实际而限制一定的美"等深入而复杂的因素;而学生组给分最苛刻,他们带有专业新人的一种特别的骄傲和苛刻,这不能抱怨他们,因为正是基于这种骄傲,才能支撑他们如一地学习及走完这个专业的大学学习过程,倘若对这个专业没有丝毫的骄傲感,恐怕他或他们早就选择流转到其他学科专业学习了,有棱角的新人并不是坏事,对于效果图的评价,专业学生的评价是大胆、深刻和中肯的,如图 6-38、图 6-39 所示。

图 6-38　苏州留园中的某场景,其他组评分并不高,园林专业组评分很高

除了 SBE 评价方法之外,用数学模型进行评价的方法还有很多,比如 DEA、全局偏好度评价法等。但这些方法都有较为一致性的缺陷,那就是针对已经建成的园林作品,只能通过静态的目标物进行观察和评价。一个日常的经验很能表述这个问题,那就是我们眼睛看着某个场景非常美观,可是当我们拍照回家后整理照片时会发现"也不过如此"。这是因为人类复杂的大脑感知景观,常常并不仅用眼睛来欣赏美丽的风景,同时还带有人们既有的经验和情感。最重要的是,我们不只是静止地观看景观,通常我们还动态地观看景观。这些评价方法目前尚未解决这个问题,既然如此,从总体上来说现有的评价方法其实是有失公允的。

但是,对于"美"这么宏大的具有深刻哲学意义的事情,用几个小公式就企图对其进行评判,这事情本身就有失公允。如同我们编纂出几个公式评价"自然""爱情"等,这其实也相当自不量力,并且这种评价存在必然的非全面性、武断性和不合理性。更多的,我们在实际项目

图 6-39　同样一个场景使用钢笔绘画来表现，环境科学专业组评分不高，其他组评分高

中使用另外一种方法，即“头脑风暴法”，这是一种更倾向于管理学范畴的方法，即召集数量比较多的各方面的非园林专业者，对设计及具体图纸进行利弊的讨论，用直白的非专业性语言让非专业的人理解我们的设计方案目的、设计步骤和设计成果。众多的效果图、分析图、平面、立面和剖面图纸，每张图纸均有充足的时间进行讨论。各种专业背景的参与者可以站在自己的立场和理解上，对设计进行中肯或偏颇的批评，这个过程可能是比较漫长的，尽管可能营养性有限，但至少不像“SBE 评价方法”或其他已知的方法那样傲慢。

第七章　外国园林植物配置

放眼于外国的园林，有客观作品的优质榜样，当推日本和英国。至于古代巴比伦等，那些都只能在文字或记录中寻找，因为实物较少，当然也难以评价。

第一节　日本园林作品的植物配置

一、主要特征

日本的气候及地理条件特点，导致其植物配置具备一些有趣特征。其一，同一园林作品的70% ~80% 均由植物、水体及置石构成。其二，同一园内的植物品种较少，常以一两种植物作为主景植物，再用另一两种植物作为点景植物，层次简单清楚、形式简洁。其三，是日本园林人对于空间的塑造和形成，相当多的在于对园内植物的复杂多样的修整技艺。所谓二次塑造，即在现有植物的基础上，因势利导重新塑造空间。

图 7-1　日本园林一角 2 幅。仿 Ella Du Cane 于 1908 年绘制的图卷

日本人喜欢象征长寿、延年、耐久的乔木植物和能够体现顽强生命意义的植物，如松、柏、冬青等。这些常绿树木，常常作为最主要的造园材料(图 7-1)。不但常年保持深绿色风貌，也为颜色较浅的观花或色叶植物提供暗色背景。当然，以这些植物为主的园林并不一定单调乏味，除褐绿、靛绿、墨绿、兰绿等基色变化，它们还会在春季萌发浅绿色针叶与球果，另有些在秋季结出暗红色果实。也限制于气候原因，日本园林中广泛种植日本黑松、油松、罗汉松、红松，

大多数日本人认为黑松是优秀的园林树种，其坚硬而深绿色的针形叶、深裂的黑色树皮和极不规则树形，是向自然不断抗争的结果，在日本人看来，这种不服输和隐忍是男性化的表现。如此，在传统的日本园林作品中，黑松常常作为孤植树或孤赏树，是枯山水庭园或池泉庭园的中心焦点。其他松类植物比黑松纤细、柔美，被认为偏向于女性化，常种植于池泉边缘，经修剪保持较低的体量，尽量使其高度与宽度接近相同。除上述以外，日本人常用的常绿植物有红豆杉、榧树、日本花柏类、日本扁柏类；阔叶树则有宽叶山月桂、栎树类、光叶石楠、樟树、铁冬青、月桂、山茶类、荚迷锥栗树、荷花玉兰、女贞、日本女贞、姬虎皮楠、桂花类、冬青、厚皮香、杨梅、虎皮楠等。

日本人喜欢的灌木（图 7-2），常见的有刺柏、铺地柏、圆柏、矮紫杉、各种枫、桂花、樱花、桃叶珊瑚、栀子、钝齿冬青、厚叶香斑木、石楠杜鹃、瑞香、龟甲冬青、马醉木、朱砂根、厚叶香斑木、海桐、光叶柃木、杜鹃类、冬山茶、华南十大功劳、八角金盘、阔叶十大功劳、竹、箬竹、大叶黄杨等。庭园配置时，可以种在乔木下加固树根遮盖露土，或种在石净手旁衬托完成范式。从各处园林作品来看，他们真爱樱花、枫类和槭类，这和日本国民"落花一瞬"的国民情结有关，樱花青春易逝，枫类和槭类的红叶也特别短暂，这种红颜易老的心态符合自然灾害较多岛国的国民性。春日赏樱，夏时避暑，秋天观红，冬季看雪，日本的园林是四季分明的。日本人使用小灌木作为园林主要树木的陪衬来描摹他们内心世界的自然实景，比如在落叶树下，用桃叶珊瑚、火棘、南天竹、枸子、冬青、山地月桂、杜鹃等。在针叶常绿树下，则种珍珠梅、紫金牛、枸子、丁香等。

图 7-2　日本园林喜欢用灌木和园石构成他们的宇宙观

比较特殊的是在苔草类方面的运用，"以苔代草"（图 7-3）。可能是因为日本私家庭院面积的问题，所以在枯山水形式中特别产生了苔园类型，即用青苔代表陆地，用砂代表海洋。苔植物本身被看作森林，而其下又生活着大千物种。苔象征大地，其中的石代表崇山峻岭，砂代表海洋。其必须定期用水进行清洗和搓洗，以保持干净均一的外观，并用木耙梳理成一定的形状。这种小园林，务必需使生青苔的置石、地块土壤保持湿润，而砂务必干净。如果高温潮湿时一旦疏于清洗，则砂石本身也会生长绿苔或绿藻，或者在干燥时节未能保持湿润而导致青苔干旱死亡。总之,苔园的后期养护管理绝不轻松,这代表了日本人的谨慎和近乎于执着的一种特殊的勤奋,日本人自己称之为“砂道”和“苔道”。苔藓在中国园林中并不是一种特意为之的植物,但在微观的园林应用中,比如盆景植物艺术营造中,才会有意培养一些苔藓。主流中国园林作品的用地不成问题,普遍被人认为“着眼点卓阔”,也就不能形成日本苔园这样的艺术形式。

图7-3　日本园林中使用的苔草(用青苔代替地被草)

苔藓是一种常见的喜阴湿的地表覆盖植物,美丽、柔弱和柔软。对水的吸附能力强,因此能够保护其身下的一小片土壤。苔藓缺水时就会迅速变黄,进入休眠状态,除非它彻底死亡,否则一旦补水,又会重新返绿。即便其前株死亡,等到条件适合,它的孢子仍旧会重新萌发,前面死亡的部分刚好成为新植株可以利用的养分及基质。日本的国土面积纤狭,所以日本人如同苔藓一样珍视自己脚下的任何一小片土壤,这也逐渐塑造出他们自有的国民性。

图7-4　日本园林意境绘画,很像芥子园画谱

日本应用青苔的品种很多,大致有:仰天皮、抱天皮、宜藓、圆藓、品藻、绿藓、地钱、泽葵、重钱、土花、水衣等。

日本人格外重视园林植物的文化外延意义,这可能源于他们的泛神信仰。他们几乎将每一种被选取的植物都赋予吉祥或特别的意义,这和我国的情况是相似的。如松因其虬枝古干的形态而被喻长寿,所以在配置时也常常和代表长寿的动物(龟、鹤等)放在一起组景,形成龟岛或鹤岛(图7-4)。又如日本人从中国引入梅花、山茶,因为其花的外观色艳、花大且茂盛,象征富贵;而柿树、柑橘因果而进入日本,比喻为丰收;杜鹃因为常在早春开放,也被附加不畏寒冷的意义,通常与置石一起组合而特别显出铮铮向荣,而受到民众青睐。

日本园林植物配置的吉配手法,在日本也叫做嘉祥配(我国也有这种说法)。在吉配中趋利避害是配植的主要原则。和中国传统认识相同,在园林植物中有一些吉祥组合,有时还特别繁复。如一年三秀(古人谓芝草一年三次开花,也有人说是竹、石、荔三种)、一枯一荣(是指落叶植物,枯荣的季向性比较明显,指柳和山茶)、二友(梅和菊,也有说是梅和茶)、三益友(梅、竹、石)、三君子(松、竹、梅)、四友(迎春、梅、水仙和山茶)、四清(梅、桂、水仙、菊,也有说是兰、竹、梅、石)、四天王树(银杏、樟、杉、榉)、五果(桃、杏、李、枣、栗)、五木(桑、桃、柳、槐、楮)、六研(海棠、芍药、木槿、梨花、芙蓉、长春)、八百余春(柏、杏、石和鸟)、八草(菖蒲、车前草、荷叶、苍耳、艾草、忍冬、马鞭、繁叶草)、八仙花(杏、桃、石榴、凌霄、枇杷、栗、月季、水仙)、八珍(银杏、桃、樱桃、桑、柿、枇杷、栗、杏)、九秋(桂、木芙蓉、秋海棠、菊、蓼、月草、剪春罗、罂粟、燕来红)、十友(禅友栀子、佳友菊花、清友梅花、艳友芍药、仙友桂花、净友荷花、名友海棠、殊友瑞香、雅友茉莉、韵友茶花)、花中十二客、二十客、三十客、百事大吉(百合、柿、橘)、百子长生(石榴和荔枝)、百子同室(石榴)、百事如意(百合、柿、荔枝)、百春平安(柏、竹、梅、兰、置石)、百龄食禄(柏、凌霄、鹿)、万年祝寿(梅、竹和万年青)等。很多植物不断重复,不但代表日本人的泛神敬畏的特征,也表明植物本身的美学普遍性质。现在,几乎每种植物都被赋予了意义,所谓花语就有这样的意味。这其实表明了人们对生活和生命的一种质朴的爱意。

二、日本园林常用的植物配置手法

关于造型修剪,日本的园林植物造型修剪和欧洲的不同,简单地说,日式的是基于自然美(人们心中植物的自然形态)的修剪,而欧式的是基于人工美(几何美)的修剪。日本园林常常以低矮的石景为视觉焦点,如果不对植物进行修剪,在温暖适宜的条件下植物会迅速地生长,不多时会将石景湮没遮盖。同时,一般园林形式中茶庭的植物不做造型修剪,这是日本人对自然的追求和对世俗的一种鄙夷态度,至于何为世俗,这其实和财富鄙视链相关。在此方面日本园林和中国私家园林极为相似,近四十年来除了球状的修剪造型外,日本和中国的园林作品一般也并不热衷于修剪其他造型。

图 7-5　笼控木,灯和松类配合的样子

如同置石一样,日本园林植物配置的名目也非常之多。几乎是,他们把能够联系其位置信息的一切植物都命名了。只是,植物并不一定是某一个固定的种类。这些名字,譬如正真木、景养木、流枝木、灯笼控木(图 7-5 和图 7-6)、灯障木等,在日本这些植物有统一的名称——独立性役木。

见附木,意思是正对着门对面的视线交点处的乔木,常用日本椴、细叶冬青等。或者在茶庭中正面直干的黑松也叫见附木。

见返木,意思是种植在入口附近作为标志的乔木,常见的多是冬青、厚皮香、榧树等。

正真木是指作为庭园的主木,常见的有黑松、日本樱、罗汉松、扁柏、圆柏等。

景养木是指配置在小型岛屿上,当正真木是针叶乔木时,景养木常是常绿阔叶,一般景养木和正真木形成对比,增加园中景趣的植物。

寂然木是庭园南侧中靠东边的配景植物,统称为寂然木,寂然有悄然无声的意思。

图 7-6　笼控木、灯和槭树类配合的样子

夕阳木是庭园靠南面西侧的花灌木、红叶树一类，比如鸡爪槭、小红枫、梅、樱花等，之所以叫做夕阳木，可能是因为这些植物有着较为热烈的色彩，和寂然木是相反的。

流枝木是指水面和地面之间的过渡园林植物，植物枝条最好垂落于水面，形成镜面映照效果。常用的通常有矮松、黑松、鸡爪槭、羽毛枫等。

见越木一般种植在山丘后面或绿篱外侧等位置，主要是作为背景树，常用的有松、梅或青栎。

潭围木常作为烘托潭口的深度和落差的园林植物，主要用常绿乔木或起到添景作用的红叶植物。

飞泉樟木是一些较长枝条遮盖潭水的植物，这一类植物也叫做潭障木，通常使用常绿植物和各种枫类。

钵请木是蹲踞的配景植物，蹲踞是日式庭院中常见的一种景观小品，其功能是用于茶道等正式仪式前洗手用的道具。蹲踞通常为石材制作，并摆放有小竹勺和顶部提供水源的竹制细水渠，有时候这套器具做成一系列杠杆，待水注满竹勺，就会下落敲到响木上，伴随清脆的敲击声音那勺水也随之流落，变轻的竹勺抬起复位重新接水，如此循环往复。这一类植物一般也不会太高大，选用南天竹、卫矛、马醉木等。

桥元木是种植在桥旁的植物，常用柳、枫或槭等。

庵添木是亭、架等的配景树。

井口木是配置在井口周边的配景树，井是极其重要的建筑构筑物，所以使用的植物规制很高，常用黑松、狭叶罗汉松等，同时也给予一定的造型。

木下木，从名称读者就可以知道大致的情况。是配置在高大乔木或较大体块置石旁边的植物，多为比它们体块小的灌木。当然还有一种叫做篱下树，指配置在绿篱根部的更小些的植物。

门冠木，就是指门前配置或框景植物，常用的有黑松、柯树等。

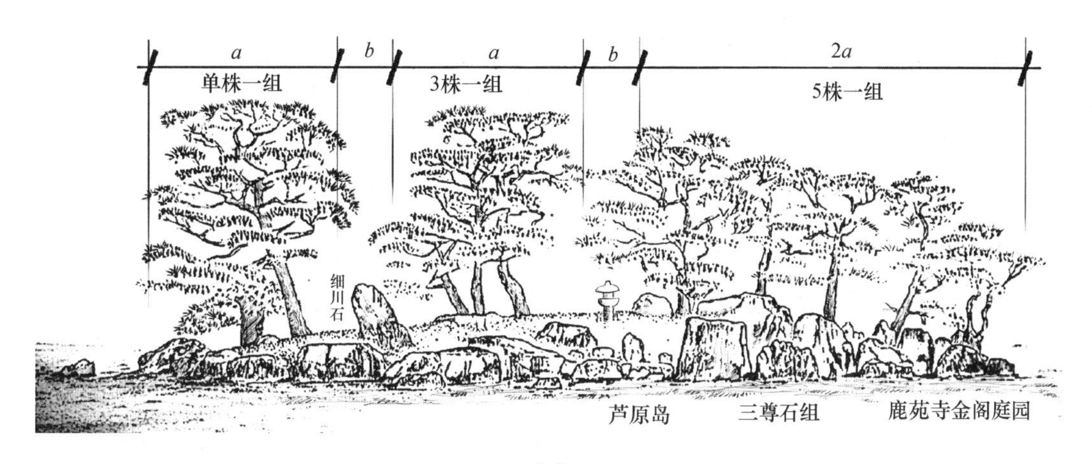

(a)

(b)

图 7-7　一、三、五韵律模式立面关系(a)及实影绘图(b)

相比较之下，我们的园林植物没有这么多名词。是的，这明显可以看出日本国民心思缜密的特征。同时，我们也意识到，日本园林的植物配置有一、三、五韵律模式(图 7-7)或三、五、七韵律模式。韵律是由连续性元素之间彼此关联形成的，对于任何的艺术形式，色彩、质感和形态良好的韵律都是重要的，“三、五、七韵律模式”几乎是日本园林的一种固定模式，用在石景上也较多，即三石景、五石景和七石景结合。几乎从镰仓时代之后，这种法则也广泛地用在植物配置之上，同时也出现了一些变形。如正传寺庭院(京都，江户初期)的园中布置以白沙为背景呈现“三、五、七韵律模式”排列的杜鹃；鹿苑寺金阁庭园(京都，镰仓时代)水面上的芦原岛(图 7-8),作为金阁的主要对景,是“三、五、七韵律模式”的变形,即按照“一、三、五韵律模式”种植松树。如此,还有变形的“二、四、六韵律模式”等。日本园林之所以选用等比数列是因为其变化节奏较慢,容易构成和谐内敛的景观。这种模度样式被日本人广泛使用,同时如果我们设计日式样园林时也可以使用这种样式。在色彩方面,日本人除红色以外普遍追求淡雅的色彩效果,造景以绿色为基调,稍在其中增添冷暖的变化。日本园林追求一种悲凉气氛或者说是禅宗意境,植物的整体色调淡雅并喜欢大量使用冷色调花卉。日本人喜欢使用蓝紫色的八仙花和鸢尾植物,这些植物种经常出现在园林植物配置中,如小石川后乐园庭院(东京都江户初期)的水面栽植大量紫色的燕子花。日式庭院即使栽植暖色调植物,如红枫或者开花的茶花,也并非主景,特别是落红之时总平添悲凉。

图 7-8　鹿苑寺金阁庭园水面上的芦原岛

日本园林是“坐观园林”(图 7-9),不像中国园林是“游赏园林”。观赏者仅仅观赏而并不参与园林,园林给观者仅视觉、光影及声响刺激,并无触摸、嗅探等感官介入。因而也不能成为第三方眼中的景象,也就是不能“入景”和所谓的“人在画中游,人成画中物,来者又赏之”,日本人在厅堂上坐观园林,是园林的冷静的旁观者、评价者和赏析者。是跳出“当事者迷”而“旁观者清”的一种超然状态。这是中日两国传统园林本质的也是最大的不同。日本园林的面貌很有可能是我国宋代之前的园林形态,只是后来私家园林面积并不成为问题,所以我国的传统园林在三维空间的参与方面和以往相对较二维的坐观形式逐渐疏离了。

三、桂离宫园林植物配置评述

桂离宫原名桂山庄,始建于日本元和六年(1620 年)。时主人为居住在京都八条的皇族智仁亲王。正保二年(1645 年)智仁亲王的儿子智忠亲王进行了扩建。到明治十六年(1883 年),桂山庄正式成为皇室的行宫,并改称桂离宫。离宫即皇宫另外设置的宫殿。桂离宫占地 6.94ha(很小),由山、湖、岛构成。山之松柏枫竹翠绿成荫;湖水清澈见底,倒影如镜;岛之楼亭堂舍错落有致。在“造景”方面,桂离宫着眼于明朗和宽阔。以“心字池”为中心,将湖光山色融为一体。湖中分布大小 5 座岛,各岛由大小桥梁通向岸边。岸边的小径“曲径通幽”。松

图 7-9　坐在室内看室外的园林，是日本园林的“坐观园林”的特色

琴亭(图 7-10)、园林堂和笑意轩是典型日本“茶房”式建筑，以供居者品茶、观景和休息之用。月波楼面向东南，正对心字池，专供赏月，如图 7-11 所示。

图 7-10　桂离宫中的松琴亭

桂离宫是书院式庭园，即以大书院为主体建筑，书院分为古书院、新书院、新御殿 3 部分。它是亲王居住和读书之所，内设乐器房、剑房、书房、画室等，相当于中国皇家园林的主殿和书房。桂离宫与承德避暑山庄的宫殿区相似，桂离宫建筑体量大、面积也大，成雁行式布局而且平面富于变化，进退有致，是日本书院建筑的典型代表。既然是书院，可以说桂离宫是标准的文人园，其所有的园林小品都有文化出处，同时与中国文化和诗句有关。其造园的总体布局据说依据白居易的《池上篇及序》，赏花亭、月波楼、园林堂、笑意轩都来自中国诗文，如月波楼引

图 7-11　桂离宫中的心字池,园内的建筑都是围绕心字池布置

白居易的“月点波心一颗珠”。松琴亭是后阳成天皇所题,其建筑背山面水,被植松树,可在轻风中听松涛。松琴亭和月波楼两座建筑,可收取数面景观,并相互成景。

与宗教有关的园林构筑物,是字亭与园林堂。建于土山顶的字亭平面成字,四柱四坡顶,草顶松柱,外观质朴。而园林堂则显得庄重,其前以土桥为前景,其上生满苔藓,建筑屋顶全用瓦顶,梁架规矩,用以祭祀先师细川幽斋和祖先牌位。

日本有一句民谚“樱花七日”,意思是一朵樱花从开放到凋谢大约为 7 天(整片从开到完全花尽约 16 天),而樱花有集体性开花的特点,所以几乎仅仅数天后,便从一瞬间的满山遍樱,到一瞬间的尽数凋谢无踪,极盛的樱花总逃不过这短短的数日,虽然日本也在近年培育出花期较长和推迟开花的樱花品种,但民众的接受度较低。日本人视樱花为其民族之魂,源于日本是地震频发的海岛国,是因为在他们的哲学意识中始终存在对“瞬间美”的深刻体会,并深深陶醉于这种美的极致和短暂。川端康成说“艺术的极致就是毁灭,而美的终点便是死亡。为了成全这极致的“美”,任何代价都在所不惜,任何可怕的结果都毫不动摇”。当我们看日本的园林、文学或其他艺术,其中几乎充满这种性格的道学,其主题几乎都绕不开这种思辨和执着。

桂离宫的茶庭内,特别重视草体的种植。于疏林下,种植各式各样的草本植物,细草、小竹类、藤蔓、藓苔类等地被常见。“落花嫁与流水,飞蛾跌入草从;云埋老树,一鸟不鸣”。这就是茶庭中追求的“和、寂、清、静”的境界。桂离宫选择的灌木,日本人偏好竹、桂和杜鹃。在乔木方面,桂离宫多种植象征长寿和体现生命意义的植物。松、柏、铁树,因它们的耐久隐忍而多植。此外桂离宫也多种植樱花和红叶类植物。整体来说,园内单株观赏树木及绿篱的精细养护修剪,形成一种在自然式布局又不乏人工干预的特殊情趣。

纵观日本园林，当然也包括桂离宫，对于空间的构建提供极大促进的，是体现在对园内植物的精修细剪及雕琢方面。例如，其应用非常广泛的松树、罗汉松，通过整形修剪，除强化枝干的自然形态外，还使得植物的整体形态更加舒展、飘逸，树木的空间层次更加分明，如图7-12所示。

日本的桂离宫作为皇家别宫，就面积上而言却是较小型的，相当于苏州一座现存的古典私家园林面积，但在精致程度上却为无可挑剔，体现了日本人的特色和性格。

图7-12　松类等植物的精细修剪

第二节　英国园林作品的植物配置

一、主要特征

悲剧精神是西方文化的重心，悲观精神是东方文化的重心。

悲剧精神使得西方园林重视仪式，园林结构对称、布局严谨、气势宏大；而悲观精神使得东方园林模仿自然、小中见大、巧於因借、精在体宜。日本园林平平淡淡、轻轻易易，但都极其用心。英国及欧洲样式，则与中国大不相同。

选择英国有两个原因：其一，英国人威尔逊（E. H. Wilson）在一百年前到中国来采集植物标本，并于1929年出版《中国——园林之母》（China Mother of Gardens）半个多世纪以来，“中国是世界园林之母”这个提法，已为众多的植物学者和园艺学家所接受；其二，欧洲大陆虽然陆续出现了若干园林风格，但英国园林主动地突破了以往意大利及法国所形成的园林艺术的主流传统，不仅在形式摆脱了园林与自然相对割裂的状态，使园林与自然景观结合起来，而且在内容上摆脱了园林就是表现人造工程之美，表现人工技艺之美的僵死的模式，形成了以形式自由、内容简朴、手法简练、顺应自然等特点的新风尚——自然风景式园林（图7-13）。其意义不仅在于它是一种园林风格的改变，而且在于它从新的视角审视了人与自然之间的关系，扩大了欧洲园林的视野领域，进而扩大了园林艺术的发展空间。风景式园林深刻地影响了近代美国、澳大利亚等国的园林业。事实上，风景式园林和中国的园林精神是契合的，这是选择英国园林植物配置阐述的重要原因。

图 7-13 英国自然风景式园林

(a)德山花园(Borde Hill Garden)；(b)普通农家前院花园

图 7-14 英国的自然风景式园林

(a)英国多塞特郡梅普顿花园；(b)托马斯·纳什花园

但是英国的自然风景式园林(图 7-14)和我们本质是不同的，从本质上说，中国的自然式是人向自然妥协，是欣赏新的；而英国的自然式是经过了自然的筛选，主要欣赏老的。这是笔者从业多年之后才品味出来的小经验。

英国自然风景式园林景观，是模拟自然界中的森林、池沼、溪流、草坡等不同景观，结合地块地形、道路及水体，组织园林景观，表现植物个体及群体的自然状态。经过时间的积淀，给人以宁静、安适、深沉的感觉。英国的这种风格形成阶段，可追溯至古罗马统治时期(直到 13 世纪)，英国人把庭院的功能性同美学联系在一起。公元 5—11 世纪初其所谓的花园、庭园，主要种植苹果、山楂、胡桃、梨等果树。功能兼具装饰意义的植物，如葡萄、卷心菜、莴苣、胡萝卜、茴香、防风草、洋甘菊、迷迭香等，但对它们的观赏特性要求并不高。任何园林的早期形态，应该都是功能性大于观赏性，对食物的迫切性要求只有在极大化之后才会被削弱。所谓花园植物，其不被注意地保持着自然景观的原生状态。虽然可能不是故意为之，但这是英国造园史上朴素自发(潜意识)的较早期的自然主义时期。

中世纪后，英国从中国引进大量新的植物种，并普遍推广，常绿植物有冬青、桧属、黄杨属、常春藤等。皇室贵族的花园规模通常较大，伴有漫长的林荫道及几何式的大片树木和植坛，此时园林的娱乐功能有所提升。在功能上，水腊树和多花蔷薇或兼而有之代替传统的石墙或砖墙。之前的花卉和蔬菜的苗床变化为花坛，图案也趋向于复杂，三角形、菱形、五边形、钻石形、椭圆形、扇形、回纹形及迷宫形，它们单体和组合出无法用文字形容的复杂平面构成。汉普顿宫花园仿造国王的徽章图案，用亚麻、海石竹、黄杨等组成图案的轮廓线，类似模纹花坛，其内种植报春花和水仙花等色彩鲜艳的花卉，如汉普顿宫苑。

至文艺复兴后，英国皇家及贵族的园林提供更多游憩方式，其已经注重表现思想主题，并从其他国家借鉴服务性元素。由于资本主义萌芽的推动，加之享乐之风逐渐下行，民间富家翁也形成了客观的刚性需求，以坎特、博奈森、勃朗等为代表的英国学派造园家们创造出"庄园园林化"风格的园林景观，以富家翁为消费群体，如图 7-15 ~ 图 7-17 所示。主要具有以下特点：一是因地制宜，因势利导，利用环境的内在逻辑，使园林具有环境特征，目的是改变古典主义园林（完全对称的模式化）千篇一律的形象。二是抛弃围墙。改用兼具灌溉和泄洪作用的水渠、沟渠来分隔花园、林园和牧场：一方面完成安全防卫的需要；另一方面也可自由地将自然景观引入到园林之内，加强了向内与朝外视线的渗透和空间的流动性；再有结合生产性的牧场和庄园进行兼而有之的景观设计（这种风潮其实影响了凡尔赛宫中路易十五建造的小别墅），大大降低了维持一个精致的几何式花园的经济负担。把园林景观从纯观赏性的王权贵族艺术转变为兼具实用性的资产阶级艺术。应该注意到，勃朗创作的年代，正是圈地运动的尾声。新兴资本主义农业蓬勃发展。社会经济在客观上有打破旧秩序的需求，市民阶层逐渐崛起，象征中心皇权对称型旧园林其实是和新风尚相背离的事物。随后，勃朗把英国风景式样进一步推动。与坎特相比，勃朗的"庄园化"追求，其实是比较典型的新兴农业资本家的需求，这显然是有目的的贩售行为。其一在于完全取消花园与林园的区别，甚至取消了两者之间的干沟，大片漫坡草地一同延伸到建筑物的墙体。建筑物就像从草地上冒出的蘑菇，其一是不留一点几何印迹；其二是仿自然种植成片树丛，这些树丛林缘线清晰，呈椭圆形树丛，在阳光照耀下和浅绿色草地形成强烈对比；其三是较大的发展用水技术并获得突破，他设计的园林常常以湖泊为中心，有自然柔美的驳岸线。勃朗在自然风格探索上其实发展出气派很大的自然派风格，简洁、庄严、开阔、宏大和明朗的氛围反映着新兴资本主义的极大发展。

英国的自然风景式，是资本主义浪漫思潮与自然主义思潮的成功。他们改变了那种以往欣赏笔直林荫道、将绿篱修剪成几何块状绿雕、极其规则式的花坛等，陡然从欣赏和敬仰权力跳出来，进入到欣赏和崇拜金钱的时代。引起这种改变，中国园林似乎功不可没，可是当年中国风不过是在英伦土地上的一个小插曲，中国传统的园林"师法自然"并不是英国园林自然风景式思潮的源头，只是在用词上刚好相同而已。自此，园中的乔木自然生长，不再进行几何式修剪。植物也开始注意其体量、高矮、冠幅、质感、颜色变化等进行适当的搭配，并由此产生了全新的配置类型，如疏林草地、孤植树、树丛种植、树林等，这些名词伴随英国殖民地广泛性地传播开去，随即被全世界园林工作者广泛的使用。人工的大面积草地和树丛与园林之外的牧场与树林几乎不能为人察觉出区别，甚至两者完全融合。特别是疏林草地，这种带有乡土风味的景观，深受英国人喜爱，以至于演化出欧洲绘画的一种门类——英国乡村画派。此时而形成很多植物种植理论与实践：如孤植树和树丛布置于山顶以提高自然的视觉伸展高度及深度；于大针叶树或大阔叶树林下栽植观赏灌木达到平衡，增加了植物的层次和景深；花卉种植的花镜式布置等。

图 7-15　18 世纪的博奈森 Bonython Estate Gardens 建造的乔治亚风格的博奈森庄园

图 7-16　18 世纪的博奈森 Bonython Estate Gardens 建造的乔治亚风格的博奈森庄园

图 7-17　18 世纪的博奈森 Bonython Estate Gardens 建造的乔治亚风格的博奈森庄园

胡弗莱·雷普顿(Humphry Repton)将植物、水体、建筑三者的关系进一步优化,强调三者的关系基于平等及相互影响并相互增色的主张,他进一步地给出了此三者之间的过渡部分。他主张在建筑附近保留可供观景的平台、建筑栏杆、缓冲台阶、花坛以及以往通向建筑的直线式林荫路廊道。这样,建筑与周围的园林之间形成舒缓和谐的过渡。后来雷普顿又提出了生态种植的理念,即在树丛种植时采用散点方式,为了更接近自然状态,强调树丛由不同树龄的植物组成。这个时间段,英国园林的植物造景理论与实践快速发展并成熟,在国力的支撑下取得相应的园林学科国际地位。

19 世纪欧洲资本主义蓬勃发展,号称“日不落帝国”的英国海外贸易及殖民日益拓张,所带来的物流向心性效应,使得世界各地的植物种陆续传入。棕榈、智利杉等富有异国情调的植物迅速流行,顺道引发了金融资本的介入,并且伴随着技术的突破,比如玻璃温室的使用,更激发了英国对别国植物种的收集动力。同时蔷薇属、杜鹃花属、茶属、蜀葵、三色堇、金盏菊、石竹、紫罗兰、月季等花卉迅速被推广至英伦全国。其间,中等面积的花园作品常见,自然式种植和花境比比皆是(图 7-14)。混合花境也应运而生,即用各种鲜花密植在一起,它们的花期、色彩及植株体形都经过细致的搭配(有人称这种花境为维多利亚型花镜)。如文献记录中建于 1842 年的斯塔福德郡 Biddulph 农庄花园,种植有茶属、杜鹃花属、桔和松,并建有温室、植物园、草地及林荫道。在此流行的基础上,英国出现了城堡花园(图 7-18)。

图 7-18　卡雷吉奥庄园(Villa Careggio)是美第奇家族所建的第一座庄园

总之,英国的自然风景式园林,其实是因为其更具自由性、商业性和折中性,尤其是商业性,极其符合资本主义蓬勃发展的商业的需求,逐渐成为19世纪西方世界的主流,并直接影响了20世纪以后的世界园林。

二、欧洲其他地区的植物配置风格

欧洲(包括英国)的园林因为和中国园林在风格上存在比较大的不同,所以比较容易辨别彼此,但判断某一欧洲园林具体是哪种风格或哪个地方的,就较有难度了。

文艺复兴风格,1500—1650年流行了约150年,始于意大利的文艺复兴,对英国的影响很大。实际文艺复兴首先是欧洲的哲学家和艺术家们对教会统治以文化领域作为主要阵地的反抗,方式是向古人回溯,复兴希腊、罗马的自由。在这个阶段,由于意大利内战导致其园林的建设量很少,但对以后却产生了较大影响,特征是园林作品四周建造围墙,用镰割齐的草坪和果树,并建园亭和供人们登高远眺园外风景的塔楼等。如哈特福德郡的摩尔园(Moor Park)、布罗姆维奇园(Castle Bromwieh Hall Gardens)、卡雷吉奥庄园(Villa Careggio)等。因为始于意大利,所以该国现存的作品很多,这种园林形式台地特征比较明显。

法国风格,1660年后的半个世纪,法国的皇室贵族仍占据社会的重要地位。此时英国查理二世在法国流亡9年,相当羡慕法国的宫廷和庭园,其中勒诺特设计了"孚园"(Vaux-le-Vicomte)和凡尔赛宫(Versailles)。这导致法国风格在查理二世时得到极大的普及。法国园林强调人工,所以它们的平面构成感极强。简单地说,法国风格就是轴线花园,如凡尔赛宫园林包括中轴线(图7-19):花园宫殿—刺绣花坛—草地及水池—国王林荫道和十字运河—林园,凡尔赛宫的其他两条横轴:海神尼普顿泉池—龙池—水光林荫路—金字塔泉池—花园宫殿—南花坛—橘园和瑞士湖—茂密的山岗；动物园—大运河横臂—特里阿农宫殿和花园。这些轴线虽然是笔直的，但也随地形的变化而起伏变化，轴线严格地垂直于等高线，形成直坡或台地，产生庄严的景观画面。法国风格的园林，其各种平行和交叉的林荫路具有深远的透视，成为视觉的轴线，一般尽头对着雕塑或喷泉。凡尔赛宫通向城市的林荫大道，构图于外围延伸，成为园林与周遍环境联系的纽带，在第二帝国时期成为巴黎城市改造参照的样本。植物是修剪成几何形状，统一到整体的几何构图中。法国这一类风格的园林，其植物呈现片块种植，风格多样并主题各异，私密和内向的空间作为休息场所，其丛林园与轴线形成了动静及明暗的对比。小空间隐藏于树林中，在整体上达到统一协调。花坛普遍采用刺绣花坛形式，种植常绿的黄杨，图案旋转波动色彩凝重，外轮廓规整，统一于全园构图中显得庄重大方。林荫路形成的轴线中布置长矩形平整草地，延长并加强了景观透视线。其绿色草坪如果在斜坡上，即将轴线引到坡顶，消失于森林之内，产生优美、无边界和神秘的透视效果（图 7-20）。乔木主要作为花园背景，分隔两旁的林园，也作为花坛和丛林的分界。多用法国的乡土植物：山毛榉、七叶树、鹅耳枥等。

荷兰风格，即荷兰巴洛克式，主要特点是增加了河渠园和林荫大道（图 7-21），比如韦斯伯里庭院。荷兰的园艺技能和修剪艺术从 1688 年开始影响周边地区，受到广泛的赞誉。荷兰这个国家和园林植物注定有不解之缘，其经历了郁金香金融大动荡，因此也成就了其花卉之国的国家性产业的生产开发。

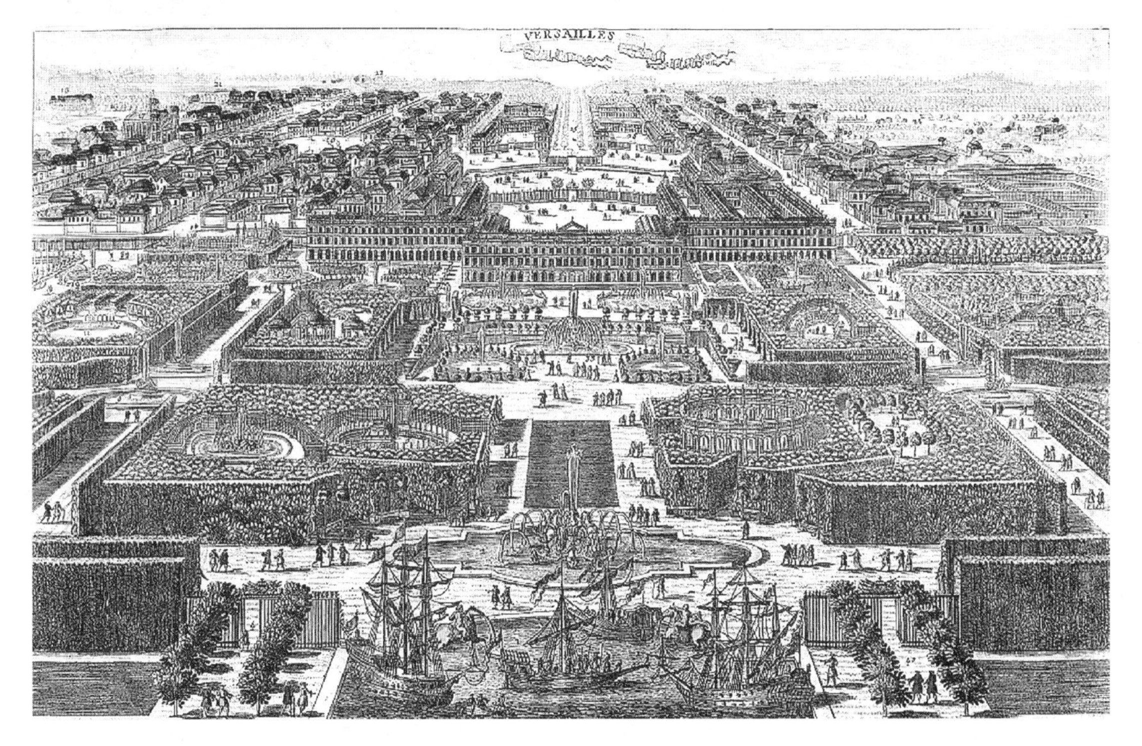

图 7-19　轴线强调了景观透视线，消失于森林之内，法国 Saone – et – Loire，Dree 城堡花园

图 7-20 轴线强调了景观透视线,消失于森林之内,法国 Saone - et - Loire, Dree 城堡花园

布朗派风格,此风格在 18 世纪中期流行,园林建筑极少布置,树林及水体多用迂回曲线,不使用直线条、几何形、中轴对称及行列式种植。如海德公园(Hyde Park)。

图 7-21 荷兰巴洛克风格,罗宫的林荫大道

绘画派风格(浪漫主义风格),19 世纪后期,富裕阶层热衷异国的奇花异草,尤其是杜鹃和茶花。在普赖斯(Uvedalepriee)和奈特(PayneK night)的引领下,强调“自然野趣”及“粗犷”的绘画式风格出现,很适合以上植物的野趣风范。

意大利风格,19 世纪初出现了意式庭园,主要运用台阶、水缸、栏杆等意大利式的景观元素。英国人对其进行了持续的改造,使之从几何形到曲线,最后到不规则式。如鲍伍德花园(Bowood)或斯拉布兰德公园(Shrubland Park)等。

艺术工艺风格(图 7-22),19 世纪末期欧洲艺术家及设计师越来越轻视园林泊来货理论和历史上某个特定阶段的风格,缺乏原创精神探索的园林设计手法已经遭到唾弃。这种风格主张艺术的基本原则和园林工艺技能的回归。特征是清晰的边界,比如于居住区和自然的野趣树丛之间布置几何形的花床,比较高级的植物材料配合优良的园林构筑建筑材料,同时使用较为传统的工艺。植物配置根据每种植物种的特点，合理安排植物形状和色彩。比如艾茨汉普顿花园（Athelhampton House Gardens）、阿利庭园（Arley Halland Gardens）等。

后来还有抽象风格和后现代园林风格（图7-23），前者影响了硬质景观的各种曲线构成；后者强调植物的光影等效果（常常仅使用几种植物种）。

图7-22　艺术工艺风格英国中部牛津地区的阿利庄园

图7-23　后现代园林风格，图为查尔斯·金克斯的宇宙沉思花园（1988年）

三、凡尔赛宫花园植物配置评述

法国巴黎的凡尔赛宫花园，也称为凡尔赛宫后花园、凡尔赛宫园林。凡尔赛宫是欧洲著名宫殿，也是世界五大宫殿之一。凡尔赛宫花园的喷泉、雕像、十字形大水体与绿树草地井然有序，相互辉映，在花园中漫步，感觉到人工的力量和皇家权力的荣耀。和中国的皇宫不同，因为欧洲建筑的纵向发展，使得建筑已经能够满足威严的张力，所以宫廷中可以存有大量的植物，所以凡尔赛宫园林也取得了相应的地位。凡尔赛宫园林由路易十四时期著名的官廷造园家勒·诺特尔设计，工程极其浩大，从1661年开始动工，直到1689年最后完成，花费了近30年时间，人力资源的耗用令人瞠目，史料说最多时达4万人同时工作。它位于凡尔赛宫殿建筑的西侧，占地1,000,000m^2，呈规则对称的几何图形，堪称欧洲古典园林的杰出代表。花园南北是巨大花坛，中部有水池、雕像、喷泉、柱廊等建筑和人工景色点缀。园中道路宽敞，绿树成荫，草坪和树木被修剪得整整齐齐，园林养护工作也需要巨大的人力、财力和物力。该园林布局尽显人工秩序，庞大恢宏的宫苑以东西为轴，南北对称，轴线在视觉上极尽深远。中轴线两侧分布着各种建筑、树林、草坪、花坛和雕塑，形成宽阔的规整外向型园林形式。在水平面地毯当中，通过透视尺度、绿地块节奏安排显得富于变化与韵律和谐。

凡尔赛园林是欧洲国家皇权表现得最典型的代表（法国宫廷在整个欧洲政治格局中扮演着举足轻重的角色）。凡尔赛园林是集中当时法国技术的进步和巨大资本与资源的中心地。其园林及园林植物在人工的雕琢下表现出的自然景观，表现得不仅仅是自然被驯服，而且是更进一步服务于帝国王者的皇权：园林的焦点恰好落在国王寝宫的轴线上，两侧树木形成的透视强化使人感觉有一种“宇宙中心”的思潮陡然澎湃，很像文艺复兴时期油画的透视法。就像路易十四的名言：“吾即国家”。常年观赏这种图景，不由得心生膨胀，凡尔赛园林证实一个事实，即精心经营政治形象，总不免让人迷失真实的自我，权力的图景是推波助澜的助推者。

法国当时上下充斥极着其注重人工秩序之美的思潮，上行下效的结果是全国各地都有相似的园景,在上一章中我们已经举例了。人类对自然进行改造,总带有一种划归于自己的傲慢,法国当时积极主动强化这种自大的心态。讲得动听一些是受理性思维的影响,法国这个时期的园林似乎成为一种符号,以精确几何形特色的方向发展,力图随处都可以见到人工的印记。凡尔赛宫苑中主要是以几何形体为主,注重形体的形式感,花草树木也被修剪成几何形状。法国宫廷花园为代表的勒诺特尔将人造之美与大自然之美结合,追求数学式纯净的美感,彰显出法国皇家园林异域风情的特色。园林本身是需要耗费人工的事物,但于前文的日本,他们的园林看起来就并无那么多人工的痕迹。再如后来的英国花镜,也似乎是放低身段,将浩繁的人工低调地藏匿,这是底层人民崛起的特征。皇权需要彰显的显性,而资本主义的财富有时又有低调沉寂的需求,园林正好反映了这些需求。

凡尔赛宫苑也注重使用价值,体现在造型上的气势恢弘。它的那些花坛、雕塑、几何形的树木(图7-24)以及喷泉等元素,使人情不自禁地观赏它的壮观,同时该宫苑面向普通民众开放,任何法国人,农民、市民、商贾都可以在指定时间换上宫廷出租的礼服免费进入凡尔赛宫,它或许不能与个人情感融为一体,但能充分满足市民的视觉享受,它是具有强大的实用观赏价值的。造园者采用较大众化的理性思维方式去设计园林,不是仅注重皇族个人的小情感,而是关注大视野。凡尔赛宫很符合法国人的口味,认为自然界不是完美无瑕,需要时刻地进行改造,从而实现它真正的美感。理性之光的出现,使法国造园注重园林真实视觉效果。在建造凡尔赛宫苑时,国王路易十四希望能够同时容纳7000人在宫苑中进行娱乐活动,从侧面反映出凡尔赛宫苑的实用价值。这种政治方面的自信,特别让人钦佩,这也是凡尔赛宫的迷人之处。

图7-24　凡尔赛宫花园两侧修剪的高大乔木

整个花园从北到南分为三大部分。南北两部分均为模纹花坛,南面模纹花坛附近有橘园和人工湖,景色开阔异常,构成公共性外向空间;北面花坛被密林包围,构成内向性空间。一条林荫大道向北穿过林园,大道尽端是大水池和海神喷泉。中央部分有对称两个水池,从此发端的中轴线长达 3km,向西穿过林园。人工运河、瑞士湖贯穿其间,另有大、小特里亚农宫及凡尔赛宫花园的道路、水池、喷泉、亭台、树木、花圃等均塑造成几何图形,花园内的中央主轴线控制凡尔赛宫园林的整体面貌,辅之有多条次要轴线和数条横向轴线,所有这些轴线与大小路径组成几何格网,构图整齐划一、主次分明。各个轴线与各个路径的交叉点,通常安排喷泉、雕像或园林小品作为装饰。这样既突出和增强了布局的几何形,又产生了丰富的节奏感(增强型节点),进而营造出秩序井然又多变的景观效果。此外,众多的轴线与路径延伸入林园,将林园纳入复杂的几何格网中,大大增加了游赏的路径量和逗留时间,也增加了对皇权的畏惧感和神秘感。林园本身分为两个区域,对于游客而言,较近的小林园被道路划分成 12 块丛林,在丛林中央分别设道路、水池、喷泉、水中剧场,亭等,使游客在游览过程中不断产生惊喜,也相应得到休息的机会。

中轴线穿过小林园的“国王林荫道”,其两侧是树姿高大的欧洲七叶树,它们与宽阔的林荫道比例协调,并将树下安置的大理石雕像和瓶饰衬托的典雅素净,中央有草地。“国王林荫道”东端的水池中是阿波罗母亲的雕像,西端则是阿波罗的雕像,“国王林荫道”的这两组雕像是歌颂“太阳王”路易十四的。进入大林园后,中轴线变成一条水渠,另一条水渠与之十字相交构成横轴线,它的南端是动物园,北端是特里亚农宫。大林园栽植高大的乔木,新颖的装饰物和喷泉与严格对称的大片树林形成鲜明的对比。凡尔赛宫的众多水体,从阴暗的林园穿过流向比较明亮的花园,创造出神奇的明暗对比效果。

凡尔赛宫花园作为皇家宫苑,也多以人文造景为主,和中国宫苑不同,它通过浓厚的人工修造痕迹透出人工力量。花坛和主路两旁散布着久经风雨的雕塑和精细修剪的紫杉,让凡尔赛成为花木修剪艺术的圣殿(图 7-25)。路易十四本人极其喜欢此花园,在其统治生涯中时常邀请造园艺术家、画家、雕塑家来不断建设园林。另外,凡尔赛宫园林中也使用大量的名贵建筑材料,随处可见大理石、铜质或银质的雕像,喷泉多达 1400 处,同时喷泉常常配有华丽的雕塑,多以阿波罗太阳神和尼普金海神等古代神话故事为主题,人物雕刻得惟妙惟肖。值得一提的是,宫苑园林内设有一座极具特色的园中之园,罗马式柱廊环绕四周,中间有模纹花坛(图 7-26)。凡尔赛宫园林中的树林、花坛、喷泉、雕塑被誉为法国式庭园的最高杰作。

很多人会在设有喷泉处的节点驻足停留,因为那些是极其显性的景观,另外还有隐藏的佳处。沿运河一直走到右端,在绿林背后,隐藏着两座别致的王宫,是路易十四的情妇曼特侬夫人的后宫,称为大、小特里亚农宫。大特里亚农宫(始建于 1687 年),建筑物仅有一层,同时室内装潢也特别质朴。这是因为路易十四有时厌倦豪华的凡尔赛宫,到这里偶住。小特里亚农宫建筑是典型的古典主义风格,主要房间反而多,如大沙龙、小沙龙、卧室、化妆室、画室等,是路易十五为其王后建造的,路易十六时期,王后玛丽 · 安托奈特也曾在此居住,法国国王只有一个妻子,这在旧时代中国简直不可想象。小特里亚农宫的外貌也朴实无华,几乎看上去就是一个农舍,此宫和运河远处的树林,很大的绿色区域亦称玛丽 · 安托奈特园林。此地的植物繁茂,透露出平和与舒缓的气息。

图 7-25　植物的修剪

图 7-26　现在的视角样子

第八章　植物配置设计造景实例

第一节　导　引

之所以存在园林图纸这一事物，其价值的核心，在于最大化地传达规划设计信息。换言之，设计图纸如果存在任何信息传达方面的问题，尽管可能并没有犯错误，但信息模糊不清楚或不清晰、指向不明确，都会给下一步工作造成困扰。如果施工方不能清楚地领会设计意图，则很有可能在实际开展施工工作时犯错，轻则造成返工等经济损失，重则产生严重的恶性影响。错误在真实社会中不是简单的道歉就可了事，否则法律也就失去存在的价值。弥补错误需要真金白银的再投入，绝非儿戏。

现在为了项目进展方便，项目体量无论大小，园林的各种阶段图纸均以 A3 图幅制作并展示（施工图纸多用 A2 图幅）。

稍大一些的项目，如果将 CAD 绘制的总平面图放在一张 A3 幅面的图纸上，打印机是无法将其尽数清晰地印刷出来的。即便是高清晰印刷，细若蝇脚的文字也必须用放大镜阅读（图 8-1）。前提是如果这种图纸上没有导引符号，则施工员在真实作业环境中无法阅读这样的图纸，这种图纸对学生也并无益处。况且，植物配置本身就是相当精细的具体设计环节，它并不像园林硬质景观设计，可以用总平面的图景来达意（图中的植物以群的形态出现，只是为了衬托园林硬质景观），植物的安排就是特别具体的事情，并不需要展现壮观、集群这种图景意向。施工图中的总平面图，如果不是旨在以图代字的形式说明项目整体性情况，而是出现在图纸册中，则必须明晰地标注导引符号（图 8-2），且引导符号的字号需要合乎图纸幅面的比例，传达这个信息务必准确和清楚。这样，该图纸就不单纯是简单的总平面图，而是“总平面导引图”，如图 8-3 所示。即便其内具体施工细节文字细小，施工员也知道这张图的重要信息是引导而自动忽略那些微小的文字。

客观地说，该项目较小，但即便如此，读者也可感觉到，当给出总图 8-2 时，有价值的信息几乎什么都看不到。图 8-2 将植物配置工作分为 5 块，限于篇幅本书仅给出其中一块（图 8-4），读者会发现，植物种的标注仍旧难以辨识，这就需要更进一步的细分。

图 8-2 的价值并不是让读者看清众多植物的标注，而在于加粗圆圈内的数字是否清楚。下图 8-4 虽然是将图 8-2 中的一块加以放大，但看来仍不明晰，所以需要进一步细化，于是将图 8-4 再次细分为 5 块（图 8-5），选取其中一块如图 8-6 所示，从图纸的辨析性上来看，这样的信息传达就没有问题了。

但图纸在绘制的时候，当然并不是这样一小块、一小块地绘画，在电脑中图纸的尺度可以无限大。植物配置也是在总图中一并绘制的，之所以分拆成这么细碎，目的是让阅读图纸的人（施工员）看得清楚明白。

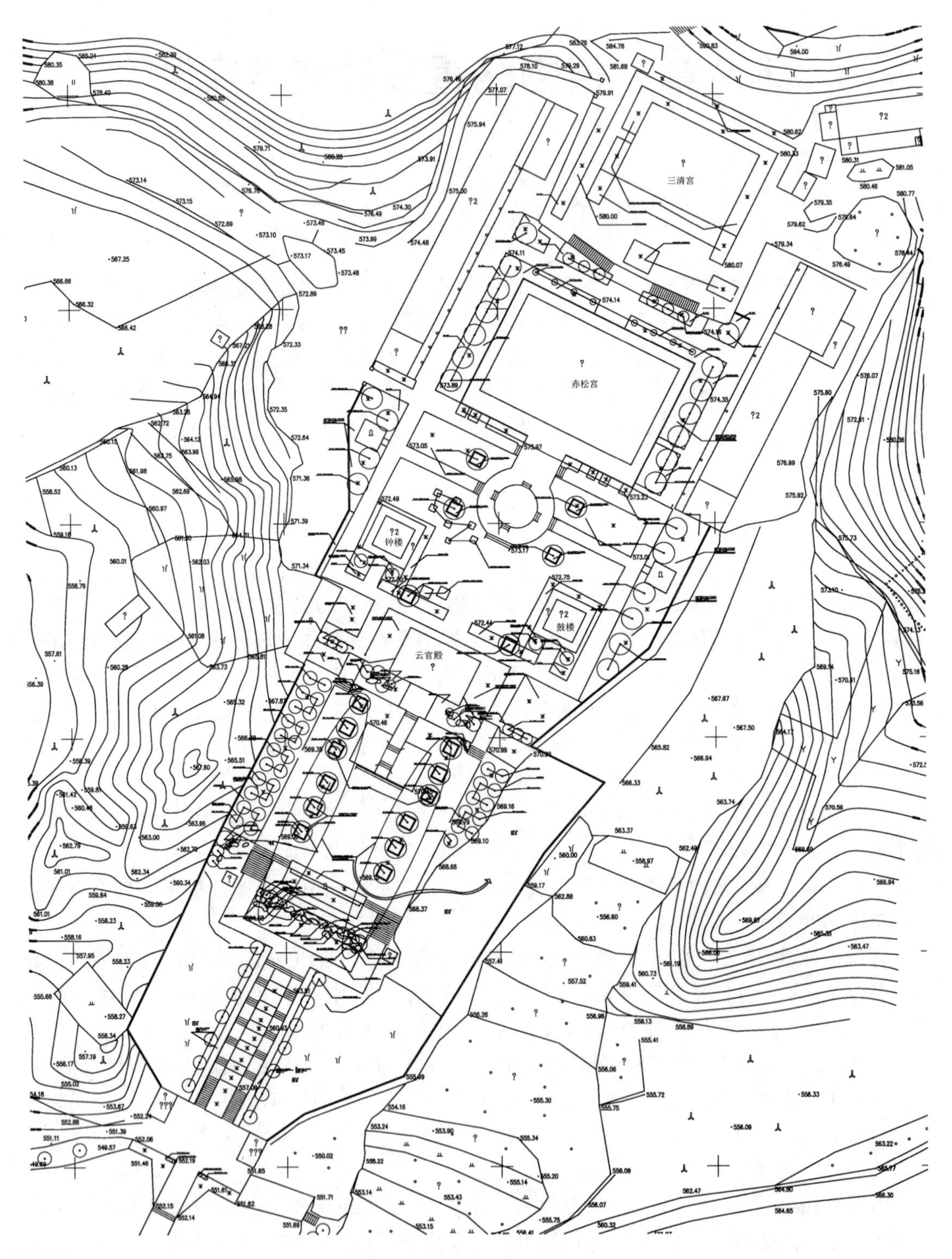

图 8-1　某宗教建筑绿地提升植物配置项目总平面图

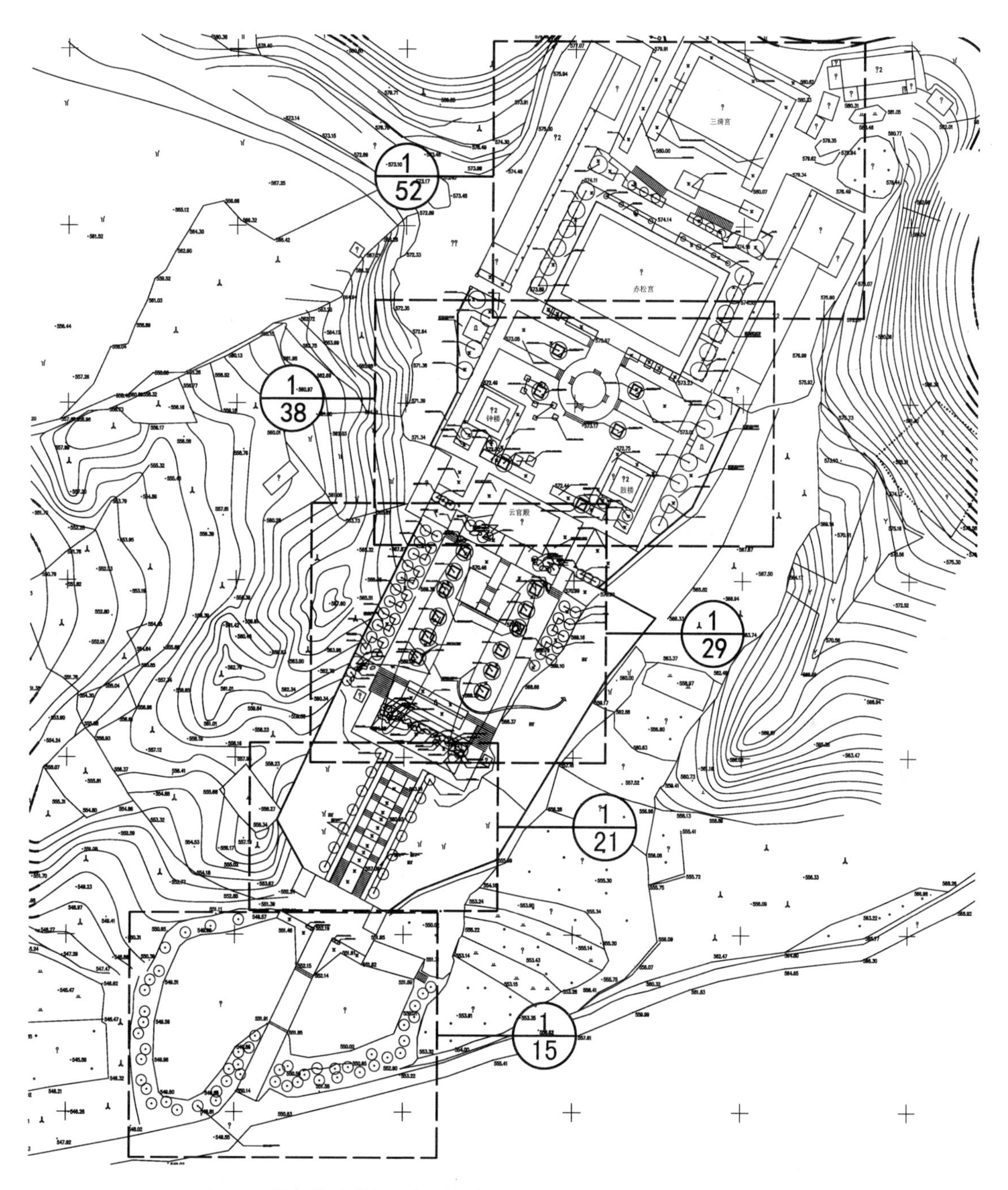

图 8-2　某宗教建筑绿地提升植物配置项目总平面分块索引图(大块)

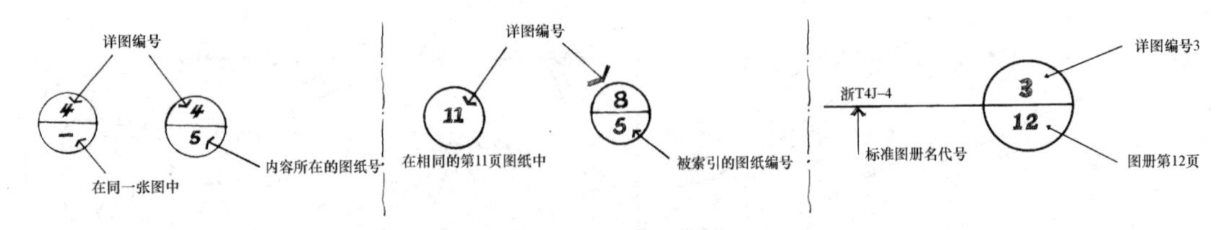

图 8-3　园林各阶段图纸索引格式(所有园林工作通用)

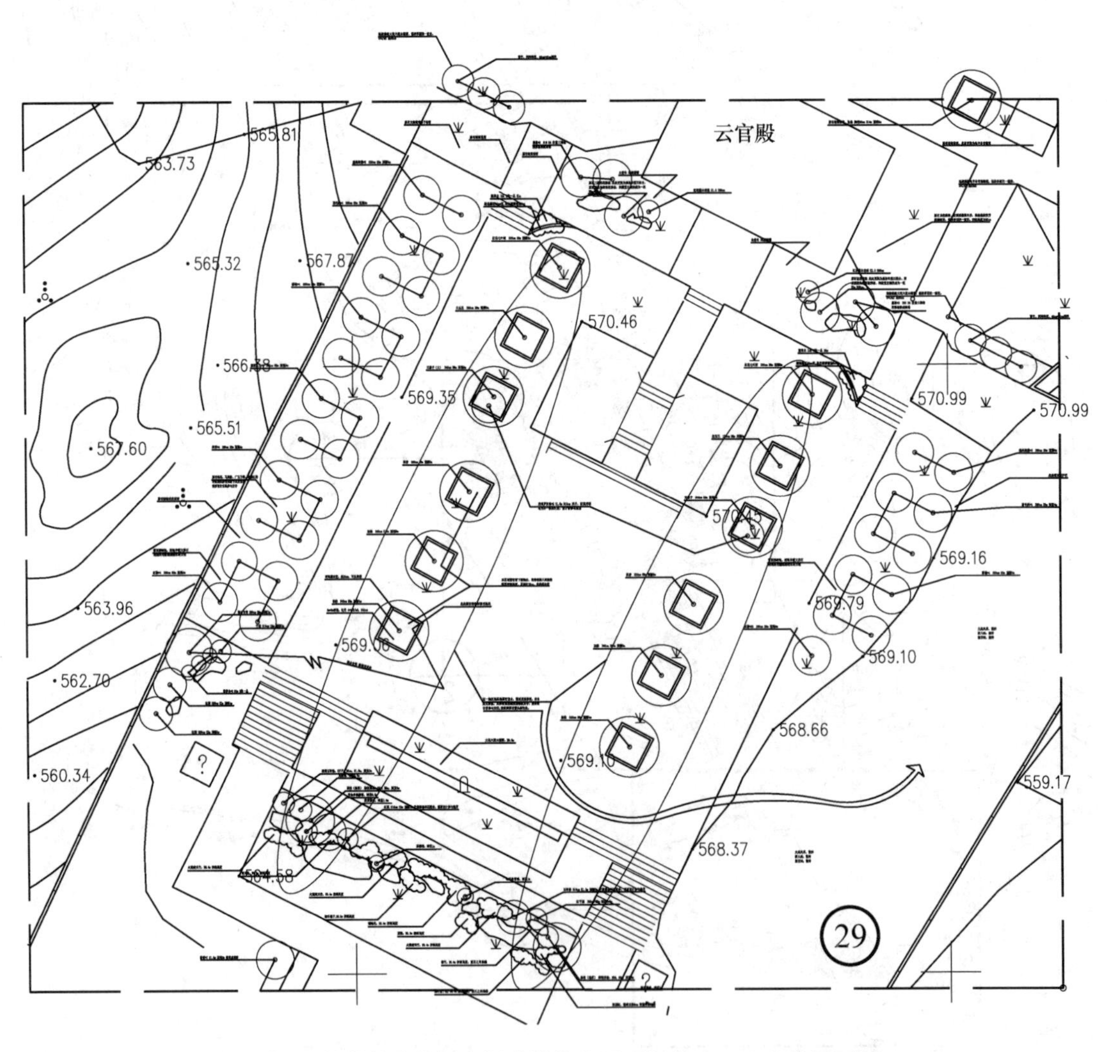

图 8-4　某宗教建筑绿地提升植物配置项目其中一个大块平面图

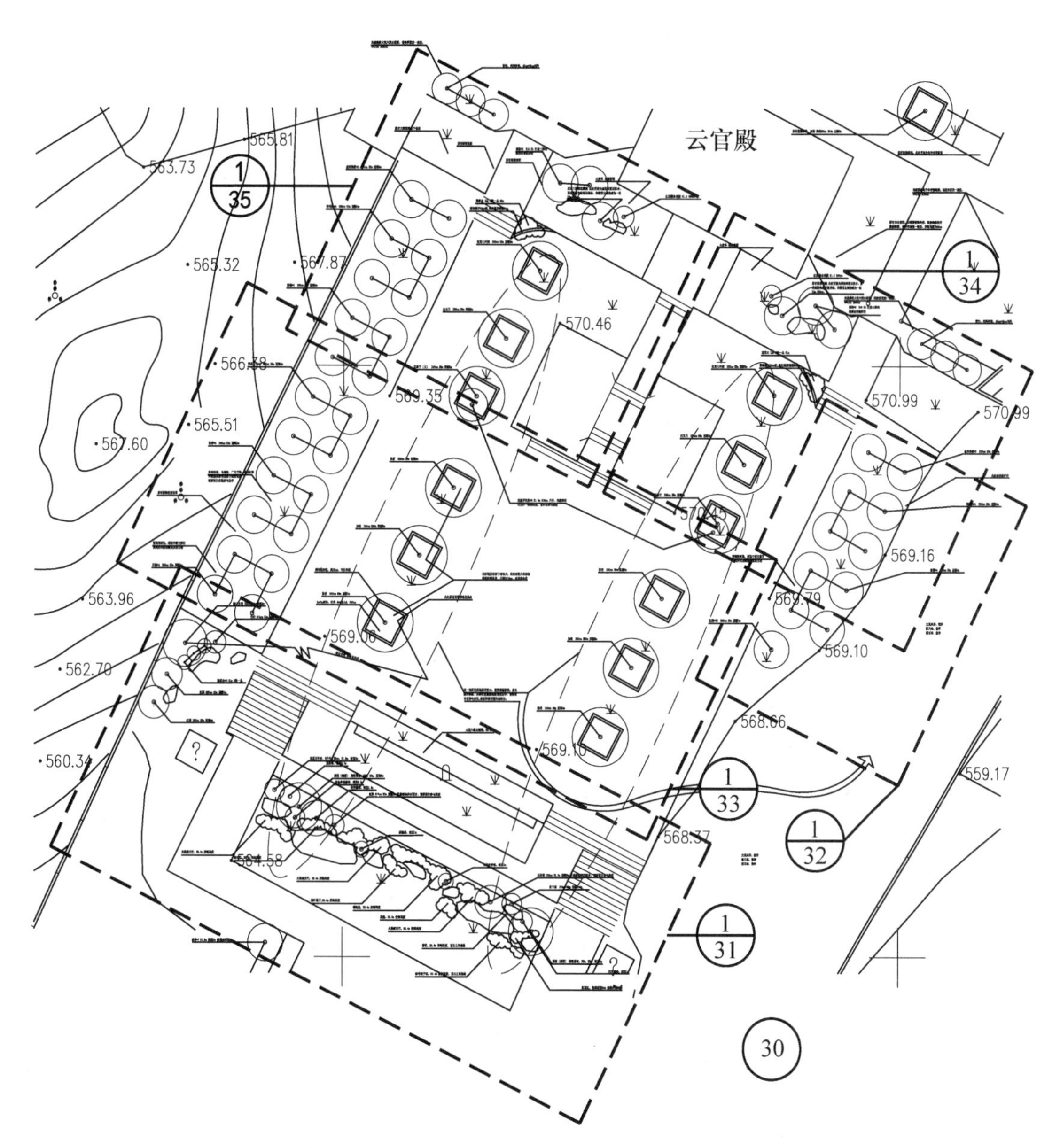

图 8-5　某宗教建筑绿地提升植物配置项目其中一个大块再次细分为小块平面图

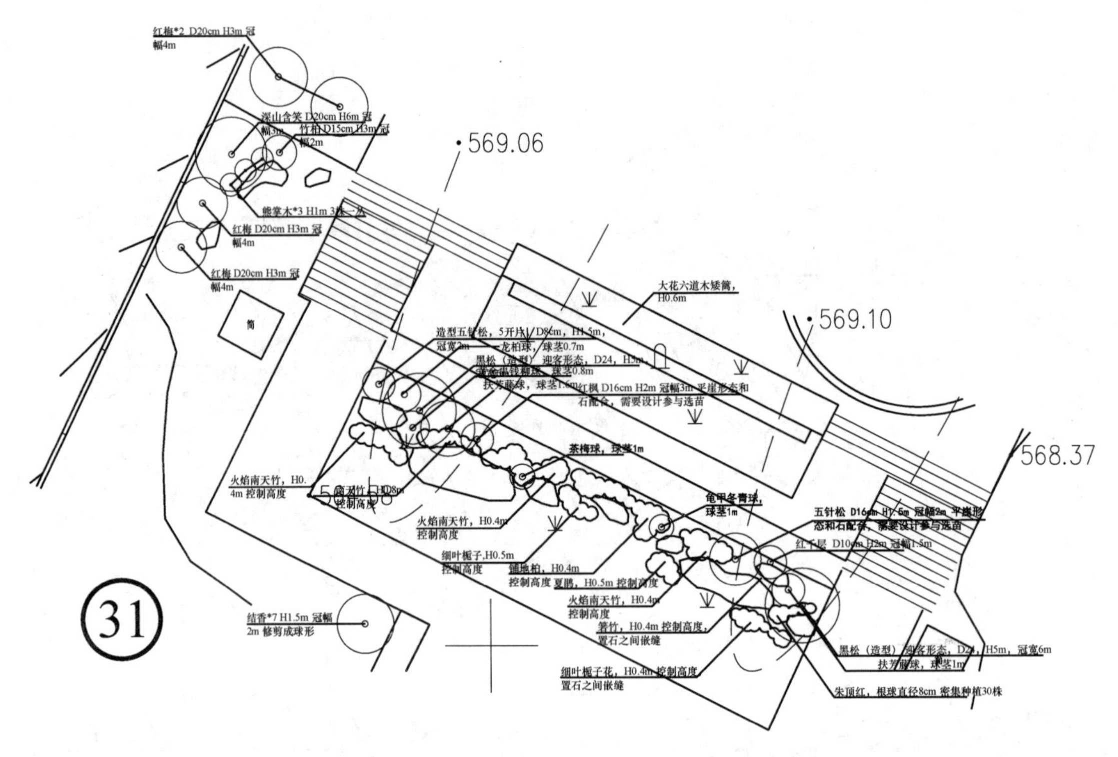

图 8-6　某宗教建筑绿地提升植物配置项目小块平面图

这里仅粗略介绍该项目：

该项目为一个道教建筑群的植物升级项目，它坐落在某城市 4A 级风景区内，作为景区内的一个重要节点，该景区期望升级为 5A 级，所以必须在申报前做出一系列景观提升动作。该宗教节点较早的绿化工作自 20 世纪 80 年代末开展，虽然植物种类较多，但因为前面的设计理念较旧，一些希望给予开放或重新设计。

现存的一些植物发生的问题，在数次前期调查中已经明晰。一些植物生长衰弱，主要原因在于其立地条件较差。这套宗教建筑是 20 世纪 80 年代初新建而成的，其原址并不在此处，是因为其原址的建设条件严重限制了其规模，前后殿堂的轴线距离过短，结果是不得不在此处重新选址建设。但当时并没有对植物进行过多的考虑，或者受限于资金，并未对山体进行彻底的改造，导致项目地的一些局部地块植物立地条件充分，而另外一些则因为身下土层过薄，导致其上植物严重生长不良。

宗教建筑群经过了数十年的经营，经济实力已经较初创时期有了大幅度的提升，当年因陋就简的建设现在已经显得不合时宜，土建部分已经先于园林植物配置进行了整体的提升，随后开始考虑植物与之配合。在经过近半年的十余轮的设计过程中，终于形成决定实施的终稿，基本可以总结如下：①采用了对称性的种植策略和整体构图状态（从图 8-1 可以看出）突出宗教建筑的仪式感。②因为受到已经成型建筑和山地本身起伏地形的限制，大型挖掘机械无法进入到项目地中，用人力开掘的能力又很有限，所以在已知的种植局部地块设计浅根系，又抗倒伏的园林植物品种，这个问题经过几轮的修整，在现代探测技术的帮助下得以实现。③使用的园林植物因为是较大苗木，所以对树冠有较高的要求，目的是较早形成历史感较强的景观图卷。④由于生长不良得到更换的原植物,并不淘汰,在图纸上明确标出转移至何地,重新加以利用。⑤每个建筑庭院,形成宗教认可的,具备吉祥寓意主题的,明确的植物风格,这必须结合建筑殿堂的楹联、殿堂名称、主旨的需要而定。保证6个景观序列协调、一致、韵律和诗性感。⑥形成疏密有致的植物观感,做到"宽可走马,密不容针"的布置局面。⑦适当布置较昂贵的植物(占总体新设计乔木类植物的16.4%,在甲方预设的投资限制内),但这些特殊植物必须符合整体要求,同时必须抗性较强,符合本项目的管理条件情况等。

从图8-6中可以看到,植物不但有名称,还有一些具体的要求,因为文字比较多,所以无法将文字放得较大,这也就是为何图8-1、图8-2、图8-4、图8-5都无法较清楚地传达关于植物文字的信息的原因。采用这么多文字,是由该项目的特性决定的,因为仍有大量的原生植物需要进行项目地异地移植,所以这些植物必然有一些需要直接传达给施工人员和监理人员的信息,同时场地总表现为理想与不理想交替,所以需要认真详细地给出每一株的种植策略,为避免阅图人的跨页寻找,节约时间及精力成本,给出这种文字安排策略,也一并展示给读者。

以往有些书籍,会有一些单页的用纸远大于普通纸页,通过折叠的方法"缩"在普通页中,这些书的特殊页如果很多,一方面出版方会相当困扰,另一方面也会影响整本书的整齐性和美感,同时一旦被翻阅,这些纸页又特别容易遗失和损坏。所以本书并不采用这一出版策略,况且即便给出较大用纸给出总平面图,可能也并不能根本解决看不清文字标注的问题,所以并无这种"多此一举"的必要。

实际上每一个项目都有其特殊性,设计者也在众多特殊性中逐一解决具体问题,创造美丽图卷。

第二节　个　　例

无论是从生态调整或修复等角度,还是从图卷化的角度,小型项目或大型项目的局部植物配置造景工作,其工作的核心仍在于对小空间尺度的把握,主旨是制造美,所以在本节中,笔者给出一些范例,均是笔者设计的实际作品,它们均已在现实中实施,个例通常由2个部分组成,一为设计实施的绘画表现图,也即完成后的图景,二为局部平面图。本书选取项目中的部分地块为例。

1. 例一　某居住小区内楼入口门前景观小路路旁植物配置

居住区建筑的楼门口小路(图8-7),人车分流的结果是可以让这种入口特别精致。花盆给人以家的感觉,金边丝兰已经将其坚硬的叶尖去掉。其他植物配置突出多个季节有花的特点,高大乔木也多为稀疏树冠的亲切品种,在植物的尺度上也有考虑,不考虑给人压迫感的巨大植物。榉树和其他设计植物在秋季可以出现极其绚烂的秋色景观,即便在室内也能感受这种热烈(图8-8)。

图 8-7　某居住小区内楼入口人行景观小路道旁植物配置表现图

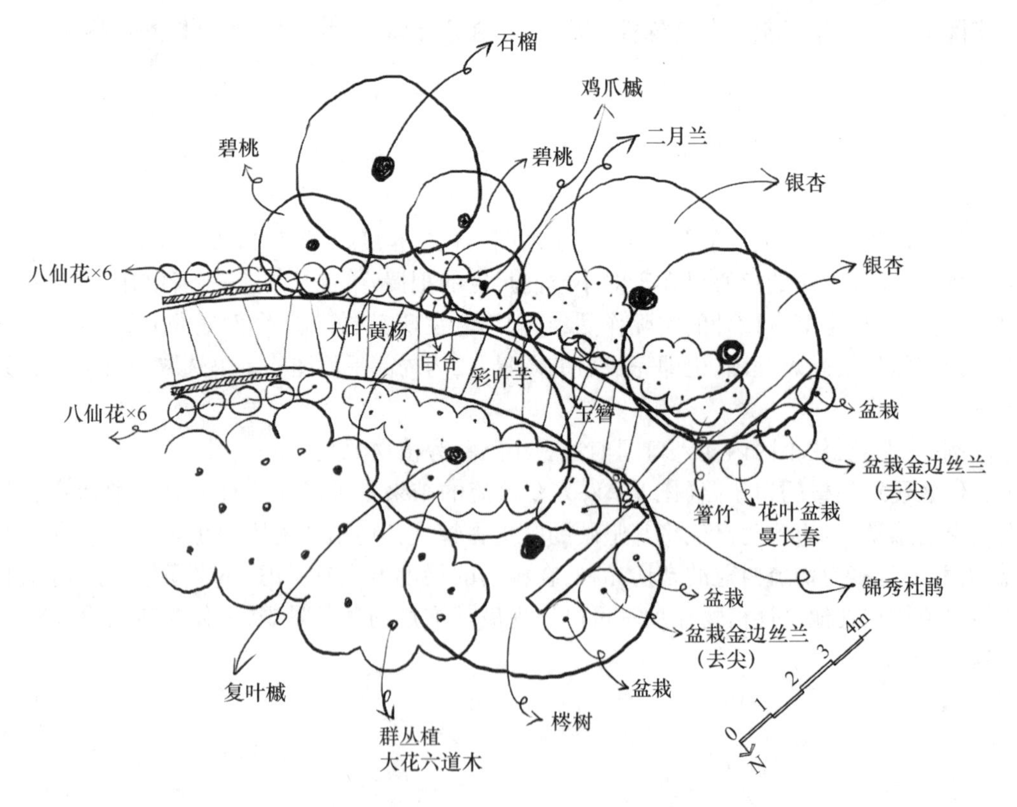

图 8-8　某居住小区内楼入口人行景观小路道旁植物配置平面图

2. 例二　某居住小区内人行景观小路路旁植物配置

小区内部公共空间的绿地块，充分考虑整洁和美观性，道路两侧采用的两种植物倾向，靠近建筑的植物设定为沉着而舒朗，道路南侧的植物有意选择春季开花植物。地被落叶现象较轻，而冬季落叶后留出大片空白空间，便于建筑采光。低层次植物均要求严格修剪，突出人为干预的感觉，向业主传递物业存在的重要价值，也使业主有格外的安全感觉，植物制造出安静、祥和、舒适的氛围（图 8-9、图 8-10）。

图 8-9　某居住小区绿地内人行景观小路道旁植物配置表现图

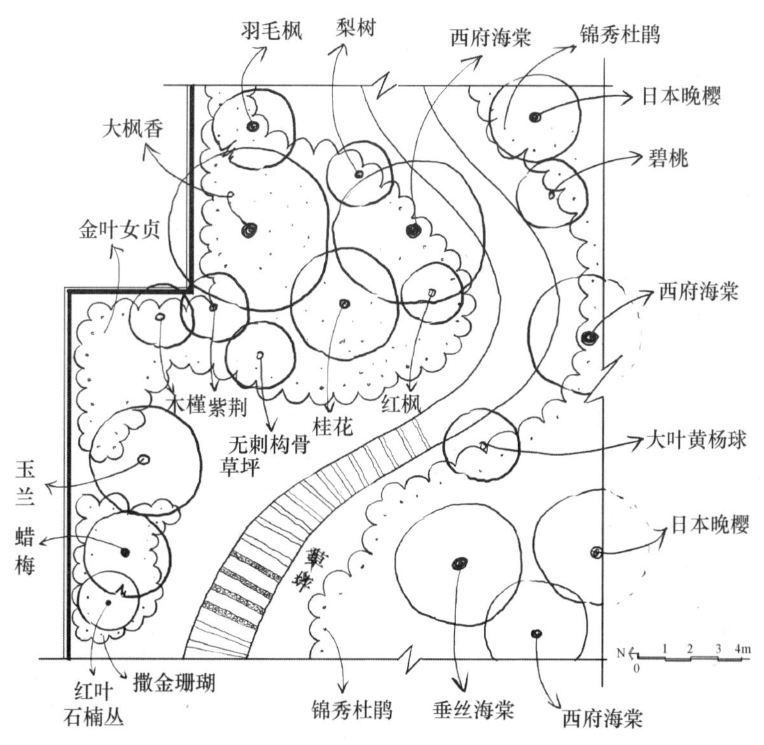

图 8-10　某居住小区绿地内人行景观小路道旁植物配置平面图

3. 例三　某居住小区人行景观小路(对称式种植)

居住区人行通道,其西侧是高层居住建筑,右侧又是新一期居住建筑入口,虽然是同一个小区,但因为开发的时序不同,也形成了这样一些永久性通道。本通道的植物配置强调行道树植物的较高分支点,植物采用对仗形式种植,在远处的小型影壁,并不希望人们的视线贯穿小区,实际上极强地增加了空间的丰富感,同时在影壁后面安排颜色较深的园林植物将其突出。安排花期较长的夏鹃作为地被型绿篱,在树池处留出空穴,用木片覆盖避免扬尘。在西侧建筑下方安排修剪的大叶黄杨篱块,目的是不让植物过分生长,便于建筑采光。在东侧围墙处设置逐步升高但又不过于郁密的植物(雷竹只安排一列),是为了让墙体暴露而产生安全感。同时在通道内不安排常绿体块的植物,在夜晚时也能形成通透的视觉而突出安全性,也便于保安巡逻。落叶植物也能有效地提供四季时序感觉(图 8-11、图 8-12)。

4. 例四　某居住小区一个组团植物配置

这个项目是一个大型居住区中的一个居住组团,四面均有居住建筑,包围成井状,其西面楼层较低,东面是 3 层营业建筑。为了让读者能够看清楚植物配置(图 8-13),又受限制于教材幅面控制,所以将图纸分拆成两个部分:将 a 部分旋转 90°角展示如图 8-14 所示,将 b 部分放在图 8-15。两图因为缩放导致图幅略有不同,详见各图比例标尺,为了更清楚地表达,还提供未有中文植物标注的整体平面图 c,如图 8-16 所示。

本居住组团的院落,是 4 个较大院落之一,定位的主题是“春”,所以强调春意表达,地被植物选择为杜鹃,但为了初夏前均有花色,所以设计种植花期较长的夏娟。考虑到除了尽可能多安排春花植物以外,还计划多种植落叶植物,这样不但有春花,还有春色叶,让颜色层次更加丰富。

图 8-11　某居住小区内楼入口人行景观小路道旁植物配置表现图

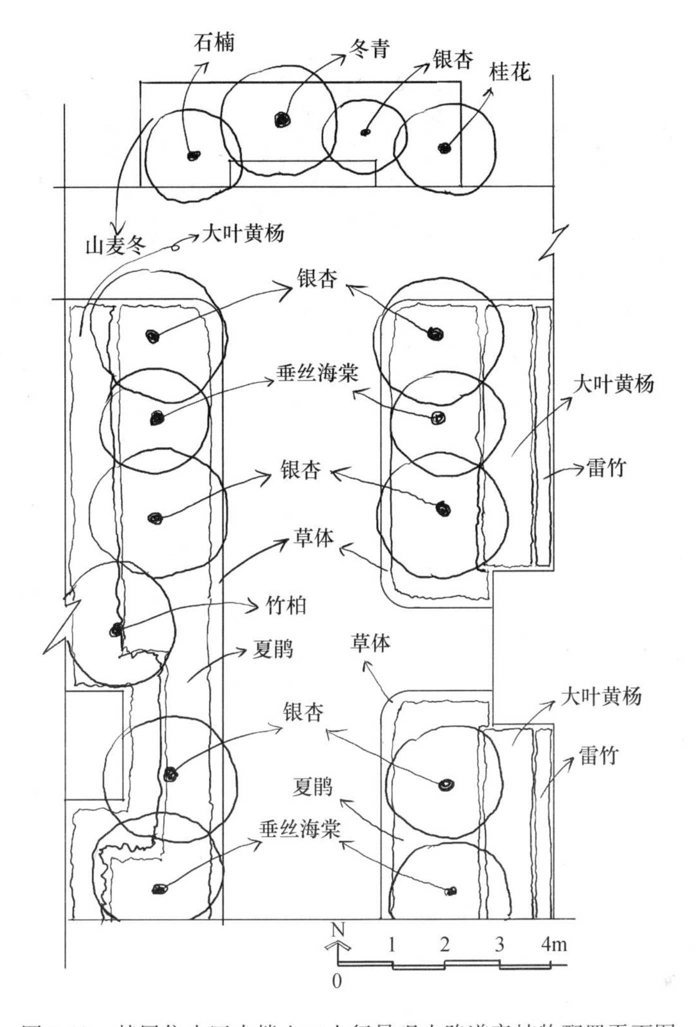

图 8-12　某居住小区内楼入口人行景观小路道旁植物配置平面图

由于受到页面的限制,本案例中直径小于 1m 冠幅的植物未标出。

靠近居住建筑的植物除低矮植物保持常绿之外,均选用落叶植物,以便在冬季时露出受光面。在庭院靠近水体的区域,才种植较大的常绿植物,同时考虑到枝干的总体密度也不能太大,以便在冬季形成不那么适宜的寒冷树荫。尽管庭院园林下方其实是居住区地下停车场,但已经充分考虑屋顶花园的承重问题,冠径超过 4m 的植物均种植在建筑受力柱之上。水体的防水工程能够有效地保证不耐水淹植物正常生长,水体最深处未超过 40cm,避免溺水。除去已经标注的植物之外,凡绿地块区域均种植草坪草体,为保持四季常绿,采用多种草体植物混植。图 8-14 中,建筑南侧的植物稍靠近建筑种植,是为了避免夏日过多阳光进入室内。然而建筑北侧的植物稍远离建筑,是为了保障冬季更多阳光进入到室内,但此处乔木需将其分支点控制在 2.5m 以上,因为它们身处低矮绿篱的外侧,以便留出足够人们开展活动的空间。

庭院东侧设置了 3 层跌水,形成小型瀑布景观,模仿乡野景观而采用自然式种植,包括园石的缝隙,形成野趣图景,同时也保证营业建筑避免西晒而减少空调电能的消耗。在庭院西侧,尽量种植较小乔木,即便有大树银杏,树冠也因为较稀疏,增加东方的晨光和上午的阳光。

图 8-13　某居住小区一个组团植物配置表现图

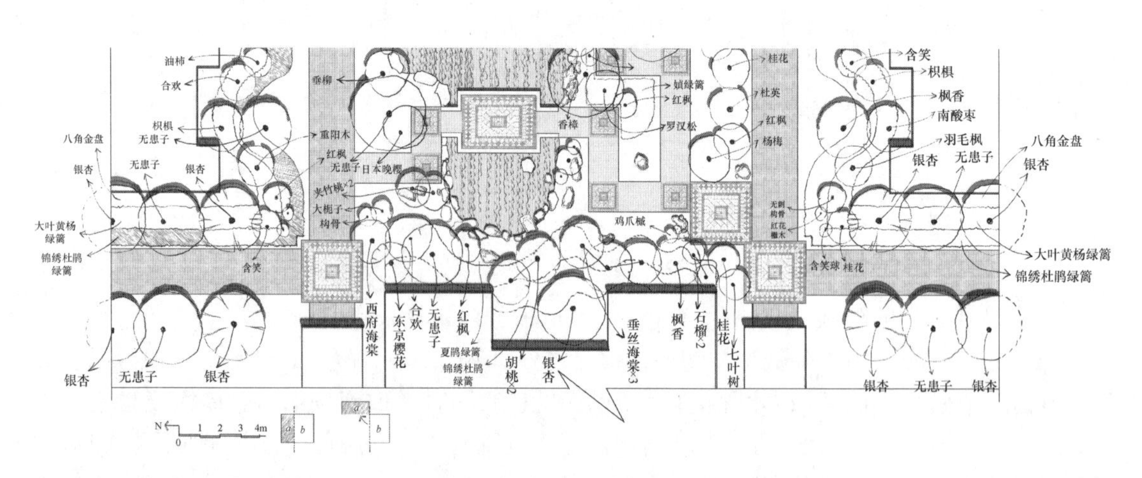

图 8-14　某居住小区一个组团植物配置平面图

庭院居中的台式景观建筑，其东北部的小半岛种植造型松类，以形成良好的中国传统式样的绘画图卷，水体周围种植较大的植物，充分考虑到和建筑的配合及平面摆位，这些植物也充分考虑到和水的镜面配合，以形成较好的倒映效果。

虽然该庭院植物主要表现“春”的主题，但到秋季落叶前，也会相继变色，形成壮美的秋色叶景观，一举两得。

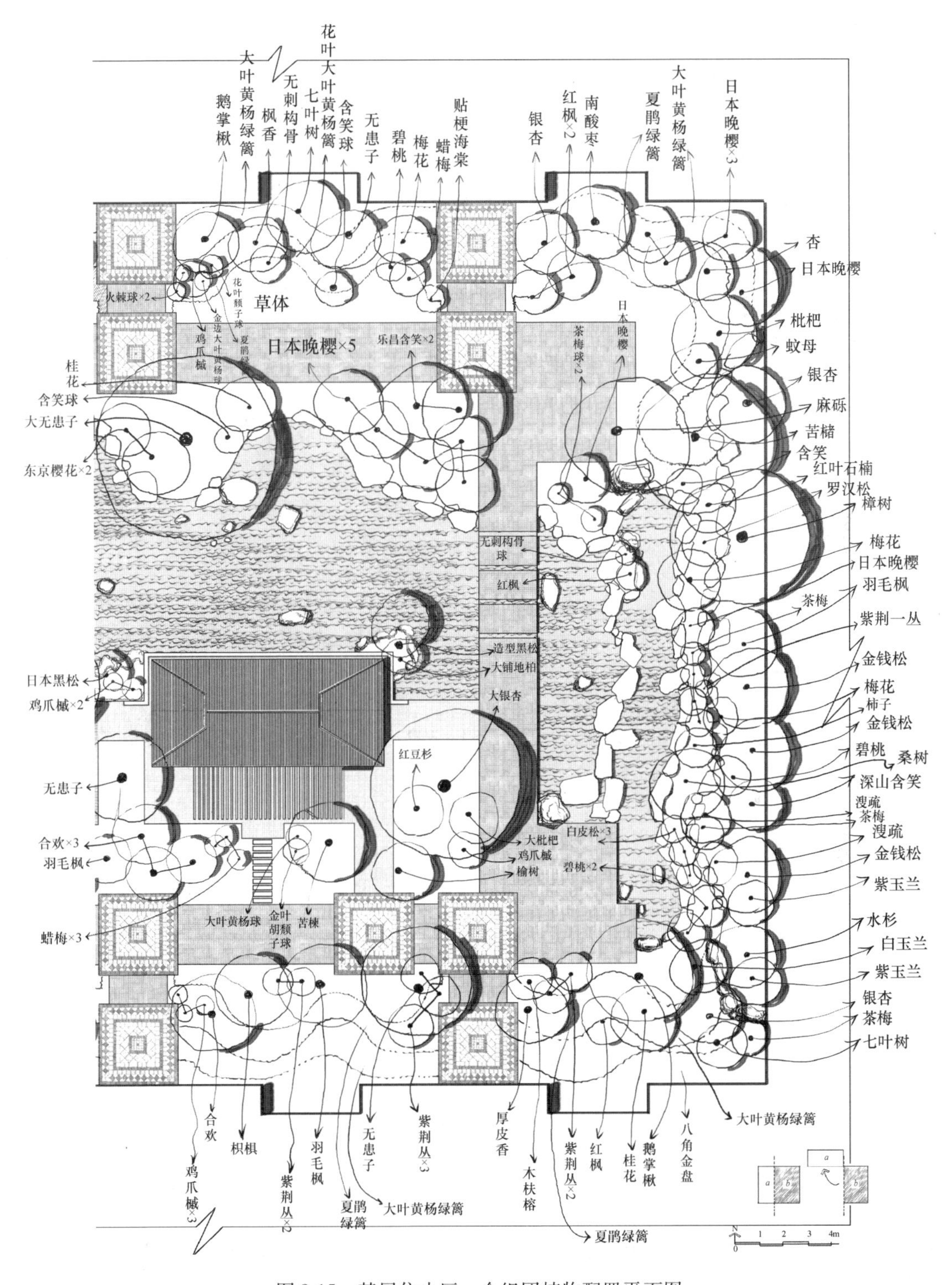

图 8-15 某居住小区一个组团植物配置平面图

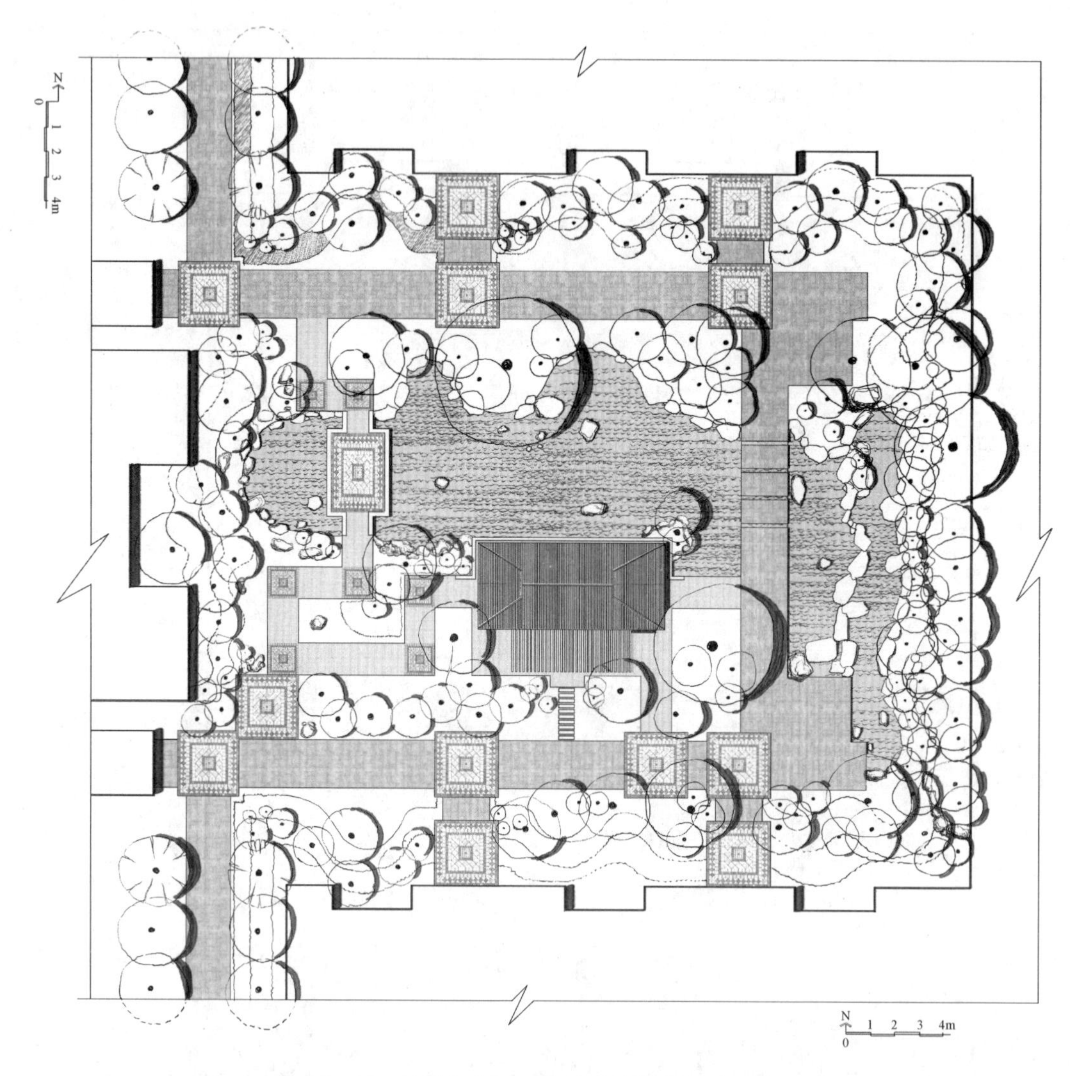

图 8-16 某居住小区一个组团植物配置平面图

5. 例五 某别墅小庭院植物配置

本庭院多采用落叶植物，秋季有丰富的叶色，在冬季时又可获得更多采光，同时可获得果实，庭院靠近水边的植物叶片均较大或容易降解，避免阻塞下水（图 8-17、图 8-18）。

6. 例六 某居住小区内公共建筑的小院落空间植物配置

穿过性小型庭院植物配置形成强有力的围合感，但围合并不是让人感觉郁闭和憋闷，不能形成挤压感，所以让高大植物靠近墙体种植，而体型小的植物沿铺装种植，形成坡状。小巧的庭院种植如此多种类植物，需要严格的后期管理工作，经常修剪，故意暴露出人工的痕迹，以防植物生长过野，冠丛过大、过爆，形成蛮荒感（图 8-19、图 8-20）。

图 8-17　某别墅小庭院植物配置表现图

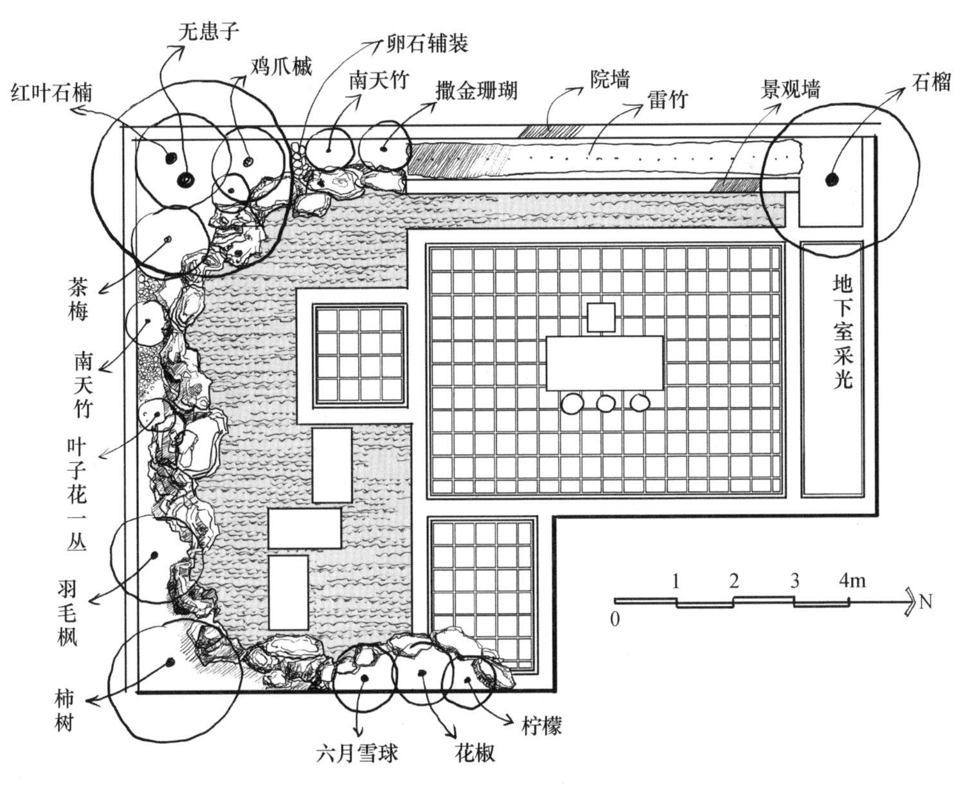

图 8-18　某别墅小庭院植物配置平面图

图 8-19　某居住小区内公共建筑的小院落空间植物配置表现图

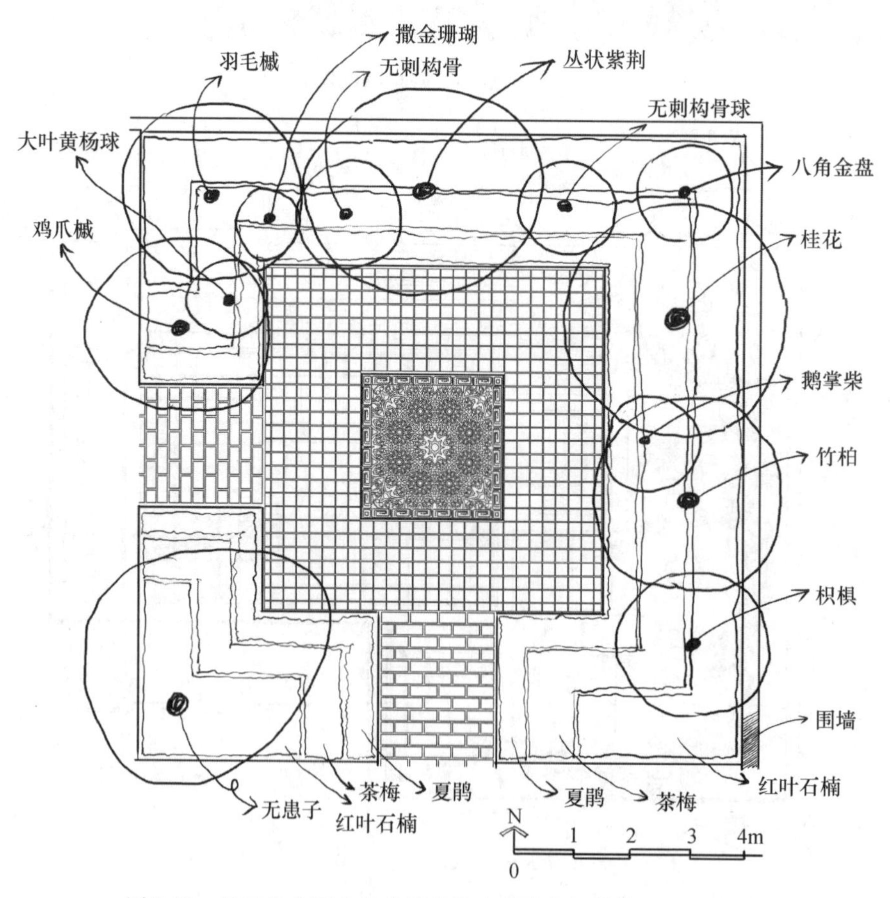

图 8-20　某居住小区内公共建筑的小院落空间植物配置平面图

7. 例七　某居住小区内公共空间小庭院植物配置

居住区中也可以有这样的小庭院，该庭院属于公共空间，起到了过道的作用；该居住区塑造了很多个这种类型的庭院，目的是增加邻里见面和交流的机会。靠近建筑的植物不宜过于郁密，但也要满足业主生活的私密性需求。因为整个小区均采用首层架空的模式，所以植物可以较为贴近建筑种植，建筑北侧种植冬季落叶且中度叶片密度的植物以保证采光，东西向可以种植一些常绿植物，可以有效地形成空间围合感，在冬季可以有效地阻止寒冷季风。小型空间植物配置注重空间的亲切感（图 8-21、图 8-22）。

图 8-21　某居住小区内公共空间小庭院植物配置表现图

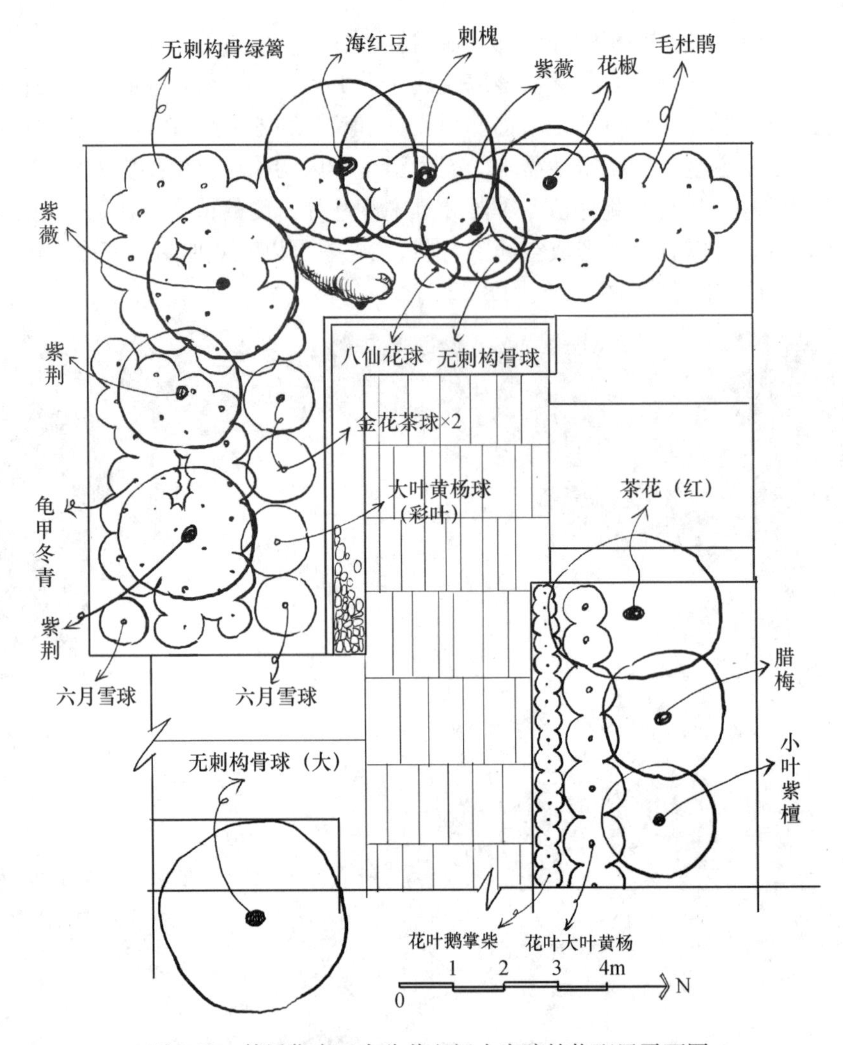

图 8-22　某居住小区内公共空间小庭院植物配置平面图

8. 例八　某城市公共空间一角植物配置

城市公共空间的一角的园林植物配置密切配合建筑庭院的场所精神，春秋季以色彩，冬季以落叶（空）和松的不落叶叶（实）等形成对比，均为突出中间水体中种植的造型植物，为了强化门式建筑框景的景观效果，而特别选择造型苍虬的黑松（图 8-23、图 8-24）。

图 8-23　某城市公共空间一角植物配置表现图

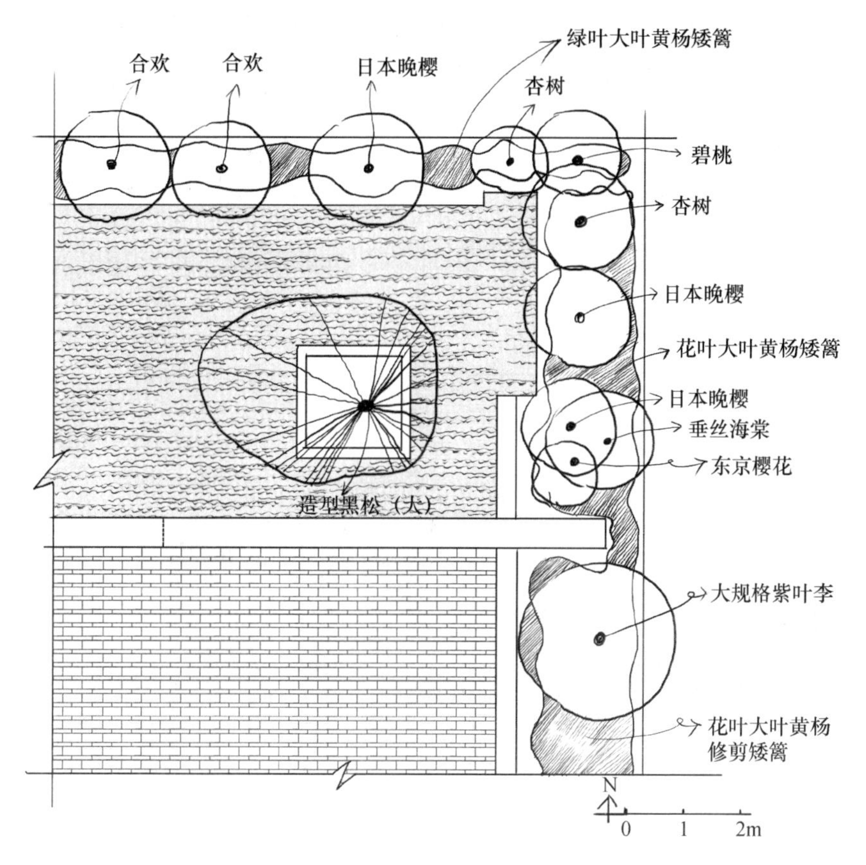

图 8-24　某城市公共空间一角植物配置平面图

9. 例九　某居住城市公共空间绿地一角植物配置

重要会议型建筑公共空间的一角，虽为一角，但设计力图显现精致。植物配置需要整洁、干脆、利落、大方。用地被植物塑造地形，植物需和夜景灯光密切配合，制造出现代感十足的光影效果，落叶和常绿植物的比例严格控制，给人稳定、和谐、安逸的感觉（图 8-25、图 8-26）。

10. 例十　某公园内石与水景地块一角植物配置

浙江某城市的一个公园一角，其中一个堆坡山石水体结合的景观节点，主要选择适应当地气候的植物，即以松类植物为主，但在选苗时对植物外形进行逐一严格选取，以符合构图所需。水体本身营造 3 个高差，形成局部的瀑布景观造型，个别景石塑成的平台可以供人们亲水游憩，同时也考虑到防止跌落入水的安全性，平台平整落差较小。借助人的视错觉，依靠植物的态势凸显地形的俊俏，而非依靠巨大石材来突出地形的险峻。石缝中还种植各种花卉，因为体态较小而未在这个尺度的平面图中标出，它们是鸢尾、铜钱草等低矮亲水植物，因为本场地有较多的人为干扰，所以这些细弱植物均栽植在不那么被人影响的缝隙中，一方面对人工痕迹进行遮掩，另一方面可以突出石材的伟壮，同时也丰富空间的程度。那些容易被人干扰的缝隙，填种了耐干扰植物种，如络石、薜荔等，但需要严格控制其长势，避免过度野化，反而给人荒败的感觉（图 8-27、图 8-28）。

图 8-25　某居城市公共空间绿地一角植物配置表现图（夜景）

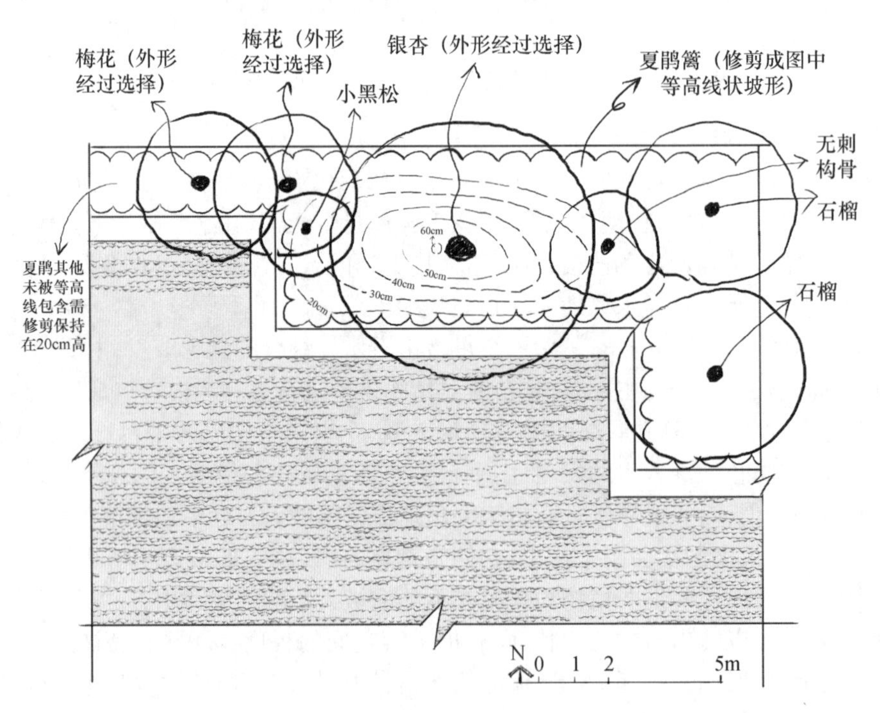

图 8-26　某居城市公共空间绿地一角植物配置平面图

图 8-27　某公园内石与水景地块一角植物配置表现图

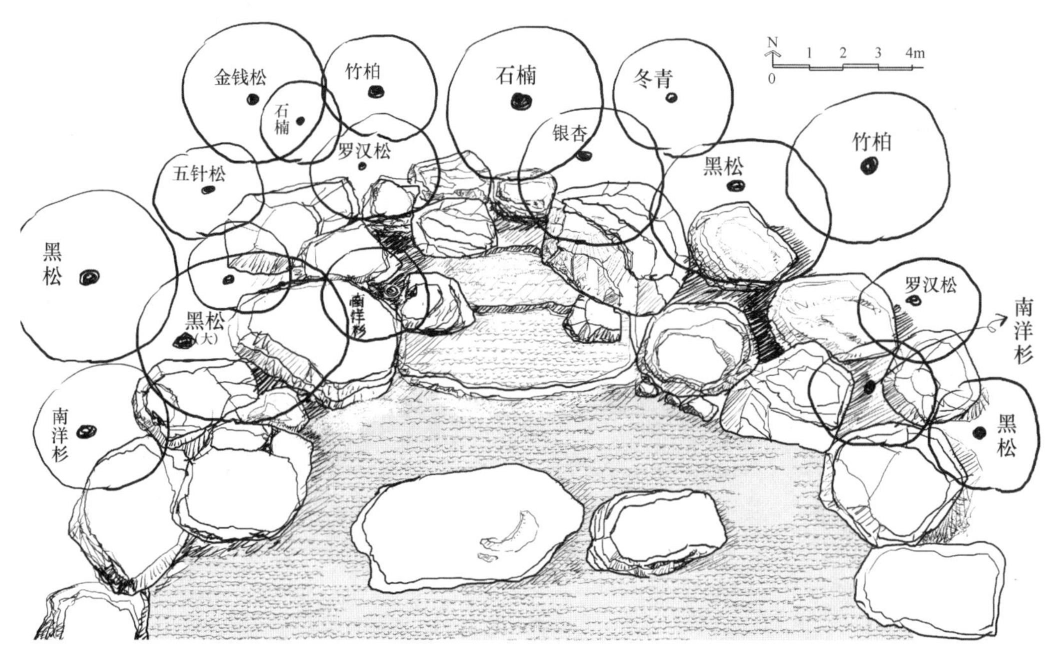

图 8-28　某公园内石与水景地块一角植物配置平面图

11. 例十一　杭州某公园花境植物配置

在上述给出的具体案例中，均因为项目块仍然较大，而未深入给出较小型的植物种类，特别是居住区整个小型组团的案例，直径小于1m的植物均未给出，目的是为了避免读者读图的困难，所以安排这个案例展示（图8-29、图8-30）。通常，植物配置图纸依据植物的大小，统一分割的地块，均分为两张图纸，直径小于1m的植物，放于地被植物图纸中。当然，如果地被植物相对简单，也可以在同一张图纸中标识，并无增加图纸量的必要。

花境需要大量的小型植物，所以只是在图纸上标识一个种植范围，而无须一棵一棵细致地绘制出来，在苗木采购的时候，按照"采购苗木数 = $S_{种植面积}$ × 种植点阵要求"，其中"种植点阵要求"一般用 $a \times a$ 来表示，a 就是每米的种植数，假设长春花的种植点阵要求为5×5，也就是说在每平方米中，需要种植25株长春花，顺便也可以推算出每两株长春花之间株距为25cm。需提醒读者，"种植点阵要求"通常是奇数与奇数相乘，这样的计数方法可以极大方便施工工人操作，容易寻找中点和进行非规整绿地块的植物分割与测量。

图8-29　杭州某公园内花镜一角效果图

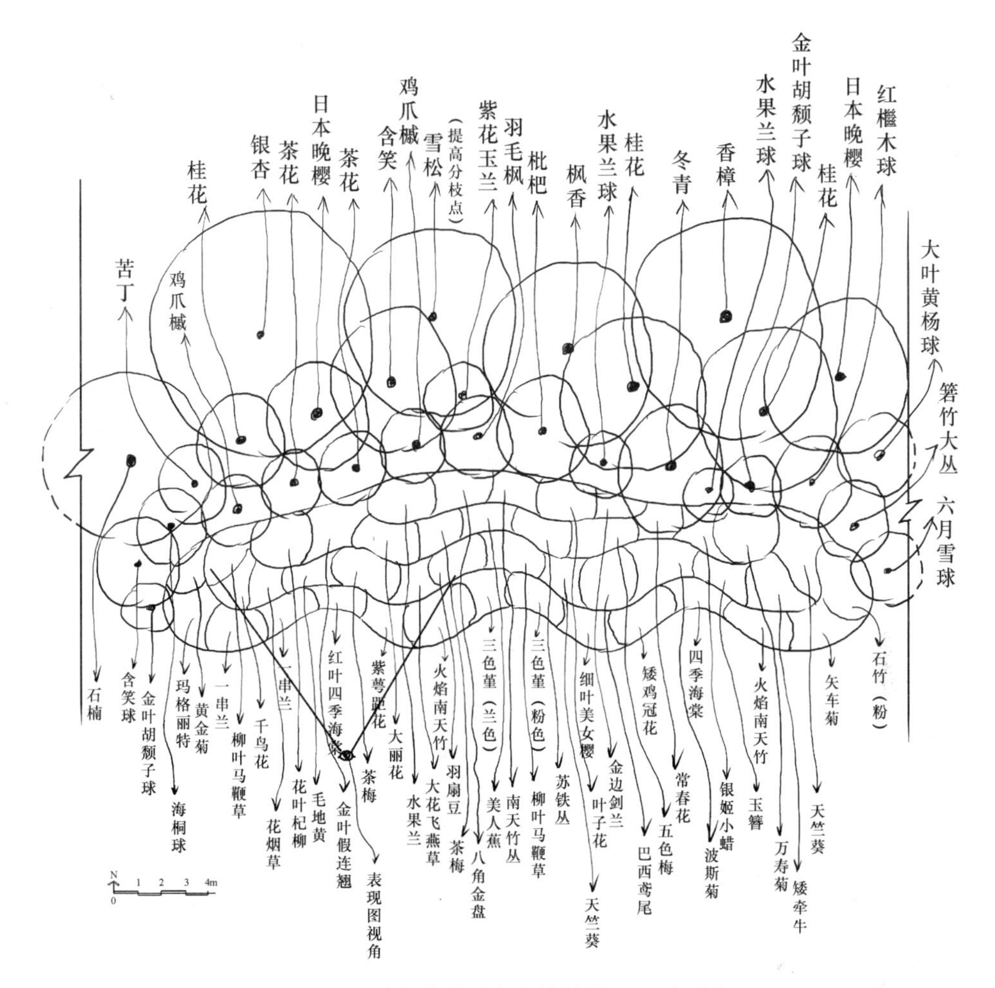

图 8-30　杭州某公园内花镜植物配置平面图

附录 1　100 种园林花卉植物的大概花期及颜色（杭州地区）

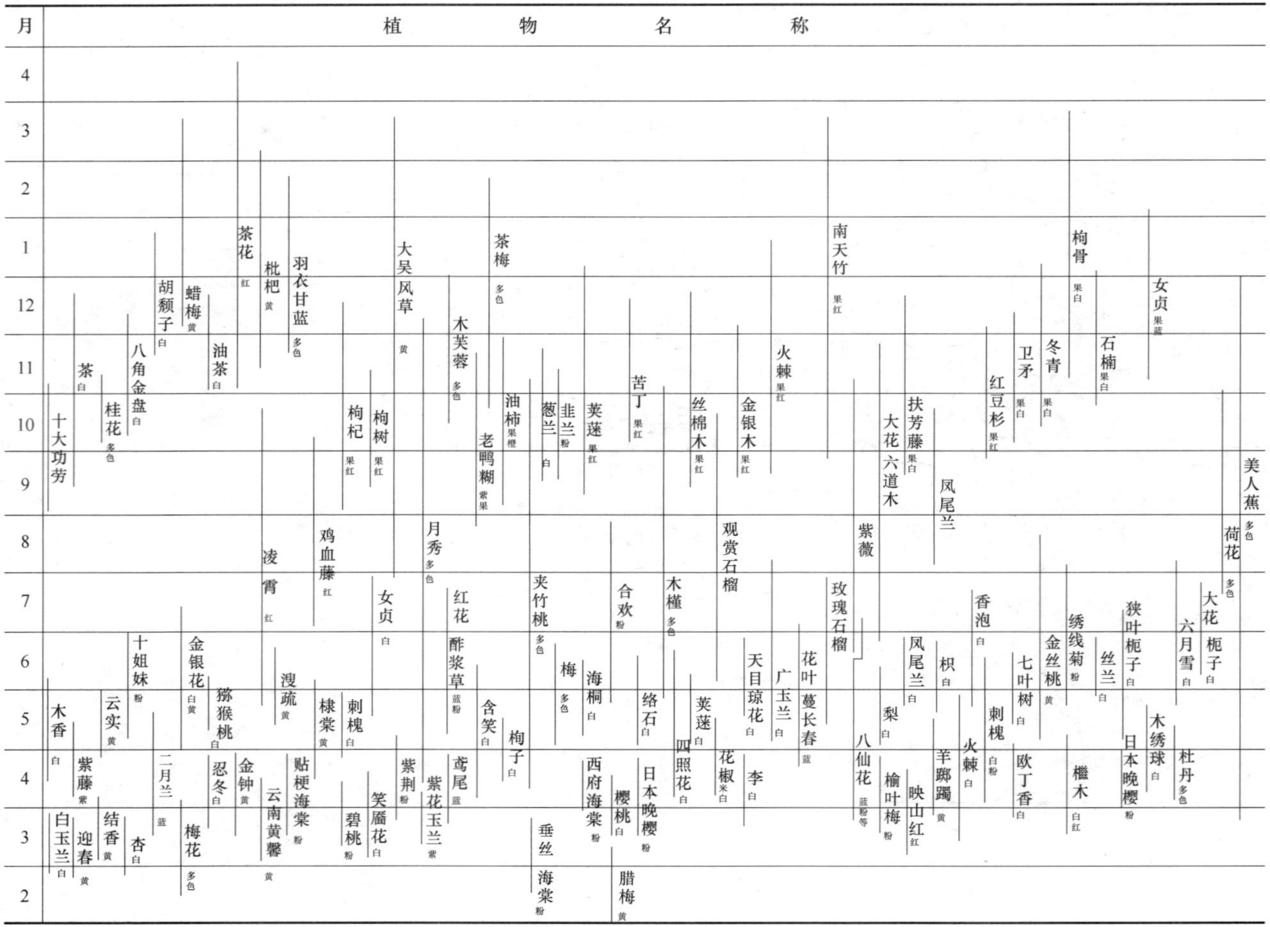

月：4　3　2　1　12　11　10　9　8　7　6　5　4　3　2

植物名称	颜色
十大功劳	
木香	白
茶	白
紫藤	紫
白玉兰	白
迎春	黄
桂花	多色
云实	黄
结香	黄
八角金盘	白
十姐妹	粉
杏	白
二月兰	蓝
胡颓子	白
蜡梅	黄
金银花	白黄
梅花	多色
猕猴桃	白
油茶	白
忍冬	白
金钟	黄
茶花	红
枇杷	黄
凌霄	红
云南黄馨	黄
羽衣甘蓝	多色
溲疏	黄
贴梗海棠	粉
鸡血藤	红
棣棠	黄
枸杞	果红
碧桃	粉
构树	果红
刺槐	白
女贞	白
笑靥花	白
大吴风草	黄
紫荆	粉
月秀	多色
紫花玉兰	紫
木芙蓉	多色
红花	
酢浆草	蓝粉
鸢尾	蓝
老鸭糊	紫果
含笑	白
茶梅	多色
油柿	果橙
枸子	白
夹竹桃	多色
垂丝海棠	粉
葱兰	白
韭兰	粉
梅	多色
荚蒾	果红
海桐	白
西府海棠	粉
合欢	粉
苦丁	果红
樱桃	白
腊梅	黄
络石	白
日本晚樱	粉
木槿	多色
四照花	白
丝棉木	果红
荚蒾	白
花椒	米白
观赏石榴	
金银木	果红
天目琼花	白
李	白
广玉兰	白
火棘	果红
花叶蔓长春	蓝
南天竹	果红
玫瑰石榴	
紫薇	
八仙花	蓝粉等
大花六道木	
梨	白
榆叶梅	粉
扶芳藤	果白
凤尾兰	白
映山红	红
凤尾兰	
羊踯躅	黄
枳	白
火棘	白
香泡	白
刺槐	白粉
红豆杉	果红
卫矛	果白
七叶树	白
欧丁香	白
冬青	果白
金丝桃	黄
枸骨	果白
檵木	白红
绣线菊	粉
石楠	果白
丝兰	白
狭叶栀子	白
日本晚樱	粉
女贞	果蓝
木绣球	白
六月雪	白
杜丹	多色
大花栀子	白
荷花	多色
美人蕉	多色

附录2 各种场地植物配置的要求

绿地类型		植物的主要特征								植物的主要造景功能											文化内涵	备注
		美观	分支点	耐修剪	生长速度	寿命	耐贫瘠	耐干旱	抗病虫害	杀菌	抗污染	吸收污染	滞尘	隔音	防风	通风	遮荫	防火	环境监测	科普		
公共绿地	综合公园	★	◆	◆	◆	◆	◆	◆	☆	★	◆	◆	◆	◆	◆	◆	◆	◆	☆	◆	☆	—
	儿童公园	★	◆	◆	◆	◆	◆	◆	☆	★	◆	◆	◆	☆	◆	◆	◆	◇	◇	★	☆	不可有刺或毒
	一般公园	★	◆	◆	◆	◆	◆	◆	☆	★	◆	◆	◆	◆	◆	◆	◆	◇	◇	☆	★	—
	老年公园	★	◆	◆	◆	☆	◆	◆	☆	★	◆	◆	☆	☆	☆	☆	☆	◇	◇	☆	★	无飞絮、少花粉、不扬尘
	纪念公园	★	◆	◆	◆	☆	◆	◆	☆	★	◆	◆	◆	☆	◆	◆	◆	◇	◇	◇	★	—
	运动公园	★	◆	◆	◆	◆	◆	◆	☆	★	◆	◆	☆	☆	☆	☆	◆	◇	◇	◇	☆	无飞絮、少花粉、不扬尘
	防灾公园	★	◆	◆	◆	◆	◆	◆	☆	★	☆	☆	☆	☆	☆	☆	☆	★	☆	◇	☆	避灾防灾的具体需要
居住区	宅间绿地	★	◆	◆	◆	☆	◆	◆	☆	☆	◇	◇	☆	◆	☆	☆	◆	◆	◇	◇	☆	不影响住宅通风及采光
	游园	☆	◆	◆	◆	☆	◆	◆	☆	☆	◆	◆	☆	◆	◆	◆	◆	◆	◆	◇	☆	—
	休闲广场	★	☆	◆	◆	◆	◆	◆	☆	☆	◇	◇	☆	☆	☆	☆	☆	◆	☆	◇	☆	—
	儿童游戏场	☆	◆	◆	◆	☆	◆	◆	☆	☆	◆	◆	☆	☆	☆	☆	◆	◆	☆	☆	☆	无毒和无刺,分支点较高
	体育场	☆	★	◇	◇	☆	◆	◆	☆	★	◆	◆	☆	☆	☆	☆	☆	◇	☆	◇	☆	—
工业用地	重污染	☆	◆	◆	◆	☆	☆	☆	☆	☆	★	★	★	☆	◆	◆	◆	☆	☆	◇	◇	滞尘并吸收废气,抗性强
	轻污染	☆	◆	◆	◆	☆	☆	☆	☆	☆	★	★	★	☆	◆	◆	◆	☆	☆	◇	◇	滞尘并吸收废气,抗性强
	高精度	☆	◆	◆	◆	☆	☆	☆	☆	☆	☆	◆	★	★	☆	◆	◆	☆	☆	◇	◇	无飞絮、少花粉、不扬尘
	仓储	☆	◆	◆	◆	◆	◆	◆	☆	☆	☆	☆	☆	◆	☆	◆	◆	★	☆	◇	◇	滞尘并吸收废气,抗性强

续表

绿地类型		植物的主要特征								植物的主要造景功能											文化内涵	备注
		美观	分支点	耐修剪	生长速度	寿命	耐贫瘠	耐干旱	抗病虫害	杀菌	抗污染	吸收污染	滞尘	隔音	防风	通风	遮荫	防火	环境监测	科普		
防护林	防风林	☆	※	◆	☆	☆	☆	☆	☆	☆	◆	◆	☆	◇	★	※	◇	◇	◇	◇	◇	深根性和根系发达植物
	固沙林	◆	※	◆	☆	☆	★	★	☆	◆	◆	◆	☆	◇	☆	※	◇	◇	◇	◇	◇	抗风树种
	隔音林	☆	◆	◆	☆	◆	☆	☆	☆	◆	◆	◆	◆	★	◇	◇	◇	◇	◇	◇	◇	常绿乔木
	水土涵养林	☆	◆	◇	☆	◇	◇	◇	☆	☆	☆	★	☆	◇	◇	◇	◇	◇	◇	◇	◇	深根性和根系发达植物
	卫生隔离带	☆	◆	◇	☆	◇	◇	◇	☆	★	☆	★	☆	☆	◇	◇	◇	◇	☆	◇	◇	滞尘并吸收废气
	交通防护带	☆	◆	◆	☆	◇	☆	☆	☆	☆	☆	☆	☆	☆	☆	◆	◆	◆	☆	◇	◇	滞尘并吸收废气
	防火隔离带	☆	◇	◇	◇	◇	◇	◇	☆	☆	◆	◇	◇	◇	★	◇	◇	◇	◇	◇	◇	耐燃烧
医疗用地		☆	◆	◇	☆	◇	◇	◇	☆	★	☆	★	☆	☆	◆	☆	◆	◇	☆	◇	◇	无飞絮、少花粉、不扬尘
疗养院		☆	◇	◇	☆	◇	◇	◇	☆	★	☆	★	☆	☆	◆	☆	◆	◆	☆	◇	☆	无飞絮、少花粉、不扬尘
文教用地	大学	☆	◆	◆	◆	◆	◆	◆	☆	☆	◆	◆	◆	◆	◆	◆	◆	◇	◇	☆	★	—
	中学	☆	◆	◆	◆	◆	◆	◆	☆	☆	◆	◆	◆	◆	◆	◆	◆	◇	◇	☆	★	无毒无刺
	小学	☆	◆	◆	◆	◆	◆	◆	☆	☆	◆	◆	◆	◆	◆	◆	◆	◇	◇	☆	★	无毒无刺
	幼儿园	☆	◆	◆	◆	◆	◆	◆	☆	☆	◆	◆	☆	☆	☆	☆	◆	◆	☆	☆	☆	无毒无刺
市域交通道路	行道树	★	☆	☆	☆	☆	★	☆	☆	☆	★	☆	★	☆	◇	◇	★	◆	☆	◇	☆	必须保证安全视距
	隔离带	☆	※	◆	◆	☆	★	★	☆	☆	★	☆	☆	☆	◇	◇	◇	◇	☆	◇	◇	低矮、需防夜晚对向眩光
	交通岛	☆	◆	◇	◆	☆	☆	☆	☆	☆	☆	◆	☆	☆	◆	◆	◇	◇	◇	◇	☆	不影响交通视觉
	林荫道	☆	☆	☆	◆	☆	☆	☆	☆	☆	☆	◆	☆	☆	◆	☆	☆	◆	◇	◇	☆	集中落叶，叶易降解

续表

绿地类型		植物的主要特征								植物的主要造景功能											文化内涵	备注
		美观	分支点	耐修剪	生长速度	寿命	耐贫瘠	耐干旱	抗病虫害	杀菌	抗污染	吸收污染	滞尘	隔音	防风	通风	遮荫	防火	环境监测	科普		
铁路	隔离带	☆	☆	◆	◆	☆	☆	☆	★	☆	☆	◆	☆	★	◆	◆	◇	◆	◆	◇	◇	—
	边坡	☆	※	◆	◆	☆	★	★	☆	☆	☆	◆	☆	☆	◇	◇	◇	◆	◇	◇	◇	不植乔木，深根草本
高速公路及对外交通	隔离带	☆	☆	◇	◆	★	★	★	★	☆	☆	◆	☆	◇	☆	◆	◇	◇	◇	◇	◇	—
	边坡	☆	※	◆	◆	☆	☆	☆	☆	☆	☆	◆	☆	☆	◇	◇	◇	◇	◇	◇	◇	深根草本
	分车带	☆	※	☆	◆	☆	☆	☆	☆	☆	☆	◆	☆	☆	◇	◇	◇	◆	◇	◇	◇	需防眩光
	匝道	★	◆	◇	◆	☆	☆	☆	☆	◆	☆	◆	☆	◇	◇	◇	◇	◇	◇	◇	◆	—
	服务区	☆	◆	◇	◆	◆	☆	☆	☆	☆	☆	◆	☆	◆	◆	◆	◆	◆	◇	◇	◆	—

★必须选择的关键性条件；☆必须选择条件；◆在某些情况下，需要满足的条件，可以选择的条件；◇有或没有均可的条件（不必要条件）；※可以没有的条件（具体问题需要具体分析）

参 考 文 献

[1] 臧德奎. 观赏植物学[M]. 2 版. 北京:中国建筑工业出版社,2012.

[2] 安旭,陶联侦. 城市园林植物后期养护管理学——园林养护单位工作手册[M]. 杭州:浙江大学出版社,2013.

[3] 梁隐泉,王广友. 园林美学[M]. 北京:中国建筑工业出版社,2004.

[4] 李文敏. 园林植物与应用[M]. 北京:中国建筑工业出版社,2006.

[5] 陶联侦,安旭. 风景园林规划与设计从入门到高阶实训[M]. 武汉:武汉大学出版社,2013.

[6] 顾小玲. 图解植物景观配置设计[M]. 沈阳:辽宁科学技术出版社,2012.

[7] 刘彦红,等. 植物景境设计[M]. 上海:上海科学技术出版社,2012.

[8] 苏雪痕. 植物造景[M]. 北京:北京林业出版社,1994.

[9] 余树勋. 园林美与园林艺术[M]. 北京:科学出版社,1987.

[10] 刘彦红,等. 植物景境设计[M]. 上海:上海科学技术出版社,2012.

[11] 和平,等. 城市绿地植物配置及其造景[M]. 北京:中国林业出版社,2001.

[12] 克里斯托弗. 布里克尔. DK 世界园林植物与花卉百科全书[M]. 郑州:河南科学技术出版社,2006.

[13] 沈守云,张启翔. 现代景观设计思潮[M]. 武汉:华中科技大学出版社,2009.

[14] 金煜. 园林植物景观设计[M]. 2 版. 沈阳:辽宁科学技术出版社,2015.

[15] 诺曼 K · 布思. 风景园林设计要素[M]. 2 版. 北京:中国林业出版社,1989.

[16] 何桥. 现代园林绿化实用技术丛书——植物配置与造景技术[M]. 北京:化学工业出版社,2015.

[17] 深圳海阅通. 景观植物配置与应用(南方篇)[M]. 北京:中国林业出版社,2016.

[18] 丛林林,韩冬. 园林景观设计与表现[M]. 北京:中国青年出版社,2016.

[19] 何礼华,汤书福. 常用园林植物彩色图鉴[M]. 杭州:浙江大学出版社,2012.

[20] 徐德嘉,苏州三川营造有限公司. 园林植物景观配置[M]. 北京:中国建筑工业出版社,2010.

[21] 倪静雪,傅德亮. 日本古典园林植物配置的图解分析[J]. 上海交通大学学报农业科学版,2007,25(03):255-260.

[22] 徐艳文. 美丽的凡尔赛宫花园[J]. 花卉园艺,2016,06:43-45.

[23] 孙益丹,陈宇. 浅谈日本园林植物配置[J]. 现代园艺,2013,08:160.

[24] 陈志华. 外国造园艺术[M]. 郑州:河南科学技术出版社,2013.

[25] 陈其兵. 风景园林植物造景[M]. 重庆:重庆大学出版社,2012.

[26] 宁妍妍,段晓鹃. 园林植物造景[M]. 重庆:重庆大学出版社,2014.

[27] 祁承经,汤庚国. 树木学(南方本)[M]. 北京:中国林业出版社,2015.

[28] 车代弟. 园林花卉学[M]. 北京:中国建筑工业出版社,2009.

[29] 陈有民. 园林树木学[M]. 北京:中国林业出版社,1990.
[30] 李树华. 园林种植设计学理论篇[M]. 北京:中国林业出版社,2009.
[31] 周道瑛. 园林种植设计[M]. 北京:中国林业出版社,2008.
[32] 刘蓉风. 园林植物景观设计与应用[M]北京:中国电力出版社,2008.
[33] 徐振,韩凌云. 风景园林快题设计与表现[M]沈阳:辽宁科学技术出版社,2009.
[34] 刘扶英,王育林,张善峰. 景观设计新教程[M]上海:同济大学出版社,2010.
[35] 彭一刚. 中国古典园林分析[M]. 北京:中国建筑工业出版社,1986.
[36] 王燚. 杭州西湖园林植物景观与游人感受研究[D]. 浙江大学,2007.
[37] 马锦义,徐志祥,张清海. 公共庭园绿化美化[M]. 北京:中国林业出版社,2003.
[38] 徐红梅. 植物季相景观与空间营造[J]. 新西部,2008(02):254.
[39] 曹菊枝. 中国古典园林植物景观配置的文化意蕴探讨[M]. 武汉:华中师范大学出版社,2001.
[40] 曹林娣. 中国园林文化[M]. 北京:中国建筑工业出版社,2005.
[41] 赵健民. 园林规划设计[M]. 北京:中国农业出版社,2001.
[42] 徐云和. 园林景观设计[M]. 沈阳:沈阳出版杜,2011.
[43] 赵世伟,张佐双. 园林植物种植设计与应用[M]. 北京:北京出版社,2006.
[44] 朱均珍. 中国园林植物景观艺术[M]. 北京:中国建筑工业出版社,2006.
[45] 任军. 文化视野下的中国传统庭院[M]. 天津:天津大学出版社,2005.
[46] 胡长龙. 园林规划设计[M]. 北京:中国农业出版社,2000.
[47] 陈鹭. 城市居住区园林环境研究[M]. 北京:中国林业出版社,2003.
[48] 魏贻铮. 庭园设计典例[M]. 北京:中国林业出版社,2001.
[49] 高永刚. 庭院设计[M]. 上海:上海文化出版社,2005.
[50] 张吉祥. 园林植物种植设计[M]. 北京:中国建筑工业出版社,2001.
[51] 尹吉光. 图解园林植物造景[M]. 北京:机械工业出版社,2007.
[52] 王晓俊. 西方现代园林设计[M]. 南京:东南大学出版社,2000.
[53] 董建华. 着眼生态适应性与意境美的园林植物配置[J]. 中国园艺文摘,2011(02).
[54] 方纯荀. 浅谈园林植物配置[J]. 现代农业科技,2006(01):58-59.
[55] 柳骅,夏宜平. 水生植物造景[J]. 中国园林,2003(03):59-62.
[56] 魏合义,黄正东,杨和平. 基于GIS光照因子分析的园林植物选择和配置以浙江省桐乡市某小区为例[J]. 风景园林,2015(06):60-66.
[57] 肖剑,胡志华,赵红. 华中地区钢铁企业植物配置探讨[J]. 中国园林,2004(11):53-56.
[58] 石懿,刘坤良. 上海植物园兰室植物配置景观浅谈[J]. 中国园林,2001(06):38-39.
[59] 杨绍福. 北方地区园林植物配置[J]. 园林,2001(05):23-25.
[60] 李慧仙. 湛江花园式城市道路植物配置浅谈[J]. 中国园林,2000(04):46-47.
[61] 欧阳加兴. 绿地植物配置探索[J]. 中国园林,1998(01):27
[62] 罗文博. 西双版纳景洪城市特色与城市规划[J]. 城乡建设,1999(03):11-12.
[63] 刘海桑. 棕榈植物的造景艺术[J]. 中国园林,1999(03):20-23.
[64] 吴小巧. 浅议我国古典园林的植物配置[J]. 中国园林,1999(03):34-36.
[65] 吴文. 杭州西湖风景名胜区的历史沿革与发展研究(1949—2004)[D]. 清华大学,2004.

[66] 罗慧君. 城市公园绿地景观格局与树种结构相关性研究——以杭州花港观鱼公园为例[D]. 浙江大学,2004.
[67] (美)西奥多奥斯曼得森. 林韵然译. 屋顶花园历史设计建造[M]. 北京:中国建筑工业出版社,2006.
[68] 梁蕴. 植物配置中若干数量关系的研究[D]. 北京林业大学,2004.
[69] 郑静. 城市景观的量化研究[D]. 北京工业大学,2003.
[70] 包战雄. 风景林景观质量评价与经营研究[D]. 福建农林大学,2002.
[71] (日)宫野弘司著,刘京梁译. 78 种健康香草栽培[M]. 中国建材工业出版社,2004.
[72] 朱钧珍. 中国园林植物景观艺术[M]. 中国建筑工业出版社, 2003.
[73] 刘丽和. 校园园林绿地设计[M]. 中国林业出版社,2001.
[74] 王晓俊. 风景园林设计[M]. 江苏科学技术出版社,2000.
[75] (日)枡野俊明. 康恒译. 日本造园心得基础知识规划管理整修[M]. 中国建筑工业出版社,2014.
[76] 刘先觉,潘谷西. 江南园林图录[M]. 南京:东南大学出版社,2007.
[77] 刘雪梅. 园林植物景观设计[M]. 武汉:华中科技大学出版社,2017.
[78] 张兰. 山水画与中国古典园林植物配置关系之探讨[D]. 浙江大学,2004.
[79] 杨学军,唐东芹. 园林植物群落及其设计有关问题探讨[J]. 中国园林,2011,27(02):97-100.
[80] 赵越,金荷仙,林靖. 杭州滨水绿地植物群落物种多样性研究[J]. 中国园林,2010,26(12):16-19.
[81] Ann Van Herzele,TorstenWiedemann. A monitoring tool for the provision of accessible and attractive urban green spaces[J]. Landscape and Urban Planning,2002(2):102-112.
[82] Andrew Butler. Dynamics of integrating landscape values in landscape character assessment: the hidden dominance of the objective outsider[J]. Landscape Research,2016(2):207-218.
[83] K. F. Akbar,W. H. G. Hale,A. D. Headley. Assessment of scenic beauty of the roadside vegetation in northern England[J]. Landscape and Urban Planning,2002(3):241-249.